21 世纪全国高职高专土建系列工学结合型规划教材·土建施工类

建 筑 材 料

主　编　任晓菲

副主编　陈东佐　高　平

参　编　储瞿玮　王士坤

　　　　霍世金　李月霞

主　审　潘雪桥

北京大学出版社

PEKING UNIVERSITY PRESS

内 容 简 介

本书以最新(截至 2012 年)的国家标准、行业标准、规范及规程为基础,强化理论教学与工程实践相结合,对建筑材料的基本理论和基本知识及建筑材料试验进行了系统的介绍。本书共 11 章,内容包括:绪论、建筑材料的基本性质、建筑气硬性胶凝材料、水泥、混凝土、建筑砂浆、建筑钢材、墙体材料和屋面材料、建筑防水材料、绝热材料和吸声材料、建筑装饰材料。

本书可作为高职高专建筑工程技术、工程造价、工程管理等土建类专业教材,还可作为从事建筑生产一线的施工、管理、监理、检测等专业技术人员的培训用书和自考、函授教材。

图书在版编目(CIP)数据

建筑材料/任晓菲主编 . —北京:北京大学出版社,2014.6

(21 世纪全国高职高专土建系列工学结合型规划教材·土建施工类)

ISBN 978-7-301-24208-7

Ⅰ.①建… Ⅱ.①任… Ⅲ.①建筑材料—高等职业教育—教材 Ⅳ.①TU5

中国版本图书馆 CIP 数据核字(2014)第 089345 号

书　　　　名:	建筑材料
著作责任者:	任晓菲　主编
策划编辑:	赖　青　李　辉
责任编辑:	李娉婷
标准书号:	ISBN 978-7-301-24208-7/TU·0397
出版发行:	北京大学出版社
地　　址:	北京市海淀区成府路 205 号　　100871
网　　址:	http://www.pup.cn　　新浪官方微博:@北京大学出版社
电子信箱:	pup_6@163.com
电　　话:	邮购部 62752015　　发行部 62750672　　编辑部 62750667　　出版部 62754962
印　刷　者:	三河市博文印刷有限公司
经　销　者:	新华书店

787 毫米×1092 毫米　16 开本　20 印张　471 千字

2014 年 6 月第 1 版　2014 年 6 月第 1 次印刷

定　　　价: 40.00 元

前　言

　　建筑材料是土建类专业的一门专业基础课，本书编写过程按照高等职业教育人才培养目标的定位，坚持"以应用为目的，专业理论知识以必需、够用为度"的原则，注重理论知识与工程实践的结合，注重专业能力的培养，注重体现高等职业技术教育的特色和培养高等技术应用型专门人才的目标。

　　本书根据高职高专建筑工程技术、建筑工程管理、工程监理、工程造价等专业岗位所必备的知识和技能来编写，突出材料的性能、技术要求、应用、检测方法、储运保管等，以满足施工员、预算员、实验员、质量员、监理员等岗位的实际需要。

　　近年来，建筑材料的技术标准和规范有较大变化，本书一律采用最新标准和规范（截至 2012 年），采用 2010 年以来的国家标准和行业标准达 21 本，见参考文献。因为建筑材料工业的不断发展和新技术、新工艺的不断涌现，本书在内容上摒弃已过时、应用面不广的建筑材料，注意反映新型建筑材料，以体现建筑材料工业发展的新趋势。

　　另外，为了使学生对所学知识能够及时消化理解、记忆掌握、灵活运用，本书精心设计了复习思考题。复习思考题包括填空题、选择题、简答题和案例题。

　　本书是全国高职高专土建类规划教材之一，是根据现行的高职高专土建类专业教学基本要求编写的，体现了高职高专土建类教材编写的指导思想、原则和特点，可作为土建类各专业的教学用书及自学用书。

　　本书由运城职业技术学院任晓菲副教授担任主编并负责统稿工作，运城职业技术学院陈东佐教授和山西平朔房地产开发有限公司高级工程师高平担任副主编。参加编写的有常州市三达房地产开发有限公司高级经济师、会计师、注册建筑师储瞿玮，太原城市职业技术学院王士坤讲师，山西建筑职业技术学院工程师霍世金和运城职业技术学院李月霞硕士。本书编写分工为：第 1 章由任晓菲编写；第 4 章、第 7 章、第 10 章第 1～2 节、第 11章由陈东佐编写；第 3 章由高平编写；第 10 章第 3 节由储瞿玮编写；第 5 章由王士坤编写；第 8 章、第 9 章由霍世金编写；第 2 章、第 6 章由李月霞编写。

　　本书由山西同力达建设监理公司总经理、高级工程师潘雪桥主审。潘老师审稿认真仔细，提出了许多中肯的意见，谨此表示衷心感谢！

　　本书在编写过程中参考了国内多本同类教材和相关文献，同时也得到了运城职业技术学院、山西建筑职业技术学院、太原城市职业技术学院、山西同力达建设监理公司、山西平朔房地产开发有限公司以及北京大学出版社的大力支持，在此一并致谢！

　　由于编写时间仓促和编者水平所限，书中难免存在不妥之处，恳请广大读者给予指正并提出宝贵意见。

编　者
2014 年 2 月

CONTENTS
目录

第1章

绪　论

　　本章介绍建筑材料的概念与分类，建筑材料在建筑工程中的地位和作用，建筑材料的发展，本课程的任务、内容及学习要求。通过本章的学习，要求学生：

　　掌握：建筑材料的分类。

　　熟悉：我国建筑材料各级标准及其代号。

　　了解：建筑材料在建筑工程中的地位和作用及建筑材料的发展。

你知道纸板除了可做纸箱，还可以拿来构建房子吗？

据外媒报道，2013年新西兰第二大城市克莱斯特彻奇(基督城)有一座"纸教堂"落成并对外开放。

据报道，基督城在2011年2月遭遇6.3级强震，这场天灾夺走了185条人命，当地一座100多年历史的教堂也被毁。当地民众不能没有集体祈祷场所，当地圣公会决定重建被毁教堂。该教会请来了日本知名建筑师坂茂设计新教堂，而坂茂最擅长的就是纸板建筑。坂茂用坚固的纸管做梁柱，纸管每根直径60cm，长16.5m。新的教堂跟旧教堂一样大小，可容纳700人，可耐用50年。

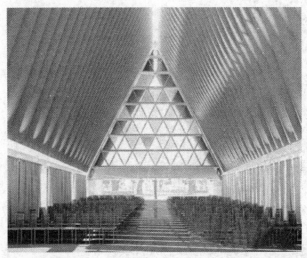

当然，这个纸教堂只是临时教堂，该教会计划要建造一座永久性的教堂，来取代被摧毁的原教堂，只不过教会至今尚未就新教堂的设计做出决定。在实际工程中，材料的选择、使用及管理，对工程成本和使用年限影响很大。例如，广东某跨海桥，其桥面原来使用的钢纤维混凝土，使用一年以后出现了许多裂纹，后来要铲去重新铺沥青混凝土，从而大大增加了工程的造价。

由此可见，对建筑材料性能的了解非常重要，只有针对建(构)筑物的功能选取合适的建筑材料才能避免出现安全事故，节省工程造价。熟悉建筑材料的基本知识、掌握各种建筑材料的特性，是进行工程结构设计和施工、装饰装修设计和施工的基础。

1.1　建筑材料的概念与分类

1.1.1　建筑材料的概念

建筑材料是建筑工程中所使用的各种材料及制品的总称。广义的建筑材料是指用于建筑工程中的所有材料，包括三部分：一是构成建筑物的材料，如水泥、钢筋等；二是施工过程中所需要的辅助材料，如脚手架、模板等；三是各种建筑设备，如消防设备、给水排水设备、供热、供电、供燃气、电信及楼宇控制等配套工程所需设备与器材等。狭义的建筑材料仅指第一部分,即构成建筑物实体的材料。本书所讨论的建筑材料为狭义的建筑材料,包括建筑物地基、基础、地面、墙体、梁、板、柱、楼底层、楼梯、屋盖、门窗等所需的材料。民用建筑的构造组成如图1-1所示。

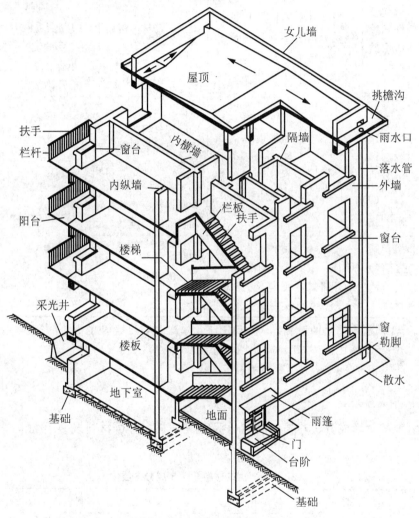

图1-1 民用建筑的构造组成

1.1.2 建筑材料的分类

由于建筑材料种类繁多,为了研究、使用和论述方便,常从不同角度对它进行分类。最常见的是按材料的化学成分和使用功能分类。

1. 按使用功能分类

根据建筑材料在建筑物中的部位或使用性能,大体上可分为三大类,即建筑结构材料、围护材料和建筑功能材料,见表1-1。

表 1-1 建筑材料按使用功能分类

材料类别	定义	适用部位	功能特点	主要材料	未来趋势
建筑结构材料	指构成建筑物受力构件和结构所用的材料	梁、板、柱、基础、框架及其他受力构件和结构等	对这类材料主要技术性能的要求是强度和耐久性	所用的主要结构材料有砖、石、水泥、混凝土、钢材、钢筋混凝土、预应力钢筋混凝土	在相当长的时期内，钢筋混凝土及预应力钢筋混凝土仍是我国建筑工程中的主要结构材料之一。随着工业的发展，轻钢结构和铝合金结构所占的比例将会逐渐加大
围护材料	指用于建筑物围护结构的材料	墙体、门窗和屋面等部位	不仅具有一定的强度和耐久性，还必须具有良好的保温隔热性和防水、隔声性能等	目前，我国大量采用的围护材料为砖、混凝土及加气混凝土砌块等。此外，还有混凝土墙板、石膏板、金属板材、复合墙体和各种屋面板等	轻质多功能的复合墙板发展较快
建筑功能材料	指担负某些建筑功能的非承重材料	墙体、屋面等部位	品种、形式繁多，功能各异，要具备美观、实用等功能	如防水材料、绝热材料、吸声和隔声材料、装饰材料等	随着国民经济的发展及人民生活水平的提高，这类材料将会越来越多地应用于建筑物

注：1. 一般来说，建筑物的可靠度，主要取决于由建筑结构材料组成的构件和结构体系，而建筑物的使用功能与建筑品位，主要取决于建筑功能材料；

2. 对某一种具体材料来说，它可能兼有多种功能。

2. 按化学成分分类

根据材料的化学成分，建筑材料可分为无机材料、有机材料及复合材料三大类，见表 1-2。

表 1-2 建筑材料按化学成分分类

类 别		实 例
金属材料	黑色金属	钢、铁及其合金、合金钢、不锈钢等
	有色金属	铜、铝及其合金等
无机材料	天然石材	砂、石及石材制品
	烧土制品	黏土砖、瓦、陶瓷制品等
	胶凝材料及其制品	石灰、石膏、水泥等及其制品；混凝土、硅酸盐及其制品等
	玻璃	普通平板玻璃、特种玻璃等
	无机纤维材料	玻璃纤维、矿物棉等

类　别		实　例
有机材料	植物材料	木材、竹材、植物纤维及其制品等
	沥青材料	煤沥青、石油沥青及其制品等
	合成高分子材料	塑料、涂料、胶黏剂、合成橡胶等
复合材料	无机非金属材料与有机材料复合	聚合物混凝土、玻璃纤维增强塑料、沥青混凝土等
	金属材料与无机非金属材料复合	钢筋混凝土、钢纤维混凝土等
	金属材料与有机材料复合	轻质金属夹心板、有机涂层铝合金板塑钢门窗等

1.1.3　建筑材料技术的标准化

建筑材料的技术标准是生产、流通和使用单位检验、确定产品质量是否合格的技术文件。为了保证材料的质量及进行现代化生产和科学管理，必须对材料产品的技术要求制定统一的执行标准。其内容主要包括产品规格、分类、技术要求、检验方法、验收规则、包装及标志、运输和储存注意事项等方面。

世界各国对材料的标准化都很重视，均制定了各自的标准，如我国的国家标准"GB"和"GB/T"、美国的材料试验协会标准"ASTM"、英国标准"BS"、德国工业标准"DIN"、日本工业标准"JIS"等。此外，还有在世界范围统一使用的国际标准"ISO"。

目前，我国常用的标准主要有国家级、行业（或部）级、地方级和企业级四类，它们分别由相应的标准化管理部门批准并颁布。中国国家质量技术监督局是国家标准化管理的最高机构。国家标准和行业标准是国家指令性技术文件，全国通用，各级有关部门必须执行。地方标准是由地方主管部门制定和发布的地方性技术文件，适合于本地区使用。凡没有相应的国家、行业和地方标准的产品，生产中应按企业标准执行，企业标准所制定的相关技术要求应高于类似（或相关）产品的国家标准。各级标准相应的代号见表1-3。

表1-3　我国各级标准相应的代号

标准级别	表示内容	代号	表示方法
国家标准	国家标准	GB	由标准名称、部门代号、标准编号、颁布年份组成，如：《混凝土质量控制标准》 GB 50164—2011
	国家推荐标准	GB/T	颁布年份 / 标准编号 / 部门代号 / 标准名称
行业标准（部分）	建材行业标准	JC	
	建工行业标准	JG	
	冶金行业标准	YB	
	交通行业标准	JT	
	水电标准	SD	
地方标准	地方标准	DB	
	地方推荐性标准	DB/T	
企业标准	适用于本企业	Q	

1. 国家标准

GB——国家强制性标准。全国必须执行，产品的技术指标都不得低于标准中规定的要求。

GB/T——国家推荐性标准。

标准的表示方法是由标准名称、部门代号、标准编号和颁布年份等组成。例如，2007年制定的国家标准《通用硅酸盐水泥》（GB 175—2007）；2006年制定的国家推荐性标准《碳素结构钢》（GB/T 700—2006)等。

2. 行业标准

行业标准是对没有国家标准而又需要在全国某个行业范围内统一的技术要求所制定的标准。行业标准不得与国家标准相抵触。

行业标准由国务院该行业行政主管部门组织制定，如建工行业标准、建材行业标准、冶金行业标准、交通行业标准等。

3. 地方标准

地方标准是对没有国家标准和行业标准而又需要在该地区范围内统一的技术要求所制定的标准(含标准样品的制作)，如山西省工程建设地方标准《建筑工程勘察文件编制标准》（DBJ 04—248—2006)。

4. 企业标准

企业标准是对企业范围内需要协调、统一的技术要求、管理事项和工作事项所制定的标准。企业标准是企业组织生产、经营活动的依据。企业标准不得违反有关法律、法规和国家、行业的强制性标准。

目前，主要建筑材料标准的内容大致包括材料质量要求和检验两大方面。有的二者合在一起，有的则分开制定标准。在现场配制的一些材料(如钢筋混凝土等)，其原材料(钢筋、水泥、石子、砂等)应符合相应的材料标准要求，而其制成品(如钢筋混凝土构件等)的检验及使用方法，常包含于施工验收规范及有关的规程中。由于有些标准的分工细化，且相互渗透、关联，有时一种材料的检验要涉及多个标准、规范等。

1.2　建筑材料在建筑工程中的地位和作用

任何一种建筑物或构筑物都是用建筑材料按某种方式组合而成的，没有建筑材料，就没有建筑工程，因此建筑材料是建筑业发展的物质基础。正确选择、合理使用建筑材料，以及新材料的开发利用对建筑业的发展来说意义非凡。

1. 建筑材料是保证建筑工程质量的重要前提

建筑材料是构成建筑工程建筑物和构筑物的物质基础，也是其质量保证的重要前提。

建筑材料的质量直接影响建筑工程的坚固性和耐久性。在建筑材料的生产、采购、储运、保管、使用和检验评定中，任何一个环节的失误都可能造成工程质量的缺陷，甚至造成质量事故。事实证明，建筑工程中的重大质量事故大都与建筑材料的质量不良有关。建筑工程技术人员和管理人员必须全面掌握建筑材料的有关知识，保证工程质量。

2. 建筑材料的费用决定建筑工程的造价

建筑材料使用量大，经济性很强，直接影响工程造价。在一般建筑工程中，与建筑材料有关的费用占工程造价的70%以上，装饰工程中占的比重更高。因此，材料的选用、管理是否合理，直接影响建筑工程的造价。只有学习并掌握建筑材料知识，才能合理地选择和使用材料，充分利用材料的各种功能，提高材料的利用率，在满足使用功能的前提下节约材料，进而降低工程造价。

3. 建筑材料的发展影响结构设计及施工，促进建筑工程技术的进步

建筑材料与建筑设计和建筑施工密切相关。建筑材料是设计、施工的基础，是决定建筑工程结构设计形式和施工方法的主要因素。建筑工程中许多技术问题的突破，往往依赖于建筑材料问题的解决。材料性能的改进，材料应用技术的进步都会直接促进建筑工程技术的进步。新材料的出现，将促使建筑设计、结构设计和施工技术产生革命性的变化。例如，钢材及水泥的大量应用和性能改进，将过去的砖、石、土、木取而代之，使得高层建筑成为现实；轻质高强材料的出现，推动了现代建筑向高层和大跨度方向发展；轻质材料和保温材料的出现，对减轻建筑物的自重、提高建筑物的抗震能力、改善工作与居住环境条件等起到了十分有益的作用，并推动了节能建筑的发展；现代玻璃、陶瓷、塑料、涂料等新型装饰材料的大量应用，使得建筑物的造型及建筑物的内外装饰发生了明显变化。从根本上说，材料是基础，材料决定了建筑形式、建筑结构设计和施工方法。新材料的出现，可以促使建筑形式的变化及结构设计和施工技术的革新。

1.3　建筑材料的发展

建筑材料是随着人类的进化而发展的，它和人类文明有着十分密切的关系。在人类历史发展的各个阶段，建筑材料都是显示其文化的主要标志之一。建筑材料的发展是一个悠久而又缓慢的过程。

原始时代，人们利用天然材料，如木材、岩石、竹、黏土建造房屋用于遮风避雨。石器、铁器时代，人们开始加工和生产材料，如著名的金字塔使用的材料是石材、石灰、石膏；万里长城使用的材料是条石、大砖、石灰砂浆；布达拉宫使用的材料是石材、石灰砂浆。18世纪中叶，建筑材料中开始出现钢材、水泥；19世纪出现钢筋混凝土；20世纪出现预应力混凝土、高分子材料；21世纪出现轻质、高强、节能、高性能的绿色建材，如图1-2所示。

(a) 钢材

(b) 水泥

(c) 钢筋混凝土

(d) 高分子材料橡胶密封件

(e) 预应力混凝土桥梁

图 1-2　建筑材料及成品

　　自新中国成立后，特别是在改革开放的新时代，我国建筑材料生产得到了更迅速的发展。1996 年我国钢产量突破 1 亿吨，跃居世界首位；水泥工业已由解放前年产量不足百万吨的单一品种，发展为品种、标号齐全、年产量突破 4 亿吨的水平；陶瓷材料也由过去的单一白色瓷器发展到有上千种花色品种的陶瓷产品；玻璃工业也发展很快，普通玻璃已由新中国成立初期年产仅 108 万标箱发展到 1 亿余标箱，且能生产功能各异的新品种。随着生活水平的提高和住房条件的改善，建筑装饰材料更是丰富多彩，产业蓬勃发展。建筑材料的发展伴随着生产力水平的提高，促进了建筑物结构形式的改变和使用功能的改善。

近几十年来，随着科学技术的进步和建筑工程发展的需要，一大批新型建筑材料应运而生，出现了塑料、涂料、新型建筑陶瓷与玻璃、新型复合材料等。随着社会的进步、环境保护和节能降耗的需要，对建筑工程材料提出了更高、更多的要求。今后一段时间内，建筑材料将向以下几个方向发展。

1. 研制开发高分子建筑材料和节能建筑材料

石油化工工业的发展和高分子材料本身优良的工程特性促进了高分子建筑材料的发展和应用。塑料上下水管、塑钢、铝塑门窗、树脂砂浆、胶黏剂、蜂窝保温板、高分子有机涂料、新型高分子防水材料广泛应用于建筑物，为建筑物提供了许多新的功能和更好的耐久性。

建筑材料的生产能耗和建筑物使用能耗，在国家总能耗中一般占 20%～35%，研制和生产低能耗的新型节能建筑工程材料，是构建节约型社会的需要。

2. 研制开发多功能建筑材料

建筑物的使用功能是随着社会的发展，人民生活水平的不断提高而不断丰富的，从其最基本的安全(主要由结构设计和结构材料的性能来保证)、适用(主要由建筑设计和功能材料的性能来保证)，发展到当今的轻质高强、抗震、高耐久性、无毒环保、节能等诸多新的功能，使建筑材料的研究从被动的以研究应用为主向开发新功能、多功能材料的方向转变。

3. 用复合材料生产高性能的建材制品

单一材料的性能往往是有限的，不足以满足现代建筑对材料提出的多方面的功能要求。例如，现代窗玻璃的功能要求是采光、分隔、保温隔热、隔声、防结露、装饰等，但传统的单层窗玻璃除采光、分隔外，其他功能均不尽如人意。近年来广泛采用的中空玻璃，由玻璃、金属、橡胶、惰性气体等多种材料复合而成，可发挥各种材料的性能优势，使其综合性能明显改善。据预测，低辐射玻璃、中空玻璃、钢木组合门窗、铝塑门窗和用复合材料制作的建筑用梁、桁架及高性能混凝土的应用范围将不断扩大。

4. 充分利用建筑垃圾生产新型建筑材料

建筑材料应用的巨量性，促使人们去探索和开发建筑材料原料的新来源，以保证经济与社会的可持续发展。生产材料所用的原料应少用天然资源，尽可能大量使用废渣、垃圾和废液等废弃物。建筑废渣、粉煤灰、矿渣、煤矸石、页岩、磷石膏、热带木材和各种非金属矿都是很有应用前景的建筑材料原料。由此开发的新型胶凝材料、烧结砖、砌块、复合板材将会为建材工业带来新的发展契机。

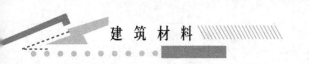

1.4 本课程的任务、内容、学习要求及考核

1. 本课程的任务

本课程的任务是使学生通过学习，获得建筑材料的基础知识，掌握建筑材料的性能和应用技术及试验检测技能，并对建筑材料的储运和保护有所了解，以便在今后的工作实践中能正确选择与合理使用建筑材料。同时，也为进一步学习其他专业课，如钢筋混凝土结构、钢结构、建筑施工技术、建筑工程计量与计价等课程打下良好的基础。

2. 本课程的内容及学习要求

本课程主要讲述常用建筑材料的品种、规格、技术性质、质量标准、检验方法、选用及保管等基本内容。要求掌握建筑材料的技术性质、性能与合理选用，并具备对常用建筑材料的主要技术指标进行检测的能力。本课程包括理论课和实验课两部分，学习时应从材料科学的观点和实践的观点出发，从以下几个方面来进行。

1）牢固掌握重点理论知识

这门课的特点与"力学""数学"等完全不同，初次学习难免产生枯燥乏味之感，但必须克服这一心理状态，必须静下心来反复阅读，适当背记，背记后再回想和理解。重点理论知识是材料的组成、技术性质和特征、外界因素对材料性质的影响、材料选用的原则，各种材料都应遵循这一主线来学习。理论是基础，只有牢固掌握好基础理论知识，才能应对建筑材料科学的不断发展，并在实践中灵活、正确、合理地选用和应用各类建筑材料。

2）及时总结，发现规律

这门课虽然各章内容自成体系，但材料的组成、结构、性质和应用之间有内在的联系，应通过分析对比，掌握它们的共性。每一章学习结束后，应及时总结。

3）观察工程，认真试验，学习过程中注意理论与实践相结合

"建筑材料"是一门实践性很强的课程，学习时应注意理论联系实际。为了及时理解课堂讲授的知识，应利用一切机会观察周围已经建成的或正在施工的工程，在实践中理解和验证所学内容。

材料性能检测是本课程的重要教学环节，通过材料性能检测可验证所学的基本理论，学会检验常用建筑材料的方法，掌握一定的检测技能，并能对检测结果进行正确的分析和判断。这可以培养学生的学习与工作能力及严谨的科学态度。

3. 本课程的考核

本课程具有概念多、叙述性内容多、综合性强、实践性强等特点。因此，课程的考核可由理论和实践两部分组成，可参考表1-4。

表 1-4 建筑材料课程考核

考核分项	内容组成	所占比例/%
理论	平时作业	10~20
	结课闭卷考试	30~40
实践	实验	30~40
	参观实习报告或建材市场调研报告	10~20

复习思考题

1. 指出所居住场所或教室中常用建筑材料的种类和主要作用。

2. 建筑材料按照化学成分如何进行分类？

3. 我国常用的标准主要有哪些？国家标准的表示方法由哪几部分组成？

4. "建筑材料"课程有哪些主要内容和特点？怎样进行学习？

5. 利用业余时间到图书馆或附近的建筑书店参观一下，浏览几种现行建筑材料的产品标准，了解建筑材料各级标准的基本内容和格式。

第 2 章

建筑材料的基本性质

🎯 学习目标

　　本章介绍材料的化学组成、材料的结构与构造、材料的物理性质和力学性质、材料的耐久性和装饰性。通过本章的学习，要求学生：

　　掌握：材料的物理性质和力学性质；基本物理性质参数对材料物理性质、力学性质、耐久性和装饰性的影响。

　　熟悉：材料的耐久性和装饰性。

　　了解：材料的化学组成，材料的结构与构造。

引 例

某岩石在干燥状态和饱和状态下测得的抗压强度分别为172MPa和168MPa，该岩石可否用于水下工程？

在建筑工程实践中，选择、使用、分析和评价材料，通常以其性质为基本依据。建筑材料的性质，可分为基本性质和特殊性质两大部分。基本性质是指建筑中通常必须考虑的最基本的、共有的性质；特殊性质则是指材料本身的不同于其他材料的性质，是材料具体使用特点的体现。

建筑材料是构成建筑的物质基础，直接关系建筑物的安全性、适用性、耐久性和经济成本。建筑物对处在不同建筑部位的建筑材料有不同的性质要求，如梁、板、柱、基础、承重墙、框架等承重部位所使用的建筑材料，要求具有足够的强度和抵抗变形的能力；而屋面、墙体等围护结构的建筑材料则要求具有保温、隔热、吸声以及防水、防渗甚至防冻能力；某些工业建筑还要求材料具有耐热、防腐蚀等特殊性能。此外，建筑物的耐久性在很大程度上也取决于所使用的建筑材料的耐久性。如何抵抗各种自然因素（如干湿变化、冷热变化、反复冻融、紫外线辐射等）及其他有害介质的长期作用而保持材料以及建筑物原有性质不发生明显改变，是建筑材料应具有的一项长期性质，对于延长建筑物的使用寿命，减少维修量及建筑总成本至关重要。

由上可见，建筑材料的性质是多方面的，某种建筑材料应具备何种性质，这要根据它在建筑物中的作用和所处的环境来确定。

本章仅介绍建筑材料性质中与工程使用密切相关的、带有普遍性的、比较重要的物理性质、力学性质和耐久性，即材料的基本性质，以便初步判断材料的性能和应用场合，从而正确地选择与合理地使用建筑材料。

2.1 建筑材料的基本物理性质

2.1.1 与质量有关的性质

1. 密度

密度是指材料在绝对密实状态下单位体积的质量。按下式计算：

$$\rho = \frac{m}{V} \tag{2-1}$$

式中：ρ——材料的密度（kg/m^3 或 g/cm^3）；

　　　m——材料在干燥状态下的质量（kg 或 g）；

　　　V——材料在绝对密实状态下的体积（m^3 或 cm^3）。

绝对密实状态下的体积是指不包括材料内部孔隙在内的固体物质的体积。测定材料密度时，可采取不同方法。对钢材、玻璃、铸铁等接近于绝对密实的材料，可直接用公式计算；对于内部含有一定孔隙的材料，测定其密度时应把材料磨成细粉（粒径小于0.2mm），以排除其内部孔隙，然后用排水（液）法测定其实际体积，再计算其绝对密度；水泥、石膏粉等材料本身是粉末态，就可以直接采用排水（液）法测定；在测量某些较致密的、不规则的散粒材料（如卵石、砂等）的实际密度时，常直接用排水法测其绝对体积的近似值（因颗粒内部的封闭孔隙体积没有排除），这时所测得的实际密度为近似密度，即视密度。

2. 表观密度

表观密度（体积密度）是指材料在自然状态下单位体积的质量。按下式计算：

$$\rho_0 = \frac{m}{V_0} \tag{2-2}$$

式中：ρ_0——材料的表观密度（kg/m^3 或 g/cm^3）；

　　　m——材料的质量（kg 或 g）；

　　　V_0——材料在自然状态下的体积（m^3 或 cm^3）。

自然状态下的体积即表观体积，包含材料内部孔隙（开口孔隙和封闭空隙，如图2-1所示）在内。

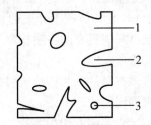

图 2-1 含孔材料体积组成示意图
1—固体物质体积；2—开口孔隙体积；3—闭口孔隙体积

对外形规则的材料，表观体积等于几何体积；对外形不规则的材料，表观体积可用排液法进行测定；注意在测定前，应用薄蜡层密封；当材料内含有水分时，其质量和体积均有变化，须注明含水情况。一般表观密度是指材料在气干状态（长期在空气中干燥）下的表观密度，干表观密度是指材料在烘干状态下的表观密度。

3. 堆积密度

堆积密度是指散粒（粉状、粒状或纤维状）材料在自然堆积状态下，单位体积（包含了颗粒内部的孔隙及颗粒之间的空隙）所具有的质量。按下式计算：

$$\rho_0' = \frac{m}{V_0'} \tag{2-3}$$

式中：ρ_0'——堆积密度（kg/m^3）；

　　　m——材料的质量（kg）；

　　　V_0'——堆积体积（m^3）。

材料的堆积体积是指散粒材料在堆积状态下的总体外观体积（图2-2）。散粒材料的堆积体积既包括了材料颗粒内部的孔隙，也包括了颗粒间的空隙。除了颗粒内孔隙的多少及其含水多少外，颗粒间空隙的大小也影响堆积体积的大小。因此，材料的堆积密度与散粒材料在自然堆积时颗粒间的孔隙、颗粒内部结构、含水状态、颗粒间的压实程度有关。

根据其堆积状态的不同，同一材料表现的体积大小可能不同，松散堆积状态下的体积较大，密实堆积状态下的体积较小。材料的堆积体积，常以材料填充容器的容积大小来测量。

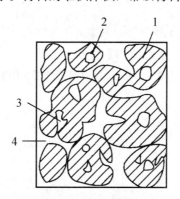

图2-2　散粒材料堆积体积组成示意图

1—固体物质体积；2—闭口孔隙；3—开口孔隙；4—颗粒间的空隙

在建筑工程中，计算材料用量、构件自重、配料以及确定堆放空间时，经常用到材料的密度、表观密度和堆积密度等参数。常用建筑材料的有关参数见表2-1。

表2-1　常用建筑材料的密度、表观密度、堆积密度、孔隙率

材料名称	密度/(g/cm³)	表观密度/(kg/m³)	堆积密度/(kg/m³)	孔隙率/%
石灰岩	2.60	1 800～2 600	—	—
花岗石	2.70～3.00	2 500～2 800	—	0.50～3.0
碎石（石灰岩）	2.48～2.76	—	1 400～1 700	—
砂	2.50～2.60	—	1 450～1 650	—
黏土	2.60	—	1 600～1 800	—
普通黏土砖	2.5～2.8	1 600～1 800	—	20～40
黏土空心砖	2.50	1 000～1 400	—	—
水泥	2.8～3.1	—	1 200～1 300	—
普通混凝土	—	2 100～2 600	—	20～40
轻骨料混凝土	—	800～1 900	—	—
木材	1.55～1.60	400～800	—	55～75
钢材	7.85	7 850	—	0
泡沫塑料	—	20～50	—	—
玻璃	2.45～2.55	2 450～2 550	—	—

4. 密实度与孔隙率

1) 密实度

密实度是指材料体积内被固体物质所充实的程度，也就是固体物质的体积占总体积的

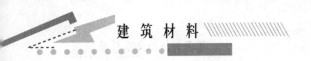

比例。密实度用 D 表示：

$$D = \frac{V}{V_0} \times 100\% = \frac{\rho_0}{\rho} \times 100\% \qquad (2-4)$$

式中：D——材料的密实度（%）；

     V——材料中固体物质的体积（m^3 或 cm^3）；

     V_0——材料在自然状态下的体积（包括内部孔隙体积）（m^3 或 cm^3）；

     ρ_0——材料的表观密度（kg/m^3 或 g/cm^3）；

     ρ——材料的密度（kg/m^3 或 g/cm^3）。

含有孔隙的固体材料的密实度均小于 1；材料的很多性能（强度、吸水性、耐久性、导热性等）均与密实度有关。

2）孔隙率

孔隙率是指材料体积内，孔隙体积占材料总体积的百分率，用 P 表示：

$$P = \frac{V_0 - V}{V_0} \times 100\% = \left(1 - \frac{V}{V_0}\right) \times 100\% = \left(1 - \frac{\rho_0}{\rho}\right) \times 100\% = (1-D) \times 100\% \qquad (2-5)$$

孔隙率的大小直接反映了材料的致密程度，其大小取决于材料的组成、结构及制造工艺。材料的许多工程性质如强度、吸水性、抗渗性、抗冻性、导热性、吸声性等都与材料的孔隙率有关。这些性质不仅取决于孔隙率的大小，还与孔隙的大小、形状、分布、连通与否等构造特征密切相关。几种常用材料的孔隙率见表 2-1。

知 识 拓 展

工程上常常按孔隙的连通性，将孔隙分为开口孔隙和闭口孔隙。开口孔隙是指那些彼此相通，并且与外界相通的孔隙，如常见的毛细孔。材料内部开口孔隙增多会使材料的吸水性、吸湿性、透水性、吸声性提高，但是抗冻性和抗渗性变差。闭口孔隙是指那些彼此不连通，而且与外界隔绝的孔隙。材料内部闭口孔隙的增多会提高材料的保温隔热性能和耐久性。

5. 填充率与空隙率

1）填充率

填充率是指散粒材料的颗粒之间相互填充的致密程度，用 D' 表示，按下式计算：

$$D' = \frac{V_0}{V_0'} \times 100\% = \frac{\rho_0'}{\rho_0} \times 100\% \qquad (2-6)$$

式中：D'——散粒材料在堆积状态下的填充率（%）。

2）空隙率

空隙率是指散粒材料在某容器的堆积体积中，颗粒之间的空隙体积占其自然堆积体积的百分率，用 P' 表示，按下式计算：

$$P' = \frac{V_0' - V_0}{V_0'} \times 100\% = \left(1 - \frac{V_0}{V_0'}\right) \times 100\% = \left(1 - \frac{\rho_0'}{\rho_0}\right) \times 100\% = (1-D') \times 100\% \qquad (2-7)$$

式中：P'——散粒材料在堆积状态下的空隙率（%）。

空隙率考虑的是材料颗粒间的空隙，这对在填充和黏结散粒材料时，研究散粒材料的空隙结构和计算胶结材料的需要量十分重要。

6. 压实度

材料的压实度是指散粒材料被压实的程度。即散粒材料经压实后的干堆积密度值与该材料经充分压实后的干堆积密度值之比的百分数。按下式计算：

$$K_y = \frac{\rho'_T}{\rho_m} \times 100\%$$ (2-8)

式中：K_y——散粒材料的压实度（%）；

ρ'——散粒材料经压实后的实测干堆积密度（kg/m³）；

ρ'_m——散粒材料经充分压实后的最大干堆积密度（kg/m³）。

散粒材料的堆积密度是可变的，ρ' 的大小与材料被压实的程度有很大关系。当散粒材料经充分压实后，其堆积密度值达到最大干密度 ρ'_m，相应的空隙率 P' 值已达到最小值，此时的堆积体最为稳定。因此，散粒材料压实后的压实度 K_y 值愈大，其构成的结构物就愈稳定。

2.1.2　与水有关的性质

1. 亲水性与憎水性

与水接触时，材料表面能被水润湿的性质称为亲水性；材料表面不能被水润湿的性质称为憎水性。

材料亲水性或憎水性，通常以润湿角的大小划分。当材料与水接触时，在材料、水、空气三相的交点处，沿水滴表面的切线和水与材料的接触面所形成的夹角 θ，称为润湿角（图2-3）。

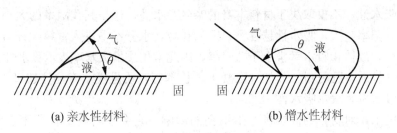

(a) 亲水性材料　　　　　　　　　　　(b) 憎水性材料

图2-3　材料润湿示意图

如果润湿角 θ 为零，则表示该材料完全被水所浸润；当润湿角 $\theta \leqslant 90°$ 时，水分子之间的内聚力小于水分子与材料分子间的相互吸引力，此种材料称为亲水性材料；当 $\theta > 90°$ 时，水分子之间的内聚力大于水分子与材料分子间的吸引力，材料表面不会被浸润，此种材料称为憎水性材料。

建筑材料大多为亲水性材料，如砖、混凝土、木材等；少数材料如沥青、石蜡等为憎水性材料。憎水性材料有较好的防水效果，此类材料可作为防水材料，也可对亲水材料进行表面处理，以降低其吸水性。

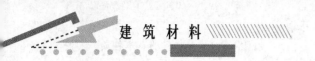

2. 材料的吸水性与吸湿性

1) 吸水性

材料在浸水状态下吸入水分的能力，称为材料的吸水性。吸水性的大小以吸水率来表示。材料吸水率的表达方式有质量吸水率和体积吸水率两种。

(1) 质量吸水率。质量吸水率是指材料在吸水饱和时，所吸收水分的质量占材料干燥质量的百分率，以 W_m 表示。计算公式为

$$W_m = \frac{m_b - m_g}{m_g} \times 100\%$$

$$(2-9)$$

式中：W_m——材料的质量吸水率(%)；

m_b——材料在吸水饱和状态下的质量(g 或 kg)；

m_g——材料在干燥状态下的质量(g 或 kg)。

(2) 体积吸水率。体积吸水率是指材料在吸水饱和时，吸水体积占材料自然体积的百分率，并以 W_v 表示。计算公式为

$$W_v = \frac{m_b - m_g}{V_0} \cdot \frac{1}{\rho_w} \times 100$$

$$(2-10)$$

式中：W_v——材料的体积吸水率(%)；

m_b——材料在吸水饱和状态下的质量(g 或 kg)；

m_g——材料在干燥状态下的质量(g 或 kg)；

V_0——材料在自然状态下的体积(cm^3)；

ρ_w——水的密度(g/cm^3)。

质量吸水率与体积吸水率之间的数值关系为

$$W_v = W_m \cdot \rho_0$$

式中：ρ_0——材料在干燥状态下的表观密度(g/cm^3)。

材料的吸水性，不仅取决于材料本身的亲(憎)水性，还与其孔隙率的大小及孔隙特征有关。一般孔隙率越大，吸水性越强。封闭的孔隙，水分不易进入；粗大开口的孔隙，水分又不易存留，故体积吸水率常小于孔隙率，因此常用质量吸水率表示吸水性。

对于某些轻质多孔材料，如加气混凝土、软木等，质量吸水率往往超过 100%，这时最好用体积吸水率来表示吸水性。

材料中的水，对材料的性质将产生不良的影响。它会使材料的体积密度和导热性增大，强度降低，体积膨胀。因此，吸水率大，对材料性能是不利的。

2) 吸湿性

材料在潮湿空气中吸收水分的性质，称为吸湿性。吸湿性的大小用含水率表示。含水率用材料所含水分质量与材料干燥质量的百分比表示。含水率计算公式为

$$W_h = \frac{m_s - m_g}{m_g} \times 100\%$$

$$(2-11)$$

式中：W_h——材料的含水率(%)；

m_s——材料在吸湿状态下的质量(g 或 kg)；

m_g——材料在干燥状态下的质量(g 或 kg)。

材料含水率的大小，除与材料本身的特性有关外，还与周围环境的温度、湿度有关。气温越低、相对湿度越大，材料的含水率就越大。当材料吸水达到饱和状态时的含水率即为吸水率。

● 特 别 提 示 ....

材料的含水率随着空气湿度而变化。干燥材料处在潮湿的空气中吸收空气中的水分，而潮湿材料处在干燥的空气中会向空气中放出水分（还湿性），最后与空气湿度达到平衡。随着空气湿度的变化，材料吸收水分或向外界扩散水分，最终使材料中的水分与空气的湿度达到平衡，这时材料的含水率称为平衡含水率。材料在正常使用状态下，均处于平衡含水率状态。

材料吸水或吸湿后，除了本身的质量增加外，还会降低其绝热性、强度及耐久性，造成体积的增减和变形，对工程产生不利影响。

....

【例 2 - 1】 从室外取来的质量为 2 700g 的一块烧结普通黏土砖，浸水饱和后的质量为 2 850g，而干燥时质量为 2 600g，求此砖的含水率、吸水率、体积密度（烧结普通砖实测规格为 240mm×115mm×53mm）。

【解】 该烧结普通黏土砖的含水率为

$$W_h = \frac{m_s - m_g}{m_g} = \frac{2\ 700 - 2\ 600}{2\ 600} \times 100\% \approx 3.8\%$$

质量吸水率为

$$W_m = \frac{m_b - m_g}{m_g} \times 100\% = \frac{2\ 850 - 2\ 600}{2\ 600} \times 100\% \approx 9.6\%$$

体积密度为

$$\rho_0 = \frac{m}{V_0} = \frac{2\ 600}{24 \times 11.5 \times 5.3} \approx 1\ 777 (\text{kg/m}^3)$$

3. 耐水性

材料长期在饱和水作用下而不被破坏，其强度也不显著下降的性质称为耐水性。衡量材料耐水性的指标是材料的软化系数 K_R 为

$$K_R = \frac{f_b}{f_g} \quad\quad\quad (2-12)$$

式中：K_R——材料的软化系数；

　　　f_b——材料在吸水饱和状态下的抗压强度（MPa）；

　　　f_g——材料在干燥状态下的抗压强度（MPa）。

软化系数反映了材料吸水饱和后强度降低的程度，是材料吸水后性质变化的重要特征之一。一般材料吸水后，水分会分散在材料内微粒的表面，削弱其内部结合力，使其强度有不同程度的降低。当材料内含有可溶性物质（如石膏、石灰等）时，吸入的水还可能溶解部分物质，造成强度的严重降低。

材料的耐水性限制了材料的使用环境，软化系数小的材料耐水性差，其使用环境尤其

受到限制。软化系数的波动范围在 $0\sim1$ 之间。工程中,通常将 $K_R>0.80$ 的材料称为耐水性材料。对于经常位于水中或潮湿环境中的重要工程所用的材料,要求其软化系数不得低于 0.85;对于受潮较轻或次要工程所用的材料,软化系数允许有所降低,但也不得低于 0.75。

【例 2-2】 某岩石在气干、绝干、水饱和情况下测得的抗压强度分别为 172MPa、178MPa、168MPa。求该岩石的软化系数,并指出该岩石可否用于水下工程?

【解】 该岩石的软化系数为

$$K_R = \frac{f_{水饱和}}{f_{绝干}} = \frac{168}{178} \approx 0.94$$

软化系数为 0.94,大于 0.85,所以该岩石可以用于水下工程。

4. 抗渗性

抗渗性(不透水性)是指材料抵抗压力水渗透的性质,用渗透系数 K 或抗渗等级 Pn 表示。材料渗透系数的计算公式为

$$K = \frac{Qd}{AtH} \tag{2-13}$$

式中:K——渗透系数(cm/h);

Q——渗水量(cm^3);

A——渗水面积(cm^2);

H——材料两侧的水压差(cm);

d——试件厚度(cm);

t——渗水时间(h)。

材料的渗透系数越小,说明材料的抗渗性越强。工程中一些材料的防水能力就是以渗透系数表示的。

材料的抗渗性也可用抗渗等级 Pn 表示。材料的抗渗等级是指用标准方法进行透水试验时,材料标准试件在透水前所能承受的最大水压力,并以字母 P 及可承受的水压力(以 0.1MPa 为单位)来表示抗渗等级。例如,P4、P6、P8、P10…等,表示试件能承受逐步增高至 0.4MPa、0.6MPa、0.8MPa、1.0MPa…的水压而不渗透。所以材料的抗渗等级越高,其抗渗性越强。

材料抗渗性的好坏,不仅与材料的亲水性和憎水性有关,还与材料的孔隙率和孔隙特征有密切的关系。材料内部开口孔、连通孔是渗水的主要通道,其抗渗性较差;封闭孔隙且孔隙率小的材料,其抗渗性好。因此,工程中一般通过对材料进行憎水处理,减少孔隙率,改善孔隙特征(减少开口孔和连通孔),防止产生裂缝及其他缺陷,以增强抗渗性。

5. 抗冻性

材料在吸水饱和状态下能经受多次冻结和融化作用(冻融循环)而不破坏,同时强度也不严重降低的性质,称为抗冻性。材料的抗冻性用抗冻等级 Fn 表示。

材料的抗冻等级是以试件在冻融后的质量损失、外形变化或强度降低不超过一定限度时所能经受的冻融循环次数来表示的。材料的抗冻等级可分为 F15、F25、F50、F100、

F200 等，分别表示此材料可承受 15 次、25 次、50 次、100 次、200 次的冻融循环。材料的抗冻性与材料的强度、孔隙结构、耐水性和吸水饱和程度有关。

材料经受冻融循环作用而破坏，是由于材料内部孔隙中的水结冰后体积膨胀而造成的。当材料内部孔隙中充满水时，结冰产生的膨胀会对孔隙壁产生很大的应力；当此应力超过材料的抗拉强度时，孔壁将产生局部开裂；随着冻融循环次数的增加，材料逐渐被破坏。

材料抗冻性的大小，取决于材料的孔隙率、孔隙特征、吸水饱和程度和自身的抗拉强度。材料的变形能力大，强度高，软化系数大，则抗冻性较高。一般认为，软化系数小于 0.80 的材料，其抗冻性较差。因此，对在寒冷地区及寒冷环境中的建筑物或构筑物，必须要考虑所选材料的抗冻性。

2.1.3　与热有关的性质

1. 导热性

当材料两侧存在温度差时，热量从材料温度高的一侧通过材料传导至温度低的一侧的性质，称为材料的导热性。导热性用导热系数 λ 表示。计算公式为

$$\lambda = \frac{Q\delta}{At(T_2 - T_1)} \tag{2-14}$$

式中：λ——导热系数 $[W/(M \cdot K)]$；

　　　Q——传导的热量 (J)；

　　　δ——材料厚度 (m)；

　　　F——热传导面积 (m^2)；

　　　t——热传导时间 (h)；

　　　$T_2 - T_1$——材料两面温度差 (K)。

在物理意义上，导热系数为单位厚度 $(1m)$ 的材料在两面温度差为 $1K$ 时，在单位时间 $(1s)$ 内通过单位面积 $(1m^2)$ 的热量。

材料的导热系数大，则导热性能强；反之，绝热性能强。建筑材料的导热系数差别很大，工程上通常把 $\lambda < 0.23 W/(m \cdot K)$ 的材料作为保温隔热材料。

材料导热系数的大小与材料的组成、含水率、孔隙率、孔隙尺寸及孔的特征等有关，与材料的表观密度有很好的相关性。当材料的表观密度小、孔隙率大、闭口孔多、孔分布均匀、孔尺寸小、含水率小时导热性差，绝热性好。通常所说的材料导热系数是指干燥状态下的导热系数，材料一旦吸水或受潮，导热系数会显著增大，绝热性变差。

2. 热容量和比热

材料在受热时吸收热量或冷却时放出热量的能力称为材料的热容量，其大小用比热表示如下：

$$c = \frac{Q}{m(T_2 - T_1)} \tag{2-15}$$

式中：c——材料的比热 $[J/(g \cdot K)]$；

Q——材料的热容量(J);

m——材料的质量(g);

$T_2 - T_1$——材料受热或冷却前后的温度差(K)。

比热表示质量为1g的材料,在温度每改变1K时所吸收或放出热量的大小。材料的比热的大小与其组成和结构有关。通常所说的材料的比热值是指其干燥状态下的比热值。

比热c与质量m的乘积称为热容。选择高热容材料作为维护结构的材料,对稳定建筑物内部温度变化有很大意义。它能在热流变动或采暖设备供热不均匀时缓和室内的温度波动,不会使人有忽冷忽热的感觉。

3. 材料的温度变形性

材料的温度变形是指温度升高或降低时材料的体积变化。这种变化表现在单向尺寸时,为线膨胀或线收缩,相应的技术指标为线膨胀系数(α)。单向线膨胀量或线收缩量计算公式为

$$\Delta L = (t_2 - t_1)\alpha L \tag{2-16}$$

式中,ΔL——线膨胀或线收缩量(mm);

$(t_2 - t_1)$——材料升(降)温前后的温度差(K);

α——材料在常温下的平均线膨胀系数(1/K);

L——材料原来的长度(mm)。

几种常见建筑材料的热工系数见表2-2。

表2-2　几种常见建筑材料的热工系数

材料名称	导热系数 /[W/(m·K)]	比热 /[J/(g·K)]	线膨胀系数 /(10^{-6}/K)	材料名称	导热系数 /[W/(m·K)]	比热 /[J/(g·K)]	线膨胀系数 /(×10^{-6}/K)
钢材	58	0.48	10~12	—	—	—	—
普通混凝土	1.28~1.51	0.48~1.0	5.8~15	水	0.58	4.187	—
木材	0.17~0.35	2.51	—	花岗岩	2.91~3.08	0.716~0.787	5.5~8.5

4. 耐燃性与耐火性

1) 耐燃性

材料抵抗燃烧的性质称为耐燃性。耐燃性是影响建筑物防火和耐火等级的重要因素。《建筑内部装修设计防火规范》按建筑材料燃料性质不同将其分为四级。

(1) 非燃烧材料(A级)。即在空气中受到火烧或高温高热作用时不起火、不炭化、不燃烧的材料,如钢铁、砖、石、混凝土、玻璃等。用非燃烧材料制作的构件称非燃烧体。

(2) 难燃材料(B1级)。即在空气中受到火烧或高温高热作用时难起火、难燃烧、难炭化,当火源移走后,已有的燃烧立即停止的材料,如水泥刨花板、硬PVC塑料板等。

(3) 可燃材料(B2级)。即在空气中受到火烧或高温高热作用时立即起火或燃烧,且火源移走后仍继续燃烧的材料,如木材、胶合板等。用这种材料制作的构件称为燃烧体,使用时应作防燃处理。

（4）易燃材料（B3 级）。即在空气中受到火烧或高温作用时立即起火，并迅速燃烧，且离开火源后仍继续燃烧的材料，如油漆、纤维织物等。

材料在燃烧时放出的烟气和毒气对人体的危害极大，远远超过火灾本身。因此，建筑内部装修时，应尽量避免使用燃烧时放出大量浓烟和有毒气体的装饰材料。

2）耐火性

耐火性是指材料抵抗高热或火的作用，保持其原有性质的能力。钢铁、铝、玻璃等材料受到火烧或高热作用会发生变形、熔融，它们是非燃烧材料，但不是耐火材料。建筑材料或构件的耐火极限通常用时间来表示，即按规定方法，从材料受到火的作用时算起，直到材料失去支持能力、完整性被破坏或失去隔火作用的时间，以 h 或 min 计。例如，无保护层的钢柱，其耐火极限仅有 0.25h。

5．材料的声学性能和保温隔热性能

材料的声学性能参数主要有吸声系数等；材料的保温隔热性能参数主要有热导率等，详见第 10 章。

2.2　材料的力学性质

材料的力学性质是指材料在外力作用下的表现或抵抗外力的能力。

2.2.1　材料的强度、强度等级与比强度

1．强度

材料在外力作用下，抵抗破坏的能力称为材料的强度。数值上等于材料受力破坏时，单位面积所承受的力。

材料的强度本质上是材料内部质点结合力的表现。当材料受到外力作用时，其内部就产生应力，应力随外力的增大而增大，当应力（外力）超过材料内部质点间的结合力所能承受的极限时，便导致内部质点的断裂或错位，使材料破坏。此时的应力为极限应力，通常用来表示材料强度的大小。

材料在建筑物上所受的外力主要有拉力、压力、弯曲及剪力等。材料抵抗这些外力破坏的能力，分别称为抗拉、抗压、抗弯和抗剪强度等。这些强度一般是通过静力试验来测定的，因而总称为静力强度。如图 2-4 所示为材料静力强度的分类和测定。

（1）抗压强度、抗拉强度、抗剪强度的计算公式如下：

$$f = \frac{P}{A} \tag{2-17}$$

式中：f——抗拉、抗压、抗剪强度（MPa）；

　　　P——材料受拉、压、剪破坏时的荷载（N）；

　　　A——试件受力面积（mm^2）。

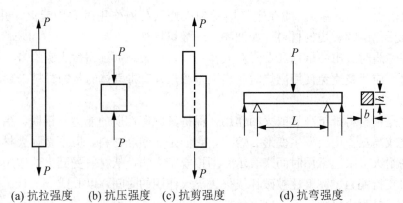

(a) 抗拉强度　　(b) 抗压强度　　(c) 抗剪强度　　(d) 抗弯强度

图 2-4　材料静力强度分类和测定

（2）材料抗弯（折）强度计算公式如下：

$$f_m = \frac{3PL}{2bh^2}$$

(2-18)

式中：f_m——材料的抗弯（折）强度（MPa）；

　　　F——受弯破坏时荷载（N）；

　　　L——两支点的间距（mm）；

　　　b、h——试件横截面的宽及高（mm）。

材料的强度与其组成和构造有关。不同种类的材料抵抗外力的能力不同；同类材料当内部构造不同时，其强度也不同。致密度越高的材料，强度越高。同类材料抵抗不同外力作用的能力也不相同，尤其是内部构造非匀质的材料，其不同外力作用下的强度差别很大。例如，混凝土、砂浆、砖、石和铸铁等，其抗压强度较高，而抗拉、弯（折）强度较低；钢材的抗拉、抗压强度都较高。

材料的静力强度实际上只是在特定条件下测定的强度值。试验测出的强度值，除受材料的组成、结构等内在因素的影响外，还与试验条件有密切关系，如试件的形状、尺寸、表面状态、含水率、温度及试验时的加荷速度等。为了使试验结果比较准确而且具有互相比较的意义，测定材料强度时必须严格按照统一的标准试验方法进行。

2. 强度等级

大部分建筑材料，根据其极限强度的大小，可划分为若干不同的强度等级。例如，砂浆按抗压强度分为 M20、M15、M10、M7.5、M5.0、M2.5 六个强度等级，普通水泥按抗压强度分为 32.5～62.5 等强度等级。将建筑材料划分为若干强度等级，对掌握材料性能、合理选用材料、正确进行设计和控制工程质量都十分重要。

3. 比强度

比强度是指单位体积质量所具有的强度，即材料的强度与其表观密度的比值（f/ρ_0）。比强度是衡量材料轻质高强特性的技术指标。比强度越大，则材料的轻质高强性能越好。高层建筑及大跨度结构工程常采用比强度较高的材料。轻质高强的材料是建筑材料发展的主要方向。

2.2.2　材料的弹性与塑性

1. 弹性

材料在外力的作用下产生变形，当外力去除后，能完全恢复原来形状的性质，称为弹性。这种能完全恢复的变形称为弹性变形。弹性变形的大小与所受应力的大小成正比，所受应力与应变的比值称为弹性模量，以"E"表示，它是衡量材料抵抗变形能力的指标。在材料的弹性范围内，E 是一个常数，其计算公式为

$$E = \frac{\sigma}{\varepsilon} \tag{2-19}$$

式中：E——材料的弹性模量（MPa）；

σ——材料所受的应力（MPa）；

ε——材料在应力 σ 作用下产生的应变，无量纲。

E 越大，材料抵抗变形的能力越强，在外力作用下材料的变形越小。材料的弹性模量是工程结构设计和变形验算的主要依据之一。

2. 塑性

材料在外力的作用下产生变形，当外力去除后，仍保持变形后的形状和尺寸的性质，称为塑性。这种不能恢复的变形，称为塑性变形。

完全的弹性材料和塑性材料是没有的，大多数材料在受力变形时，既有弹性变形，也有塑性变形，只是在不同的受力阶段，变形的主要表现形式不同。当外力去除后，弹性变形可以恢复，塑性变形不能恢复。有的材料如钢材，在受力不大的情况下，表现为弹性变形，而在受力超过一定限度后，就表现为塑性变形；有的材料如混凝土，受力后弹性变形和塑性变形几乎同时产生。

2.2.3　材料的脆性与韧性

1. 脆性

材料的脆性是指材料在外力作用下，无明显的塑性变形而发生突然破坏的性质。具有这种性质的材料称为脆性材料，如普通混凝土、砖、陶瓷、玻璃、石材和铸铁等。一般脆性材料的抗压强度比抗拉强度高很多倍，其抵抗冲击和振动的能力较差，不宜用于承受振动和冲击的场合。

2. 韧性

材料在冲击或振动荷载作用下，能吸收大量能量，产生较大的变形而不突然破坏的性能称为韧性。具有这种性质的材料称为韧性材料。工程中常用的韧性材料有钢材、木材、沥青等。材料的韧性用冲击试验来检验，又称冲击韧性，衡量材料韧性的指标是材料的冲击韧性，即破坏时单位断面所能吸收的能量。其计算公式为

$$a_{K} = \frac{A_{K}}{A} \tag{2-20}$$

式中：a_K——材料的冲击韧性值（J/mm^2）；

A_K——材料破坏时所吸收的能量（J）；

A——材料的受力面积（mm^2）。

韧性材料在外力作用下，会产生明显的变形，变形随外力的增大而增大，外力所做的功能够转换为变形而被材料所吸收，以抵抗冲击的影响。材料在破坏前所产生的变形越大，所能承受的应力越大，其所吸收的能量就越多，材料的韧性就越强。道路、桥梁、轨道、吊车梁及其他受振动影响的结构，应选用韧性较好的材料。

2.2.4　材料的硬度与耐磨性

1. 硬度

硬度是材料表面抵抗其他较硬物质刻划或压入的能力。为保持较好的表面使用性质和外观质量，要求材料必须具有足够的硬度。

非金属材料的硬度用莫氏硬度表示，它是用一系列标准硬度的矿物块对材料表面进行划擦，根据划痕确定硬度等级。莫式硬度等级见表 2 - 3。

表 2 - 3　莫氏硬度等级

标准矿物	滑石	石膏	方解石	萤石	磷灰岩	长石	石英	黄玉	刚玉	金刚石
硬度等级	1	2	3	4	5	6	7	8	9	10

知识拓展

金属材料的硬度等级常用钢珠压入法测定，主要有布氏硬度法（HB），它是以淬火的钢珠压入材料表面产生的球形凹痕单位面积上所受压力来表示。硬度大的材料其强度也高，工程上常用材料的硬度来推算其强度，如用回弹法测定混凝土强度，即是用回弹仪测得混凝土表面硬度，再间接推算出混凝土的强度。

2. 耐磨性

耐磨性是指材料表面抵抗磨损的能力。耐磨性常以磨损率衡量，以"B"表示，其计算公式为

$$B = \frac{m_1 - m_2}{A} \tag{2-21}$$

式中：B——材料的磨损率（%）；

$m_1 - m_2$——材料磨损前后的质量损失（g）；

A——材料的受磨面积（cm^2）。

材料的耐磨性与材料的组成结构、构造、材料强度和硬度等因素有关。材料的硬度越高、越致密，耐磨性越好。路面、地面等受磨损的部位，要求使用耐磨性好的材料。

2.3　材料的耐久性

1. 材料耐久性与工程结构

建筑材料除应满足各项物理、力学的功能要求外，还必须经久耐用，反映这一要求的性质称为耐久性。耐久性是指材料在长期的使用过程中，能抵抗环境的破坏作用，并保持原有性质不变、不破坏的一项综合性质。

材料的耐久性直接影响工程结构的使用质量和使用寿命，由具有良好耐久性的建筑材料修建的工程结构，会具有较长的使用寿命。提高材料的耐久性可较好地延长工程结构的使用寿命，节约能源和材料等自然资料；相反，采用劣质建筑材料建造的"豆腐渣工程"不仅严重地降低工程结构的使用寿命，更重要的是给国家和人民带来重大的经济损失甚至人员损失。

因此，材料的耐久性关乎工程结构的安全性、经济性和使用寿命，提高材料的耐久性首先应根据工程的重要性、所处的环境合理选择材料，并采取相应的措施，如提高材料密度等，以增强自身对外界作用的抵抗能力，或采取表面保护措施使主体材料与腐蚀环境隔离，甚至可以从改善环境条件入手减轻对材料的破坏。

2. 影响材料耐久性的因素

影响材料耐久性的因素是多种多样的，除材料内在原因使其组成、构造、性能发生变化以外，还要长期受到使用条件及各种自然因素的作用，这些作用可概括为以下几方面。

（1）物理作用。包括环境温度、湿度的交替变化，即冷热、干湿、冻融等循环作用，材料在经受这些作用后，将发生膨胀、收缩或产生内应力，长期的反复作用将使材料变形、开裂甚至破坏。

（2）化学作用。包括大气和环境水中的酸、碱、盐或其他有害物质对材料的侵蚀作用，以及日光、紫外线等对材料的作用，使材料发生腐蚀、碳化、老化等而逐渐丧失使用功能。

（3）机械作用。包括荷载的持续作用，交变荷载对材料引起的疲劳、冲击、磨损等。

（4）生物作用。包括菌类、昆虫等的侵害作用，导致材料发生腐朽、虫蛀等而破坏。

一般矿物质材料如石材、砖瓦、陶瓷、混凝土等，暴露在大气中时，主要受到大气的物理作用；当材料处于水中或水位变化区时，还受到环境水的化学侵蚀作用。金属材料在大气中易被锈蚀；沥青及高分子材料在阳光、空气及辐射的作用下，会逐渐老化、变质而破坏。

影响材料耐久性的外部因素往往通过其内部因素而发生作用，与材料耐久性有关的内部因素主要是材料的化学组成、结构和构造的特点。当材料含有易与其他外部介质发生化学反应的成分时，就会造成因其抗渗性和耐腐蚀能力差而引起的破坏。

为了提高材料的耐久性，以延长建筑物的使用寿命和减少维修费用，可根据使用情况和材料特点，采取相应的措施，如设法减轻大气或周围介质对材料的破坏作用（降低湿度、排除侵蚀性物质等），提高材料本身对外界作用的抵抗能力（提高材料的密实度、采取防腐措施等），也可用其他材料保护主体材料免受破坏（覆面、抹灰、刷涂料等）。

3. 材料的耐久性指标

实际工程中，材料往往受到多种破坏因素的同时作用。材料品质不同，其耐久性的内容也各有不同。金属材料常因化学和电化学作用引起腐蚀、破坏，其耐久性主要指标是耐蚀性；无机非金属材料（如石材、砖、混凝土等）常因化学作用，溶解、冻融、风蚀、温差、湿差、摩擦等其中某些因素或综合因素共同作用，其耐久性指标更多地包括抗冻性、抗风化性、抗渗性、耐磨性等；有机材料常因生物作用，光、热、电作用而引起破坏，其耐久性指标包含抗老化性、耐蚀性等。

耐水性、抗渗性、抗冻性、耐磨性等指标在前文中已有介绍，下面介绍另外几种常用的耐久性指标。

1）耐蚀性

地下水、土壤、海水、工业与民用废水、空气等环境介质中的有害化合物渗入材料内部，将引起材料组成和结构发生破坏，这种劣化作用称为化学腐蚀作用。材料抵抗这些化学介质侵蚀，保持其性能不变的能力称为耐化学腐蚀性，简称耐蚀性。

按照腐蚀发生的类型，耐蚀性有耐酸性、耐碱性、耐盐性、抗碳化性等。材料的耐蚀性用一定时间后其性能的衰减率，即抗蚀系数表示，用浸泡试验测试。材料的耐蚀性与材料的抗渗性密切相关。

2）耐候性与抗老化性

当空气中的光、热、雨水、臭氧等作用于材料时，也会导致材料组成与结构发生变化，这种作用称为气候老化作用。材料抵抗这些因素的作用，而能长期保持其性能的能力称为耐候性或抗老化性。材料使用过程中常见的抗老化性有抗热老化、抗光老化、耐臭氧性等。材料抗老化性主要取决于其化学成分组成。

2.4 材料的装饰性

1. 颜色、光泽、透明性

1）颜色

材料的颜色是指能反映出材料色彩的性质。材料表面的颜色与材料对光谱的吸收以及观察者眼睛对光谱的敏感性等因素有关。不同的颜色给人以不同的心理感受，如红色、橘红色给人一种温暖、热烈的感觉；绿色、蓝色给人一种宁静、清凉、寂静的感觉。装饰时应根据不同效果的需要选择不同颜色的材料。

2）光泽

材料的光泽是指材料表面方向性反射光线的性质。材料表面的光泽可用光泽度表示。光泽度是指材料表面对可见光的反射程度。材料表面愈光滑，则光泽度愈高，如古代使用的铜镜、石镜等都是经细磨而成。光泽度对显现在材料表面上的物体影像的清晰程度起着决定性的作用。不同的光泽度，可改变材料表面的明暗程度，并可扩大视野或造成不同的虚实对比效果。当光线为定向反射时，材料表面具有镜面特性，称为镜面反射。材料的光泽与材料的结构、密度、强度、硬度、孔隙率及材料的表面状态有关。材料的光泽度可用光电光泽计测定。

3）透明性

材料的透明性是指光线透过材料时所表现的光学性质。根据材料的透明性，可将材料分为透明(透光、透视)材料，如普通平板玻璃；半透明(透光、不透视)材料，如磨砂玻璃；不透明(不透光、不透视)材料，如钢材。利用材料不同的透明度可隔断或调整光线的明暗，造成特殊的光学效果，也可使物像清晰或朦胧。

2. 花纹图案、形状、尺寸

1）花纹图案

材料的花纹图案是指材料天然形成或在生产、加工材料时，利用不同工艺将材料的表面制成各种不同的纹理和图形。材料天然形成的花纹图案在建筑装饰中广泛采用，如木花纹、天然大理石花纹等。为了装饰的需要，经常在生产、加工材料时，将材料表面制成凹凸、条纹、麻点、粗糙、平整、光亮等表面组织；也可在材料生产时制成各种花纹图案，如装饰石膏板材、陶瓷壁画等。

2）形状和尺寸

建筑装饰材料的形状和尺寸对装饰效果有很大的影响。改变装饰材料的形状和尺寸，并配合花纹、颜色、光泽等可拼镶出各种线型和图案，从而获得不同的装饰效果，以满足不同建筑型体和线型的需要，最大限度地发挥材料的装饰性。

材料的形状和尺寸与材质、生产工艺、人体尺寸的需要、视觉效果及施工操作、机械化水平、运输条件等有关，应根据实际需要，对材料的形状和尺寸做出合理的规定。

3. 质感

材料的质感是指材料的表面组织结构、花纹图案、颜色、光泽、透明性等给人的一种综合感觉的性质。例如，钢材、陶瓷等给人一种坚硬、沉重、冰冷的感觉；海绵、丝绒等给人一种轻软、温暖的感觉；普通玻璃、大理石板材等给人一种细腻、光亮的感觉；蘑菇石、剁斧石等给人一种粗犷、朴实的感觉。

组成相同的材料，表面处理形式不同可以有不同的质感；组成不同的材料，相同的表面处理形式往往具有相同或类似的质感，这就给我们开拓出表面装饰和仿真更多的空间。一般而言，粗糙不平的表面能给人以粗犷豪迈的感觉，而光滑细致的表面则给人带来细腻精美的装饰效果。

4. 耐沾污性、易洁性与耐擦性

1）耐沾污性

材料表面抵抗污物作用，保持其原有颜色和光泽的性质称为材料的耐沾污性。耐沾污性与材料的硬度、孔隙率、光洁度等性质有关。

2）易洁性

材料表面易于清洗洁净的性质称为材料的易洁性。它包括在风、雨等自然状态作用下的易洁性（又称自洁性）及在人工清洗作用下的易洁性。

耐沾污性和易洁性好的建筑材料能长期不被污染且便于清洗。用于地面、门窗、外墙以及卫生间、厨房灯的装饰材料有时必须考虑材料的耐沾污性和易洁性。

3）耐擦性

材料的耐擦性是指材料在外力作用下抵抗擦拭破坏的性质。擦拭可分为干擦（称为耐干擦性）和湿擦（称为耐洗刷性）。地面、墙面耐擦性越高，则材料的使用寿命越长。一般来说，石灰墙面、石膏制品及内墙涂料等耐干擦性较好；陶瓷、花岗石板等耐洗刷性较好，在装饰中要视材料的性质和使用部位合理选用材料。

复 习 思 考 题

一、填空题

1. 材料的吸水性、耐水性、抗渗性、抗冻性、导热性分别用_____、_____、_____或_____、_____、_____表示。

2. 当材料的孔隙率一定时，孔隙尺寸越小，材料的强度越_____，保温性能越_____，耐久性_____。

3. 材料受水作用，将会对其_____、_____、_____及_____等性能产生影响。

4. 水可以在材料表面展开，即材料表面可以被水浸润，这种性质称为_____。

5. 开口孔材料的孔隙率较大时，则材料的表观密度_____、强度_____、吸水率_____、抗渗性_____、抗冻性_____、导热性_____、吸声性_____。

6. 材料的耐水性用_____表示，其值愈大则材料的耐水性愈_____。软化系数大于_____的材料认为是耐水的。

7. 评价材料是否轻质高强的指标为_____，它等于_____，其值越大，表明材料_____。

8. 无机非金属材料一般均属于脆性材料，最宜承受_____。

9. 材料的弹性模量反映了材料_____的能力。

10. 材料的吸水率主要取决于_____及_____，_____较大，且具有_____而又_____的孔隙的材料其吸水率往往较大。

二、选择题

1. 含水率为4％的砂100g，其中干砂重（   ）g。

A. 96   B. 95.5   C. 96.15   D. 97

2. 建筑上为使温度稳定，并节约能源，应选用（   ）的材料。

A. 导热系数和热容量均小   B. 导热系数和热容量均大

C. 导热系数小而热容量大   D. 导热系数大而热容量小

3. 某材料其含水率与大气平衡时的抗压强度为 40.0MPa，干燥时抗压强度为 42.0MPa，吸水饱和时抗压强度为 38.0MPa，则材料的软化系数和耐水性分别为（　　）。

A. 0.95，耐水　　　　B. 0.90，耐水　　　　C. 0.952，耐水　　　　D. 0.90，不耐水

4. 孔隙率增大，材料的（　　）降低。

A. 密度　　　　　　　B. 表观密度　　　　　C. 憎水性　　　　　　D. 抗冻性

5. 材料在水中吸收水分的性质称为（　　）。

A. 吸水性　　　　　　B. 吸湿性　　　　　　C. 耐水性　　　　　　D. 渗透性

6. 含水率为 10％的湿砂 220g，其中水的质量为（　　）。

A. 19.8g　　　　　　B. 22g　　　　　　　　C. 20g　　　　　　　　D. 20.2g

7. 材料的孔隙率增大时，其性质保持不变的是（　　）。

A. 表观密度　　　　　B. 堆积密度　　　　　C. 密度　　　　　　　D. 强度

8. 在 100g 含水率为 3％的湿沙中，其中水的质量为（　　）。

A. 3.0g　　　　　　　B. 2.5g　　　　　　　C. 3.3g　　　　　　　D. 2.9g

9. 材料的耐水性用（　　）来表示。

A. 吸水性　　　　　　B. 含水率　　　　　　C. 抗渗系数　　　　　D. 软化系数

10. 某材料吸水饱和后的质量为 20kg，烘干到恒重时，质量为 16kg，则材料的（　　）。

A. 质量吸水率为 25％　　　　　　　　　B. 质量吸水率为 20％

C. 体积吸水率为 25％　　　　　　　　　D. 体积吸水率为 20％

三、简答题

1. 材料的宏观结构（构造）对其性质有什么影响？

2. 什么是材料的密度、表观密度和堆积密度？它们有何不同之处？材料含水后对三者有何影响？

3. 建筑材料的亲水性和憎水性在建筑工程中有什么实际意义？

4. 材料的孔隙率与空隙率有什么区别？

5. 什么是材料的吸水性、吸湿性、耐水性、抗渗性和抗冻性？各用什么指标表示？

6. 材料的孔隙率与孔隙特征对材料的表观密度、吸水、吸湿、抗渗、抗冻、强度等性能有何影响？

7. 什么是导热系数和比热？它们各表示材料的什么物理性质？

8. 什么是材料的耐火性和耐燃性？它们有什么区别？材料的耐燃性分为哪几个级别？

9. 弹性材料与塑性材料有何不同？材料的脆性与韧性有何不同？

10. 什么是材料的耐久性？通常用哪些指标来反映？

11. 材料的装饰性主要包括哪些方面？

四、案例题

1. 某材料在干燥状态下的质量为 115g，自然状态下体积为 44cm³，绝对密实状态下的体积为 37cm³。试计算其密度、表观密度、密实度和孔隙率。

2. 某材料的密度为 2.685g/cm³，表观密度为 2.345g/cm³，720g 绝干的该材料浸水饱和后擦干表面并测得质量为 740g。求该材料的孔隙率、质量吸水率、体积吸水率、视密度(近似密度)(假定开口孔全可充满水)。

3. 已知某烧结普通砖的密度为 2.5g/cm³，表观密度为 1 800kg/m³，试计算该砖的孔隙率和密实度。

4. 某种石料密度为 2.65g/cm³，孔隙率为 1.2%。若将该石料破碎成碎石，碎石的堆积密度为 1 580kg/m³，问：此碎石的表观密度和空隙率各为多少？

5. 某工程使用碎石，堆积密度为 1 560 kg/m³，拟购进该种碎石 15t，问：现有的堆料场(长 2m、宽 4m、高 1.5m)能否满足堆放要求？

第 3 章

建筑气硬性胶凝材料

⚙ 学习目标

本章介绍石灰、石膏、水玻璃几种气硬性胶凝材料的原料与生产、熟化、凝结与硬化、技术要求及应用等。通过本章的学习，要求学生：

掌握：石灰、石膏的种类，技术要求与应用，验收与储运。

熟悉：石灰、石膏的凝结硬化原理，气硬性胶凝材料与水硬性胶凝材料的性能区别。

了解：水玻璃的特性与应用。

20世纪60年代，在长沙湘江大桥西头广场施工期间，因片面追求工程进度，未经"陈伏"的生石灰与炉渣、黏土混合后制成三合土，直接铺摊，用作广场基层，并准备第二天在此基层上铺筑沥青混凝土面层。但在次日早上发现整个广场遍地"开花"，只好返工。

石灰是建筑中应用最广泛的材料之一，被大量用来配制砌筑砂浆、抹面砂浆和三合土，要使其在建筑中发挥应有的作用，要特别注意生石灰使用前必须"陈伏"，以消除过火石灰的危害，避免工程事故的发生。

胶凝材料是指在建筑中，将散粒材料(如砂和石子)或块状材料(如砖块和石块)黏结成整体的材料的统称。按化学组成成分的不同，胶凝材料可分为无机胶凝材料和有机胶凝材料两大类，无机胶凝材料按硬化条件不同又分为气硬性和水硬性两种。相比较而言，无机胶凝材料在建筑中的应用更加广泛。

气硬性胶凝材料只能在空气中凝结硬化和增长强度，因此只适用于地上和干燥环境中，不能用于潮湿环境，更不能用于水中，如建筑石膏、石灰和水玻璃等。而水硬性胶凝材料不但能在空气中凝结硬化和增长强度，在潮湿环境甚至水中也能更好地凝结硬化和增长强度，因此它既适用于地上，也适用于潮湿环境或水中，如各种水泥。本章主要论述气硬性胶凝材料。

在建筑上，凡在一定的条件下通过自身的一系列变化，能把散粒材料(如砂、石子)或块状材料(如砖、石块)，黏结成整体并具有一定机械强度的材料，统称为建筑胶凝材料。

胶凝材料品种繁多，按其化学成分可分为有机胶凝材料和无机胶凝材料两大类，其中无机胶凝材料按其硬化条件的不同又分为气硬性胶凝材料和水硬性胶凝材料两类。

气硬性胶凝材料是指只能在空气中硬化，也只能在空气中保持或继续发展其强度的胶凝材料，如石膏、石灰、水玻璃及镁质胶凝材料(如菱苦土)。水硬性胶凝材料是指不仅能在空气中硬化，而且能更好地在水中硬化，并保持和继续发展其强度的胶凝材料，如各种水泥。

3.1 建 筑 石 灰

石灰是人类最早应用的胶凝材料。公元前8世纪古希腊人已将石灰用于建筑中，中国也在公元前7世纪开始使用石灰。石灰原料分布广，生产工艺简单，成本低廉，至今仍然是用途广泛的建筑材料。将消石灰粉或生石灰粉掺入各种松散的土中，经拌和、压实及养护后得到的混合料，称为石灰稳定土。它包括石灰土、石灰稳定砂砾土、石灰碎石土等。石灰稳定土具有一定的强度和耐水性，广泛用作建筑物的基础、地面的垫层及道路的路面基层。

3.1.1 石灰的生产与分类

1. 石灰的生产

石灰是以碳酸钙($CaCO_3$)为主要成分的石灰石、白云石等为原料，在高温下煅烧所得的以(CaO)为主要成分的产品。煅烧反应式如下：

$$CaCO_3 \xrightarrow{900\sim1100℃} CaO + CO_2 \uparrow$$

石灰的煅烧一般在立窑中进行。石灰生产中为使 $CaCO_3$ 能充分分解生成 CaO，必须提高温度，但煅烧温度过高、过低，或煅烧时间过长、过短，都会影响石灰的质量。欠火石灰中 CaO 含量低，降低了其质量等级和石灰的利用率。过火石灰的内部结构致密，CaO 晶粒粗大，与水反应的速度极慢。它将在石灰浆硬化以后才发生水化作用，从而产生由于膨胀而引起的崩裂隆起等现象。

● 特 别 提 示

生石灰烧制后一般是块状，表面可观察到部分疏松贯通孔隙，由于含有一定杂质，并非呈现氧化钙的纯白色，而是多呈浅白色或灰白色，称为块灰。

2. 石灰的分类

石灰是氧化钙(生石灰)和氢氧化钙(消石灰)的统称。石灰可以根据成品加工方法和化学成分进行分类。

1) 根据成品加工方法分类

根据成品加工方法不同，石灰分成建筑生石灰、建筑生石灰粉和建筑消石灰粉三个类别。

(1) 建筑生石灰：由原料在低于烧结温度下煅烧而得到的块状白色原成品(主要成分为 CaO)。

(2) 建筑生石灰粉：以建筑生石灰为原料，经研磨制得的生石灰粉(主要成分为 CaO)。

(3) 建筑消石灰粉：以建筑生石灰为原料，加入适量水经水化和加工制得的消石灰粉(主要成分为 $Ca(OH)_2$)。

2) 按化学成分(MgO 含量)分类

石灰按化学成分不同可分为钙质石灰与镁质石灰。

(1) 钙质石灰：石灰中 MgO 含量小于等于 5%；

(2) 镁质石灰：石灰中 MgO 含量大于 5%。

镁质石灰熟化较慢，但硬化后强度稍高。用于建筑工程中的多为钙质石灰。

3.1.2 石灰的熟化

块状生石灰在使用前都要加水使其熟化(又称消解)成熟石灰(又称消石灰)，习惯上也称为"淋灰、陈伏"，其反应式为

$$CaO + H_2O \longrightarrow Ca(OH)_2 + 64.9kJ$$

石灰的熟化过程有两个显著的特点：一是放热量大，放热速度快；二是水化时体积会膨胀 $1\sim2.5$ 倍，石灰的这一特点容易引起工程事故，应予高度重视。如前所述，过火石灰水化极慢，它要在占绝大多数的正常石灰凝结硬化后才开始慢慢熟化，并产生体积膨

胀，从而使已经硬化的石灰体发生鼓包开裂破坏。为了消除过火石灰的危害，通常将生石灰放在消化池中"陈伏"2～3周以上才使用。"陈伏"时，石灰浆表面应保持一层水来隔绝空气，防止碳化。

在工程中，熟化时通过控制加水量的多少，可将石灰加工熟化成消石灰粉、石灰膏等。

1. 石灰膏

石灰膏可用来拌制砌筑砂浆和抹面砂浆。在化灰池或熟化机中加水，拌制成石灰浆，熟化的氢氧化钙经筛网过滤（除渣）流入储灰池，在储灰池中沉淀陈伏成膏状材料，即石灰膏。为保证石灰膏充分熟化，必须在储灰池中储存一段时间，见表 3-1。同时，石灰膏上应保留一层水，避免石灰膏与空气接触而导致碳化，不得使用脱水硬化的石灰膏。一般情况下，1kg 生石灰约化成 1.5～3L 的石灰膏。

表 3-1　制备石灰膏、石灰粉所需熟化期

名　　称	用　　法	熟化期不少于/d
石灰膏	抹灰用	15
	砌筑用	7
磨细生石灰粉	罩面用	3
	砌筑用	2

2. 消石灰粉

将生石灰淋以适当的水，消解成氢氧化钙，再经磨细、筛分而得干粉，称为消石灰粉或熟石灰粉。消石灰粉不得直接用于拌制砌筑砂浆，需放置一段时间，待进一步熟化后使用。消石灰粉可用于拌制灰土、三合土。

3.1.3　石灰的硬化

石灰浆体在空气中逐渐硬化，是通过下面两个同时进行的过程来完成的。

（1）结晶作用。游离水分蒸发，氢氧化钙逐渐从饱和溶液中结晶析出，形成结晶结构网，颗粒相互靠拢、搭接，获得一定的强度。

（2）碳化作用。氢氧化钙与空气中的二氧化碳和水化合生成碳酸钙。其反应方程式如下：

$$Ca(OH)_2 + CO_2 + nH_2O \longrightarrow CaCO_3 + (n+1)H_2O$$

这个反应实际是二氧化碳与水结合形成碳酸，再与氢氧化钙作用生成碳酸钙。碳化过程是从膏体表层开始，逐渐深入到内部，但表层生成的碳酸钙结晶阻碍了二氧化碳的深入，也影响了内部水分的蒸发，所以碳化过程长时间只限于表面发生。氢氧化钙的结晶作用则主要发生在内部。

石灰硬化过程有两个主要特点：一是硬化速度慢；二是体积收缩大。

石灰的硬化只能在空气中进行，也只能在空气中才能继续发展提高其强度，所以石灰只能用于干燥环境的地面上建筑物、构筑物，而不能用于水中或潮湿环境中。

3.1.4　建筑石灰的特性与技术标准

1. 建筑石灰的特性

建筑石灰常简称石灰，实际上它是具有不同化学成分和物理形态的生石灰、消石灰、水硬性石灰的统称。建筑石灰具有以下特性。

1）可塑性、保水性好

生石灰消化为石灰浆时，能形成颗粒极细（粒径为 $1\mu m$）、呈胶体分散状态的氢氧化钙粒子，表面吸附一层厚水膜，因而其保水性好、可塑性好。利用这一性质，将其掺入水泥砂浆中，配制成混合砂浆，可显著提高砂浆的保水性。

2）凝结硬化慢、强度低

石灰浆在空气中的凝结硬化速度慢，导致氢氧化钙和碳酸钙结晶很少，最终硬化后的强度较低。有时为了使石灰具有良好的可塑性，在熟化时常常加入较多的水，多余的水在硬化后蒸发，在石灰内部形成较多的孔隙，导致硬化后的石灰强度不高。

3）干燥收缩大

石灰在硬化过程中，由于蒸发大量的游离水而引起显著的收缩，所以除调成石灰乳作薄层涂刷外，不宜单独使用，常掺入一定量的骨料（砂子）或纤维材料（麻刀、纸筋等），以提高强度，抵抗收缩引起的开裂。

4）耐水性差

石灰浆体硬化后，主要成分是氢氧化钙，由于氢氧化钙微溶于水，所以石灰受潮后溶解，强度更低，在水中还会溃散。故石灰不宜用于潮湿环境及遭受水侵蚀的部位，也不宜用于重要建筑物的基础。

5）吸湿性强

生石灰极易吸收空气中的水分熟化成熟石灰粉，其吸湿性、保水性好，是传统的干燥剂。生石灰长期存放时应在密闭条件下存放，并应防潮、防水。

2. 建筑石灰的技术标准

1）建筑生石灰的技术标准

根据行业标准《建筑生石灰》（JC/T 479—2013），建筑生石灰根据有效氧化钙、有效氧化镁、二氧化碳含量、未消化残渣含量以及产浆量划分为优等品、一等品和合格品。各等级的具体技术指标要求见表3-2。

2）建筑生石灰粉的技术标准

建筑生石灰粉是由块状生石灰磨细而成，按化学成分分为钙质生石灰粉和镁质生石灰粉，每种又有优等品、一等品、合格品三个等级。各等级的具体技术指标要求见表3-3。

3）建筑消石灰粉的技术标准

建筑消石灰粉按化学成分可分为钙质消石灰粉、镁质消生石灰粉和白云石消石灰粉三种，每种又有优等品、一等品、合格品三个等级。各等级的具体技术指标要求见表3-4。

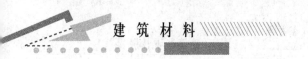

表 3-2 建筑生石灰的技术指标(JC/T 479—2013)

项目	钙质生石灰			镁质生石灰		
	优等品	一等品	合格品	优等品	一等品	合格品
(CaO+MgO)含量不小于/%	90	85	80	85	80	75
未消化残渣含量(5mm 圆孔筛余)不大于/%	5	10	15	5	10	15
CO_2 不大于/%	5	7	9	6	8	10
产浆量不小于/(L/kg)	2.8	2.3	2.0	2.8	2.3	2.0

表 3-3 建筑生石灰粉的技术指标(JC/T 479—2013)

项目		钙质生石灰粉			镁质生石灰粉		
		优等品	一等品	合格品	优等品	一等品	合格品
(CaO+MgO)含量不小于/%		85	80	75	80	75	70
CO_2 不大于/%		7	9	11	8	10	12
细度	0.9mm 筛筛余不大于/%	0.2	0.5	1.5	0.2	0.5	1.5
	0.125mm 筛筛余不大于/%	7.0	12.0	18.0	7.0	12.0	18.0

表 3-4 建筑消石灰粉的技术指标(JC/T 481—2013)

项目		钙质生消石灰粉			镁质消生石灰粉			白云石消石灰粉		
		优等品	一等品	合格品	优等品	一等品	合格品	优等品	一等品	合格品
(CaO+MgO)含量不小于/%		70	65	60	65	60	55	65	60	55
体积安定性		合格	合格	—	合格	合格	—	合格	合格	—
游离水/%		0.4~2	0.4~2	0.4~2	0.4~2	0.4~2	0.4~2	0.4~2	0.4~2	0.4~2
细度	0.9mm 筛筛余不大于/%	0	0	0.5	0	0	0.5	0	0	0.5
	0.125mm 筛筛余不大于/%	3	10	15	3	10	15	3	10	15

3.1.5 石灰的应用及储运

1. 石灰的应用

1)制作石灰乳涂料和石灰砂浆

石灰膏加水搅拌稀释,成为石灰乳涂料,可用于内墙和天棚刷白。石灰膏或消石灰粉可配制石灰砂浆和水泥石灰混合砂浆,用于砌筑和抹面工程。当配制的砂浆用于墙体和顶棚抹面时,常掺入麻刀、纸筋等纤维材料,以减少凝结硬化时的体积收缩裂缝。当石灰砂浆用于吸水性较强的基面(如加气混凝土砌块)时,应事先将基面润湿,以免石灰浆脱水过快成为干粉而丧失胶结能力。

2) 配制灰土和三合土

消石灰粉与黏土拌合后称为灰土或石灰土,再加砂或石屑、炉渣等即为三合土。

灰土和石灰土在强力夯打下,密实度大大提高。黏土中少量的活性氧化硅和活性氧化铝与氢氧化钙反应生成胶结体的硅酸钙、铝酸钙以及铁酸钙,将土壤胶结起来,使灰土有较高的强度和抗水性。灰土和三合土主要用于建筑物的基础、路面或地面的垫层。

3) 生产硅酸盐混凝土及制品

以石灰和硅质材料(石英砂、粉煤灰、矿渣等)为原料、经磨细、拌和、成型、养护等工序而成的材料,统称为硅酸盐制品。常用的硅酸盐制品有蒸汽养护和压蒸养护的各种粉煤灰砖及砌块、加气混凝土等,主要用于墙体。发展硅酸盐制品,对节约能源、利用工业废料有重大意义。

4) 加固含水的软土地基

生石灰可直接用来加固含水的软土地基(石灰桩)。它是在桩孔内灌入生石灰块,利用生石灰吸水熟化时体积膨胀的性能产生膨胀压力,从而使地基加固。

5) 制作碳化石灰板

将生石灰粉与纤维材料(如玻璃纤维)或轻质骨料(如炉渣)加水搅拌成型,用二氧化碳进行人工碳化可制成轻质的碳化石灰板(如石灰空心板)。碳化石灰板的可加工性能好,导热系数小,保温绝热性能较好,宜做非承重内隔墙板、天花板等。

2. 石灰的储运

生石灰块和生石灰须在干燥条件下运输和储存,不得与易燃、易爆及液体物品同时装运。应按石灰的产品分类、分等堆放,不宜久存。在存放过程中,生石灰吸收空气中的水分熟化成消石灰粉,再与二氧化碳作用生成碳酸钙,从而失去胶结能力。熟化好的石灰膏,也不宜长期暴露在空气中,以防碳化硬结。

 案例分析

某中学教学楼砖砌墙体采用石灰混合砂浆作内抹面,表层使用乳胶漆饰面。数月后,发现内墙面出现许多面积大小不等($0.5\sim2.0\text{cm}^2$)的凸鼓,凸起点无规则分布,且该现象随后不断加重,较大的凸起点将面层顶破出现裂纹。试分析其原因并提出预防措施。

1. 原因分析

墙体内抹面使用的混合砂浆中可能存在过火石灰,或者是存在石灰熟化时"陈伏"时间较短的石灰,或是石灰膏的细度太大,使得抹灰后未熟化的石灰继续熟化,产生体积膨胀,造成抹面凸鼓,出现裂纹。

当砂中含有黏土块或较大的黏土颗粒时,黏土遇水后体积膨胀,也将使砂浆抹面产生凸鼓现象。另外,当砖砌墙体基层淋水过多或湿度过大时,水分向外散发过程中形成气泡,这也是造成砂浆抹面凸鼓的原因之一。

2. 防治措施

(1) 选用熟化充分的石灰配制抹面砂浆。抹面混合砂浆所用的石灰膏熟化"陈伏"时间一般不少于 30 天，以消除过火石灰后期熟化时的体积膨胀。

(2) 淋制石灰膏时，选用孔径不大于 3mm×3mm 的滤网进行过滤，并防止黏土等杂质混入化灰池和储灰池。

(3) 选用洁净、级配良好的中砂，麻刀灰中的麻捻应晒干打散。按纵横两道工序分层施工，待底灰达 7 成干时再抹罩面灰，如麻刀抹面灰层起泡，应将泡中的气体或水分用铁抹子挤出后再压光。

(4) 对已出现的凸鼓部位，先将凸起的浮层和碎屑清除干净，再用聚合物砂浆进行补抹。

3.2 建 筑 石 膏

石膏胶凝材料是一种以硫酸钙为主要成分的气硬性胶凝材料。石膏胶凝材料及其制品在建筑中已得到广泛应用，是一种理想的高效节能材料。其制品具有质量轻、抗火、隔声、绝热效果好等优点，同时生产工艺简单、资源丰富。在古代及现代建筑发展过程中都发挥了巨大作用。它不仅是一种有悠久历史的胶凝材料，而且是一种有发展前途的新型建筑材料。例如，美国目前 80% 的住宅用石膏板作内墙和吊顶；在日本、欧洲，石膏板的应用很普遍。我国石膏矿分布很广，储量很大，具有十分广阔的应用前景。

3.2.1 石膏的分类

1. 按矿物组分划分

根据国家标准《天然石膏》(GB/T 5483—2008)，天然石膏按矿物组分分为石膏(即二水石膏，代号 G)、硬石膏(即无水石膏，代号 A)和混合石膏(二水石膏与无水石膏混合物，代号 M)3 类。

各类天然石膏按品位分为特级、一级、二级、三级、四级 5 个级别，见表 3-5。

表 3-5　天然石膏的等级(GB/T 5483 — 2008)

级别	品位(质量分数)/%		
	石膏(G)	硬石膏(A)	混合石膏(M)
特级	≥95	—	≥95
一级	≥85		
二级	≥75		
三级	≥65		
四级	≥55		

2. 按硫酸钙所含结晶水数量划分

根据硫酸钙所含结晶水数量的不同，石膏分为无水石膏($CaSO_4$)、半水石膏($CaSO_4$ ·

$0.5H_2O)$和二水石膏$(CaSO_4 \cdot 2H_2O)$。

（1）无水石膏又称为硬石膏，来源于二水石膏高温煅烧后的产物或天然石膏矿。

（2）半水石膏是二水石膏加热后生成的产物。

（3）二水石膏有两个来源：一是天然石膏矿（软石膏或生石膏）；二是化工石膏。化工石膏是含有较大量$CaSO_4 \cdot 2H_2O$的化学工业副产品，是一种废渣或废液，如磷化工厂的废渣为磷石膏，氟化工厂的废渣为氟石膏。此外，还有脱硫排烟石膏、硼石膏、盐石膏、钛石膏等。

3.2.2　建筑石膏的凝结与硬化

将天然二水石膏或主要成分为二水石膏的化工石膏加热，由于加热方式和温度不同，可生产不同性质的石膏品种。温度为$65 \sim 75$℃时，开始脱水，至$107 \sim 170$℃时，脱去部分结晶水，得到β型半水石膏$(CaSO_4 \cdot 0.5H_2O)$，这就是建筑石膏。

建筑石膏加水后，形成可塑性浆体，但很快就失去塑性产生凝结硬化，发展成为坚硬的固体。石膏浆体内部经历了一系列的物理化学变化，才发生这种现象。首先，半水石膏溶解于水进行水化反应，生成二水石膏。反应式如下：

$$CaSO_4 \cdot \frac{1}{2}H_2O + 1\frac{1}{2}H_2O \longrightarrow CaSO_4 \cdot H_2O$$

由于二水石膏在水中的溶解度较半水石膏在水中的溶解度小得多，所以二水石膏不断从饱和溶液中沉淀而析出胶体微粒。由于二水石膏析出，破坏了原有半水石膏的平衡浓度，这时半水石膏会进一步溶解和水化，直到半水石膏全部水化为二水石膏为止。随着水化的进行，二水石膏生成晶体量不断增加，水分逐渐减少，浆体开始失去可塑性，这称为初凝。而后浆体继续变稠，颗粒之间的摩擦力、黏结力增加，并开始产生结构强度，表现为终凝。其间晶体颗粒逐渐长大、连生和互相交错，使浆体强度不断增长，直到水分完全蒸发后，强度才停止发展。这就是建筑石膏的硬化过程。建筑石膏的水化、凝结及硬化是一个连续的、不可分割的过程，也就是说，水化是前提，凝结硬化是结果。

二水石膏凝结硬化过程中最显著的特点：速度快，水化过程一般为$7 \sim 12min$，另外凝结硬化过程产生1%左右的体积膨胀，这是其他胶凝材料不具有的特性。

3.2.3　建筑石膏的技术标准

根据国家标准《建筑石膏》（GB/T 9776—2008）的规定，建筑石膏按2h抗折强度分为3.0、2.0、1.6三个等级，其物理力学性质见表3-6。

表3-6　建筑石膏等级及物理力学性质（GB/T 9776—2008）

等级	细度(0.2mm 方孔筛筛余)/%	凝结时间/min		2h 强度/MPa	
		初凝	终凝	抗折	抗压
3.0	≤10	≥85	≤30	≥3.0	≥6.0
2.0	≤10	≥85	≤30	≥2.0	≥4.0
1.6	≤10	≥85	≤30	≥1.6	≥3.0

3.2.4 建筑石膏的性质

建筑石膏主要具有以下性质。

1. 凝结硬化快

建筑石膏加水拌和后 3～5min 内即可失去可塑性凝结，为满足施工操作的要求，往往需掺加适量的缓凝剂（硼砂、柠檬酸等）。规范规定建筑石膏的初凝时间不小于 6min，终凝时间不大于 30min。

2. 凝结硬化时体积微膨胀

建筑石膏硬化后体积略有膨胀，使得硬化时不出现裂缝，可以不掺加填料而单独使用。石膏制品尺寸精确，轮廓清晰，表面光滑，饱满装饰性好，适合制作复杂图案花型的石膏装饰制品。

3. 保温隔热、吸声性好

建筑石膏水化的理论用水量为 18.6%，为了满足施工要求的可塑性，实际加水量约为 60%～80%，石膏凝结后多余水分蒸发，石膏硬化体中含有大量的毛细孔，其孔隙率可达 50%～60%。这一特性使得石膏制品导热系数小，保温隔热性能好，但其强度较低。由于硬化体的多孔结构特点，使建筑石膏具有质轻、保温隔热、吸声性强等优点，常用作保温、吸声材料。

4. 调温、调湿、装饰性好

由于石膏内大量毛细孔隙对空气中的水蒸气具有较强的吸附能力，所以对室内的空气湿度有一定的调节作用。再加上石膏制品表面细腻平整、色白，是理想的环保型室内装饰材料。

5. 防火性好

建筑石膏硬化后的主要成分是含有两个结晶水分子的二水石膏，当遇火时，二水石膏脱出结晶水，结晶水吸收热量在表面生成"蒸汽幕"，因此，在火灾发生时，能够有效抑制火焰蔓延和温度的升高。但建筑石膏不宜长期在 65℃以上的高温部位使用，以免二水石膏缓慢脱水分解而降低强度。

6. 耐水性、抗渗性、抗冻性差

石膏硬化后孔隙率高，吸水性强；石膏长期在潮湿环境中，晶粒间的结合力会削弱，因此不耐水。另外，建筑石膏中的水分一旦受冻会产生破坏，即抗冻性差。

3.2.5 建筑石膏的应用

石膏具有诸多优良的性能，是一种很有发展前途的建筑功能材料。

1. 室内抹灰和粉刷

由于建筑石膏的优良特性，常被用于室内高级抹灰和粉刷。建筑石膏加砂、缓凝剂和水拌和成石膏砂浆，用于室内抹灰，其表面光滑、细腻、洁白、美观。石膏砂浆也作为腻子，填补墙面的凹凸不平。建筑石膏加缓凝剂和水拌和成石膏浆体，可作为室内粉刷的涂料。

2. 普通纸面石膏板

普通纸面石膏板是以建筑石膏为主要原料，掺入纤维和外加剂构成芯材，并与护面纸牢固地结合在一起的建筑板材。护面纸板主要起提高板材抗弯、抗冲击性能的作用。普通纸面石膏板具有质轻、保温、防火、吸声、抗冲击，调节室内温度、湿度等性能，可锯、可钉、可钻，并可用钉子、螺栓和以石膏为基材的胶黏剂黏结。

普通纸面石膏板主要适用于室内隔断和吊顶，而且要求环境干燥。不适用于厨房、卫生间以及空气相对湿度大于70%的潮湿环境。

普通纸面石膏板作为装饰材料时饰面须做处理，其与轻钢龙骨构成的墙体构造主要有两层板墙和四层板墙，分别适用于分室墙和分户墙。

3. 装饰石膏板

装饰石膏板是以建筑石膏为主要原料，掺入适量纤维增强材料和外加剂，经搅拌、浇注成形、干燥而成的不带护面纸的板材，如多孔板、花纹板、浮雕板等。装饰石膏板不须做饰面处理，可用于宾馆、商场、音乐厅、会议室、幼儿园、住宅等建筑的墙面和吊顶装饰。

4. 石膏砌块与石膏空心条板

将石膏做成石膏砌块可用于墙体，其质量轻、保温隔热。石膏砌块有实心、空心和夹心三种。

石膏空心条板的生产方式与普通混凝土空心板类似。生产时常加入纤维材料或轻质填料，以提高板的抗折强度和减轻自重。这种板多用于民用住宅的分室墙。

石膏砌块主要用于框架结构和其他结构建筑的非承重墙。石膏砌块与混凝土相比，其耐火性能要高5倍，墙体轻，抗震性好。石膏砌块可钉、可锯、可刨，加工十分方便。石膏砌块具有"呼吸"水蒸气的功能，可提高居住舒适度。

5. 建筑雕塑和硅酸盐制品

由于石膏凝结快、体积稳定，常被用于制作建筑雕塑。此外，建筑石膏也可用于生产水泥和各种硅酸盐建筑制品。

对于石膏工业来说，约有85%被用来生产建筑墙板，约15%用来生产涂料或其他石膏产品。

3.2.6　建筑石膏的储运

建筑石膏一般采用袋装，可用防潮及不易破损的纸袋或其他复合袋包装。包装袋上应清楚标明产品标记、制造厂名、生产批号和出厂日期、质量等级、商标、防潮标志。

建筑石膏运输、储存时不得受潮和混入杂物。不同等级的石膏应分别储运，不得混杂。自生产日起算，储存期为三个月。三个月后重新进行质量检验，以确定等级。

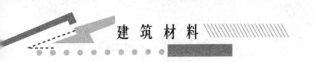

3.3 水 玻 璃

水玻璃俗称"泡花碱"，是由碱金属氧化物和二氧化硅按不同比例化合而成的一种可溶于水的硅酸盐。常用的水玻璃有硅酸钠水玻璃（$Na_2O \cdot nSiO_2$）和硅酸钾水玻璃（$K_2O \cdot nSiO_2$）。建筑上常用的是硅酸钠水玻璃。

水玻璃分子式中 SiO_2 与 Na_2O（或 K_2O）的分子数比值 n 称为水玻璃的模数。水玻璃的模数越大，越难溶于水，越容易分解硬化，硬化后黏结力、强度、耐热性与耐酸性越高。

液体水玻璃因所含杂质不同，呈青灰色、绿色或黄色，以无色透明的液体水玻璃为最好，建筑上常用的硅酸钠水玻璃的模数 n 为 2.5～3.5，密度为 $(1.3～1.4)g/cm^3$。

3.3.1 水玻璃的生产和硬化

1. 水玻璃的生产

水玻璃的生产方法有湿法和干法两种。湿法生产是将石英砂和氢氧化钠水溶液在压蒸锅 0.2～0.3MPa 内用蒸汽加热溶解而制成水玻璃溶液。干法是将石英砂和碳酸钠磨细拌匀，在熔炉中于 1300～1400℃ 温度下熔融，反应生成固体水玻璃，其反应式如下：

$$Na_2CO_3 + nSiO_2 \longrightarrow Na_2O \cdot nSiO_2 + CO_2 \uparrow$$

熔融的水玻璃冷却后在蒸压釜内加热溶解成胶状玻璃溶液，即液态水玻璃。

2. 水玻璃的硬化

水玻璃在空气中吸收 CO_2 形成无定型的二氧化硅凝胶，并逐渐干燥而硬化，其反应式为

$$Na_2O \cdot nSiO_2 + CO_2 + mH_2O \longrightarrow Na_2CO_3 + nSiO_2 \cdot mH_2O$$

由于空气中二氧化碳含量极少，上述硬化过程很慢，为加速硬化，可掺入适量促硬剂，如氟硅酸钠（Na_2SiF_6），从而加快水玻璃的凝结与硬化。氟硅酸钠的用量应严格控制，太少达不到促硬的效果；太多会因速凝操作困难。掺量以水玻璃质量的 12%～15% 为宜。

● 特 别 提 示

水玻璃对眼睛和皮肤有一定的灼伤作用。氟硅酸钠具有毒性，使用过程中，应注意安全防护。

3.3.2 水玻璃的特性

1. 黏结能力强，抗压强度高

水玻璃有良好的黏结能力，硬化时析出的硅酸凝胶有堵塞毛细孔而防止流体渗透的作用。硬化后具有较高的黏结强度。用水玻璃配置的玻璃混凝土，抗压强度可达到 $(15～40)MPa$。

2. 耐热性好

水玻璃不燃烧，在高温下硅酸凝胶干燥快，形成二氧化硅空间网状骨架，强度并不降低，甚至有所提高，因此具有良好的耐热性能。

3. 耐酸性好

硬化后水玻璃的主要成分为 SiO_2，在强氧化性酸中具有较高的化学稳定性。所以它能抵抗大多数无机酸和有机酸的作用，具有很好的耐酸性。

3.3.3　水玻璃的应用

1. 涂刷建筑材料表面，提高密实性和抗风化能力

硅酸凝胶可填充材料的孔隙使材料致密，提高了材料的密实度、强度、抗渗性、抗冻性及耐水性等，从而提高了材料的抗风化能力。用浸渍法处理黏土砖、硅酸盐制品、水泥混凝土均有良好的效果；但此法不能用于浸渍石膏制品，因硅酸钠会与石膏反应生成体积膨胀的硫酸钠晶体，使制品胀裂。

2. 加固地基

将水玻璃溶液与氯化钙溶液交替灌入土壤中，两种溶液发生化学反应，析出硅酸胶体，起到胶结和填充土壤孔隙的作用，不仅能提高基础的承载能力，而且可以增强不透水性。

3. 堵漏、抢修

水玻璃还可以配制促硬剂、防水剂，掺入水泥浆、砂浆或混凝土中，用于堵漏、抢修，故称为快硬防水剂。

4. 配制耐酸混凝土和耐酸砂浆

配制耐酸混凝土和耐酸砂浆用于冶金、化工等行业的防腐工程。配制耐热混凝土和耐热砂浆，可用于高炉基础、热工设备等耐热工程。

复习思考题

一、填空题

1. 石膏板不能用作外墙板的主要原因是由于它的_____差。

2. 建筑石膏具有凝结硬化快，硬化初期具有体积_____的特性，故其适于制作模型、塑像等。

3. 建筑石膏的孔隙率_____，表观密度_____，故其具有_____好、_____性强的特性，其产品冬暖夏凉，吸声效果好。

4. 石灰不可以单独应用是因为其硬化后_____大，而石膏可以单独应用是由于其硬化过程中具有_____的特性。

5. 石灰熟化时具有两个特点，一是_____，二是_____。

6. 石灰膏主要用于配制墙体的_____和_____，消石灰粉主要用于拌制_____或_____。

7. 石灰浆体的硬化包括_____和_____两个同时进行的过程，其速度_____。

8. 在石灰应用中，常将石灰与纸筋、麻刀、砂等混合应用，其目的是防止_____。

9. 在水泥砂浆中掺入石灰膏是利用了石灰膏具有_____好的特性，从而提高了水泥砂浆的_____。

10. 按消防要求，尽可能用石膏板代替木质板材，是因为石膏板具有_____好的特性。

二、选择题

1. 水玻璃在空气中硬化很慢，通常要加入促硬剂（　　）才能正常硬化。

A. NaF　　　　　　　　B. Na_2SO_4　　　　　　　C. Na_2SiF_6

2. 下列（　　）工程不适于选用石膏制品。

A. 吊顶材料　　　　　　　　　　　　B. 影剧院的穿孔贴面板

C. 冷库内的墙贴面　　　　　　　　　D. 非承重隔墙板

3. 生石灰使用前的"陈伏"处理，是为了（　　）。

A. 消除欠火石灰　　　B. 放出水化热　　　C. 消除过火石灰危害

4. 建筑石膏凝结硬化时，最主要的特点是（　　）。

A. 体积膨胀大　　　B. 体积收缩大　　　C. 放出大量的热　　　D. 凝结硬化快

5. 由于石灰浆体硬化时（　　），以及硬化强度低等缺点，所以不宜单独使用。

A. 吸水性大　　　B. 需水量大　　　C. 体积收缩大　　　D. 体积膨胀大

6.（　　）在使用时，常加入氟硅酸钠作为促凝剂。

A. 高铝水泥　　　B. 石灰　　　　　C. 石膏　　　　　　D. 水玻璃

7. 建筑石膏在使用时，通常掺入一定量的动物胶，其目的是为了（　　）。

A. 缓凝　　　　　B. 提高强度　　　C. 促凝　　　　　　D. 提高耐久性

8.（　　）在空气中凝结硬化是受到结晶和碳化两种作用。

A. 石灰浆体　　　B. 石膏浆体　　　C. 水玻璃溶液　　　D. 水泥浆体

9. 在下列胶凝材料中，（　　）在硬化过程中体积有微膨胀性，因此可单独使用。

A. 石灰　　　　　B. 石膏　　　　　C. 水泥　　　　　　D. 水玻璃

10. 硬化后的水玻璃不仅耐酸性好，而且（　　）也好。

A. 耐水性　　　　B. 耐碱性　　　　C. 耐热性　　　　　D. 耐久性

三、简答题

1. 何谓气硬性胶凝材料、水硬性胶凝材料？两者的差异是什么？

2. 生石灰、熟石灰、建筑石膏的主要成分是什么？它们各有哪些技术性质和用途？

3. 生石灰在熟化时为什么要"陈伏"？为什么"陈伏"时需要在熟石灰表面保留一层水？

4. 为什么用不耐水的石灰拌制成的灰土、三合土具有一定的耐水性？

5. 简述石灰、石膏的硬化原理。

6. 石灰在储存和保管时需要注意哪些方面？

7. 简述水玻璃的应用。

四、案例题

1. 在某路基施工过程中使用石灰粉煤灰综合稳定碎石(俗称二灰碎石)。第一天铺筑了 500m 并且碾压完毕，密实度与平整度都能够满足要求。但是第二天却发现已摊铺完的基层鼓起了一个个的包，并且不停地冒着蒸汽。试分析产生这种现象的原因。

2. 某工程内墙面抹水泥混合砂浆 24h 后，刷两遍乳胶漆。但很快就发现乳胶漆表面不平且有起皮脱落现象。试分析产生这种现象的原因。

第 4 章

水　泥

学习目标

本章介绍水泥的原料与生产、水化硬化特点、技术要求及应用等。通过本章的学习，要求学生：

掌握：通用硅酸盐水泥的技术性质、特点及适用范围，水泥腐蚀的原理及防护措施，水泥的储运，水泥的验收及性能检验。

熟悉：水泥熟料的矿物成分及特性。

了解：通用硅酸盐水泥的生产过程；水泥熟料水化机理及特点；其他专用及特性水泥的性能特点及应用。

引　例

2002 年 6 月 15 日，由于施工过程中使用了已经过了保质期的水泥，延安一户人家刚盖起来的房顶，在拆除凝固支柱时突然塌了下来，幸亏施工人员躲避及时才未造成伤亡。

水泥是一种粉状矿物胶凝材料，它与水混合后形成浆体，经过一系列的物理、化学变化，由可塑性浆体变成坚硬的石状体，并能将散粒材料胶结成整体。水泥浆体不仅能在空气中凝结硬化，更能在水中凝结硬化，是一种水硬性胶凝材料。

水泥是建筑中最重要的材料，也是用量最大的材料。水泥混凝土已经成为现代建筑的基石，在经济社会的发展中发挥着重要作用。

现代意义上的水泥是 1824 年由英国建筑工人阿斯普丁发明的，是通过煅烧石灰石与黏土的混合料得到的一种胶凝材料，它制成砖块很像由波特兰半岛采下来的石头，由此将这种胶凝材料命名为"波特兰水泥"。自 1824 年波特兰水泥问世以来，水泥和水泥基材料已成为当今世界最大宗的人造材料。

水泥是一种粉末状材料，当它与水混合后，在常温下经物理、化学作用，能由可塑性浆体逐渐凝结硬化成坚硬的石状体，并能将散粒材料胶结成为整体，不仅能在空气中凝结硬化，还能在水中胶结硬化并发展强度，水泥属于水硬性胶凝材料。

水泥是建筑工程中最重要的建筑材料之一。水泥的问世对工程建设起到了巨大的推动作用，引起了工程设计、施工技术、新材料开发等领域的巨大改革。水泥不仅大量用于工业与民用建筑工程中，而且广泛用于交通、水利、海港、矿山等工程，几乎任何种类、规模的工程都离不开水泥。

水泥的种类很多，按其主要成分可分为硅酸盐类水泥、铝酸盐类水泥、硫铝酸盐类水泥和磷酸盐类水泥；按水泥的用途和性能，又可分为通用水泥（如硅酸盐水泥、矿渣硅酸盐水泥）、专用水泥（如道路水泥）及特性水泥（如快硬硅酸盐水泥、膨胀水泥）。

今后水泥的发展趋势：在水泥品种方面，将加速发展快硬、高强、低热等特种和多用途的水泥；大力发展水泥外加剂；大力发展高强度等级水泥。

4.1　通用硅酸盐水泥

4.1.1　通用硅酸盐水泥的品种与组分

根据国家标准《通用硅酸盐水泥》国家标准第 1 号修改单（GB 175—2007/XG 1—2009）的规定，通用硅酸盐水泥是以硅酸盐水泥熟料和适量的石膏及规定的混合材料制成的水硬性胶凝材料。

通用硅酸盐水泥按混合材料的品种和掺量，分为硅酸盐水泥、普通硅酸盐水泥、矿渣硅酸盐水泥、火山灰质硅酸盐水泥、粉煤灰硅酸盐水泥和复合硅酸盐水泥六大品种。其中，硅酸盐水泥是最基本的一个品种。各种通用硅酸盐水泥的组分和代号，见表 4-1。

表 4-1　通用硅酸盐水泥的品种和组分

品　　种	代号	组分/%				
		熟料＋石膏	粒化高炉矿渣	火山灰质混合材料	粉煤灰	石灰石
硅酸盐水泥	P·Ⅰ	100	—	—	—	—
	P·Ⅱ	≥95	≤5	—	—	—
		≥95	—	—	—	≤5
普通硅酸盐水泥	P·O	≥80且<95	>5且≤20①			—
矿渣硅酸盐水泥	P·S·A	≥50且<80	>20且≤50②	—	—	—
	P·S·B	≥30且<50	>50且≤70②	—	—	—
火山灰质硅酸盐水泥	P·P	≥60且<80	—	>20且≤40③	—	—
粉煤灰硅酸盐水泥	P·F	≥60且<80	—	—	>20且≤40④	—
复合硅酸盐水泥	P·C	≥50且<80	>20且≤50⑤			

注：①本组分材料为符合规定的活性混合材料，其中允许用不超过水泥质量 8% 且符合规定的非活性混合材料或不超过水泥质量 5% 且符合规定的窑灰代替。

② 本组分材料为符合 GB/T 203—2008 或 GB/T 18046—2008 的活性混合材料，其中允许用不超过水泥质量 8% 且符合规定的活性混合材料或非活性混合材料或窑灰中的任一种材料代替。

③ 本组分材料为符合 GB/T 2847—2005 的活性混合材料。

④ 本组分材料为符合 GB/T 1596—2005 的活性混合材料。

⑤ 本组分材料为由两种(含)以上符合规定的活性混合材料或(和)非活性混合材料组成，其中允许用不超过水泥质量 8% 且符合规定的窑灰代替。掺矿渣时混合材料掺量不得与矿渣硅酸盐水泥重复。

4.1.2　通用硅酸盐水泥的技术要求

《通用硅酸盐水泥》国家标准第 1 号修改单(GB 175—2007/XG1—2009)对硅酸盐水泥的化学指标、物理指标、碱含量等提出了具体的要求。

1. 化学指标

通用硅酸盐水泥的化学指标要求列于表 4-2。

2. 碱含量(选择性指标)

碱含量是指水泥中 Na_2O 和 K_2O 的含量，按 $Na_2O+0.658K_2O$ 计算值表示。在水泥中含碱，是引起混凝土中产生碱—骨料反应的条件。当使用活性骨料时，要使用低碱水泥。用户要求提供低碱水泥时，水泥中的碱含量应不大于 0.60% 或由买卖双方协商确定。

表4-2　通用硅酸盐水泥的化学指标（质量分数，%）

品　　种	代　号	不溶物	烧失量	三氧化硫	氧化镁	氯离子
硅酸盐水泥	P·Ⅰ	≤0.75	≤3.0	≤3.5	≤5.0	≤0.06
	P·Ⅱ	≤1.50	≤3.5			
普通硅酸盐水泥	P·O	—	≤5.0			
矿渣硅酸盐水泥	P·S·A	—	—	≤4.0	≤6.0	
	P·S·B	—	—		—	
火山灰质硅酸盐水泥	P·P	—	—	≤3.5	≤6.0	
粉煤灰硅酸盐水泥	P·F					
复合硅酸盐水泥	P·C					

注：1. 如果水泥压蒸试验合格，则水泥中氧化镁的含量（质量分数）允许放宽至6.0%。

2. 如果水泥中氧化镁的含量（质量分数）大于6.0%时，需进行水泥压蒸安定性试验并合格。

3. 当有更低要求时，该指标由买卖双方协商确定。

3. 物理指标

1）凝结时间

凝结时间分初凝时间和终凝时间。初凝时间是指从水泥全部加入水中，到水泥开始失去可塑性所需的时间；终凝时间是指从水泥全部加入水中，到水泥完全失去可塑性开始产生强度所需的时间，如图4-1所示。

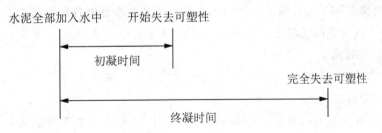

图4-1　水泥凝结时间

水泥的凝结时间对施工有重大意义。水泥的初凝不宜过早，以便在施工时有足够的时间完成混凝土或砂浆的搅拌、运输、浇捣和砌筑等操作；水泥的终凝不宜过迟，混凝土浇注后，则要求尽快硬化，具有强度。终凝时间过长，则会影响施工工期。因此，应严格控制水泥的凝结时间。《通用硅酸盐水泥》（GB 175—2007）规定，硅酸盐水泥初凝时间不小于45min，终凝时间不大于390min。普通硅酸盐水泥、矿渣硅酸盐水泥、火山灰质硅酸盐水泥、粉煤灰硅酸盐水泥和复合硅酸盐水泥初凝时间不小于45min，终凝时间不大于600min。

2）安定性

水泥体积安定性简称水泥安定性，是指水泥浆体硬化后体积变化是否均匀的性质。当水泥浆体在硬化过程中或硬化后发生不均匀的体积膨胀，会产生水泥石开裂、翘曲等现象，称为体积安定性不良。

体积安定性不良会造成水泥混凝土构件产生膨胀型裂缝，降低建筑物质量，甚至引起严重事故。体积安定性不良一般是由于熟料中所含的游离氧化钙过多，也可能是由于熟料中所含的游离氧化镁过多或粉磨熟料时掺入的石膏过量。熟料中所含游离氧化钙或氧化镁都是过烧，熟化很慢，在水泥已经硬化后才进行熟化，产生体积膨胀，引起不均匀的体积变化，使水泥石体积开裂。当石膏掺量过多时，在水泥硬化后，它还会继续与固态的水化铝酸钙反应生成水化硫铝酸钙晶体，体积增大约 1.5 倍，造成水泥石开裂。

《通用硅酸盐水泥》(GB 175—2007)规定：由游离氧化钙引起的水泥体积安定性不良，可采用沸煮法检验。沸煮法包括试饼法和雷氏夹法两种。试饼法是将标准稠度水泥净浆做成试饼，沸煮 3h 后，若用肉眼观察未发现裂纹，用直尺检查没有弯曲现象，则称为安定性合格。雷氏夹法是测定水泥试体在雷氏夹中沸煮硬化后的膨胀值，若膨胀量在规定值内，则为安定性合格。当试饼法和雷氏夹法两者有矛盾时，以雷氏夹法为准。

沸煮法起加速氧化钙熟化的作用，所以只能检验游离氧化钙所引起的体积安定性不良。游离氧化镁在蒸压下才加速熟化，石膏的危害则需长期在常温下才能发现，二者均不便于快速检验。因此，通常在水泥生产中严格控制其含量。国家标准规定：硅酸盐水泥和普通硅酸盐水泥中游离氧化镁含量不得超过 5.0%，其他品种不超过 6.0%；三氧化硫含量，矿渣水泥不得超过 4.0%，其他水泥不得超过 3.5%。体积安定性不良的水泥应作废品处理，不能用于工程中。

⬤ 特 别 提 示 ··

工程中可采用以下几种简易方法对水泥安定性是否合格进行初步判定。

① 合格水泥浇筑的混凝土外表坚硬刺手，而安定性不合格水泥浇筑的混凝土给人以松软、冻后融化的感觉。

② 合格水泥浇筑的混凝土多数呈青灰色且有光亮，而安定性不合格水泥浇筑的混凝土多呈白色且黯淡无光。

③ 合格水泥拌制的混凝土与骨料的握裹力强、黏结牢，石子很难从构件表面剥离下来，而安定性不合格的水泥拌制的混凝土与骨料的握裹力差、黏结力小，石子容易从混凝土的表面剥离下来。

··

3）强度

水泥强度是表示水泥力学性能的一项重要指标，是评定水泥强度等级的依据。根据《通用硅酸盐水泥》(GB 175—2007)规定，不同品种、不同强度等级的通用硅酸盐水泥，其各龄期的强度应符合表 3-4 的规定。

通用硅酸盐水泥依据其 3d 的不同强度分为普通型和早强型两种类型，其中有代号为 R 者为早强型水泥。各龄期强度指标全部满足规定值者为合格，否则为不合格。

根据国家标准《水泥胶砂强度检验方法(ISO 法)》(GB/T 17671—1999)规定，检测水泥强度时应将水泥、标准砂和水按质量计以 1：3：0.5 混合，按规定的方法制成 40mm×

40mm ×160mm 的标准试件，在标准条件(20±10℃)的水中养护，分别测定其 3d 和 28d 的抗折强度和抗压强度，再对照国家标准相应规定判定其强度等级。硅酸盐水泥强度等级分为 42.5、42.5R、52.5、52.5R、62.5、62.5R 六个等级；普通硅酸盐水泥强度等级分为 42.5、42.5R、52.5、52.5R 四个等级；矿渣硅酸盐水泥、火山灰硅酸盐水泥、粉煤灰硅酸盐水泥、复合硅酸盐水泥强度等级分为 32.5、32.5R、42.5、42.5R、52.5、52.5R 六个等级，见表 4-3。

表 4-3 各品种通用硅酸盐水泥的强度要求(GB 175—2007)

品 种	强度等级	抗压强度		抗折强度	
		3d	28d	3d	28d
硅酸盐水泥	42.5	≥17.0	≥42.5	≥3.5	≥6.5
	42.5R	≥22.0		≥4.0	
	52.5	≥23.0	≥52.5	≥4.0	≥7.0
	52.5R	≥27.0		≥5.0	
	62.5	≥28.0	≥62.5	≥5.0	≥8.0
	62.5R	≥32.0		≥5.5	
普通硅酸盐水泥	42.5	≥17.0	≥42.5	≥3.5	≥6.5
	42.5R	≥22.0		≥4.0	
	52.5	≥23.0	≥52.5	≥4.0	≥7.0
	52.5R	≥27.0		≥5.0	
矿渣硅酸盐水泥 火山灰硅酸盐水泥 粉煤灰硅酸盐水泥 复合硅酸盐水泥	32.5	≥10.0	≥32.5	≥2.5	≥5.5
	32.5R	≥15.0		≥3.5	
	42.5	≥15.0	≥42.5	≥3.5	≥6.5
	42.5R	≥19.0		≥4.0	
	52.5	≥21.0	≥52.5	≥4.0	≥7.0
	52.5R	≥23.0		≥4.5	

4) 细度

细度(选择性指标)是指水泥颗粒的粗细程度，是检定水泥品质的主要指标之一。

水泥的细度对水泥安定性、需水量、凝结时间及强度都有影响。水泥颗粒越细，与水发生作用的表面积越大，水化越快，其早期强度和后期强度都较高，但会使粉磨能耗增大，因此应控制水泥在合理的细度范围之内。

水泥细度可用筛析法和比表面积法来检测。筛析法以 $80\mu m$ 或 $45\mu m$ 方孔筛的筛余量表示水泥细度；比表面积法用 1kg 水泥所具有的总表面积(m^2)来表示水泥细度(m^2/kg)。

为满足工程对水泥性能的要求，《通用硅酸盐水泥》(GB 175—2007)规定，硅酸盐水泥和普通硅酸盐水泥的细度以比表面积表示，其值应不小于 $300m^2$/kg；矿渣硅酸盐水泥、

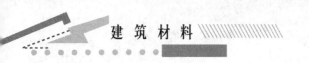

火山灰质硅酸盐水泥、粉煤灰硅酸盐水泥和复合硅酸盐水泥的细度以筛余表示，其 $80\mu m$ 方孔筛筛余应不大于 10% 或 $45\mu m$ 方孔筛筛余应不大于 30%。

4. 其他指标

1）水化热

水泥在水化过程中所放出的热量称为水泥的水化热，单位为 J/kg。水泥水化热的大部分是在水化初期(7d 内)放出的，后期放热逐渐减少。

水泥水化热的大小及放热速率，主要决定于水泥熟料的矿物组成及细度等。通常强度等级高的水泥，水化热较大。凡起促凝作用的物质(如 $FeCl_3$)均可提高早期水化热；反之，凡能减慢水化反应的物质(如缓凝剂)，则能降低早期水化热。

水化热在混凝土工程中，既有有利的影响，也有不利的影响。高水化热的水泥在大体积混凝土中是非常不利的(如大坝、大型基础、桥墩等)。这是由于水化热积聚在混凝土内部不易散发，内部温度常上升到 $50℃$ 甚至更高，内外温差所引起的应力使混凝土结构开裂。因此，大体积混凝土工程应采用水化热较低的水泥。但在冬季混凝土施工时，水化热却有利于水泥的凝结、硬化和防止混凝土受冻。

2）密度与堆积密度

在进行混凝土配合比计算和储运水泥时，需要知道水泥的密度和堆积密度。硅酸盐水泥的密度一般在 $3.1\sim3.2g/cm^3$ 之间。水泥在松散状态时的堆积密度一般在 $900\sim1\,300kg/m^3$ 之间，紧密堆积状态可达 $1\,400\sim1\,700kg/m^3$。

3）标准稠度用水量

由于加水量的多少对水泥的一些技术性质(如凝结时间等)的测定值影响很大，故测定这些性质时，必须在一个规定的稠度下进行。这个规定的稠度称为标准稠度。水泥净浆达到标准稠度时所需的拌和水量称为标准稠度用水量(也称需水量)，以水占水泥质量的百分比表示。硅酸盐水泥的标准稠度用水量一般在 $25\%\sim30\%$ 之间。水泥熟料矿物成分不同时，其标准稠度用水量亦有差别。水泥磨得越细，标准稠度用水量越大。水泥标准稠度用水量的测定按照 GB/T 1346—2011 相应规定执行。

《通用硅酸盐水泥》(GB 175—2007)除对上述内容做了规定外，还对不溶物、烧失量、氧化镁、三氧化硫和氯离子等化学指标进行了规定，见表 4-2。不符合要求者为不合格品。

4.1.3 硅酸盐水泥

1. 硅酸盐水泥的定义

硅酸盐水泥是由硅酸盐水泥熟料、0%～5%的石灰石或粒化高炉矿渣、适量石膏磨细制成的水硬性胶凝材料。硅酸盐水泥分两种类型：不掺加混合材料的，称为 Ⅰ 型硅酸盐水泥，其代号为 P·Ⅰ；在硅酸盐水泥熟料中掺加不超过水泥质量5%的石灰石或粒化高炉矿渣混合材料的，称为 Ⅱ 型硅酸盐水泥，其代号为 P·Ⅱ，见表 4-1。

硅酸盐水泥的制成通常经过三个过程：水泥生料的配料与磨细；将生料煅烧，使之部分熔融，形成熟料；将熟料与适量石膏共同磨细，成为硅酸盐水泥。俗称"两磨一烧"。

2. 硅酸盐水泥熟料及其化学成分

烧制硅酸盐水泥熟料的原材料主要是含 CaO 的石灰质原料（如石灰石等），含有 SiO_2、Al_2O_3、Fe_2O_3 的黏土质原料（如黏土、页岩等）。将这些原料按适当比例磨成细粉，烧至部分熔融，所得以硅酸钙为主要矿物成分的水硬性胶凝物质，便是水泥熟料。其中，硅酸钙矿物不少于 66%，氧化钙和氧化硅质量比不小于 2.0。

水泥生料的配合比不同，直接影响硅酸盐水泥熟料的矿物成分比例和主要技术性能。水泥生料在不同的温度环境，会生成不同的产物，因此，水泥生料在窑内的煅烧过程，是保证水泥质量的关键。

硅酸盐水泥的熟料主要由 4 种矿物组成，其名称、含量范围如下。

硅酸三钙（$3CaO \cdot SiO_2$，简写为 C_3S），含量为 37%～60%；

硅酸二钙（$2CaO \cdot SiO_2$，简写为 C_2S），含量为 15%～37%；

铝酸三钙（$3CaO \cdot Al_2O_3$，简写为 C_3A），含量为 7%～15%；

铁铝酸四钙（$4CaO \cdot Al_2O_3 \cdot Fe_2O_3$，简写为 C_4AF），含量为 10%～18%。

硅酸盐水泥中，硅酸三钙、硅酸二钙，一般占总量的 75% 以上，铝酸三钙、铁铝酸四钙占总量的 25% 左右。

除以上四种主要熟料成分外，水泥中还含有少量游离氧化钙、游离氧化镁和碱，国家标准明确规定，其总含量一般不超过水泥量的 10%。

各种矿物单独与水作用时表现出不同的性能，见表 4-4。

表 4-4　硅酸盐水泥熟料矿物特性

矿物名称	水化反应速率	水化放热量	早期强度	后期强度	耐腐蚀性
$3CaO \cdot SiO_2$	快	大	高	高	差
$2CaO \cdot SiO_2$	慢	小	低	高	好
$3CaO \cdot Al_2O_3$	最快	最大	低	低	最差
$4CaO \cdot Al_2O_3 \cdot Fe_2O_3$	快	中	中	低	中

由表 4-4 可知，不同熟料矿物单独与水作用的特性是不同的：硅酸三钙的水化速率快、水化热大，且主要是早期放出，其强度最高，是决定水泥强度的主要矿物，一般来讲，硅酸三钙的含量高说明熟料的质量好；硅酸二钙的水化速率最慢、水化热最小，且主要是后期放出，是保证水泥后期强度的主要矿物；铝酸三钙是水化速率最快、水化热最大的矿物，且水化时体积收缩最大；铁铝酸四钙的水化速率也较快，仅次于铝酸三钙，其水化热中等，有利于提高水泥的抗拉强度。

水泥是几种熟料矿物的混合物，改变矿物间成分的比例时，水泥性质即发生相应变化，由此可制成不同特性的水泥。例如，提高熟料中硅酸三钙的含量，就可制得强度高的水泥；减少铝酸三钙和硅酸三钙的含量，提高硅酸二钙的含量，可制得水化热低的水泥，如大坝水泥；增加铝酸三钙和硅酸三钙的含量，可制得早期强度发展快的水泥。

3. 硅酸盐水泥的水化

水泥与水拌和后，其颗粒表面的熟料矿物立即与水发生化学反应，形成新的水化物，放出一定热量,固相体积逐渐增加。另外,为了调节水泥的凝结时间,水泥中常掺适量石膏($CaSO_4 \cdot 2H_2O$),所以部分水化铝酸钙将与石膏作用而生成水化硫铝酸钙,呈针状结晶析出。

水泥水化后的主要产物有水化硅酸钙、水化铁酸钙、氢氧化钙、水化铝酸钙和水化硫铝酸钙。在水化的水泥石中,水化硅酸钙(C—S—H)不溶于水,并立即以胶体微粒析出,约占到70%,氢氧化钙呈六方板状晶体析出,约占到20%。水化硅酸钙对水泥石的强度起决定性作用。水化作用是从水泥颗粒表面开始逐步向内部渗透的。

硅酸盐水泥水化反应为放热反应,其放出的热量称为水化热。硅酸盐水泥的水化热大,且放热的周期较长,但大部分(50%以上)热量是在3天以内放出的,特别是在水泥浆发生凝结、硬化的初期放出。水化放热量的大小与水泥的细度、水灰比、养护温度有关,水泥颗粒越细,早期放热越显著增加。

硅酸盐水泥水化熟料中的不同矿物成分,其水化硬化特性不同,这些矿物的水化硬化性质决定了水泥的性质。硅酸盐水泥的水化特性见表4-4。

水泥的各种熟料矿物强度的增长情况如图4-2所示。

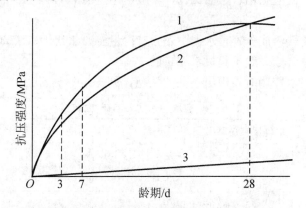

图4-2 矿渣水泥与硅酸盐水泥强度增长情况比较

1—硅酸盐水泥;2—矿渣水泥;3—粒化矿渣水泥

4. 硅酸盐水泥的凝结硬化

1) 硅酸盐水泥的凝结硬化过程

水泥加水拌和后,在水泥颗粒表面立即发生水化反应,生成的胶体状水化产物聚集在颗粒表面,使化学反应减慢,并使水泥浆体具有可塑性。当水化产物溶于水中,使水泥颗粒表面又暴露出一层新的层面时,水化反应一般能够继续进行。生成的胶体状水化产物不断增多并在某些点接触,构成疏松的网状结构,使浆体失去流动性及可塑性,这就是水泥的凝结。

此后,由于生成的水化硅酸钙凝胶、氢氧化钙和水化硫铝酸钙晶体等水化产物不断增多,它们相互接触连生,到一定程度,建立起较紧密的网状晶体结构,并在网状结构内部不断充实水化产物,使水泥具有初步的强度。随着硬化时间(龄期)的延续,水泥颗粒内部未水化部分将继续水化,使晶体逐渐增多,胶体逐渐密实,水泥石就具有越来越高的胶结力和强度。强度不断提高，最后形成具有较高强度的水泥石，这就是水泥的硬化。

硬化后的水泥石，是由晶体、胶体、未水化完的水泥熟料颗粒、游离水分和大小不等的孔隙组成的不均质结构体。水泥石构造如图4-3所示。

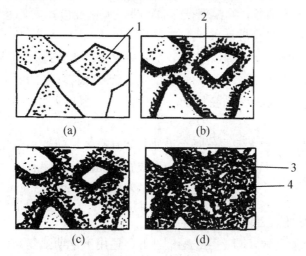

图4-3　水泥石结构

1—未水化的水泥颗粒；2，3—凝胶和晶体；4—孔隙

水泥在硬化过程的各不同龄期，水泥石中晶体、胶体、未完全水化的颗粒等所占的比例是不同的。在完全水化的水泥石中，水化硅酸钙约占50%，氢氧化钙约占25%。

2）影响硅酸盐水泥凝结硬化的因素

由于各矿物的组成比例不同、性质不同，对水泥性质的影响也不同。水泥的凝结硬化过程，也就是水泥强度发展的过程。为了正确使用水泥，必须了解影响水泥凝结硬化的因素，以便采取合理、有效的措施。

（1）熟料矿物组成和水泥细度。矿物成分会影响水泥的凝结硬化。组成的矿物不同，会使水泥具有不同的水化特性，其强度的发展规律也必然不同。水泥颗粒越细，与水反应的表面积越大，越容易水化，凝结硬化越快，早期强度高；但颗粒越细的水泥在硬化时产生的干缩越大，水泥颗粒小于$40\mu m$才具有较高的活性。

（2）水灰比。水与水泥的质量比称为水灰比。拌和水泥浆时，为使浆体具有一定的塑性和流动性，所加入的水量要大大超过水泥水化时所需的用水量，多余的水在硬化的水泥石内形成毛细孔。因此拌和水越多，硬化水泥石中的毛细孔越多。在熟料矿物组成大致相近的情况下，水灰比的大小是影响水泥石强度的重要因素。

（3）龄期。水泥的强度随龄期的增长而不断增长，硅酸盐水泥在3～7d龄期内，强度增长速度最快；7～28d龄期内强度增长速度较快，28d后强度增长缓慢。实践证明，若温度和湿度适宜，水泥石的强度在几年甚至几十年后仍缓慢增长。

（4）石膏。石膏掺入水泥中的目的是延缓水泥的凝结、硬化速度。但石膏的掺量必须严格控制，如石膏掺量过多，在水泥硬化后仍有一部分石膏与铝酸三钙继续水化生成一种水化硫铝酸钙的针状晶体，体积膨胀，使水泥和混凝土强度降低，严重时还会导致水泥体积安定性不良。

（5）温度和湿度。水泥的水化、凝结、硬化与环境的温湿度关系很大。提高温度，可加速水泥的凝结、硬化，早期强度能较快发展，但后期强度反而会有所降低。而在较低温度下水化，虽然凝结硬化慢，但水化产物较致密，可获得较高的最终强度。当温度低于5℃时，水化、硬化大大减慢；当温度低于0℃时，水化反应基本停止。同时由于温度低于0℃，当水分结冰时，还会破坏水泥石结构。

潮湿环境下的水泥石，水分不易蒸发，能保持足够的水分进行凝结硬化，生成的水化产物进一步填充毛细孔，促进水泥石的强度发展，所以保持环境的温度和湿润度，是使水泥石强度不断增长的措施，水泥混凝土在浇筑后的一段时间里应特别注意温、湿度的养护。

（6）拌和用水量。拌和水泥浆体时，为使浆体具有一定塑性和流动性，加入的水量常超过水化时所需的水量，多余的水在水泥中形成孔隙而降低水泥石的强度。因此，适宜的加水量，可使水泥充分水化，加快凝结硬化。

5. 硅酸盐水泥的应用

硅酸盐水泥凝结硬化快、耐冻性、耐磨性好，适用于早期强度高、凝结硬化快、冬季施工及严寒地区受反复冻融的工程。水泥石中有较多的氢氧化钙，抗软水腐蚀和抗化学腐蚀性差，故硅酸盐水泥不适用于经常与流动的淡水接触及有水压作用的工程，不宜用于受海水、湖水作用的工程。硅酸盐水泥水化时放出大量的热，故不宜用于大体积工程。

4.1.4 普通硅酸盐水泥

普通硅酸盐水泥（简称普通水泥），代号 P·O。活性混合材料掺加量大于5%但小于等于20%，其中允许用不超过水泥质量8%的非活性混合材料或不超过水泥质量5%的窑灰代替。

1. 技术要求

《通用硅酸盐水泥》国家标准第1号修改单（GB 175—2007/XG 1—2009）对普通水泥的技术要求如下：

（1）细度：比表面积不小于 300m²/kg。

（2）凝结时间：初凝时间不小于 45min，终凝时间不大于 600min。

（3）强度和强度等级：根据 3d 和 28d 龄期的抗折和抗压强度，将普通硅酸盐水泥划分为 42.5、42.5R、52.5、52.5R 四个强度等级。各强度等级水泥的各龄期强度不得低于国家标准规定的数值（表3-3）。

普通水泥的烧失量不大于 5.0%，体积安定性、氧化镁、三氧化硫、氯离子含量要求与硅酸盐水泥相同。

2. 普通硅酸盐水泥的主要性能及应用

普通水泥中绝大部分仍为硅酸盐水泥熟料，其性质与硅酸盐水泥相近，但由于掺入少量混合材料，其性质稍有区别，具体表现如下。

（1）早期强度略低。

（2）水化热略低。

（3）耐腐蚀性略有提高。

（4）耐热性稍好。

（5）抗冻性、耐磨性、抗碳化性能略有降低。

在应用范围方面，与硅酸盐水泥基本相同，甚至在一些不能用硅酸盐水泥的地方也可采用普通水泥，使得普通水泥成为建筑行业应用面最广、使用量最大的水泥品种。

4.1.5　其他通用硅酸盐水泥

其他通用硅酸盐水泥包括矿渣硅酸盐水泥、火山灰质硅酸盐水泥、粉煤灰硅酸盐水泥和复合硅酸盐水泥。这些水泥是在硅酸盐水泥熟料的基础上，加入一定量的混合材料和适量石膏共同磨细制成的一种水硬性胶凝材料（表4-1）。掺混合材料的目的是调整水泥强度等级，扩大使用范围，改善水泥的某些性能，增加水泥的品种和产量，降低水泥成本并且充分利用工业废料，节省黏土及岩石资源，减轻环境的负担。

1. 混合材料

混合材料是指在生产水泥及各种制品和构件时，掺入的大量天然的或人工的矿物材料。混合材料按照其参与水化的程度，分为活性混合材料和非活性混合材料。

1）活性混合材料

活性混合材料是指具有火山灰性或潜在水硬性，或兼有火山灰性和水硬性的矿物质材料。火山灰性是指一种材料磨成细粉，单独不具有水硬性，但在常温下与石灰一起和水能形成具有水硬性的化合物的性能；潜在水硬性是指磨细的材料与石膏一起和水能形成具有水硬性的化合物的性能。

硅酸盐水泥熟料水化后会产生大量的氢氧化钙并且熟料中含有石膏，因此在硅酸盐水泥中掺入活性混合材料具备了使活性混合材料发挥活性的条件，通常将氢氧化钙、石膏称为活性混合材料的"激发剂"。激发剂的浓度越高，激发剂作用越大，混合材料活性发挥越充分。水泥中常用的活性混合材料如下。

（1）粒化高炉矿渣。将炼铁高炉中的熔融矿渣经水淬等急冷方式处理而成的松软颗粒称为高炉矿渣，又称水淬矿渣，其中主要的化学成分是 CaO、SiO_2 和 Al_2O_3，约占90%以上。一般以 CaO 和 Al_2O_3 含量较高者，活性较大，质量较好。急速冷却的矿渣结构为不稳定的玻璃体，储有较高的潜在活性，在有激发剂的情况下，具有水硬性。

（2）火山灰质混合材料。凡是天然的或人工的以活性氧化硅（SiO_2）和活性氧化铝（Al_2O_3）为主要成分，其含量一般可达 65%~95%，具有火山灰活性的矿物质材料，都称为火山灰质混合材料。

火山灰质混合材料按其成因分为天然的和人工的两类。天然的火山灰主要是火山喷发时随同熔岩一起喷发的大量碎屑沉积在地面或水中的松软物质，包括浮石、火山灰、凝灰岩等。还有一些天然材料或工业废料，如硅藻土、沸石、烧黏土、煤矸石、煤渣等，也属于火山质混合材料。

（3）粉煤灰。粉煤灰是发电厂燃煤锅炉排出的烟道灰，呈玻璃态实心或空心的球状颗粒，表面比较致密。粉煤灰的成分主要是活性氧化硅（SiO_2）和活性氧化铝（Al_2O_3）。粉煤灰就其化学成分及性质属于火山灰质混合材料，由于每年排放量高达 1.4×10^8 t，为了大量利用这些工业废料、保护环境、节约资源，把它专门列为一类活性混合材料。

国家标准《用于水泥和混凝土中的粉煤灰》（GB/T 1596—2005）规定，用于水泥的粉煤灰，其质量应满足表 4-5 的要求。

表 4-5　水泥活性混合材料用粉煤灰技术要求

项　　目		技术要求
烧失量，不大于/%	F 类粉煤灰	8.0
	C 类粉煤灰	
含水量，不大于/%	F 类粉煤灰	1.0
	C 类粉煤灰	
三氧化硫，不大于/%	F 类粉煤灰	3.5
	C 类粉煤灰	
游离氧化钙，不小于/%	F 类粉煤灰	1.0
	C 类粉煤灰	4.0
安定性，雷氏夹沸煮增加距离，不大于/mm	C 类粉煤灰	5.0
强度活性指数，小于/%	F 类粉煤灰	70.0
	C 类粉煤灰	

2）非活性混合材料

在水泥中主要起填充作用而不与水泥发生化学反应或化学反应很微弱的矿物材料，称为非活性混合材料。将它们掺入硅酸盐水泥的目的，主要是为了提高水泥产量，调节水泥强度等级，减小水化热等。磨细的石英砂、石灰石、黏土、慢冷矿渣及各种废渣等都属于非活性材料。另外，凡不符合技术要求的粒化高炉矿渣、火山灰质混合材料及粉煤灰均可作为非活性混合材料使用。

3）掺活性混合材料的硅酸盐水泥的水化特点

掺活性混合材料的硅酸盐水泥在与水拌和后，首先是水泥熟料水化，水化生成的 $Ca(OH)_2$ 作为活性"激发剂"，与活性混合材料中的活性氧化硅（SiO_2）和活性氧化铝（Al_2O_3）反应，即二次水化反应，生成具有水硬性的水化硅酸钙和水化铝酸钙。

2. 矿渣硅酸盐水泥、火山灰质硅酸盐水泥、粉煤灰硅酸盐水泥

1）矿渣硅酸盐水泥

凡是由硅酸盐水泥熟料和粒化高炉矿渣、适量石膏磨细制成的水硬性凝聚材料，称为矿渣硅酸盐水泥（简称矿渣水泥），代号为 P·S。水泥中粒化高炉矿渣掺量按质量百分比为 20%～70%，允许用石灰石、窑灰、粉煤灰和火山灰质混合材料中的一种材料代替矿渣，代替数量不得超过水泥质量的 8%，而代替的水泥中粒化高炉矿渣不得少于 20%。

矿渣硅酸盐水泥水化作用分两步进行：一部分是硅酸盐水泥熟料与石膏的水化作用，生成 $Ca(OH)_2$、水化硅酸钙、水化铝酸钙及水化硫铝酸钙等；另一部分是矿渣的水化，熟料矿物水化析出的 $Ca(OH)_2$ 与矿渣中的活性 SiO_2 和 Al_2O_3 作用生成水化硅酸钙、水化铝酸钙等。

矿渣硅酸盐水泥中的石膏，一方面可以调节水泥的凝结时间；另一方面又是矿渣的激发剂，与水化铝酸钙相结合，生成水化硫铝酸钙。因此，矿渣硅酸盐水泥中的石膏掺量可以比硅酸盐水泥中多一些，但 SO_2 的含量不得超过 4％。

2）火山灰质硅酸盐水泥

凡由硅酸盐水泥熟料和火山灰质混合材料及适量石膏磨细制成的水硬性凝聚材料，称为火山灰质硅酸盐水泥（简称火山灰水泥），代号为 P·P。水泥中火山灰质混合材料掺量按质量百分比为 20％～40％，其强度等级及各龄期强度要求同矿渣水泥。

3）粉煤灰硅酸盐水泥

凡由硅酸盐水泥熟料和粉煤灰及适量石膏磨细制成的水硬性凝聚材料称为粉煤灰硅酸盐水泥（简称粉煤灰水泥），代号为 P·F。水泥中粉煤灰掺量按质量百分比为 20％～40％，其强度等级及各龄期强度要求同矿渣水泥。

4）矿渣硅酸盐水泥、火山灰质硅酸盐水泥、粉煤灰硅酸盐水泥的技术要求

（1）细度、凝结时间、体积安定性。细度要求其 $80\mu m$ 方孔筛筛余应不大于 10％或 $45\mu m$ 方孔筛筛余应不大于 30％。凝结时间、体积安定性同普通水泥要求。

（2）氧化镁、三氧化硫含量。水泥中氧化镁的含量应小于等于 6.0％，如水泥中氧化镁含量大于 6.0％，则需进行水泥压蒸安定性试验并合格。矿渣水泥中三氧化硫的含量应小于等于 4.0％；火山灰质水泥和粉煤灰水泥中 SO_3 的含量应小于等于 3.5％。

（3）强度等级。这三种水泥的强度等级按 3d、28d 的抗压强度和抗折强度来划分，分为 32.5、32.5R、42.5、42.5R、52.5、52.5R 六个等级。各强度等级水泥的各龄期强度不得低于表 3-3 中的数值。

5）矿渣水泥、火山灰水泥、粉煤灰水泥的特性与应用

该三种水泥均掺入较多的混合材料，所以这些水泥有以下共性。

（1）凝结硬化慢，早期强度低，但后期强度增长较快，甚至超过同标号的硅酸盐水泥。因早期强度较低，不宜用于强度要求高的工程。

（2）水化热低。由于水泥中熟料含量较少，水化放热高的 C_3S、C_3A 矿物含量较少，且二次反应速度慢，所以水化热低，适用于大体积工程，不宜用于冬季施工的工程。

（3）耐腐蚀性好。水泥中熟料少，生成的氢氧化钙也少，故这类水泥抗软水、硫酸盐及盐酸类腐蚀的能力明显提高，因此，适用于有耐腐蚀要求的混凝土工程。当熟料中含 SiO_2 多时，抗硫酸盐腐蚀性能好；当熟料中含 Al_2O_3 多时，抗硫酸盐腐蚀性能差。

（4）对温度敏感，蒸汽养护效果好。这三种水泥在低温下水化速度明显减慢，在蒸汽养护高温高湿环境中，活性混合材料参与二次反应，强度发展比硅酸盐水泥快。

（5）抗碳化能力差。这类水泥中水化产物 $Ca(OH)_2$ 含量很少、碱度低，故抗碳化能力差，对防止钢筋锈蚀不利，不宜用于重要的钢筋混凝土结构和预应力混凝土结构。

（6）抗冻性、耐磨性差。与硅酸盐水泥相比，由于加入较多的混合材料，用水量增大，水泥石中孔隙较多，抗冻性、耐磨性差，不适用于受反复冻融作用的工程和耐磨要求的工程。

该三种水泥除了以上共性外，各自的特性如下。

（1）矿渣水泥中由于矿渣是高温形成的材料，故矿渣水泥耐热性能好。同时，由于矿渣为玻璃体结构，亲水性差，因此矿渣水泥保水性差，易产生泌水，干缩性较大，不适用于有抗渗要求的混凝土工程。

（2）火山灰水泥密度较小，需水量较多，拌合物不易泌水，而且水化物中水化硅酸钙凝胶较多，水泥石密实，适用于有一般抗渗要求的工程。但火山灰水泥在凝结硬化过程中，如果处于干燥环境下，则很容易出现干缩裂缝，因此火山灰水泥不适于干燥环境中的混凝土工程。

（3）粉煤灰水泥与火山灰水泥的性能相近，粉煤灰水泥颗粒多呈球形，且较致密，吸水性小，因此，硬化时干缩性较小，抗裂性好，故粉煤灰水泥适用于大体积的水工建筑物。

3. 复合硅酸盐水泥

凡由硅酸盐水泥熟料、两种（含）以上规定的混合材料及适量石膏磨细制成的水硬性胶凝材料，称为复合硅酸盐水泥（简称复合水泥），代号 P·C。水泥中混合材料总掺量按质量百分比应大于 20%，但不超过 50%。水泥中允许用不超过 8% 的窑灰代替部分混合材料。掺矿渣时，混合材料掺量不得与矿渣水泥重复。

1）复合硅酸盐水泥的技术要求

复合硅酸盐水泥氧化镁含量、三氧化硫含量、细度、凝结时间和安定性等指标与矿渣水泥、火山灰水泥、粉煤灰水泥的技术要求相同。复合硅酸盐水泥强度等级划分为 32.5、32.5R、42.5、42.5R、52.5、52.5R 六个强度等级，各龄期的强度等级值不得低于表 3-3 的要求。

2）复合水泥的性能与应用

复合水泥的性能受所用混合料的种类、掺量及比例的影响，与矿渣水泥、火山灰质水泥、粉煤灰水泥有不同程度的相似，其使用应根据所掺混合材料的种类，参照其他掺混合材料水泥的适用范围按工程实践选用。

4.1.6　通用硅酸盐水泥的腐蚀与防止措施

水泥硬化后，在通常使用条件下耐久性较好。但是，在某些介质中，水泥石中的各种水化产物会与介质发生各种物理化学作用，导致混凝土强度降低，甚至遭到破坏，这种现象称为水泥的腐蚀。

1. 常见腐蚀现象

1）软水侵蚀（溶出性侵蚀）

水泥是水硬性胶凝材料，有足够的抗水能力。但当水泥石长期与软水相接触时，其中一些水化物将按照溶解度的大小，依次逐渐被水溶解。在各种水化物中，氢氧化钙的溶解度最大,所以首先被溶解。在静水及无水压的情况下,由于周围的水迅速被溶出的氢氧化钙饱和,溶出作用很快终止,所以溶出仅限于表面,影响不大。但在流动水中,特别是在有水压作用而且水泥石的渗透性又较大的情况下,水流不断将氢氧化钙溶出并带走,降低了周围氢氧化钙的浓度。随着氢氧化钙浓度的降低,其他水化产物如水化硅酸钙、水化铝酸钙等,亦将发生分解使水泥石结构遭到破坏,强度不断降低,最后引起整个建筑物的破坏。

当环境水的水质较硬,即水中重碳酸盐碳酸氢钙含量较高时,可与水泥石中的氢氧化钙起作用,生成几乎不溶于水的碳酸钙。反应如下。

$$Ca(OH)_2 + Ca(HCO_3)_2 \mathrel{=\!=\!=} 2CaCO_3 + 2H_2O$$

重碳酸钙生成的碳酸钙积聚在水泥石的孔隙内,形成密实的保护层,阻止介质水的渗入,所以,水的硬度越高,对水泥腐蚀越小。

因此,对需与软水接触的混凝土,预先在空气中放置一段时间,使水泥石中的氢氧化钙与空气中的二氧化碳、水作用形成碳酸钙外壳,可对溶出性侵蚀起到一定的保护作用。

2) 酸的腐蚀

(1) 碳酸腐蚀。在工业污水和地下水中,常溶有较多的二氧化碳,二氧化碳与水泥石中的氢氧化钙反应生成碳酸钙,碳酸钙继续与二氧化碳反应,生成易溶于水的重碳酸钙。随着氢氧化钙浓度的降低,还会导致水泥中其他水化物的分解,使腐蚀进一步加剧。

(2) 一般酸的腐蚀。在工业废水、地下水、沼泽水中常含有无机酸和有机酸。它们与水泥石中的氢氧化钙作用后生成的化合物,或溶于水,或体积膨胀,而导致破坏。此外,强碱(如氢氧化钠)也可导致水泥石的膨胀破坏。

3) 盐类的腐蚀

(1) 镁盐的腐蚀。在海水及地下水中常含有大量镁盐,主要是硫酸镁及氯化镁。它们与水泥石中的氢氧化钙作用产生的氢氧化镁松软而无胶结能力。氯化钙易溶于水,生成的二水石膏会引起硫酸盐的连锁破坏作用。

(2) 硫酸盐的腐蚀。在一般的河水和湖水中,硫酸盐含量不多。但在海水、盐沼水、地下水及某些工业污水中常含有钠、钾、铵等硫酸盐,它们与水泥石中的水化产物发生持续反应,生成水化硫铝酸钙。而水化硫铝酸钙含有大量结晶水,其体积比原有体积增加1.5倍,由于是在已经固化的水泥石中发生的,因此,对水泥石会产生巨大的破坏作用。水化硫铝酸钙呈针状结晶,故常称为"水泥杆菌"。

2. 水泥石腐蚀的防止措施

实际上,水泥石的腐蚀是一个极为复杂的物理化学作用过程。它在遭受腐蚀时,很少仅是单一的侵蚀作用,往往是几种同时存在,互相影响。

发生水泥石腐蚀的基本原因:一是水泥石中存在引起腐蚀的成分氢氧化钙和水化铝酸钙;二是水泥石本身不密实,有很多毛细孔通道,侵蚀性介质容易进入其内部;三是周围环境存在腐蚀介质的影响。

根据对以上腐蚀原因的分析,可采取下列防止措施。

(1) 根据侵蚀环境的特点,合理选用水泥品种。例如,选择氢氧化钙含量少的水泥,可提高对淡水、侵蚀性液体的抵抗能力；选择水化铝酸钙含量少的水泥，可抵抗硫酸盐的腐蚀；选择掺入混合材料的水泥，也可提高水泥石的抗腐蚀能力。

（2）提高水泥石的密实度，减少侵蚀介质渗透作用。在工程实践中，可通过降低水灰比、选择骨料、掺外加剂、改善施工方法等措施，提高水泥的密实度，从而提高水泥石的抗腐蚀性能。

（3）设置保护层。在腐蚀作用较大时，可在混凝土或砂浆表面加上耐腐蚀性高、且不透水的保护层，如塑料、沥青防水层、水玻璃涂层或喷涂不透水的水泥浆面层等，以防止腐蚀性介质与水泥石直接接触，达到防止侵蚀的目的。

4.1.7 六大通用硅酸盐水泥的性能特点与应用

不同类别的通用硅酸盐水泥特性不同，其应用范围也不相同，在选用时应根据工程特点及所处环境条件，正确选用。六大通用水泥的技术特性见表 4-6，适用范围见表 4-7。

表 4-6 六大通用水泥的技术特性

品种	硅酸盐水泥	普通硅酸盐水泥	矿渣硅酸盐水泥	火山灰质硅酸盐水泥	粉煤灰硅酸盐水泥	复合硅酸盐水泥
技术特性	凝结硬化快；早期、后期强度高；水化热大；抗冻性好；干缩性小；耐腐蚀性差；耐热性差；抗碳化性好	凝结硬化较快；早期强度较低，后期强度高，水化热较大；抗冻性好；干缩性较小；耐腐蚀性稍差；耐热性较差；抗碳化性好	早期强度低，后期强度增长较快			早期强度较高
			对温度敏感，适合高温养护，水化热较低，抗冻性较差，耐腐蚀性好，耐热性较好，抗碳化能力差			
			泌水性大；抗渗性差；干缩性大	保水性好；干缩性大；抗渗性好；耐磨性差	泌水性大，易产生失水裂纹；抗渗性差；干缩性小，耐磨性差	干缩性较大

表 4-7 六大通用水泥的适用范围

品种	硅酸盐水泥	普通硅酸盐水泥	矿渣硅酸盐水泥	火山灰质硅酸盐水泥	粉煤灰硅酸盐水泥	复合硅酸盐水泥
优先选用	早期强度要求高的混凝土、有耐磨要求的混凝土、严寒地区反复遭受冻融作用的混凝土、抗碳化性要求高的混凝土，掺混合材料的混凝土		水下混凝土、海港混凝土、大体积混凝土、耐蚀性要求较高的混凝土、高温下养护的混凝土			
	高强度混凝土	普通气候及干燥环境中的混凝土，有抗渗要求的混凝土，受干湿交替作用的混凝土	有耐热要求的混凝土	有抗渗要求的混凝土	受载较晚的混凝土	

品种	硅酸盐水泥	普通硅酸盐水泥	矿渣硅酸盐水泥	火山灰质硅酸盐水泥	粉煤灰硅酸盐水泥	复合硅酸盐水泥
可以选用	一般工程	高强度混凝土、水下混凝土、高温养护混凝土、耐热混凝土	普通气候环境中的混凝土			
			抗冻性要求较高的混凝土、有耐磨性要求的混凝土			早期强度要求较高的混凝土
不宜选用	大体积混凝土，耐腐蚀性要求高的混凝土		抗冻性要求高的混凝土、掺混合材料的混凝土、低温或冬季施工混凝土、抗碳化性要求高的混凝土			
	耐热混凝土、高温养护混凝土		抗渗性要求高的混凝土	干燥环境中的混凝土、有耐磨要求的混凝土		
					有抗渗要求的混凝土	

散 装 水 泥

散装水泥是相对于袋装水泥而言的。它是指水泥从工厂生产出来之后，不用任何小包装，直接通过专用设备或容器，从工厂运输到中转站或用户手中。

1. 散装水泥基本特征

(1) 水泥从生产厂直接运输到用户手中，或者经过中转站再运到用户手中，都不使用纸袋或其他任何材料的小包装，只能使用专用运输工具，如专用车、船或集装箱、集装袋，并且以水泥的自然状态进行储存。

(2) 散装水泥从工厂库内出料、计量、装车、卸车等全过程都可以实现机械化或自动化操作，不需要大量的人工劳动。

(3) 散装水泥从出厂到使用，在流通环节中无论经过多少次倒运，水泥始终都在密闭的容器中，不易受到大气环境(如刮风下雨)的影响，因而水泥的质量有保证。与同期生产出来的袋装水泥相比，其储存时间长，有利于水泥厂进行均衡销售。

(4) 散装水泥的生产成本比袋装水泥低，同等级的水泥，散装比袋装可降低成本20%左右。

2. 散装水泥主要优点

(1) 发展散装水泥有利于节约资源，提高经济效益。根据国家有关部门统计：每推广使用 1 万 t 散装水泥，社会综合经济效益为 64.45 万元。其中可节约：优质木材 $330m^3$；煤炭 78t；电力 7.2 万度；烧碱 22t；袋装烂包损失 500t；节约人力拆包费、装卸费 4 万元。

（2）发展散装水泥有利于促进和提高工程质量。散装水泥在生产过程中对安定性控制非常严格；在运输过程中，采用专用运输工具从生产厂（或中转站）直接送达用户，渠道正规明确，基本杜绝了流通环节掺假或以次充好现象；在储存过程中，散装水泥在储存罐可13个月基本不变质，而袋装水泥存放12个月后，强度降低30%～50%，且易受潮、受湿，结块变质；在使用过程中，散装水泥计量准确、无损耗（而袋装水泥损耗率为5%），保证了水泥用量，进而保证了混凝土质量和工程质量。

（3）发展散装水泥有利于降低噪声污染，改善施工环境，提高劳动效益。袋装水泥从水泥厂包装到工地拆包使用，中间环节多，占用劳动力多，劳动生产效率低下。特别是现场搅拌，噪声污染严重，影响施工周围环境。而发展散装水泥、推广预拌混凝土（商品混凝土），能有效提高效率，减轻工作强度，大大降低噪声污染，改善施工环境和工人劳动条件，有利于健康。

（4）发展散装水泥有利于减少粉尘，改善大气环境质量和二氧化硫的排放。目前，我国主要城市的大气污染正处于转型时期，大气污染从煤烟型转向混合型，建筑施工扬尘对大气污染的比重超过50%，其中水泥粉尘占很大比例。水泥粉尘污染大气的途径主要有两方面：一是在袋装水泥运输过程中以及装卸和储存过程中产生的破损，一般破损率在5%，仅此一项，2002年全国袋装水泥5.3亿t，破损撒落水泥2 650万t，而这些水泥中可能有20%以上，约550万t最终进入大气，成为悬浮物污染环境；二是袋装水泥在拆袋搅拌时产生的粉尘，还有包装物回收时产生的粉尘，都会产生严重的污染，使水泥粉尘进入大气的数量远远大于550万t，成为危害人们身体健康、污染生态环境的源头。如果采用散装水泥，从水泥厂内装运开始，在运输、储存、使用过程中全部在密闭状况下进行，同时配合预拌混凝土的推广，可以大量减少甚至消除水泥粉尘排放，净化空气，减轻污染。

（5）发展散装水泥具有显著生态效益。以2002年全国袋装水泥5.3亿t为例，消耗包装水泥袋用纸318万t，折合优质木材1 749万m^3，相当于全国木材总伐量的1/5，约毁掉36万hm^2森林。我国许多地区发生的沙尘暴就与植被减少、水土流失、荒漠化严重有着直接的关系。

3. 我国散装水泥发展现状

经过多年的发展，我国专业化的散装水泥产、运、储、用等环节构成的产业和技术链已初具规模，并且逐步形成了散装水泥、预拌混凝土、预拌砂浆"三位一体"的散装水泥发展格局。据统计，2011年全国散装水泥供给量达到106 754万t，全国平均水泥散装率为51.78%，高于水泥产量增加率8.43个百分点，取得了显著的经济效益和社会效益。据测算，共节省标准煤2 453万t；削减粉尘排放量1 073万t；削减二氧化碳排放量6 377万t；削减二氧化硫排放量21万t，实现综合经济效益480亿元。

4.2　其他品种水泥

前面讲述的几种水泥，按其主要水硬性物质品种而论，均属硅酸盐系的水泥。这里再介绍几种除此以外的，以其他水硬性物质为主要成分的水泥，以及某种性能比较突出的专用水泥和特性水泥。

4.2.1　铝酸盐水泥

铝酸盐水泥是以铝矾土和石灰石为原料，经煅烧制得以铝酸钙为主要成分、氧化铝含量约50%的熟料，再磨制成的水硬性胶凝材料。铝酸盐水泥常为黄色或褐色，也有呈灰色的。铝酸盐水泥的主要矿物成分为铝酸钙（$CaO \cdot Al_2O_3$）及其他的铝酸盐，以及少量的硅酸二钙（$2CaO \cdot SiO_2$）等。

1. 铝酸盐水泥的技术要求

根据国家标准《铝酸盐水泥》（GB 201—2000）的规定：铝酸盐水泥的密度和堆积密度与普通硅酸盐水泥相近。其细度为比表面积大小等于 $300m^2/kg$ 或 $45\mu m$ 筛筛余小于等于20%。铝酸盐水泥分为 CA-50、CA-60、CA-70、CA-80 四个类型，各类型水泥的凝结时间和各龄期强度不得低于国家标准的规定。

铝酸盐水泥以 3d 强度来划分强度等级。除保证强度、细度、初凝时间、终凝时间等技术指标外，对其化学成分，限定氧化硅和氧化铁的含量。

2. 铝酸盐水泥的主要特性和应用

铝酸盐水泥的主要特性和应用如下。

1）快凝、早强

铝酸盐水泥与水反应生成水化铝酸钙和氢氧化钙凝胶，凝结硬化十分迅速，1d 强度可达最高强度的 80% 以上，致使水泥石密实并具有高强特性，后期强度增长不显著。因此，铝酸盐水泥主要用于工期紧急的工程，如国防、道路和特殊抢修工程等。

2）水化放热大

铝酸盐水泥水化热大，且放热速度特别快，放热量集中。1d 内即可放出水化热总量的 70%～80%，使混凝土内部温度上升较高，即使在 $-10℃$ 下施工，铝酸盐水泥也能很快凝结硬化，可用于冬季施工的工程，但不能应用于大体积混凝土工程。

3）具有较高的抗矿物水和硫酸盐侵蚀的能力

铝酸盐水泥在普通硬化条件下，由于水泥石中不含铝酸三钙和氢氧化钙，且密实度较大，因此具有很强的抗硫酸盐腐蚀能力。

4）铝酸盐水泥抗碱性极差

铝酸盐水泥与硅酸盐水泥或石灰相混不但产生闪凝，而且由于生成高碱性的水化铝酸钙，使混凝土开裂，甚至破坏。因此，施工时除不得与石灰或硅酸盐水泥混合外，也不得与未硬化的硅酸盐水泥接触使用，不得用于接触碱性溶液的工程。

5）具有较高的耐火性

采用耐火粗细骨料（如铬铁矿等）可制成使用温度达 1 300～1 400℃ 的耐热混凝土，而且强度能够保持 53%。因此，铝酸盐水泥适用于高温车间。

6）长期强度低

铝酸盐水泥的长期强度及其他性能略有降低的趋势。长期强度约降低 40%～50%左右，因此铝酸盐水泥不宜用于长期承重的结构及处在高温高湿环境的工程中。它只适用于紧急军事工程（筑路、桥）、抢修工程（堵漏等）、临时性工程，以及配制耐热混凝土等。

另外，铝酸盐水泥与硅酸盐水泥或石灰相混不但产生闪凝，而且由于生成高碱性的水化铝酸钙，使混凝土开裂，甚至破坏。因此，施工时除不得与石灰或硅酸盐水泥混合外，也不得与未硬化的硅酸盐水泥接触使用。

还需要注意的是，铝酸盐水泥在运输和储存过程中要加强防潮，否则，潮湿后强度下降很快。

4.2.2 专用水泥

专用水泥是指有专门用途的水泥，如白色硅酸盐水泥、彩色硅酸盐水泥、道路硅酸盐水泥、油井水泥等。

1. 装饰水泥

装饰水泥主要有白色硅酸盐水泥和彩色硅酸盐水泥。

1）白色硅酸盐水泥

白色硅酸盐水泥简称白水泥，代号为 P·W。白色硅酸盐水泥的组成、性质与硅酸盐水泥基本相同，所不同的是在配料和生产过程中严格控制着色氧化物（Fe_2O_3、MnO_2、Cr_2O_3、TiO_2 等）的含量。

（1）白色硅酸盐水泥的技术要求。

白色硅酸盐水泥的细度要求为 80μm 方孔筛的筛余量不得超过 10%；其初凝时间不得早于 45min，终凝时间不迟于 10h；体积安定性用沸煮法检验必须合格，同时熟料中氧化镁的含量不得超过 4.5%，白水泥中三氧化硫含量不得超过 3.5%。

白水泥熟料中氧化铁的含量少，因而色白。水泥的颜色与含铁量有关，含铁量越高，水泥的颜色越深。应严防在生产过程中混入铁质，还必须控制锰、铬等的含量，因为锰、铬的氧化物，也会导致水泥白度的降低。

（2）白色硅酸盐水泥的强度。

根据国家标准《白色硅酸盐水泥》（GB/T 2015—2005）的规定，白水泥分为 32.5、42.5、52.5 三个强度等级，各强度等级水泥在不同龄期的强度不得低于表 4-8 中规定的数值。

表 4-8　白色硅酸盐水泥强度等级要求（GB/T 2015—2005）

强度等级	抗压强度/MPa		抗折强度/MPa	
	3d	28d	3d	28d
32.5	12.0	32.5	3.0	6.0
42.5	17.0	42.5	3.5	6.5
52.5	22.0	52.5	4.0	7.0

（3）白色硅酸盐水泥的白度。

白水泥以其表面对红、绿、蓝三原色光的反射率与氧化镁标准白板的反射率比较，用相对反射百分率表示，称为白度。白度是白水泥的一项重要技术性能指标，是衡量白水泥质量高低的关键指标，要求不得低于87。

白水泥的白度可分为特级、一级、二级和三级4个等级，各等级白度不得低于表4－9中的数值。

表4－9　白色硅酸盐水泥各等级的白度

等　　级	特级	一级	二级	三级
白　　度	86	84	80	75

2）彩色硅酸盐水泥

彩色水泥多是硅酸盐系列的。彩色硅酸盐水泥有红色、黄色、蓝色、绿色、棕色、黑色等。彩色硅酸盐水泥根据其着色方法不同，有3种生产方式：一是直接烧成法；二是染色法；三是将干燥状态的着色物质直接掺入白水泥或硅酸盐水泥中。当工程中使用彩色水泥量较少时，常用第三种方法。

（1）彩色硅酸盐水泥的技术要求

彩色硅酸盐水泥的细度要求为 $80\mu m$ 方孔筛的筛余量不得超过 6.0%；其初凝时间不得早于1h，终凝时间不得迟于10h；体积安定性用沸煮法检验必须合格，同时熟料中氧化镁的含量不得超过4.5%。

（2）彩色硅酸盐水泥的强度

根据行业标准《彩色硅酸盐水泥》（JC/T 870—2012）的规定，彩色硅酸盐水泥强度等级分为27.5、32.5、42.5 三个等级。各级彩色硅酸盐水泥规定龄期的强度不得低于表4－10中的数值。

表4－10　彩色硅酸盐水泥强度等级要求（JC/T 870—2012）

强度等级	抗压强度/MPa		抗折强度/MPa	
	3d	28d	3d	28d
27.5	7.5	27.5	2.0	5.0
32.5	10.0	32.5	2.5	5.5
42.5	15.0	42.5	3.5	6.5

根据行业标准《彩色硅酸盐水泥》（JC/T 870—2012）的规定，凡三氧化硫、初凝时间、安定性中任一项不符合此标准规定时，均为废品。凡细度、终凝时间、色差、颜色耐久性任一项不符合此标准规定或强度低于商品强度等级规定的指标时，均为不合格品。水泥包装标志中，水泥品种、强度等级、颜色、工厂名称和出厂编号不全的，也属于不合格品。

3）白水泥和彩色水泥的应用

白水泥和彩色水泥主要应用于建筑装饰工程中，常用于配制各类彩色水泥浆、水泥砂

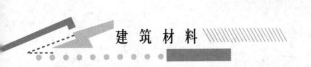

浆，用于饰面或陶瓷铺贴的勾缝，配制装饰混凝土、彩色水刷石、人造大理石及水磨石等制品。白水泥和彩色水泥广泛应用于各种不同功能的道路及政府工程和各大城市的标志性建筑的工程建设中；彩色水泥砂浆可以用于装饰饰面工程抹灰；并以其特有的色彩装饰性，用于雕塑艺术和各种装饰部件。

2. 道路硅酸盐水泥

由较高铁铝酸钙含量的硅酸盐道路水泥熟料、0～10％活性混合材料和适量石膏磨细制成的水硬性胶凝材料，称为道路硅酸盐水泥(简称道路水泥)。

对道路水泥的性能要求：耐磨性好、收缩小、抗冻性好、抗冲击性好，有高的抗折强度和良好的耐久性。道路水泥的上述特性主要依靠改变水泥熟料的矿物组成、粉磨细度、石膏加入量及外加剂来达到。

3. 油井水泥

油井水泥，又称堵塞水泥，是专用于油井、气井的固井工程的水泥。它的主要作用是将套管与周围的岩层胶结封固，封隔地层内油、气，防止互相窜扰，以便在井内形成一条从油层流向地面、隔绝良好的油流通道。

对油井水泥的性能要求：具有合适的密度和凝结时间，较低的稠度，用其配制的预拌油井混凝土具有良好的抗沉降性和可泵性；将其注入预定(温度、压力)的井段，能迅速凝结硬化并产生一定的机械强度；混凝土固化后具有良好的抗渗性、稳定性和耐腐蚀性。

4.2.3 特性水泥

特性水泥是指某种性能比较突出的水泥，如快硬水泥、膨胀水泥等。

1. 中热硅酸盐水泥和低热矿渣硅酸盐水泥

中热硅酸盐水泥和低热矿渣硅酸盐水泥的主要特点为水化热低，适用于大坝和大体积混凝土工程。

中热硅酸盐水泥是由适当成分的硅酸盐水泥熟料加入适量石膏磨细而成的、具有中等水化热的水硬性胶凝材料，简称中热水泥。

低热矿渣硅酸盐水泥是由适当成分的硅酸盐水泥熟料加入矿渣和适量石膏磨细而成的、具有低水化热的水硬性胶凝材料，简称低热矿渣水泥。其矿渣掺量为水泥质量的20％～60％，允许用不超过混合材总量50％的磷渣或粉煤灰代替矿渣。

2. 快硬水泥

1) 快硬硅酸盐水泥

以硅酸盐水泥熟料和石膏磨细制成，以3d抗压强度表示标号的水硬性胶凝材料，称为快硬硅酸盐水泥(简称快硬水泥)。快硬硅酸盐水泥的生产方法与硅酸盐水泥基本相同，只是要求 C_3S 和 C_3A 含量高些。

快硬硅酸盐水泥水化放热速率快，水化热较高，早期强度高，但干缩率较大。主要用于抢修工程、军事工程、预应力钢筋混凝土构件，适用于配制干硬混凝土，水灰比可控制在0.40以下。

2）快硬硫铝酸盐水泥

以适当成分的生料经煅烧所得，以无水硫铝酸钙和硅酸二钙为主要矿物，加入适量石膏磨细制成的、早期强度高的水硬性胶凝材料，称为快硬硫铝酸盐水泥。快硬硫铝酸盐水泥的主要矿物为无水硫铝酸钙和 $\beta\text{-}C_2S$。快硬硫铝酸盐水泥可用来配制早强、高等级的混凝土及紧急抢修工程以及冬季施工和混凝土预制构件，但不能用于大体积混凝土工程及经常与腐蚀介质接触的混凝土工程。

3. 抗硫酸盐水泥

按抗硫酸盐侵蚀程度，分为中抗硫酸盐硅酸盐水泥和高抗硫酸盐硅酸盐水泥两类。以适当成分的硅酸盐水泥熟料，加入适量石膏磨细制成的、具有抵抗中等浓度硫酸根离子侵蚀的水硬性胶凝材料，称为中抗硫酸盐硅酸盐水泥（简称中抗硫水泥），代号 P·MSR。以适当成分的硅酸盐水泥熟料，加入适量石膏磨细制成的、具有抵抗较高浓度硫酸根离子侵蚀的水硬性胶凝材料，称为高抗硫酸盐硅酸盐水泥（简称高抗硫水泥），代号 P·HSR。

抗硫酸盐水泥适用于一般受硫酸盐侵蚀的海港、水利、地下、隧涵、道路和桥梁基础等工程设施。

4. 膨胀水泥

通用水泥在空气中硬化时会收缩，导致混凝土产生裂缝，使一系列性能变坏。膨胀水泥可克服通用水泥混凝土的这一缺点。膨胀水泥的种类有：硅酸盐膨胀水泥、铝酸盐膨胀水泥、硫铝酸盐膨胀水泥、铁铝酸钙膨胀水泥。

膨胀水泥的膨胀是由于水泥石中形成了钙矾石。通过调整各组分比例，即可得到不同膨胀值的膨胀水泥。膨胀水泥主要用于配制收缩补偿混凝土、构件接缝及管道接头、混凝土结构的加固和修补、防渗堵漏工程、机器底座和地脚螺钉固定。

4.3　水泥的运输与储存

4.3.1　水泥的包装与标志

1. 水泥的包装

水泥可以散装或袋装，袋装水泥每袋净含量为 50kg，且应不少于标志质量的 99%；随机抽取 20 袋总质量（含包装袋）应不少于 1 000kg。其他包装形式由供需双方协商确定，但有关袋装质量要求应符合上述规定。水泥包装袋应符合《水泥包装袋》（GB 9774）的规定。

2. 水泥的标志

水泥包装袋上应清楚标明：执行标准、水泥品种、代号、强度等级、生产者名称、生产许可证标志（QS）及编号、出厂编号、包装日期、净含量。包装袋两侧应根据水泥的品种采用不同颜色印刷水泥名称和强度等级；硅酸盐水泥和普通硅酸盐水泥采用红色；矿渣

硅酸盐水泥采用绿色；火山灰质硅酸盐水泥、粉煤灰硅酸盐水泥和复合硅酸盐水泥采用黑色或蓝色。散装发运时应提交与袋装标志相同内容的卡片。

4.3.2 水泥的运输与储存

水泥运输与储存的过程中，应注意以下几点。

（1）水泥在运输与储存时不得受潮和混入杂物，不同品种和强度等级的水泥在储运中应避免混杂。

（2）储存水泥的库房应保持干燥，注意防潮、防漏。存放袋装水泥时，地面垫板要高出地面30cm，四周离墙30cm，堆放高度一般不超过10袋，以免下部水泥受压结硬。即使存放期短、库房紧张，堆放高度亦不宜超过15袋。存放散装水泥时，应将水泥储存于专用的水泥罐（筒仓）中。

（3）水泥的储存应按照水泥到货先后，依次堆放，尽量做到先存先用。

（4）水泥储存期不宜过长，以免受潮而降低水泥强度。通用硅酸盐水泥储存期为3个月，铝酸盐水泥为2个月，快硬水泥为1个月。通用硅酸盐水泥存放3个月以上，为过期水泥，强度将降低10%～20%。存放期越长，强度降低值也越大。过期水泥使用前，必须重新检验强度等级，否则不得使用。

（5）水泥受潮程度的鉴别、处理和使用，参见表4-11。

表4-11 受潮水泥鉴别、处理和使用

受潮情况	处理方法	使用
有粉块，用手可捏成粉末	将粉块压碎	经试验后，根据实际强度使用
部分结成硬块	将硬块筛除，粉块压碎	经试验后，根据实际强度使用，用于低等级混凝土或砂浆中
大部分结成硬块	将硬块粉碎磨细	不能作为水泥使用，可当混合材料使用，掺量不大于25%

4.4 水泥的质量验收与检验

随着工程建设和水泥工业的发展，水泥品种越来越多。每个品种的水泥都有各自规定的品质指标，每项指标又分别制定了试验方法和检验规则。因此，水泥购买使用单位应当对水泥的质量进行验收与检验。

4.4.1 水泥的质量验收

1. 核对包装袋上内容

水泥到货后应核对包装袋上工厂名称、水泥品种标号、水泥代号、包装年月日和生产许可证号、生产者名称和地址、出厂编号、执行标准号，然后清点数量。

掺火山灰混合材料的普通水泥或矿渣水泥，还应标上"掺火山灰"字样。复合水泥应标明主要混合材料的名称。包装袋两侧，应印有水泥名称和强度等级，硅酸盐水泥和普通水泥的印刷采用红色，矿渣水泥采用绿色，火山灰水泥、粉煤灰水泥及复合水泥采用黑色或蓝色。散装供应的水泥，应提交与袋装标志相同内容的卡片。通过对水泥包装和标志的核对，不仅可以发现包装的完好程度，盘点和检验数量是否给足，还能核对所购水泥与到货产品是否完全一致，及时发现和纠正可能出现的产品混杂现象。

2. 校对出厂检验的试验报告

水泥出厂前，水泥厂按批号进行出厂检验，填写试验报告。试验报告应包括标准规定的各项技术要求及试验结果：助磨剂、工业副产品石膏、混合材料名称和掺加量，属旋窑还是立窑生产。当用户需要时，水泥厂应在水泥发出日起 7d 内，寄发除 28d 强度以外的各项试验结果。28d 强度数值，应在水泥发出日起 32d 内补报，收货仓库接到此试验报告单后，应与到货通知书等核对品种、标号和质量，然后保存此报告单，以备查考。

施工部门购进的水泥，必须取得同一编号水泥的出厂检验报告，并认真校核。要校对试验报告的编号与实收水泥的编号是否一致，试验项目是否遗漏，试验测值是否达标。水泥出厂检验的试验报告，不仅是验收水泥的技术保证依据，也是施工单位长期保留的技术资料，直至工程验收时作为用料的技术凭证。

3. 校对水泥的净重

袋装水泥一般每袋净重 50±1kg，但快凝快硬硅酸盐水泥每袋净重为 45±1kg，砌筑水泥为 40±1kg，硫铝酸盐早强水泥为 46±1kg，验收时应特别注意。

4.4.2　水泥质量复检

水泥交货时的质量验收，标准中规定了两种：可抽取实物试样，以其检验结果为依据；也可以水泥厂同编号水泥的检验报告为依据。具体采用哪一种，由买卖双方商定，并在合同或协议中注明。

合同规定，以抽样实物试样的检验结果为验收依据时，买卖双方应在交货前或在交货地共同取样和签封。取样方法按国家标准进行，取样数量为 20kg，分为二等份。一份由卖方保存 40d，另一份由买方按国家标准规定的项目和方法进行检验。在 40d 内，买方检验认为产品质量不符合国家标准要求，卖方又有异议时，双方应将卖方保存的另一试样送省级以上国家认可的水泥质量监督检验机构仲裁检验。

施工单位对购进的水泥应进行复检，尤其是重点工程使用的水泥、产品质量可疑的水泥、保管不当或水泥出厂超过三个月的水泥，在使用前必须进行复检。

复检应在经认证的试验室进行，水泥复检项目可以全项，也可以抽取重点项目检验。通常复检项目只做安定性、凝结时间和胶砂强度三个主项。复检的试验报告，是长期保留的技术资料，直至工程验收时作为技术凭证。

4.4.3 通用水泥质量等级的评定

对于硅酸盐水泥、普通硅酸盐水泥、矿渣硅酸盐水泥、火山灰质硅酸盐水泥、粉煤灰硅酸盐水泥、复合硅酸盐水泥和石灰石硅酸盐水泥等通用水泥，按其质量水平分为优等品、一等品和合格品三个等级。

优等品是指产品标准必须达到国际先进水平，且水泥实物质量水平与国外同类产品相比达到近五年内的先进水平；一等品是指水泥产品标准必须达到国际一般水平，且水泥实物质量水平达到国际同类产品的一般水平；合格品是指按我国现行水泥产品标准（国家标准、行业标准或企业标准）组织生产，水泥实物质量水平必须达到产品标准的要求。

水泥实物质量在符合相应标准的技术要求基础上，进行实物质量水平的分等。通用水泥的实物质量水平根据 3d 抗压强度、28d 抗压强度和终凝时间进行分等。通用水泥的实物质量参照行业标准《通用水泥质量等级》（JC/T 452—2009），应符合表 4‑12 的要求。

表 4‑12 通用水泥质量等级划分（JC/T 452—2009）

水泥品种 项　目	水泥质量等级				
	优等品		一等品		合格品
	硅酸盐水泥；普通硅酸盐水泥；复合硅酸盐水泥；石灰石硅酸盐水泥	矿渣硅酸盐水泥；火山灰质硅酸盐水泥；粉煤灰硅酸盐水泥	硅酸盐水泥；普通硅酸盐水泥；复合硅酸盐水泥；石灰石硅酸盐水泥	矿渣硅酸盐水泥；火山灰质硅酸盐水泥；粉煤灰硅酸盐水泥	通用水泥各品种
抗压强度/MPa　3d 不小于	24.0	21.0	19.0	16.0	符合通用水泥各品种的技术要求
28d 不小于	46.0	46.0	36.0	36.0	
28d 不大于	$1.1R_m$	$1.1R_m$	$1.1R_m$	$1.1R_m$	
终凝时间，不大于/h	6.5	6.5	6.5	8	

注：表中 R_m 为同品种同强度等级水泥 28d 抗压强度上月平均值。至少以 20 个编号平均。不足 20 个编号时，可两个月或三个月合并计算。对于 62.5（含 62.5）级以上水泥，28d 抗压强度不大于 $1.1R_m$ 的要求不做规定。

复习思考题

一、填空题

1. 建筑工程中通用水泥主要包括_____、_____、_____、_____、_____和_____六大品种。

2. 硅酸盐水泥是由_____、_____、_____经磨细制成的水硬性胶凝材料。按是否掺入混合材料分为_____和_____，代号分别为_____和_____。

3. 硅酸盐水泥熟料的矿物主要有_____、_____、_____和_____。其中决定水泥强度的主要矿物是_____和_____。

4. 国家标准规定，硅酸盐水泥的初凝时间不早于_____ min，终凝时间不迟于_____ min。

5. 硅酸盐水泥的强度等级有_____、_____、_____、_____、_____和_____六个级别。其中 R 型为_____，主要是其_____ d 强度较高。

6. 硅酸盐水泥和普通硅酸盐水泥的细度以_____表示，其值应_____。

7. 关于矿渣硅酸盐水泥、火山灰质硅酸盐水泥、粉煤灰硅酸盐水泥和复合硅酸盐水泥的性能，国家标准规定：

(1) 细度：通过_____方孔筛的筛余量不超过_____；

(2) 凝结时间：初凝不早于_____，终凝不迟于_____；

(3) 体积安定性：经过_____法检验必须_____。

8. 矿渣水泥与普通水泥相比，其早期强度较_____，后期强度的增长较_____，抗冻性较_____，抗硫酸盐腐蚀性较_____，水化热较_____，耐热性较_____。

9. 普通水泥中由于掺入少量混合材料，其性质与硅酸盐水泥稍有区别，具体表现：

(1) 早期强度_____；

(2) 水化热_____；

(3) 耐腐蚀性_____；

(4) 耐热性_____；

(5) 抗冻性、耐磨性、抗碳化性能_____。

10. 混合材料按照其参与水化的程度，分为_____混合材料和_____混合材料。

二、选择题

1. 有硫酸盐腐蚀的混凝土工程应优先选择(　　)水泥。

A. 硅酸盐　　　　　B. 普通　　　　　C. 矿渣　　　　　D. 高铝

2. 有耐热要求的混凝土工程，应优先选择(　　)水泥。

A. 硅酸盐　　　　　B. 矿渣　　　　　C. 火山灰　　　　D. 粉煤灰

3. 有抗渗要求的混凝土工程，应优先选择(　　)水泥。

A. 硅酸盐　　　　　B. 矿渣　　　　　C. 火山灰　　　　D. 粉煤灰

4. 下列材料中，属于非活性混合材料的是(　　)。

A. 石灰石粉　　　　B. 矿渣　　　　　C. 火山灰　　　　D. 粉煤灰

5. 为了延缓水泥的凝结时间，在生产水泥时必须掺入适量(　　)。

A. 石灰　　　　　　B. 石膏　　　　　C. 助磨剂　　　　D. 水玻璃

6. 对于通用水泥，下列性能中(　　)不符合标准规定为废品。

A. 终凝时间　　　　B. 混合材料掺量　　C. 体积安定性　　D. 包装标志

7. 通用水泥的储存期不宜过长，一般不超过(　　)。

A. 一年　　　　　　B. 六个月　　　　C. 一个月　　　　D. 三个月

8. 对于大体积混凝土工程，应选择(　　)水泥。

A. 硅酸盐　　　　　B. 普通　　　　　C. 矿渣　　　　　D. 高铝

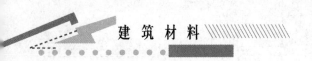

9. 硅酸盐水泥熟料矿物中，水化热最高的是（ ）。

A. C_3S B. C_2S C. C_3A D. C_4AF

10. 有抗冻要求的混凝土工程，在下列水泥中应优先选择（ ）硅酸盐水泥。

A. 矿渣   B. 火山灰质   C. 粉煤灰   D. 普通

三、简答题

1. 试述硅酸盐水泥的矿物组成及其对水泥性质的影响。

2. 硅酸盐水泥的主要水化产物是什么？硬化后水泥石的组成有哪些？

3. 简述硅酸盐水泥的凝结硬化机理。影响凝结硬化过程的因素有哪些？如何影响？

4. 为什么在生产硅酸盐水泥时掺入适量的石膏对水泥不起破坏作用，而硬化后水泥石遇到有硫酸盐溶液的环境，产生出石膏时就有破坏作用？

5. 什么是细度？为什么要对水泥的细度做规定？硅酸盐水泥和矿渣硅酸盐水泥的细度指标各是什么？

6. 何谓水泥的体积安定性？产生的原因是什么？水泥体积安定性不良如何处理？

7. 何谓水泥的凝结时间？国家标准为什么要规定水泥的凝结时间？

8. 混合材料有哪些种类？掺入水泥后的作用分别是什么？硅酸盐水泥常掺入哪几种活性混合材料？

9. 解释 42.5 级矿渣硅酸盐水泥的含义。若在 25℃ 温度下养护的水泥标准试件，测得其 28d 的抗压强度为 45MPa，请问是否可以确定为 42.5 级水泥？

10. 为什么普通水泥早期强度较高，水化热较大，而矿渣水泥和火山灰质水泥早期强度低，水化热小，但后期强度增长较快？

11. 水泥在运输和存放过程中为何不能受潮和雨淋？储存水泥时应注意哪些问题？

12. 试述铝酸盐水泥的矿物组成、水化产物及特性，在使用中应注意哪些问题？

13. 仓库内存有 3 种白色胶凝材料，它们是生石灰粉、建筑石膏和水泥，有什么简便方法可以辨认？

四、案例题

1. 表 4-13 列出的是 A、B 两种硅酸盐水泥熟料矿物组成百分比含量，试分析 A、B 两种硅酸盐水泥的早期强度及水化热的差别。

表 4-13 A、B 两种硅酸盐水泥熟料矿物组成

矿物组成	C_3S	C_2S	C_3A	C_4AF
A 水泥/%	60	15	16	9
B 水泥/%	47	28	10	15

2. 某大体积的混凝土工程，浇注两周后拆模，发现挡墙有多道贯穿型的纵向裂缝。该工程使用某立窑水泥厂生产的 42.5 P·Ⅱ 型硅酸盐水泥，其熟料矿物组分：C_3S 占 61%，C_2S 占 14%，C_3A 占 14%，C_4AF 占 11%。试分析裂缝产生的主要原因。

3. 某工地使用某厂生产的硅酸盐水泥，加水拌和后，水泥浆体在短时间内迅速凝结。后经剧烈搅拌，水泥浆体又恢复塑性，随后过 3h 才凝结。试分析形成这种现象的原因。

第5章

混 凝 土

学习目标

本章以普通混凝土为学习重点，主要介绍普通混凝土的组成材料及质量要求，普通混凝土的主要技术性质，混凝土的质量控制与强度评定，混凝土配合比设计以及其他品种混凝土。通过本章的学习，要求学生：

掌握：普通混凝土基本组成材料的技术要求；混凝土拌合物的和易性，硬化混凝土的强度、耐久性；普通混凝土配合比设计的方法和步骤。能够从原材料、生产搅拌、浇注养护等方面控制混凝土拌合物质量；能够配制各种强度等级的混凝土；能够检测出混凝土的强度等级并对检测结果进行评定。

熟悉：混凝土外加剂和掺合料；泵送混凝土的性能和应用。

了解：其他品种混凝土。

混凝土是一种可以追溯到古老年代的建筑材料，起初所用的胶凝材料为黏土、石灰、石膏、火山灰等。自19世纪20年代出现了波特兰水泥后，人们发现由此配制成的混凝土具有工程所需要的强度和耐久性，而且原料易得，造价较低，特别是能耗较低，进而极大地推动了混凝土的发展进程。19世纪60～70年代，法国工程师艾纳比克在巴黎博览会上看到园丁莫尼尔用铁丝网和混凝土制作的花盆、浴盆和水箱后，受到启发，于是设法把这种材料应用于房屋建筑上，他在巴黎建造公寓大楼时采用了经过改善迄今仍普遍使用的钢筋混凝土柱、横梁和楼板。从1884年德国建筑公司购买了莫尼尔的专利并开展实验研究开始，在有关钢筋混凝土的强度、耐火能力、钢筋与混凝土的黏结力、横梁受力变形等科学实验基础上，1887年德国工程师科伦首先发表了钢筋混凝土的计算方法，1918年艾布拉姆发表了著名的计算混凝土强度的水灰比理论，由此钢筋混凝土才真正成为改变这个世界面貌的重要材料。

1930年动工兴建的帝国大厦，是当时使用材料最轻的建筑，全部采用钢筋混凝土结构，共有102层，曾为世界第一高大楼和纽约市的标志性建筑，成为世界七大工程奇迹之一；2003年竣工的台北101大楼，高509.2m，地上101层，地下5层。采用钢筋混凝土结构及新式的巨型结构；2008年建成的上海环球金融中心，是中国目前第一高楼、世界第三高楼、世界最高的平顶式大楼，楼高492m，地上101层。结构包括钢筋混凝土结构和钢结构两种类型（混凝土刷新了一次连续40h浇筑主楼底板3万余m³混凝土的国内房建领域新纪录和混凝土一次泵送至492m高空的世界纪录，等等）。在现代建筑中，混凝土成为不可或缺的重要建筑材料。

随着历史的前进，建筑工程不断地突破原有的界限向着高层、大跨发展，这就要求混凝土科技也需不断创新，不仅在施工工艺上引进新的理念、新的技术，从材料上也要向着高强度、高性能、高流态、高泵送、绿色环保等特性迈进。

5.1 混凝土概述

从广义上来说，混凝土是指以胶凝材料（胶结料）、集料（或称骨料）、水（或不加水）及其他材料为原料，按照适当比例配制而成的混合物再经硬化形成的复合材料。根据所用胶凝材料的不同，土木工程中常用的混凝土有水泥混凝土、沥青混凝土、石膏混凝土和聚合物混凝土等。

狭义的混凝土指的是普通混凝土，即以水泥为胶凝材料，采用砂、石为粗细骨料，必要时掺入化学外加剂和矿物掺合料，按适当比例配合，经搅拌、密实成型及养护硬化而成的人造石材。它是目前全球用量最大、用途最广的建筑材料之一。

5.1.1 混凝土的分类

1. 按表观密度分类

混凝土按表观密度分类，见表5-1。

表 5-1　混凝土按表观密度分类

类别	干表观密度	配置材料	用　途
重混凝土	大于 2 600kg/m³	采用高密度集料(如重晶石、铁矿石、钢屑等)或同时采用重水泥(如钡水泥、锶水泥等)制成的混凝土	主要用作核能工程的辐射屏蔽结构材料,又称防辐射混凝土
普通混凝土	2 000～2 600kg/m³	以常用水泥为胶凝材料,且以天然砂、石为集料配制而成的混凝土	主要用作各种建筑的承重结构材料
轻混凝土	小于 1 950kg/m³	采用陶粒等轻质多孔集料,或者不用集料而掺入加气剂或泡沫剂,形成多孔结构的混凝土	主要用作轻质结构材料和绝热材料

2. 按用途分类

混凝土按用途可分为结构混凝土、水工混凝土、海洋混凝土、道路混凝土、防水混凝土、补偿收缩混凝土、装饰混凝土、耐热混凝土、耐酸混凝土、防辐射混凝土等。

3. 按所用胶凝材料分类

混凝土按所用胶凝材料可分为水泥混凝土、沥青混凝土、石膏混凝土、水玻璃混凝土、聚合物混凝土等。

4. 按强度等级分类

按混凝土的抗压强度等级可分为低强度混凝土($f_{cu} \leqslant 30MPa$)、中等强度混凝土($f_{cu} = 30 \sim 60MPa$)、高强混凝土($f_{cu} \geqslant 60MPa$)及超高强混凝土($f_{cu} \geqslant 100MPa$)等。

5. 按生产和施工方法分类

按生产和施工方法,混凝土分为预拌(商品)混凝土、泵送混凝土、喷射混凝土、压力灌浆混凝土、离心混凝土等。

6. 按掺加的辅料分类

按掺加辅助材料的品种不同,混凝土分为粉煤灰混凝土、纤维混凝土、硅灰混凝土、磨细高炉矿渣混凝土、硅酸盐混凝土等。

5.1.2　混凝土的特点

1. 优点

(1)原材料资源丰富,价格低廉。混凝土组成材料中,70%～80%是砂、石,原材料资源丰富,且可就地取材,成本比较低。

(2)混凝土凝结前具有良好的塑性,可以浇注成任意形状、规格,可满足不同工程的结构或构件的尺寸及设计造型要求。

(3)混凝土与钢筋有良好的黏结性,且二者的线膨胀系数基本相同,这样可以利用钢筋来补充混凝土抗拉强度低的弱点,复合形成钢筋混凝土,大大拓宽了混凝土的应用范围。

（4）按合理方法配制的混凝土，具有良好的耐久性，同钢材、木材相比更耐久，且维修费用也较低。

（5）可充分利用工业废料作骨料或掺合料，如粉煤灰、矿渣、硅灰等，有利于保护环境、节约建筑能源。

（6）性能多样，用途广泛，通过调整组成材料的品种及配比，可以制成具有不同物理、力学性能的混凝土以满足不同工程的需求，如高强、快硬、防水、防腐蚀、防辐射等。

2. 缺点

（1）自重大、比强度低。与钢材、木材等材料相比，混凝土自重大，因而导致建筑物的自重大、对地基基础的要求较高，影响结构的抗震性能，且工程成本较高。

（2）抗拉强度低，呈脆性，易开裂。混凝土的抗拉强度只是其抗压强度的 1/10 左右，容易导致受拉区混凝土过早开裂。

（3）体积不稳定。当水泥浆量过大时，混凝土的体积不稳定性表现得更加突出。随着温度、环境介质的变化，容易引发体积变化，产生裂缝等缺陷，直接影响混凝土的耐久性。

（4）导热系数大，保温隔热性能差。导致室内冬季采暖及夏季空调所需的建筑能耗非常大。

（5）硬化速度慢、生产周期长。施工时需等混凝土凝结、硬化后才能开始下一工序，而混凝土的凝结、硬化需要一定时间，这使得建筑生产的周期长。

（6）混凝土的质量难以得到精确控制。混凝土拌合物的性能和其凝结、硬化及强度增长等不仅受到原材料质量的影响，同时还受到施工环境及工程养护等多方面的影响，因而工程质量难以精确控制。

随着混凝土技术的不断发展，混凝土的上述缺点正在不断被克服，如在混凝土中掺入高效减水剂和掺合料，可明显提高混凝土的强度和耐久性；加入早强剂，可缩短混凝土的硬化周期；在混凝土中掺入钢纤维，可提高混凝土的韧性、抗拉裂性；采用预拌商品混凝土，可减少现场搅拌不当对混凝土质量的影响等。混凝土正朝着智能化、生态化的方向发展。

5.2　普通混凝土的组成材料及质量要求

普通混凝土是由水泥、水、细集料（也称细骨料）和粗集料（也称粗骨料）等为基本材料，或再掺加适量外加剂、混合材料等制成的复合材料（图 5-1）。

在混凝土中，各组成材料起着不同的作用。砂、石等集料在混凝土中起骨架作用，因此也称为骨料，骨料对混凝土起稳定作用，但这些作用发挥的程度还与其本身的质量状况及数量有关。通常，只有集料本身的强度较高、有害杂质很少、且级配良好时，才能组成坚强密实的骨架，从而有利于混凝土强度的提高。相反，如果混凝土集料中有害杂质较多，级配不良，甚至集料本身强度较低，则混凝土的强度就必然低。

由水泥与水所形成的水泥浆通常包裹在集料的表面，并填充集料间的空隙而在混凝土硬化前起润滑作用，它使得混凝土具有一定的流动性以便于施工操作；在混凝土硬化后，

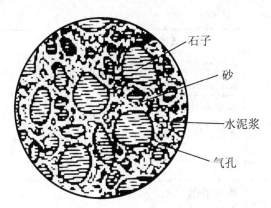

图 5-1　混凝土内部结构

水泥浆形成的水泥石又起胶结作用，是它把砂、石等集料胶结成整体而成为坚硬的人造石材，并产生力学强度。

5.2.1　水泥

水泥在混凝土中起胶结作用，正确、合理地选择水泥的品种和强度等级，是影响混凝土强度、耐久性及经济性的重要因素。

1. 水泥品种的选择

配制混凝土用的水泥品种，要根据工程特点、环境条件、使用要求和各种水泥的特性正确选用，而不能将不同品种的水泥随意换用或混合使用，以免影响工程质量。常用水泥品种的选用见表 5-2。

表 5-2　常用水泥的选用

工程特点或所处环境		优先选用	可以使用	不得使用
环境条件	普通气候环境	普通水泥	矿渣水泥、火山灰质水泥、粉煤灰水泥	—
	干燥环境	普通水泥	矿渣水泥	火山灰质水泥、粉煤灰水泥
	高湿度环境或处于水下环境	矿渣水泥、火山灰质水泥、粉煤灰水泥	普通水泥	—
	严寒地区的露天环境、寒冷地区处于水位升降范围内的环境	普通水泥	矿渣水泥	火山灰质水泥、粉煤灰水泥
	严寒地区处于水位升降范围内的环境	普通水泥(≥42.5级)	—	矿渣水泥、粉煤灰水泥、火山灰质水泥
	受侵蚀性水或侵蚀性气体作用的环境	根据侵蚀性介质的种类、浓度等具体条件按专门(或设计)规定选用		

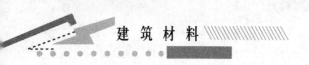
续表

工程特点或所处环境		优先选用	可以使用	不得使用
工程特点	厚大体积混凝土	矿渣水泥、粉煤灰水泥、火山灰质水泥	普通水泥	快硬硅酸盐水泥、硅酸盐水泥
	快硬要求的混凝土	快硬硅酸盐水泥、硅酸盐水泥	普通水泥	矿渣水泥、火山灰质水泥、粉煤灰水泥
	高强度要求的混凝土	硅酸盐水泥	普通水泥	火山灰质水泥、矿渣水泥、粉煤灰水泥
	有抗渗要求的混凝土	普通水泥、火山灰质水泥	—	矿渣水泥
	有耐磨要求的混凝土	硅酸盐水泥、普通水泥	矿渣水泥（≥32.5级）	火山灰质水泥、粉煤灰水泥

2. 水泥强度等级的选择

水泥强度等级的选择应与混凝土的设计强度等级相适应。原则上是配制高强度等级的混凝土选用高强度等级的水泥，配制低强度等级的混凝土选用低强度等级的水泥。若用低强度等级水泥配高强度等级混凝土，需要较大的水泥用量和较小的水灰比，即不经济又可能引发较大的水化热，导致混凝土变形甚至开裂，同时混凝土过黏不便于施工；若用高强度等级水泥配低强度等级混凝土，水泥用量少，水灰比较大，可能导致混凝土和易性较差，影响混凝土的耐久性。经过大量的试验，将配制不同强度等级混凝土时所选水泥强度等级推荐于表 5-3 中。

表 5-3　配制不同强度等级混凝土时所选水泥强度等级

配制混凝土强度等级	所选水泥强度等级	配制混凝土强度等级	所选水泥强度等级
C10～C30	32.5	C45～C60	52.5
C30～C45	42.5	C60～C80	62.5

5.2.2　细骨料（砂）

混凝土用骨料按其粒径大小不同分为细骨料和粗骨料。粒径在 0.15～4.75mm 之间的岩石颗粒称为细骨料；粒径大于 4.75mm 的岩石颗粒称为粗骨料。粗细骨料的总体积占混凝土体积的 70%～80%，因此骨料的性能对所配制的混凝土性能有很大影响。

混凝土用砂的技术标准有国家标准《建设用砂》（GB/T 14684—2011）和行业标准《普通混凝土用砂、石质量及检验方法标准》（JGJ 52—2006）。下面结合这两个标准介绍混凝土用细骨料的技术要求。

1. 砂的种类及其特性

混凝土的细骨料按来源分为天然砂、机制砂两类。

天然砂是指自然生成的，经人工开采和筛分的粒径小于 4.75mm 的岩石颗粒，包括河砂、湖砂、山砂和淡化海砂，但不包括软质、风化的岩石颗粒；机制砂是指经除土处理，由机械破碎、筛分制成的粒径小于 4.75mm 的岩石、矿山尾矿或工业废渣颗粒，但不包括软质、风化的颗粒，俗称人工砂。随着天然砂资源的日益减少，我国机制砂的用量不断增加。

天然砂是由天然岩石经自然条件作用而形成的细骨料。河砂和湖砂因长期经受流水和波浪的冲洗，颗粒较圆，比较洁净，且分布较广，一般工程都采用这种砂。

砂按其技术要求分为 I 类、II 类、III 类三个类别。I 类宜用于强度等级大于 C60 的混凝土；II 类宜用于强度等级在 C30～C60 及抗冻、抗渗或其他要求的混凝土；III 类宜用于强度等级小于 C30 的混凝土和建筑砂浆。

2. 混凝土用砂的技术要求

1) 砂中含泥量、石粉含量及泥块含量

砂中含泥量通常是指天然砂中粒径小于 $75\mu m$ 的颗粒含量；石粉含量是指机制砂中粒径小于 $75\mu m$，且矿物组成和化学成分与被加工母岩相同的颗粒含量；泥块含量是指砂中所含粒径大于 1.18mm，经水浸洗、手捏后粒径小于 $600\mu m$ 的颗粒含量。

亚甲蓝 MB 值是用于判定机制砂中粒径小于 $75\mu m$ 颗粒的吸附能力的指标。天然砂的含泥量和泥块含量应符合表 5-4 的规定；人工砂 MB 值小于等于 1.4 或快速法试验合格时，石粉含量和泥块含量应符合表 5-5 的规定；人工砂 MB 值大于 1.4 或快速法试验不合格时，石粉含量和泥块含量应符合表 5-6 的规定。

表 5-4　天然砂的含泥量和泥块含量(GB/T 14684—2011)

类　别	I 类	II 类	III 类
含泥量（按质量计）/%	≤1.0	≤3.0	≤5.0
泥块含量（按质量计）/%	0	≤1.0	≤2.0

表 5-5　石粉含量和泥块含量(MB 值小于等于 1.4 或试验合格)(GB/T 14684—2011)

类　别	I 类	II 类	III 类
MB 值	≤0.5	≤1.0	≤1.4 或快速法试验合格
石粉含量（按质量计）/%[①]	≤10.0	≤10.0	≤10.0
泥块含量（按质量计）/%	0	≤1.0	≤2.0

注：①此指标根据使用地区和用途，经试验验证，可由供需双方协商确定。

表 5-6　石粉含量和泥块含量(MB 值大于 1.4 或试验不合格)(GB/T 14684—2011)

类　别	I 类	II 类	III 类
石粉含量（按质量计）/%	≤1.0	≤3.0	≤5.0
泥块含量（按质量计）/%	0	≤1.0	≤2.0

泥、石粉和泥块对混凝土是有害的。泥包裹于砂的表面，隔断了水泥石与砂之间的黏结，影响混凝土的强度。当含泥量多时，会降低混凝土的强度和耐久性，并增加混凝土的干缩性。石粉会增大混凝土拌合物的需水量，影响混凝土的和易性，降低混凝土的强度。泥块在混凝土内成为薄弱部位，会引起混凝土强度和耐久性的降低。

2）砂中的有害物质

配制混凝土的细骨料要求清洁、不含杂质以保证混凝土的质量。根据国家标准《建设用砂》(GB/T 14684—2011)的规定，砂中不应混有草根、树叶、树枝、塑料、煤块和炉渣等杂物。砂中有害物质包括云母、轻物质、有机物、硫化物及硫酸盐、氯盐等，它们的限量应符合表5-7的规定。

表5-7　砂中有害物质限量(GB/T 14684—2011)

类　　别	Ⅰ	Ⅱ	Ⅲ
云母(按质量计)/%	$\leqslant 1.0$		$\leqslant 2.0$
轻物质(按质量计)/%		$\leqslant 1.0$	
有机物		合格	
硫化物及硫酸盐(按SO_3质量计)/%		$\leqslant 0.5$	
氯化物(按Cl^-质量计)/%	$\leqslant 0.01$	$\leqslant 0.02$	$\leqslant 0.06$
贝壳(按质量计)/%	$\leqslant 3.0$	$\leqslant 5.0$	$\leqslant 8.0$

云母是表面光滑的小薄片，会降低混凝土拌合物的和易性，也会降低混凝土的强度和耐久性。轻物质在混凝土拌合物成型时上浮，形成薄弱带，降低混凝土的整体性、强度和耐久性。有机物主要来自动植物的腐殖质、腐殖土、泥煤和废机油等，会延缓水泥的水化，降低混凝土的强度，尤其是早期强度。硫化物及硫酸盐主要由硫铁矿(FeS_2)和石膏($CaSO_4$)等杂物带入，它们与水泥石中固态水化铝酸钙反应生成钙矾石，反应产物的固相体积膨胀1.5倍，从而引起混凝土膨胀开裂。Cl^-是强氧化剂，会导致钢筋混凝土中的钢筋锈蚀，钢筋锈蚀后体积膨胀和受力面减小，从而引起混凝土开裂。贝壳对混凝土的和易性、强度及耐久性均有不同程度的影响。特别是对于C40以上的混凝土，两年后的强度会产生明显下降，对于低等级混凝土其影响较小。

3）砂的粗细程度及颗粒级配

（1）砂的粗细程度。砂的粗细程度是指不同的砂粒混合在一起的平均程度。砂子通常分为粗砂、中砂、细砂和特细砂等几种。在配制混凝土时，在相同用砂量条件下，采用细砂，则其总表面积较大；而用粗砂，其表面积较小。砂的表面积愈大，则在混凝土中需要包裹砂粒表面的水泥浆就愈多，当混凝土拌合物和易性要求一定时，显然用较粗的砂拌制混凝土比用较细的砂拌制所需的水泥浆少。但砂子过粗，易使混凝土拌合物产生离析、泌水等现象，对混凝土产生不利影响。因此，用作配制混凝土的砂，不宜过细，也不宜过粗。

（2）砂的颗粒级配。砂的颗粒级配是指砂中不同粒径的颗粒互相搭配及组合的情况。如果砂的粒径相同，则其空隙率很大，如图5-2(b)所示；若由更多粒径颗粒组成的砂，空隙可由各粒径颗粒逐级填充，砂结构更密实，如图5-2中(c)所示。砂的颗粒级配是否良好，对混凝土拌合物的工作性能和混凝土强度有着重要的影响。良好的颗粒级配可用较少的加水量制得流动性好、离析泌水少的混凝土混合料，并能在相应的施工条件下，得到均匀致密、强度较高的混凝土，达到提高混凝土强度和节约水泥用量的效果。

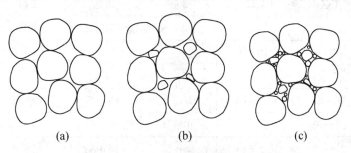

| (a) | (b) | (c) |

图5-2 砂的颗粒级配

砂的粗细程度和颗粒级配通常用筛分析的方法进行测定。国家标准《建设用砂》(GB/T 14684—2011)规定，砂的筛分析法是用4.75mm、2.36mm、1.18mm、$600\mu m$、$300\mu m$和$150\mu m$方孔筛，将500g砂样由粗到细依次过筛，称取留在各筛上砂的筛余量G_i(G_1、G_2、G_3、G_4、G_5、G_6)和筛底盘上砂的质量$G_底$，然后计算各筛的分计筛余百分率a_i(各筛上的筛余量占砂样总重的百分率)，$a_i = [G_i/(\sum G_i + G_底)] \times 100\%$，计算累计筛余百分率$A_i$(各筛及比该筛粗的所有筛的分计筛余百分率之和)。累计筛余与分计筛余的关系如下：

$$A_1 = a_1$$
$$A_2 = a_1 + a_2$$
$$A_3 = a_1 + a_2 + a_3$$
$$A_4 = a_1 + a_2 + a_3 + a_4$$
$$A_5 = a_1 + a_2 + a_3 + a_4 + a_5$$
$$A_6 = a_1 + a_2 + a_3 + a_4 + a_5 + a_6$$

砂的粗细程度用通过累计筛余百分率计算而得的细度模数(M_x)表示，其计算式为

$$M_x = \frac{(A_2 + A_3 + A_4 + A_5 + A_6) - 5A_1}{100 - A_1} \tag{5-1}$$

用该式计算时，A_i用百分点而不是百分率来计算。例如，$A_3 = 21.6\%$，计算时代入21.6而不是0.216。

细度模数M_x越大，表示砂越粗，普通混凝土用砂的细度模数一般在0.7～3.7之间，其中M_x在3.1～3.7为粗砂，M_x在2.3～3.0为中砂，M_x在1.6～2.2为细砂，M_x在0.7～1.5为特细砂。其中以采用中砂较为适宜。对于特细砂，应按特细砂混凝土配制及应用规程的有关规定执行和使用。

砂的细度模数不能反映砂的级配优劣。细度模数相同的砂，其级配可以很不相同。因此，在配制混凝土时，必须同时考虑砂的级配和砂的细度模数。国家标准《建设用砂》(GB/T 14684—2011)根据$600\mu m$筛孔的累计筛余，把M_x在1.6～3.7之间的砂的颗粒级

配分为1区、2区和3区，见表5-8。

表5-8　建设用砂颗粒级配(GB/T 14684—2011)

砂的分类	天 然 砂			机 制 砂		
级配区	1区	2区	3区	1区	2区	3区
方筛孔	累计筛余/%					
4.75mm	10～0	10～0	10～0	10～0	10～0	10～0
2.36mm	35～5	25～0	15～0	35～5	25～0	15～0
1.18mm	65～35	50～10	25～0	65～35	50～10	25～0
600μm	85～71	70～41	40～16	85～71	70～41	40～16
300μm	95～80	92～70	85～55	95～80	92～70	85～55
150μm	100～90	100～90	100～90	97～85	94～80	94～75

将筛分析试验的结果与表5-8进行对照，来判断砂的级配是否符合要求。但用表5-8来判断砂的级配不直观，为了方便应用，常用筛分曲线来判断。筛分曲线是指以累计筛余百分率为纵坐标，以筛孔尺寸为横坐标所画的曲线。用表5-7中天然砂的限值画出1、2、3三个级配区上、下限的筛分曲线得到相应的级配区，如图5-3所示。用同样的方法也能画出机制砂的级配区曲线。

筛分析试验时，将砂样筛分析试验得到的各筛累计筛余百分率标注在图5-3中并连线，就可观察筛分曲线落在哪个级配区。

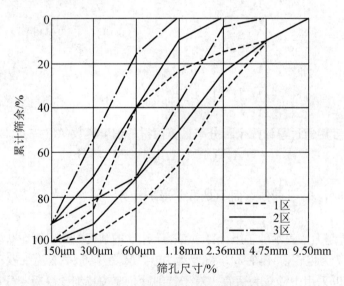

图5-3　天然砂的级配区曲线

判定砂级配是否合格的方法如下：①Ⅰ类砂应符合2级配区，Ⅱ类砂和Ⅲ类砂应符合1级配区、2级配区和3级配区中的任意一个区；②允许有少量超出，但超出总量应小于5%；③4.75mm和600μm筛号上不允许有任何超出。

1区为细砂区，2区为中砂区，3区为粗砂区。配制混凝土时，宜优先选用2区砂。用粗砂拌制的混凝土和易性较差，应适当提高砂率，并保证足够的水泥用量来加以改善；用细砂拌制的混凝土较黏，干缩性大，容易产生裂缝，应适当降低砂率；2区砂粗细适中，级配良好，宜优先选用。

由于混凝土用砂量很大，在选择砂源时应本着就地取材的原则，若工程所在地区的砂料出现过细、过粗或自然级配不良时，可采用人工掺配的方法来改善。通过将粗、细砂按适当的比例掺配，或将砂过筛后剔除过粗或过细颗粒，也可获得粗细程度和颗粒级配良好的砂。

4）碱-骨料反应

碱-骨料反应是指水泥、外加剂等混凝土组成物及环境中的碱与骨料中碱活性矿物在潮湿环境下缓慢发生反应，并导致混凝土开裂破坏的膨胀反应。当对砂的碱活性有怀疑时或用于重要工程的砂，需进行碱活性检验。经碱-骨料反应试验后，由砂制备的试件应无裂缝、酥裂、胶体外溢等现象，在规定的试验龄期内，膨胀率应小于0.10%。

5）坚固性

砂的坚固性是指砂在自然风化和其他外界物理化学因素作用下抵抗破裂的能力。天然砂的坚固性根据砂在硫酸钠溶液中经5次浸泡循环后质量损失的大小来判定。浸泡试验后，Ⅰ类砂和Ⅱ类砂质量损失不大于8%，Ⅲ类砂质量损失不大于10%。

机制砂采用压碎指标法进行检验。将砂筛分成300~600μm，600μm~1.18mm，1.18~2.36mm，2.36~4.75mm共4个单粒级，按规定方法对单粒级砂样施加压力，施压后重新筛分，用单粒级下限筛的试样通过量除以该粒级试样的总量即为压碎指标。Ⅰ类、Ⅱ类、Ⅲ类砂的单级最大压碎指标分别不大于20%、25%和30%。

6）表观密度、堆积密度、空隙率

砂表观密度不小于2 500kg/m³，松散堆积密度不小于1 400kg/m³，空隙率不大于47%。

5.2.3　粗骨料

混凝土用粗骨料（石子）的技术标准有国家标准《建设用卵石、碎石》（GB/T 14685—2011）和行业标准《普通混凝土用砂、石质量及检验方法标准》（JGJ 52—2006）。下面结合这两个标准介绍混凝土用粗骨料的技术要求。

1. 粗骨料的种类及其特性

混凝土用粗骨料分为卵石和碎石两类。卵石是由自然风化、水流搬运和分选、堆积形成的，粒径大于4.75mm的岩石颗粒。卵石分为河卵石、海卵石和山卵石，其中河卵石应用较多。碎石是由天然岩石、卵石或矿山废石经机械破碎、筛分制成的，粒径大于4.75mm的岩石颗粒。卵石表面光滑，有机杂质含量较多，与水泥石胶结能力较差；碎石表面粗糙，棱角多，且较洁净，与水泥石黏结比较牢固。在相同条件下，卵石混凝土的强度较碎石混凝土低，在单位用水量相同的条件下，卵石混凝土的流动性较碎石混凝土大。

卵石、碎石按技术要求分为Ⅰ类、Ⅱ类和Ⅲ类。Ⅰ类宜用于强度等级大于 C60 的混凝土；Ⅱ类宜用于强度等级在 C30～C60 及抗冻、抗渗或其他要求的混凝土；Ⅲ类宜用于强度等级小于 C30 的混凝土。

2. 粗骨料的技术要求

1）含泥量和泥块含量

粗骨料中的泥、泥块等杂质对混凝土的危害与细骨料相同。卵石、碎石的含泥量和泥块含量应符合表 5-9 的规定。

表 5-9　粗骨料的含泥量和泥块含量(GB/T 14685—2011)

类　别	Ⅰ类	Ⅱ类	Ⅲ类
含泥量(按质量计)/%	≤0.5	≤1.0	≤1.5
泥块含量(按质量计)/%	0	≤0.2	≤0.5

2）有害物质含量

卵石和碎石中不应混有草根、树叶、树枝、塑料、煤块和炉渣等杂物。粗骨料中的有害物质主要有有机物、硫化物及硫酸盐，有时也有氯化物，它们对混凝土的危害与细骨料相同。粗骨料有害物质含量应符合表 5-10 的要求。

表 5-10　粗骨料有害物质限量(GB/T 14685—2011)

类　别	Ⅰ	Ⅱ	Ⅲ
有机物	合格	合格	合格
硫化物及硫酸盐(按 SO_3 质量计)/%	≤0.5	≤1.0	≤1.0

另外，粗骨料中严禁混入煅烧过的石灰石或白云石，以免过火生石灰引起混凝土的膨胀开裂。粗骨料中含有颗粒状的硫酸盐或硫化物杂质时，要进行专门试验，当确认能满足混凝土耐久性要求时方可采用。

3）碱-骨料反应

与细骨料一样，粗骨料也存在碱-骨料反应，而且更为常见。当对粗骨料的碱活性有怀疑时或用于工程的粗骨料，需进行碱活性检验。

进行碱活性检验时，首先应采用岩相法检验碱活性骨料的品种、类型和数量。当检验出的骨料中含有活性二氧化硅时，应采用化学法或砂浆长度法进行碱活性检验；当检出骨料中含有活性碳酸盐时，应采用岩石柱法进行碱活性检验。

经上述检验，当判定骨料存在潜在碱-碳酸盐反应危害时，不宜用作混凝土骨料；当判定骨料存在潜在碱-硅反应危害时，则遵守以下规定方可使用：使用碱含量($Na_2O+0.658K_2O$)小于 0.6% 的水泥，或掺入硅灰、粉煤灰等能抑制碱集料反应的掺合料；当使用含钾、钠离子的混凝土外加剂时，必须进行专门的试验。

4）最大粒径和颗粒级配

（1）最大粒径。与细骨料一样，为了节约混凝土的水泥用量，提高混凝土的密实度和强度，混凝土粗骨料的总表面积应尽可能小，其空隙率应尽可能低。粗骨料最大粒径与其总表面积的大小紧密相关。

粗骨料中公称粒级的上限称为该骨料的最大粒径。在5～31.5级配中，骨料的最大粒径为31.5mm。当骨料粒径增大时，其总表面积减小，包裹它表面所需的水泥浆数量相应减少，可节约水泥，或在满足混凝土和易性要求和水泥用量条件下减少用水量，从而提高混凝土强度。所以，在条件许可的情况下，应尽量选用较大粒径的骨料。一般对中低强度的混凝土，粗骨料最大粒径不宜超过40mm；对高强度混凝土，最大粒径不宜大于20mm。因为大粒径骨料的总表面积小，与水泥浆体的黏结面也小，黏结强度就低，同时也会形成混凝土内部结构的不均匀，从而降低混凝土强度。

结构常用混凝土骨料最大粒径还受结构形式和配筋情况等工程条件的限制。根据《混凝土结构工程施工质量验收规范》（GB 50204—2002）（2011版）的规定，混凝土粗骨料的最大粒径不得超过截面最小尺寸的1/4，且不得大于钢筋最小净距的3/4；对于混凝土实心板，骨料最大粒径不宜超过板厚的1/3，且不得超过40mm。

（2）颗粒级配。粗骨料颗粒级配的含义和目的与细骨料相同，级配也是通过筛分试验来测定的。所用标准筛一套有12个，均为方孔，孔径依次为2.36mm、4.75mm、9.50mm、16.0mm、19.0mm、26.5mm、31.5mm、37.5mm、53.0mm、63.0mm、75.0mm、90.0mm。试样筛分时，按表5-11选用部分筛号进行，将试样的累计筛余百分率结果与表5-10对照，来判断该试样级配是否合格。当粗骨料的级配不符合要求时，应采取措施并经试验证实可确保工程质量后，方允许使用。

表5-11 碎石和卵石的颗粒级配

级配情况	公称粒级/mm	累计筛余（按质量计）/%											
		方筛孔/mm											
		2.36	4.75	9.50	16.0	19.0	26.5	31.5	37.5	53.0	63.0	75.0	90.0
连续粒级	5～16	95～100	85～100	30～60	0～10	0							
	5～20	95～100	90～100	40～80		0～10	0						
	5～25	95～100	90～100		30～70		0～5	0					
	5～31.5	95～100	90～100	70～90		15～45		0～5	0				
	5～40		95～100	70～90		30～65			0～5	0			
单粒粒级	5～10	95～100	80～100	0～15	0								
	10～16		95～100	80～100	0～15								
	10～20		95～100	85～100		0～15	0						
	16～25			95～100	55～70	25～40	0～10						
	16～31.5		95～100		85～100			0～10	0				
	5～40			95～100		80～100		0～10		0			
	40～80					95～100		70～100		30～60	0～10	0	

粗骨料的颗粒级配分连续级配和间断级配两种。连续级配是石子由小到大各粒级相连

的级配；间断级配是指用小颗粒的粒级石子直接与大颗粒的粒级石子相配，中间缺了一段粒级的级配。建筑中多采用连续级配，间断级配虽然可获得比连续级配更小的空隙率，但混凝土拌合物易产生离析现象，不便于施工，故较少使用。单粒粒级不宜单独配制混凝土，主要用于组合连续级配或间断级配。

5）颗粒形状

粗骨料颗粒外形有方形、圆形、针状（指颗粒长度大于骨料平均粒径 2.4 倍）、片状（颗粒厚度小于骨料平均粒径 0.4 倍）等。混凝土用粗骨料以接近球状或立方体形的为好，这样的骨料颗粒之间的空隙小，混凝土更易密实，有利于混凝土强度的提高。粗骨料中针状、片状颗粒不仅本身受力时易折断，且易产生架空现象，增大骨料空隙率，使混凝土拌合物和易性变差，同时降低混凝土的强度。Ⅰ类、Ⅱ类和Ⅲ类粗骨料的针片状颗粒总含量（按质量计）分别不大于 5％、10％和 15％。

6）强度

为了保证混凝土的强度，粗骨料必须致密并具有足够的强度。粗骨料强度表示方法有直接法和间接法两种。

直接法就是将制作粗骨料的母岩制成边长为 50mm 的立方体（或直径与高均为 50mm 的圆柱体）试件，每组 6 个试件。对有明显层理的岩石，应制作两组，一组保持层理与受力方向平行；另一组保持层理与受力方向垂直，分别测试。试件浸水 48h 后，测定其极限抗压强度值。

碎石抗压强度一般在混凝土强度等级大于或等于 C60 时才检验，其他情况如有怀疑或必要时也可进行抗压强度检验。通常要求岩石抗压强度与混凝土强度等级之比不应小于 1.5。在水饱和状态下，火成岩的抗压强度应不小于 80MPa，变质岩应不小于 60MPa，水成岩应不小于 30MPa。

骨料在混凝土中呈堆积状态受力，而采用直接法测定粗骨料抗压强度时，骨料是相对面受力。为了模拟粗骨料在混凝土中的实际受力状态，采用压碎指标法来表示粗骨料强度，即所谓间接法。它是将一定质量的 9.5～19.0mm 石子装入标准筒内，按 1kN/s 的速度均匀加荷至 200kN，并稳荷 5s。卸荷后称取试样质量 G_0，再用 2.36mm 孔径的筛筛除被压碎的细粒。称出留在筛上的试样质量 G_1，按下式计算压碎指标值 Q_e：

$$Q_e = \frac{G_0 - G_1}{G_0} \tag{5-2}$$

用压碎指标值间接反映粗骨料的强度大小。压碎指标值越小，说明粗骨料抵抗受压破碎能力越强，其强度越大。粗骨料压碎指标符合表 5-12 的规定。碎石的强度可用抗压强度和压碎指标值表示，卵石的强度只用压碎指标值表示。

表 5-12　粗骨料压碎指标

类　别	Ⅰ	Ⅱ	Ⅲ
碎石压碎指标	≤10	≤20	≤30
卵石压碎指标	≤12	≤14	≤16

7) 坚固性

粗骨料在混凝土中起骨架作用，必须有足够的坚固性。粗骨料的坚固性指粗骨料在气候、环境或其他物理因素作用下抵抗碎裂的能力。粗骨料的坚固性用试样在硫酸钠溶液中经 5 次浸泡循环后质量损失的大小来判定。浸泡试验后，Ⅰ类、Ⅱ类和Ⅲ类粗骨料的质量损失分别不大于 5％、8％和 12％。

8) 表观密度、连续级配松散堆积空隙率

粗骨料的表观密度不小于 2 600kg/m³，Ⅰ类、Ⅱ类和Ⅲ类粗骨料连续级配松散堆积空隙率分别不大于 43％、45％和 47％。

5.2.4　混凝土用水

混凝土用水包括拌制混凝土用水和混凝土养护用水。《混凝土用水标准(附条文说明)》(JGJ 63—2006)要求混凝土用水不得妨碍混凝土的凝结和硬化，不得影响混凝土的强度发展和耐久性，不得含有加快钢筋混凝土中钢筋锈蚀的成分，也不得含有污染混凝土表面的成分。

土木工程中的混凝土用水可以是自来水、地表水、地下水、海水、经处理后的工业废水(中水)。符合饮用水标准的水可直接用于拌制及养护混凝土；地表水和地下水中常含有较多的有机质和矿物盐类，只有经检验确认其不影响混凝土性能的情况下才能使用；海水中含有较多硫酸盐和氯盐，可加速钢筋混凝土中钢筋的锈蚀，并影响混凝土的耐久性。因此，对于钢筋混凝土结构，不得采用海水拌制混凝土。当对混凝土有饰面要求时，也不得采用海水拌制，以免因混凝土表面产生盐析而影响装饰效果；生活污水的水质比较复杂，一般不得用于拌制混凝土。经处理过的工业废水(中水)，也包括商品混凝土厂家清洗设备混凝土后的生产废水，因为水中含有减水剂和其他物质，应经试验检验确认不会影响混凝土性能后方可使用。对使用钢丝或热处理钢筋的预应力混凝土结构，其混凝土用水中的氯离子含量不得超过 350mg/L。混凝土拌和用水中各种物质含量应满足表 5-13 的要求。

表 5-13　混凝土拌和用水水质要求

项　　目	预应力混凝土	钢筋混凝土	素混凝土
pH	≥5.0	≥4.5	≥4.5
不溶物/(mg/L)	≤2 000	≤2 000	≤5 000
可溶物/(mg/L)	≤2 000	≤5 000	≤10 000
Cl^- 含量/(mg/L)	≤500	≤1 000	≤3 500
SO_4^{2-} 含量/(mg/L)	≤600	≤2 000	≤2 700
碱含量/(mg/L)	≤1 500	≤1 500	≤1 500

注：碱含量按 $Na_2O + 0.658K_2O$ 计算值来表示，采用非碱活性骨料时可不检验碱含量。

在配制混凝土时，若对水质有怀疑，应利用待检验水和蒸馏水分别进行水泥凝结时间、混凝土强度对比试验。对比试验所测得的水泥初凝时间差及终凝时间差均不超过

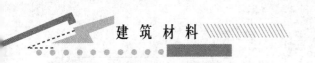

30min，且符合标准规定的凝结时间要求时才可以使用。用待检验水所配制水泥混凝土试件的 28d 抗压强度，不得低于用蒸馏水所配制对比试件抗压强度的 90%。

5.2.5 混凝土外加剂

混凝土外加剂是一种在混凝土搅拌之前或搅拌过程中掺入的、掺量不大于水泥质量 5%的用以改善新拌混凝土和(或)硬化混凝土性能的物质。混凝土外加剂的使用是混凝土技术的重大突破。外加剂掺量虽然很小，但能显著改善混凝土的某些性能，如提高混凝土的强度、改善和易性、提高耐久性及节约水泥等，已被人们称为混凝土中不可缺少的第五组分。

混凝土外加剂按其化学组成可分为无机类、有机类以及无机与有机复合类三种。但目前普遍采用的是按混凝土外加剂的主要功能、作用进行的分类，见表 5 - 14。

表 5 - 14　外加剂的分类

主要外加剂类别	主要功能、作用
各种减水剂、引气剂和泵送剂等	改善混凝土拌合物流变性能(如和易性等)
缓凝剂、速凝剂和早强剂等	调节混凝土初、终凝时间，调节和改善混凝土硬化性能(强度、弹性模量等)
防水剂、引气剂、防冻剂、阻锈剂等	改善混凝土耐久性能(如抗渗性、抗冻融性等)
膨胀剂、减缩剂、着色剂等	改善混凝土其他性能

目前，我国常用的混凝土外加剂的主要品种有以下几类。

1. 减水剂

减水剂是最常用的混凝土外加剂之一，是在混凝土坍落度相同的情况下，能减少拌和用水量，或者在混凝土配合比和用水量均不变的情况下，能增加混凝土坍落度的外加剂。根据减水率大小或坍落度增加幅度分为普通减水剂和高效减水剂两大类。此外，尚有复合型减水剂，如引气减水剂，既具有减水作用，同时具有引气作用；早强减水剂，既具有减水作用，又具有提高早期强度的作用；缓凝减水剂，既具有减水作用，同时又具有延缓凝结时间的功能，等等。

1) 减水剂的作用机理

水泥加水拌和后，由于水泥颗粒表面电荷及不同矿物在水化过程中所带电荷不同，会产生絮凝结构，这种絮凝结构中包裹着部分拌和水，致使混凝土拌合物的流动性较低。加入适量减水剂，由于减水剂分子能定向吸附于水泥颗粒表面，使水泥表面带有同一种电荷(通常为负电荷)，形成静电排斥作用，促使水泥颗粒相互分散，絮凝结构破坏，释放出被包裹的部分水，从而有效地增加混凝土拌合物的流动性。

水泥颗粒表面的减水剂吸附膜能与水分子形成一层稳定的溶剂化水膜。这层水膜具有很好的融滑作用，能有效降低水泥颗粒间的融滑阻力，从而使混凝土流动性进一步提高。

2）减水剂的主要功能

（1）提高流动性。在不减少单位用水量的情况下，可提高流动性。

（2）提高混凝土强度。在保持流动性和水泥用量不变时，减少用水量，降低水灰比，提高混凝土的强度，特别是可大大提高混凝土的早期强度。

（3）节约水泥。保持流动性和强度不变，在减少用水量的同时，可节约水泥。

（4）改善混凝土的耐久性。由于减水剂的掺入，减少了拌合物的泌水、离析现象，改善了混凝土的孔结构，使混凝土的密实度提高、透水性降低，从而提高混凝土抗渗、抗冻、抗腐蚀能力。

2. 引气剂

引气剂是指在混凝土搅拌过程中能引进大量均匀分布、稳定而封闭的微小气泡，且能保留在硬化混凝土中的外加剂。

1）引气剂的作用机理

引气剂是表面活性剂。当搅拌混凝土拌合物时，会混入一些气体，引气剂分子定向排列在气泡上，形成坚固不易破裂的液膜，故可在混凝土中形成稳定、封闭的球形气泡，直径为 $0.05\sim1.0$ mm，均匀分散，可使混凝土的很多性能得到改善。

2）引气剂的功能

（1）改善混凝土拌合物的和易性。引气剂为新拌混凝土中引入大量微小气泡，在水泥颗粒之间起着类似轴承滚珠的作用，能够减小拌合物的摩擦阻力从而提高流动性；同时气泡的存在阻止固体颗粒的沉降和水分的上升，从而减少了拌合物分层、离析和泌水，使混凝土的和易性得到明显改善。含气量每增加 1%，混凝土拌合物的坍落度增加 10mm 左右。

（2）提高混凝土的抗冻性和抗渗性。引气剂在混凝土内部引入大量微小的、均匀分布的封闭气泡，一方面阻塞了混凝土中毛细管渗水通路，另一方面具有缓解水分结冰产生的膨胀压力的作用，从而提高了混凝土的抗渗性和抗冻性，使混凝土耐久性大大提高。

（3）降低弹性模量及强度。由于气泡的弹性变形，使混凝土弹性模量降低，对提高混凝土的抗裂性有利。另外，气泡的存在，减小了浆体的有效面积，造成混凝土强度降低。通常混凝土含气量每增加 1%，混凝土抗压强度要损失 4%～6%，抗折强度降低 2%～3%。但由于和易性的改善，可以通过保持流动性不变减少用水量，使强度不降低或部分得到补偿。

引气剂适用于配制抗冻混凝土、泵送混凝土、防水混凝土以及骨料质量差、泌水严重的混凝土。抗冻性要求较高的混凝土必须掺入引气剂或引气减水剂，其掺量应根据混凝土含气量的要求，通过试验确定。引气剂不适用于蒸汽养护的混凝土及预应力混凝土。

3. 早强剂

早强剂是指加速混凝土早期强度发展，而对后期强度无显著影响的外加剂。

1）氯盐类早强剂

氯盐类早强剂主要有氯化钙和氯化钠，其中氯化钙是国内外应用最广泛的一种早强剂。

氯化钙是一种具有明显早强作用，特别是具有低温早强和降低冰点作用的早强剂。其特点主要表现在：一方面，氯化钙与水泥中铝酸三钙反应生成的水化氯铝酸钙能促进水泥中硅酸三钙及硅酸二钙的水化反应而提高早期强度，因而可显著加速混凝土的凝结和硬化；另一方面，氯化钙是强电解质，可提供丰富的 Ca^+、Cl^-，能使水泥熟料矿物成分的溶解度变大，加速溶解过程，同时会导致水泥水化产物的晶核发生及加速晶体成长过程。

氯化钙在加速混凝土的凝结和硬化的同时也促进水化放热，在水化的前几个小时使混凝土温度升高，对大体积混凝土而言，会增加因温差过大而导致混凝土开裂的倾向；实验表明，混凝土水化程度的提高将导致水泥浆体表面积、孔隙率和层间结构等产生变化而使混凝土早期收缩更加明显；但最大的缺点是大量 Cl^- 会促使钢筋锈蚀；还能加剧碱-骨料反应，降低抗硫酸盐侵蚀性能及降低混凝土的后期强度。

2）硫酸盐类早强剂

硫酸盐类早强剂包括硫酸钠（Na_2SO_4）、硫代硫酸钠（$Na_2S_2O_3$）、硫酸钙（$CaSO_4$）、硫酸钾（K_2SO_4）、硫酸铝[$Al_2(SO_4)_2$]等，其中硫酸钠应用最广。

硫酸钠在水泥硬化时能较快地与水泥水化时产生的氢氧化钙作用生成石膏和碱，新生成的二水石膏会使硫铝酸钙更快地生成，从而加快水泥的水化反应速度，其发生的体积膨胀，促使水泥石更为致密。但由于水化反应中，氢氧化钠的生成使碱度提高，对于活性集料来说也容易导致碱-骨料反应。掺量过多则后期强度损失越大，另外还会引起硫酸盐腐蚀。

3）有机胺类早强剂

有机胺类早强剂有三乙醇胺、三异丙醇胺。最常用的是三乙醇胺，三乙醇胺掺量一般为 0.02%～0.05%，可使 3d 强度提高 20%～40%，对后期强度影响较小，抗冻、抗渗等性能有所提高，对钢筋物有腐蚀作用，但会增大干缩。

4）复合型早强剂

以上三类早强剂在使用时，通常复合使用效果更佳。复合早强剂往往比单组分早强剂具有更优良的早强效果，掺量也可以比单组分早强剂有所降低。众多复合型早强剂中，以三乙醇胺与无机盐类复合早强剂效果最好，应用最广。

4. 缓凝剂

缓凝剂是指能延长混凝土的初凝、终凝时间，并对后期强度无明显影响的外加剂。缓凝剂能使混凝土拌合物在较长的时间内保持塑性状态，以利于浇灌成型，不留或少留施工缝，提高施工质量；同时缓凝剂可以延缓水化放热时间，降低水化热峰值，减少或避免因水化热过度集中产生的温差应力所造成的混凝土结构裂缝，对于夏季施工或大体积混凝土施工来说尤其重要；在泵送混凝土中，缓凝剂还可起到减少混凝土坍落度损失的作用。

缓凝剂适用于长时间运输的混凝土、高温季节施工的混凝土、泵送混凝土、滑模施工混凝土、大体积混凝土、分层浇筑的混凝土等。缓凝剂不适用于 5℃ 以下施工的混凝土，也不宜单独用于有早强要求的混凝土。

5. 速凝剂

速凝剂是指能使混凝土迅速凝结硬化的外加剂。大部分速凝剂的主要成分为铝酸钠

（铝氧熟料），此外还有碳酸钠、铝酸钙、氟硅酸锌、氟硅酸镁、氯化亚铁、硫酸铝、三氯化铝等盐类。国产的速凝剂主要有"红星1型"、"711型"和"782型"等。

速凝剂产生速凝的原因：速凝剂中的铝酸钠、碳酸钠在碱溶液中迅速与水泥中的石膏反应生成硫酸钠，使石膏丧失缓凝作用或迅速生成钙矾石。

速凝剂主要用于喷射混凝土和喷射砂浆，亦可用于需要速凝的其他混凝土。用于喷射混凝土的速凝剂主要起三种作用：抵抗喷射混凝土因重力而引起的脱落和空鼓；提高喷射混凝土的黏结力，缩短间隙时间，增大一次喷射厚度，减少回弹率；提高早期强度，及时发挥结构的承载能力。为了降低喷射混凝土28d强度损失率，减少回弹率，减少粉尘，可将高效减水剂与速凝剂复合使用，因此速凝剂的发展方向是液态复合速凝剂。

6. 防冻剂

防冻剂是指能使混凝土在负温下硬化，并在规定养护条件下达到预期性能的外加剂。

防冻剂可以改变混凝土中液相浓度，降低液相冰点，使水泥在负温下仍能继续水化；减少混凝土拌和用水量，减少混凝土中能成冰的水量。同时使混凝土中最小孔孔径变小，进一步降低液相结冰温度，改变冰晶形状；并引入一定量的微小封闭气泡，减缓冻胀应力；提高混凝土的早期强度，增强混凝土抵抗冰冻的破坏能力。上述作用的综合效果是使混凝土的抗冻能力获得显著提高。各类防冻剂具有不同的特性，因此防冻剂品种选择十分重要。防冻剂按其化学成分可分为无机盐类、有机化合物类、有机化合与无机盐复合类、复合型四种。无机盐类包括氯盐类、氯盐防锈类、无氯盐类。氯盐类防冻剂适用于无筋混凝土。氯盐防锈类防冻剂可用于钢筋混凝土。无氯盐类防冻剂，可用于钢筋混凝土和预应力钢筋混凝土，但硝酸盐、亚硝酸盐类则不得用于预应力混凝土以及与镀锌钢材或与铝铁相接触部位的钢筋混凝土。有机化合物类多以醇类（如甲醇、乙二醇）为防冻组分，此外，乙酸钠、尿素、氨水也具有理想的防冻效果，但因其会产生刺激性气味，因此严禁用于办公、居住等建筑工程。有机化合与无机盐复合类既包括有机化合物防冻组分又含有无机盐防冻组分，两者优势互补，是一类理想的防冻剂。复合型是以防冻组分与复合早强、引气、减水等组分为主的防冻剂，不仅防冻效果好，而且可以改善混凝土的其他性能，是最理想的高效型防冻剂。

防冻剂的掺量应根据施工时环境温度确定；其中防冻组分的含量必须控制，过多过少均会导致不良后果。

7. 泵送剂

泵送剂是指能改善混凝土泵送性能的外加剂。即使混凝土在泵管内易于流动使其能充满整个空间，混凝土有足够的黏聚性使其在泵送过程中不离析、不泌水，混凝土与管壁间及混凝土内部的摩擦阻力也不应过大。因而泵送剂应具有减水率高，使混凝土坍落度损失小，不离析、泌水，有一定缓凝作用，有一定引气作用，与水泥有良好的相容性的特点。通常泵送剂主要由减水剂、引气剂、混凝剂和保塑剂等复合而成，以提高新拌混凝土的可泵性，改善硬化混凝土的耐久性。

泵送剂适用于工业与民用建筑及其他构筑物的泵送施工的混凝土；特别适用于大体积混凝土、高层建筑和超高层建筑。

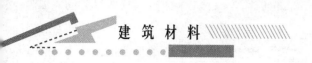

8. 膨胀剂

混凝土膨胀剂是指水泥、水拌和后经水化反应生成钙矾石、钙矾石和强氧化钙或强氧化钙，使混凝土产生膨胀的外加剂。普通混凝土在浇注硬化的过程中，由于化学减缩冷缩、和干缩等原因会引起体积收缩，甚至导致混凝土开裂，往往发生渗漏，降低了它的使用功能和耐久性。在水泥中掺入适量膨胀剂，可拌制成补偿收缩混凝土，大大提高混凝土结构的抗裂防水能力。

膨胀剂主要用于为减小干燥收缩而配制的补偿收缩混凝土，如建筑物、路桥、水工、地下工程等的防渗、防裂混凝土，结构后浇带，梁柱接头，构件补强、加固等；还用于提高制品的抗裂强度和抗裂承载力，如预制梁板、箱形涵洞、自应力钢筋混凝土压力管等自应力混凝土结构，以及大体积混凝土、高性能混凝土及有抗裂、防渗要求的混凝土中。随着商品混凝土的推广，用高效减水剂与膨胀剂复合配制的防渗、防裂的流态混凝土及高性能混凝土，来解决混凝土体积稳定性的问题，因而膨胀剂的应用呈增长趋势。

外加剂的品种应根据工程设计和施工要求选择，通过试验及技术经济比较确定；严禁使用对人体产生危害、对环境产生污染的外加剂；掺外加剂混凝土所用水泥，宜采用硅酸盐水泥、普通硅酸盐水泥、矿渣硅酸盐水泥、火山灰质硅酸盐水泥、粉煤灰硅酸盐水泥和复合硅酸盐水泥。

知 识 链 接

工程中选用外加剂时，除应满足前面所述有关国家标准或行业标准外，还应注意外加剂与水泥及混凝土的相容性问题。

不同厂家生产的符合国家标准质量要求的水泥和外加剂在配置混凝土时，性能会有很大的差异，有些外加剂起不到应有的改善混凝土性能的要求，甚至出现了负面影响，如混凝土和易性差、凝结不正常等，人们把这些问题归结为水泥与外加剂的相容性。

为避免混凝土外加剂出现不良反应，工程中使用的外加剂，应符合《混凝土外加剂应用技术规范》（GB 50119—2003）中的要求，并在使用前进行相容性试验。

知 识 拓 展

混凝土的外加剂均有适宜掺量，掺量过小，往往达不到预期的效果；掺量过大，则会造成浪费，有时会影响混凝土质量，甚至造成质量事故。因此应通过配合比试验确定最佳掺量。常用外加剂掺量见表 5-15。

表 5-15　常用外加剂掺量

外加剂类型	主要成分	参考参量/%
普通减水剂	木质素磺酸盐	0.2～0.3
高效减水剂	萘磺酸盐甲醛缩合物	0.5～1.2
	三聚氰胺甲醛缩合物	0.5～1.2
	氨基磺酸盐甲醛缩合物	0.3～1.0

续表

外加剂类型	主要成分	参考参量/%
引气剂	松香皂类	0.008～0.015
	皂角苷	0.01～0.02
	烷基苯磺酸钠	0.005～0.01
缓凝剂	羟基羟酸及其盐类（柠檬酸、酒石酸）	0.05～0.2
	糖类（葡萄糖、蔗糖等）	0.1～0.3
	无机盐（锌盐、磷酸盐、硼酸盐）	0.1～0.25
缓凝减水剂	糖钙类	0.1～0.3
早强剂	氯盐类（氯化钙、氯化钠）	0.5～1.0
	硫酸盐类（硫酸钠、碳酸钾）	1.0～2.0
	三乙醇胺	0.02～0.05

注：外加剂掺量在此表中指占水泥用量的质量百分数。

5.2.6　混凝土掺合料

掺合料是指在配制混凝土时加入的能改善新拌混凝土和硬化混凝土性能的无机矿物细粉。掺量通常大于水泥用量的 5%，细度与水泥细度相同或比水泥更细。在配制混凝土时，加入较大用量的矿物掺合料，可降低水化温升，改善工作性能，提高后期强度，并可改善混凝土的内部结构，提高混凝土耐久性和抗腐蚀能力。尤其是矿物掺合料对碱集料反应的抑制作用引起了人们的重视。因此，掺合料已被广泛认为是混凝土的辅助胶凝材料，是高性能混凝土不可缺少的第六组分。

矿物掺合料根据来源可分为天然的、人工的及工业废料三大类。天然掺合料包括火山灰、凝灰岩、沸石粉、硅质页岩等，人工掺合料主要包括水淬高炉矿渣、煅烧页岩、偏高岭土等，工业废料类主要指粉煤灰、硅灰等。

近年来，工业废渣矿物掺合料直接在混凝土中应用的技术有了新的进展，尤其是粉煤灰、磨细矿渣粉、硅灰等具有良好的活性，在节约水泥、节省能源、改善混凝土性能、扩大混凝土品种等方面有显著的技术经济效果和社会效益。

1. 粉煤灰

粉煤灰是从火力发电排放出的烟气中收集到的粉尘，是一种具有潜在活性的火山灰材料，其颗粒多数呈球形，表面光滑。

按排放方式的不同，粉煤灰分为干排灰与湿排灰两种。湿排灰含水量大，活性降低较多，质量不如干排灰。

按收集方法的不同，粉煤灰分为机械收尘和静电收尘两种。

按照煤种，粉煤灰分为 F 类（由无烟煤或烟煤煅烧收集的粉煤灰）和 C 类（由褐煤或次烟煤煅烧收集的粉煤灰，其氯化钙含量大于 10%）。

粉煤灰受煤种、煤粉细度、燃烧条件和收尘方式等条件的限制，成分和性能波动很大。根据国家标准《用于水泥和混凝土中的粉煤灰》（GB/T 1596—2005），粉煤灰的技术等级分为Ⅰ、Ⅱ、Ⅲ三个级别。各级别粉煤灰的技术要求见表 5 - 16。

表 5 - 16 拌制混凝土和砂浆用粉煤灰技术要求(GB/T 1596—2005)

项　目		技术要求		
		Ⅰ	Ⅱ	Ⅲ
细度(45μm 方孔筛筛余)，不大于/%	F类粉煤灰、C类粉煤灰	≤12	≤25	≤45
需水量比，不大于/%		≤95	≤105	≤115
烧失量，不大于/%		≤5.0	≤8.0	≤15.0
含水量，不大于%		1.0		

粉煤灰的品质指标直接关系到其在混凝土中的作用效果。粉煤灰细度越细，其微集料效应越显著，需水量也越低，其矿物减水效应越显著。烧失量主要是指粉煤灰中未燃尽的碳粒含量，碳粒多孔，比表面积大，吸附性强，强度低，带入混凝土中后，不但影响混凝土的需水量，还会导致外加剂用量大幅度增加；对硬化混凝土来说，碳粒影响了水泥浆的黏结强度，成为混凝土中强度的薄弱环节，易增大混凝土的干缩值。因此，烧失量是粉煤灰品质中的一项重要指标。

2. 粒化高炉矿渣粉

粒化高炉矿渣粉是高炉炼铁时产生的废渣，经干燥、粉磨达到相当细度且符合相应活性指数的粉体，也称矿渣粉、矿粉。矿渣粉的活性取决于矿渣的化学成分、矿物组成、冷却条件及粉磨细度。矿渣的化学成分与硅酸盐水泥相类似，若矿渣中 CaO、Al_2O_3 含量高，SiO_2 含量低，则矿渣活性高。通常矿渣粉的比表面积越大，颗粒越细，其活性越高，对混凝土强度贡献大。矿渣越细，通常早龄期的活性指数越大，但细度对后期活性指数的影响较小。

粒化高炉矿渣粉的掺量可以等量取代水泥，使混凝土的多项性能得以显著改善，如大幅度提高混凝土强度、提高混凝土耐久性和降低水泥水化热等。根据国家标准《用于水泥和混凝土中的粒化高炉矿渣粉》（GB/T 18046—2008）的规定，矿渣粉根据 28d 活性指数（%）分为 S105、S95 和 S75 三个级别，相应的技术要求见表 5 - 17。

表 5 - 17 用于水泥和混凝土中的粒化高炉矿渣粉的技术要求

级别	密度，不小于/(g/cm³)	比表面积，不小于/(kg/cm²)	活性指数，不小于/%		流动度比，不小于/%	含水量，不大于/%	三氧化硫，不大于/%	氯离子，不大于/%	烧失量，不大于/%	玻璃体，不小于/%	放射性
			7d	28d							
S105		500	95	105							
S95	2.8	400	75	95	95	1.0	4.0	0.06	3.0	85	合格
S75		350	55	75							

3. 硅粉

硅粉是电炉生产工业硅或硅铁合金的副产品，从电炉排出的废气中过滤收集而得，是一种人工火山灰质材料。活性 SiO_2 是硅粉的主要成分，用于混凝土中的硅灰，SiO_2 含量应大于 85%，其中活性的(在饱和石灰水中可溶)SiO_2 达 40% 以上。

硅粉的形态也是球状玻璃体，粒径非常细小，比水泥颗粒小两个数量级，但活性较强，掺入到水泥混凝土中，可以得到三个方面的增强作用：SiO_2 与水泥水化物 $Ca(OH)_2$ 迅速进行二次水化反应，生成水化硅酸钙凝胶，这些凝胶不仅可以沉积在硅粉巨大的表面上，也可以深入到细小的孔隙中，使水泥石密实；二次水化反应使混凝土中的游离 $Ca(OH)_2$ 减少，原片状晶体尺寸缩小，在混凝土中的分散度提高；由于 $Ca(OH)_2$ 被大量消耗，界面结构得到明显改善，因而可以增加混凝土的强度，提高混凝土的抗渗、抗冲击等性能，抑制碱骨料反应。由于硅粉具有优异的火山灰效应和微集料效应，故能改善新拌混凝土的泌水性和黏聚性。由于硅粉的高填充效果和高火山灰活性，使其成为超高强混凝土的优异矿物掺合料。但硅粉在混凝土胶凝材料颗粒群的体系中不能产生"滚珠轴承"效应，相反因其巨大的比表面积效应，不仅起不到减水的作用，还会导致混凝土的需水量大幅度增加，黏度增加，自收缩增大。因此，一般硅粉的掺量控制在 5%~10% 之间，并用高效减水剂来调节需水量。

知 识 链 接

粉煤灰在混凝土中的作用归结为物理作用和化学作用两方面。

物理方面，由于粉煤灰具有玻璃微珠的特征，对减少新拌混凝土的用水量，改善混凝土的流动性和保水性、可泵性，提高混凝土的密实程度具有优良的物理作用效果。

化学方面，粉煤灰中的硅、铝玻璃体在常温常压条件下，可与水泥水化生成的氢氧化钙发生化学反应，生成具有胶凝作用的 C-S-H 水化产物，具有潜在的化学活性。这种潜在的活性效应只有在较长龄期才会明显地表现出来，对混凝土后期强度的增长较为有利。同时还可降低水化热，抑制碱-骨料反应、提高抗渗、抗化学腐蚀等耐久性能。但通常混凝土的凝结时间会有所延长，早期强度有所降低。

知 识 拓 展

在混凝土中，对于普通钢筋混凝土结构，宜采用Ⅰ级粉煤灰，对设计强度等级 C30 及以上的无筋混凝土宜采用Ⅰ、Ⅱ级粉煤灰。混凝土中掺入粉煤灰的效果与粉煤灰的掺入方法有关。混凝土中掺入粉煤灰的常用方法有等量取代法、超量取代法和外掺法。

等量取代法：以等质量粉煤灰取代混凝土中的水泥，但通常会降低混凝土的强度。

超量取代法：为达到掺粉煤灰后混凝土与基准混凝土等强度的目的，粉煤灰采用超量取代，其掺入量等于取代水泥的质量乘以粉煤灰超量系数。粉煤灰的品质越好，超量系数越小，通常Ⅰ级灰为 1.0~1.4，Ⅱ级灰为 1.2~1.7，Ⅲ级灰为 1.5~2.0。

外掺法：指保持混凝土中的水泥用量不变，外掺一定数量的粉煤灰。其目的是改善混凝土的和易性。

在配制混凝土时，粉煤灰一般可取代混凝土中水泥用量的 20%~50%，其掺量大小与混凝土的原材料、配合比、工程部位及气候环境等密切相关。通常混凝土中掺入粉煤灰时应与减水剂、引气剂等同时掺用。

5.3 普通混凝土的主要技术性质

混凝土是由各类组成材料按一定比例拌制而成的,在尚未凝结硬化前称为混凝土拌合物;硬化后的人造石材称为硬化混凝土(简称混凝土)。普通混凝土的主要技术性质包括混凝土拌合物的和易性,硬化混凝土的强度、变形及耐久性。

5.3.1 混凝土拌合物的和易性

1. 和易性的概念

和易性也称为混凝土的工作性,是指混凝土从拌和开始,满足运输、浇筑、捣实等施工操作的性能。和易性良好的混凝土在施工操作过程中应具有良好的流动变形能力,并能保持其组成均匀稳定的性能,以使其成型密实。混凝土和易性是一项综合性的技术指标,它主要包括流动性、黏聚性和保水性三个方面。

1) 流动性

流动性是指混凝土拌合物在自重或机械振捣力的作用下,能产生流动并均匀密实地充满模板的性能。流动性的大小,在外观上表现为新拌混凝土的稀稠,直接影响其浇捣施工的难易和成型的质量。若新拌混凝土太稠,则难以捣实成型,且容易形成结构内部或表面孔洞等缺陷;若新拌混凝土过稀,经振捣后易出现水泥浆上浮而石子下沉的分层离析现象,影响混凝土的质量均匀性。

2) 黏聚性

黏聚性是指混凝土拌合物内部组分间具有一定的黏力,在运输和浇筑过程中不致发生分层离析现象,使混凝土能保持整体均匀稳定的性能。黏聚性差的新拌混凝土,易产生石子下沉现象,导致石子与砂浆分离、聚积,振捣后容易出现蜂窝、空洞等缺陷。

3) 保水性

保水性是指混凝土拌合物具有一定保持内部水分的能力,在施工过程中不致产生严重的泌水现象。在施工过程中,保水性差的新拌混凝土中一部分水易从内部析出至表面,在水渗流之处留下许多毛细管孔道,成为以后混凝土内部的透水通路。另外,在水分上升的同时,一部分水还会滞留在石子及钢筋的下缘形成水隙,从而减弱石子或钢筋与水泥浆之间的黏结力。所有这些都会使混凝土的密实性变差,并显著降低混凝土的强度及耐久性。

新拌混凝土的流动性、黏聚性及保水性,三者之间相互关联而又矛盾。黏聚性好的混凝土拌合物,往往保水性也好,但其流动性可能较差;当新拌混凝土的流动性很大时,往往具有黏聚性和保水性变差的趋势。因此,所谓混凝土拌合物和易性良好,就是使这三方面的性能在某种程度上达到统一,以使施工操作方便及保证混凝土后期质量。

2. 和易性的测定与评定

因为新拌混凝土和易性所包含的内涵比较复杂,所以难以用一种简单的测定方法和指标来全面恰当地予以表达。现行国家标准《普通混凝土拌合物性能试验方法》(GB/T 50080—2002)规定，土木工程建设中常用坍落度法或维勃稠度法来测定新拌混凝土的流动性，并辅以经验目测来评定其黏聚性和保水性，从而综合判定混凝土的和易性。其中，维勃稠度法适用于较干硬的新拌混凝土，坍落度法适用于较稀的新拌混凝土，如图5-4(a)所示。

由于坍落度试验操作简便，使其成为土木工程中检测新拌混凝土和易性时普遍采用的方法。但是，该方法只适用于集料最大粒径不大于40mm，且坍落度为10～220mm的新拌混凝土。对于坍落度大于220mm的新拌混凝土，应以坍落度扩展度检测，即测量坍落后混凝土的扩展直径最大和最小两个方向的直径D_{max}、D_{min}，如图5-4(b)所示。根据新拌混凝土坍落度的大小不同，可将其划分为五个等级，见表5-18；根据其扩散度的不同划分为六个等级，见表5-19。

(a) 坍落度的测定

(b) 扩展度的测定

图5-4　混凝土拌合物和易性的测定

表5-18　混凝土拌合物坍落度等级

等　　级	坍落度/mm
S1	10～40
S2	50～90
S3	100～150
S4	160～210
S5	≥220

表5-19　混凝土拌合物扩散度等级划分

等　　级	扩散度/mm
F1	≤340
F2	350～410
F3	420～480
F4	490～550
F5	560～620
F6	≥630

3. 和易性的选用

新拌水泥混凝土的坍落度根据施工方法和结构条件(断面尺寸、钢筋分布情况),并参考有关资料(经验)加以选择。对无筋的厚大体积结构和钢筋配置稀疏易于施工的结构,尽可以选用较小的坍落度,以节约水泥;反之,对断面尺寸较小、形状复杂或配筋特密的结构,则应选用较大的坍落度。一般在便于操作和保证捣固密实的条件下,尽可能选用较小的坍落度,以节约水泥,提高强度,获得质量合格的混凝土拌合物,具体选择可参考表5-20。

表 5-20　混凝土坍落度的适宜范围

项　目	结构特点	坍落度/mm
1	无筋的厚大体积结构和钢筋配置稀疏的构件	10~30
2	板、梁和大、中型截面的柱子等	35~50
3	配筋较密的结构	55~70
4	配筋很密的结构	75~90

表5-19中坍落度是指采用机械振捣的坍落度,当采用人工捣实时可适当增大。当施工工艺采用泵送混凝土拌合物时,可通过掺入高效减水剂等措施提高流动性,使坍落度达到80~180mm。

4. 影响混凝土和易性的因素

影响混凝土拌合物和易性的因素有很多,主要有拌合物的原材料、混凝土的配合比、拌和时间、环境温度等。

1) 水泥品种

水泥对新拌混凝土和易性的影响主要表现在需水量上。需水量大的水泥品种所配制的混凝土,达到相同坍落度时所需的用水量较多。在常用的通用硅酸盐水泥中,以硅酸盐或普通硅酸盐水泥所配制的新拌混凝土的流动性及黏聚性较好。矿渣、火山灰质混合材料在水泥中的需水性都较高,它们所配制的混凝土需水量也较高;在加水量相同的条件下,它们所配制的新拌混凝土流动性较低。

2) 水泥浆数量与稠度

新拌混凝土在自重或外力作用下的流动,必须以克服其内部的阻力为前提。该内部阻力主要包括两个方面,一是集料间的摩擦阻力,二是水泥浆的黏滞阻力。集料间摩擦阻力的大小主要取决于集料颗粒表面水泥浆层的厚度,即混凝土中水泥浆的数量;水泥浆的黏滞阻力大小主要取决于水泥浆本身的稀稠程度,即混凝土中水泥浆的稠度。在水灰比不变的情况下,新拌混凝土中的水泥浆量越多,包裹在集料颗粒表面的浆层越厚,其润滑能力就越强,则会因集料间摩擦阻力的减小而使新拌混凝土的流动性越大。反之则流动性越小。但水泥浆量过多,不仅浪费了水泥,而且会出现流浆及泌水现象,导致新拌混凝土的黏聚性及保水性变差,甚至对混凝土的强度与耐久性也会产生一定的影响;而水泥浆量过少，则不能填满集料间的空隙或不能完全包裹集料表面，新拌混凝土的流动性与黏聚性就会变差，甚至产生崩坍现象。因此，混凝土拌合物中水泥浆量不能太少，但也不能过多，应以满足流动性要求为度。

在水泥用量不变的情况下，水灰比越小，水泥浆就越干稠，水泥浆的黏滞阻力或黏聚力会增大，新拌混凝土的流动性就越小，这会使新拌混凝土的运输、浇注和振实施工操作困难，难以保证混凝土的成型密实质量。相反，增加用水量而使水灰比增大后，可以降低水泥浆的黏滞阻力或黏聚力，在一定范围内可以增大新拌混凝土的流动性。但若水灰比过大，则水泥浆会因过稀而几乎失去黏聚力，由于其黏聚性和保水性的严重下降而容易产生分层离析和泌水现象，这将严重影响混凝土的强度及耐久性。因此，工程实际中绝不可以单纯加水的方法来增大流动性，而应在保持水灰比不变的条件下，以增加水泥浆量的方法来提高新拌混凝土的流动性。无论是水泥浆量还是水泥浆的稠度，它们对新拌混凝土流动性的影响最终都体现为用水量的多少。

3）集料性质

集料性质多指混凝土所用集料的品种、级配、粒形、颗粒粗细及表面状态等。通常，采用卵石及河砂拌制的新拌混凝土流动性要比用碎石及山砂拌制的混凝土流动性好。这是因为前者集料表面光滑，摩擦阻力较小。集料级配与粗细也会影响新拌混凝土的和易性。级配良好的集料，其空隙率小，在水泥浆量一定的情况下，包裹集料表面的水泥浆层较厚，混凝土拌合物的和易性较好。细砂的比表面积大，用细砂拌制的新拌混凝土的流动性则较差，但黏聚性和保水性可能较好。

4）砂率

砂率 β_s 是指混凝土中细集料砂的质量 S 占粗细集料总质量 $(S+G)$ 的百分率。其表达式为

$$\beta_s = \frac{S}{S+G} \times 100\% \qquad (5-3)$$

在砂石混合料中，砂率的变动，会使集料的总表面积和空隙率发生很大的变化，从而对新拌混凝土的和易性产生显著的影响。在混凝土中水泥浆量不变的情况下，若砂率过大，则由于集料总表面积和空隙率的增大而使水泥浆量相对显得不足，从而减弱了水泥浆的润滑作用，新拌混凝土就显得干稠，流动性变小；若砂率过小，则新拌混凝土中显得石子过多而砂子过少，造成砂浆量不足以包裹石子表面且不能填满石子间空隙的情况，从而导致集料颗粒间更容易直接接触而产生较大的摩擦阻力，这种情况也会显著降低新拌混凝土的流动性，并严重影响其黏聚性和保水性，使其产生粗集料离析、水泥浆流失，甚至溃散等现象。砂率对混凝土流动性的影响规律如图 5-5 所示。

适当的砂率不但填满了石子间的空隙，而且还能保证粗集料间有一定厚度的砂浆层，以减小集料间的摩擦阻力，使新拌混凝土获得较好的流动性。这个适宜的砂率，称为合理砂率（或称最佳砂率）。采用该砂率时，在用水量及水泥用量一定的情况下，能使新拌混凝土获得最大的流动性，保持良好的黏聚性和保水性。

砂率的确定，可依据砂石混合料中砂子体积以填满粗集料空隙后略有富余为度这一原则进行理论计算求得；也可配制多组砂率不同的混凝土，通过试验检测其和易性（坍落度），并依据其相互关系（图 5-6）来确定最佳砂率。在工程实际中配制混凝土时，对于坍落度为 10~60mm 的新拌混凝土，常依据粗集料品种、粒径及水灰比等经验来确定砂率。

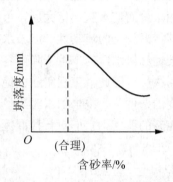
图 5-5　砂率与坍落度的关系
（水与水泥用量不变）

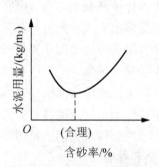
图 5-6　砂率与水泥用量的关系
（坍落度不变）

5）外加剂

外加剂是掺加进混凝土中专门改善其性能的化学物质，当在混凝土中掺加某些外加剂后，会使新拌混凝土的和易性有明显的改善。它可在不增加水泥用量的条件下，使水泥流动性显著提高，或黏聚性提高，或保水性明显改善。

6）时间及环境温度

搅拌后的混凝土拌合物会随着存放时间的延长而逐渐变得越来越干稠，坍落度将逐渐减小，这种现象称为混凝土的坍落度损失。其原因是新拌混凝土中一部分水已参与水泥水化，另一部分水逐渐被集料所吸收，还有一部分水被蒸发。这些因素综合作用的结果，使得新拌混凝土随着时间的延长逐渐形成内部凝聚结构，对混凝土的流动阻力逐渐增大，从而表现为新拌混凝土坍落度的逐渐损失。新拌混凝土的坍落度还受温度的影响，随着环境温度的升高，混凝土中水分的蒸发及水泥的水化反应速率的加快会导致混凝土坍落度损失得更快。为此，土木工程施工过程中应注意温度对新拌混凝土坍落度的影响。

5. 改善混凝土和易性的措施

掌握了新拌混凝土和易性的影响因素与变化规律，就可运用这些规律对其进行调整，以满足工程的不同需要。在实际工程中，常采取以下措施。

（1）改善砂、石（特别是石子）的级配；采用合理的砂率，以改善新拌混凝土内部结构，获得良好的和易性并节约水泥。

（2）当新拌混凝土坍落度太小时，应在保持水灰比不变的情况下，增加适量的泥浆；当坍落度太大时，应在保持砂石比不变的情况下，增加适量的砂、石。

（3）改进混凝土拌合物的施工工艺。采用高效率的强制式搅拌机，可以提高混凝土的流动性，尤其是低水灰比混凝土拌合物的流动性；或采用二次加水法，即在初始搅拌时只加入大部分水，剩余部分水在使用混凝土前再次加入，然后迅速搅拌以获得较好的坍落度。

（4）掺入适当的外加剂或掺合料来改善混凝土拌合物的和易性。

5.3.2　混凝土的强度

混凝土凝结硬化后会产生一定的承载能力，即具有强度。作为建筑结构材料，混凝土不仅能承受竖向荷载，还能承受水平荷载，不仅能承受静力荷载，还能承受动力荷载。这都源于混凝土在抗压、抗拉、抗剪、抗弯甚至与钢筋的黏结方面所具有的不同程度的强度。其中，混凝土的抗压强度相对其他强度来说最大，是建筑结构设计的主要依据，是反应混凝土质量的重要参数。

1. 混凝土立方体抗压强度与强度等级

1）混凝土立方体抗压强度 f_{cu}

依据《普通混凝土力学性能试验方法标准》（GB/T 50081—2002），混凝土的立方体抗压强度 f_{cu} 是指按标准方法用边长 150mm×150mm×150mm 试模制作的立方体试件，在标准条件(温度 20℃±2℃，相对湿度 95％以上的养护室中，或在温度为 20℃±2℃的不流动 Ca(OH)$_2$ 溶液中)下，养护到 28d 龄期，经标准方法在压力试验机上测得的抗压强度值。

在测定混凝土抗压强度时，也可根据混凝土粗骨料的最大粒径尺寸选择边长 100mm×100mm×100mm 或边长 200mm×200mm×200mm 试模制作的试件。当混凝土强度等级小于 C60 时，用非标准试件测得的强度值均应乘以尺寸换算系数（表 5 - 21）。当混凝土强度等级大于等于 C60 时，宜采用标准试件；使用非标准试件时，尺寸换算系数应由试验确定，其试件数量不应少于 30 个对组。

表 5 - 21　混凝土强度换算系数

骨料最大粒径/mm	试件尺寸/mm	换算系数
≤31.5	100×100×100	0.95
≤40	150×150×150	1.00
≤63	200×200×200	1.05

2）强度等级

混凝土的立方体抗压强度标准值(以 $f_{cu,k}$ 表示)，是按标准尺寸试件在 28d 龄期，用标准试验方法测得的抗压强度总体分布中的一个值，强度低于该值的百分率不超过 5％(即具有强度保证率为 95％的立方体抗压强度)。根据混凝土的强度标准值将混凝土划分为不同的强度等级。混凝土的强度等级是以符号"C"及其对应的强度标准值(以 MPa 为单位)来表示的。根据《混凝土质量控制标准》（GB 50164—2011）规定，混凝土强度等级分为C10、C15、C20、C25、C30、C35、C40、C45、C50、C55、C60、C65、C70、C75、C80、C85、C90、C95、C100 共 19 个等级。

强度等级是混凝土结构设计时强度计算取值的依据，混凝土的强度等级必须达到结构设计时满足建筑物承载能力所要求的混凝土强度。此外，混凝土强度等级还是混凝土施工中控制工程质量和工程验收时的重要依据。

2. 混凝土轴心抗压强度 f_{cp}

确定混凝土强度等级时采用立方体试件，但实际工程中钢筋混凝土构件形式极少是立方体，大部分是棱柱体或圆柱体。为了使测得的混凝土强度接近于混凝土构件的实际情况，在钢筋混凝土结构计算中，计算轴心受压构件(如柱子、桁架的腹杆等)时，都采用混凝土的轴心抗压强度 f_{cp} 作为设计依据。

根据国家标准《普通混凝土力学性能试验方法标准》(GB/T 50081—2002)的规定，轴心抗压强度采用 100mm×100mm×300mm 的棱柱体作为标准试件。轴心抗压强度值 f_{cp} 比同截面的立方体抗压强度小，棱柱体试件高度比(h/a)越大，轴心抗压强度越小，但当 h/a 达到一定值后，强度不再降低。在立方体抗压强度为 10~55MPa 范围时，轴心抗压强度 f_{cp} 为立方体抗压强度 f_{cu} 的 0.7~0.8 倍。

3. 混凝土的抗拉强度 f_{ts}

混凝土是典型的脆性材料，其抗拉强度很低，只有抗压强度的 1/20~1/10，而且随着混凝土强度等级的提高，比值有所降低。因此，在钢筋混凝土结构设计中，通常不考虑混凝土的抗拉能力，而是依靠其中配置的钢筋来承担结构中的拉力。但抗拉强度对于混凝土的抗裂性仍具有重要作用，它通常是结构设计中确定混凝土抗裂度的主要依据，也是间接衡量混凝土抗冲击强度、钢筋黏结强度、抵抗干湿变化或温度变化能力的参考指标。

由于混凝土的脆性特点，其抗拉强度难以直接测定，通常采用劈裂抗拉试验法间接得出混凝土的抗拉强度，并称为劈裂抗拉强度 f_{ts}。混凝土劈裂抗拉强度试验采用边长为150mm 的立方体试件，试验时先在立方体试件的两个相对的上下表面加上垫条，然后施加均匀分布的压力，使试件在竖向平面内产生均匀分布的拉应力，该拉应力可以根据弹性理论计算求得。劈裂抗拉强度可按下式计算：

$$f_{ts} = \frac{2P}{\pi A} = 0.637 \frac{P}{A} \qquad (5-4)$$

式中：F——试件破坏荷载；

A——试件劈裂面积。

将按劈裂试验所得的混凝土抗拉强度 f_{ts} 换算成轴拉试验所得的抗拉强度 f_t，应乘以换算系数，该系数由试验确定。

4. 混凝土的抗折强度 f_f

道路路面或机场路面常用水泥混凝土。水泥混凝土以抗折强度或称抗弯拉强度为主要强度指标，而抗压强度为参考强度指标。混凝土的抗折强度是指处于受弯状态下混凝土抵抗外力的能力，由于混凝土为典型的脆性材料，它在断裂前无明显的弯曲变形，故称为抗折强度。通常混凝土的抗折强度是利用 150mm×150mm×550mm 的试梁在三分点加荷状态下测得。试件的抗折强度按下式计算：

$$f_f = \frac{FL}{bh^2} \tag{5-5}$$

式中：F——试件破坏荷载；

L——支座间距；

b、h——试件截面宽度及截面高度。

5. 混凝土与钢筋的黏结强度

在钢筋混凝土结构中，为使钢筋与混凝土间有效地协同工作，要求它们之间必须有足够的黏结强度(也称为握裹力)。这种黏结强度，主要来源于混凝土与钢筋之间的摩擦力、钢筋与水泥石之间的黏结力以及变形钢筋的表面机械啮合力。其黏结强度的大小也与混凝土的性能有关，且通常与混凝土抗压强度近似成正比。此外，黏结强度还受其他许多因素的影响，如钢筋尺寸及变形钢筋种类，钢筋在混凝土中的位置(水平钢筋或垂直钢筋)，加载类型(受拉钢筋或受压钢筋)，干湿变化或温度变化等。

6. 影响混凝土强度的因素

普通强度的混凝土受力破坏后，破坏形式可分三种情况：一是骨料本身的破坏，通常情况下骨料强度大于混凝土强度，这种破坏的可能性很小；二是水泥石的破坏，当水泥石强度较低时容易发生；三是骨料和水泥石黏结面的破坏，这是最常见的破坏形式。

通过对水泥石与骨料界面的研究发现，该界面是混凝土整体结构中的易损薄弱环节，故混凝土强度主要取决于水泥石的强度及其与骨料表面的黏结强度。而水泥石强度及其与骨料的黏结强度又与水泥强度等级、水灰比及骨料的性质有密切关系，此外混凝土的强度还受施工质量、养护条件及龄期的影响。

1) 水泥强度等级和水灰比

水泥是混凝土的活性组分，其强度大小直接影响混凝土的强度。在相同的配合比条件下，水泥强度等级越高，其胶结力越强，所配制的混凝土强度越高。在水泥品种和强度等级一定的条件下，混凝土的强度等级主要取决于水灰比。水灰比越小，水泥石的强度及其与骨料黏结强度越大，混凝土的强度越大。

混凝土强度与水灰比、水泥强度之间的关系可用经验式(5-6)表示：

$$W/C = \frac{\alpha_a f_b}{f_{cc} + \alpha_a \alpha_b f_b} \tag{5-6}$$

式中：f_{cc}——混凝土 28d 龄期抗压强度(MPa)；

W/C——混凝土水灰比；

α_a、α_b——回归系数。应根据工程所使用的水泥、骨料，通过实验建立的水灰比与强度关系式确定；当不具备上述统计资料时，其回归系数可按表 5-22 选用。

f_b——胶凝材料 28d 胶砂抗压强度(MPa)，可实测，且试验方法按现行国家标准《水泥胶砂强度检验方法(ISO 法)》(GB/T 17671—1999)执行；也可按下式计算：

$$f_b = \gamma_f \gamma_s f_{ce} \tag{5-7}$$

式中：γ_f、γ_s——粉煤灰影响系数和粒化高炉矿渣粉影响系数，可按表5-23选用。

表5-22　回归系数 α_a 和 α_b 选用表

石子　系数	碎　石	卵　石
α_a	0.53	0.49
α_b	0.20	0.13

表5-23　粉煤灰影响系数 γ_f 和粒化高炉矿渣粉影响系数 γ_s

种类　掺量	粉煤灰影响系数 γ_f	粒化高炉矿渣粉影响系数 γ_s
0	1.00	1.00
10	0.85～0.95	1.00
20	0.75～0.85	0.95～1.00
30	0.65～0.75	0.90～1.00
40	0.55～0.65	0.80～0.90
50	—	0.70～0.85

注：1. 采用Ⅰ级、Ⅱ级粉煤灰，宜取上限值；

2. 采用S75级粒化高炉矿渣粉宜取下限，采用S95级粒化高炉矿渣粉宜取上限值，采用S105级粒化高炉矿渣粉可取上限值加0.05；

3. 当超出表中的掺量时，粉煤灰和粒化高炉矿渣粉影响系数应经试验确定。

f_{ce}——水泥28d胶砂强度(MPa)，可实测，也可按下式确定：

$$f_{ce} = \gamma_c f_{ce,g} \qquad (5-8)$$

式中：$f_{ce,g}$——水泥强度等级值(MPa)；

γ_c——水泥强度等级值富余系数，可按实际统计资料确定；当缺乏实际统计资料时，也可按表5-24选用。

表5-24　水泥强度等级值富余系数 γ_c

水泥强度等级值	32.5	42.5	52.5
富余系数	1.12	1.16	1.10

该公式只适用于强度等级在C60以下的低流动性混凝土及流动性混凝土。利用该公式，可根据所用的水泥强度等级和水灰比估计混凝土28d的强度，也可根据水泥强度等级和要求的混凝土强度等级确定所采用的水灰比。

2）骨料的质量、表面状态与粒径

骨料在水泥混凝土中起骨架与稳定作用。通常，只有骨料本身的强度较高、有害杂质较小且级配良好时，才能形成坚强密实的骨料，使混凝土强度提高；反之，骨料中含有较多的有害杂质、级配不良而骨料本身强度较低时，混凝土的强度则会较低。

骨料的表面状态也会影响混凝土的强度。碎石混凝土的强度要高于卵石混凝土的强度，这是由于碎石表面比较粗糙，水泥石与其黏结比较牢固，卵石表面比较光滑，黏结性较差的缘故。试验证明，当 W/C 小于 0.4 时，用碎石配制的混凝土强度比卵石配制的高38%，但随着水灰比增大，二者的差别就不大了。这是因为当水灰比较小时，界面强度对混凝土强度的影响很大；而水灰比很大时，水泥石本身的强度则成为主要影响因素。

最大粒径的骨料，可降低用水量及水灰比，提高混凝土的强度。但对于高强混凝土，较小粒径的粗骨料，可明显改善粗骨料与水泥石界面的强度，提高混凝土的强度。

3）外加剂和掺合料

掺入减水剂，特别是高效减水剂，可降低用水量及水灰比，使混凝土强度显著提高；掺早强剂可显著提高混凝土的早期强度。

掺入高活性的掺合料，如优质粉煤灰、硅灰、磨细矿渣粉等，可以与水泥的水化产物进一步发生反应，产生大量的凝胶物质，使混凝土内部结构更密实，因而强度也会有进一步提高。

4）施工及养护条件

混凝土施工过程中，应搅拌均匀、振捣密实、养护良好才能使混凝土硬化后达到预制的强度。一般采用机械搅拌比人工拌和的拌合物更均匀。另外，采用二次投料搅拌工艺、高速搅拌工艺、二次振捣工艺等都会有效地提高混凝土强度。

混凝土强度是随着其中水泥石强度的发展而增长的渐进过程，其发展的速度与程度主要取决于水泥的水化程度，而温度和湿度是影响水泥水化速度和程度的重要因素。因此，混凝土成型后，必须在一定时间内保持适当的温度和足够的湿度，以使水泥充分水化，这就是混凝土的养护。《混凝土结构工程施工质量验收规范》（GB 50204—2002）中规定：在混凝土浇筑完毕后的 12h 以内，应对混凝土覆盖并保湿养护，混凝土浇水养护的时间，对采用硅酸盐水泥、普通硅酸盐水泥和矿渣硅酸盐水泥拌制的混凝土，不得小于 7d；对掺用缓凝型外加剂或有抗渗要求的混凝土，不得小于 14d。

在正常养护条件下，混凝土的强度随着龄期的增长而增长，在最初的 7～14d 发展较快，24d 以后增长缓慢，28d 可达到标准强度，强度随时间的变化规律如图 5-7 所示。故统一规定混凝土的标准龄期为 28d。而工程实践中，常控制混凝土的 3d 强度（早期强度）、7d 强度（拆模参考强度）和 28d 标准强度，作为受力和构件吊装等时期的强度依据。

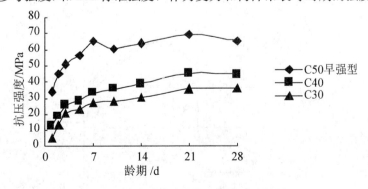

图 5-7 混凝土强度与标准养护时间的关系

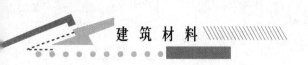

7. 提高混凝土强度的措施

1）采用高强度等级水泥或早强型水泥

在混凝土配合比相同的情况下，水泥的强度等级越高，混凝土的强度越高。采用早强型水泥可提高混凝土的早期强度，有利于加快施工进度。

2）采用低水灰比的干硬性混凝土

低水灰比的干硬性混凝土拌合物游离水分少，硬化后留下的孔隙少，混凝土密实度高，强度可显著提高。因此，降低水灰比是提高混凝土强度的最有效途径。但水灰比过小，将影响拌合物的流动性，造成施工困难，一般采取同时掺加减水剂的方法，使混凝土在低水灰比下，仍具有良好的和易性。

3）采用湿热处理养护混凝土

湿热处理可分为蒸汽、蒸压养护两类，水泥混凝土一般不必采用蒸压养护。

蒸汽养护是将混凝土放在温度低于 $100℃$ 的常压蒸汽中进行养护。一般混凝土经过 $16\sim20h$ 蒸汽养护，其强度可达正常条件下养护 $28d$ 强度的 $70\%\sim80\%$，蒸汽养护最适于掺加活性混合材料的矿渣水泥、火山灰质水泥及粉煤灰水泥制备的混凝土。因为蒸汽养护可加速活性混合材料内的活性 SiO_2 及活性 Al_2O_3 与水泥水化析出的 $Ca(OH)_2$ 反应，使混凝土不仅提高早期强度，而且后期强度也有所提高，其 $28d$ 强度可提高 $10\%\sim20\%$。而对普通硅酸盐水泥和硅酸盐水泥制备的混凝土进行蒸汽养护，其早期强度也能得到提高，但因在水泥颗粒表面过早形成水化产物凝胶膜层，阻碍水分继续深入水泥颗粒内部，使后期强度增长速度反而减缓，其 $28d$ 强度比标准养护 $28d$ 强度约低 $10\%\sim15\%$。

4）采用机械搅拌和振捣

机械搅拌比人工拌和能使混凝土拌合物更均匀，特别是在拌和低流动性混凝土拌合物时效果显著。采用机械振捣，可使混凝土拌合物的颗粒产生振动，暂时破坏水泥浆体的凝聚结构，从而降低水泥浆的黏度和骨料间的摩擦阻力，提高混凝土拌合物的流动性，使混凝土拌合物能很好地充满模型，混凝土内部孔隙大大减少，从而使密实度和强度大大提高，如图 5-8 所示。

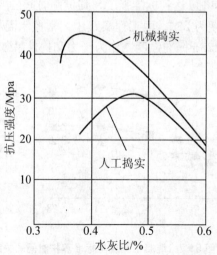

图 5-8　振捣方法对混凝土强度的影响

5）掺入混凝土外加剂、掺合料

在混凝土中掺入早强剂可提高混凝土早期强度；掺入减水剂可减少用水量，降低水灰比，提高混凝土强度。此外，在混凝土中掺入高效减水剂的同时，掺入磨细的矿物掺合料（如硅灰、优质粉煤灰、超细磨矿渣等），可显著提高混凝土的强度，配制出强度等级为C60～C100 的高强度混凝土。

5.3.3　混凝土的变形性能

混凝土在硬化和使用过程中，受外界各种因素的影响，诸如荷载的作用、湿度和温度的改变等，将经历体积的变化。这种变化会导致可逆的或不可逆的以及与时间有关的变形。当变形受到约束时常会引起拉应力，而拉应力超过混凝土的抗拉强度时，就会引起混凝土开裂，产生裂缝。

1. 非荷载作用下的变形

1）干燥收缩变形

混凝土处于低湿度环境中，因水分散失而导致的体积收缩称为干燥收缩。砂、石一般不收缩而且还能抑制水泥石收缩。故混凝土干燥收缩产生的原因是在干燥过程中，水泥石中毛细孔水分蒸发，使毛细孔中孔壁产生压应力而导致混凝土收缩；当毛细孔中的水蒸发完后，如继续干燥，则凝胶体颗粒间吸附水也发生部分蒸发，缩小凝胶体颗粒间的距离，甚至产生新的化学结合而收缩。因此，干缩的混凝土再次吸水时，干缩变形一部分可恢复，另一部分（约 30%～60%）不能恢复。

干燥收缩受水泥品种的影响，如使用火山灰水泥干缩最大，使用矿渣水泥比使用普通水泥收缩大；另外，骨料的弹性模量越高，混凝土的收缩越小，骨料含泥量、吸水率大，干缩较大。在其他条件相同的情况下，胶砂比越大，混凝土的干缩越大；而延长潮湿条件下的养护时间，可推迟干缩的发生与发展，但这种影响在养护时间大于 3d 后不明显。

2）化学收缩变形

水泥在水化期间形成的水化产物的相对密度高于水化前水泥和水的密度之和，因此水化产物的绝对体积要小于水化前水泥与水的绝对体积，从而使混凝土收缩，这种收缩称为化学收缩。其收缩量随混凝土硬化龄期的延长而增长，大致与时间的对数成正比。一般在混凝土成型后 40 多天内化学收缩增长较快，以后渐趋稳定。化学收缩值很小，对混凝土结构没有破坏作用，但在混凝土内部可能产生微细裂缝，影响混凝土的耐久性。

3）温度收缩变形

温度收缩包括两种类型：一种是因水泥早期水化热而产生的温度变形，属于不可逆过程；另一种是因环境温度变化而对硬化混凝土产生的收缩，基本属于可逆过程。

混凝土在硬化过程中，水泥水化产生水化热。在硬化初期，水泥水化速率快，放出热量多于散发热量，使混凝土升温。尤其是对大体积混凝土，热量聚集在混凝土内部长期不易散失，混凝土表面散热快、温度较低，内部散热慢、温度较高，从而造成表面和内部热变形不一致，使混凝土表面产生较大拉应力，严重时使混凝土产生裂缝。而在水化后期，水化速率慢，发热量小于散热量，混凝土温度降低，因此混凝土在升温期间发生膨胀，在降温期间发生收缩。如果混凝土处于约束状态下，则温度收缩变形受到限制，并转变为温度收缩应力，当此应力大于混凝土抗拉强度时，很可能导致混凝土产生温度收缩裂缝。

2. 荷载作用下的变形

1）短期荷载作用下的变形

混凝土受力时，既产生可以恢复的弹性变形，又产生不可恢复的塑性变形，其应力与应变之间的关系不是直线而是曲线，如图 5-9 所示。

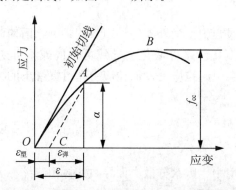

图 5-9　混凝土在压力作用下的应力-应变曲线

在应力-应变曲线上任一点的应力与其应变的比值，叫做混凝土在该应力下的变形模量。它反映混凝土所受应力与所产生应变之间的关系。在计算钢筋混凝土的变形、裂缝开展及大体积混凝土的温度应力时均需知道混凝土的变形模量。

混凝土的强度越高，弹性模量越高。当混凝土的强度等级由 C10 增高到 C60 时，其弹性模量大致由 1.75×10^4 MPa 增至 3.60×10^4 MPa。混凝土的弹性模量取决于骨料和水泥石的弹性模量。在材料质量不变的条件下，混凝土的骨料含量较多、水灰比较小、养护条件较好及龄期较长时，混凝土的弹性模量较大。

2）长期荷载作用下的变形

混凝土在长期荷载作用下，沿着作用力方向的变形会随时间的延长而不断增长，这种在长期荷载作用下产生的变形，称为徐变。在荷载作用初期，徐变增长较快，一般要 2~3 年才趋于稳定。当混凝土卸荷后，一部分变形瞬间恢复，其值小于在加荷瞬间产生的瞬时变形，在卸荷后的一段时间内变形还会继续恢复，称为徐变恢复，最后残存的、不能恢复的变形称为残余变形。混凝土的徐变应变可达 $(3~15) \times 10^{-4}$，即 0.3~1.5mm/m。

混凝土徐变产生的原因，一般认为是由于水泥石凝胶体在长期荷载作用下的黏性流动，并向毛细孔中移动，同时吸附在凝胶粒子上的吸附水因荷载应力而向毛细孔迁移渗透的结果。负荷初期，由于毛细孔多，凝胶体较易在荷载作用下移动，因而负荷初期徐变增大较快。

徐变可使钢筋混凝土构件截面的应力重新分布，从而消除或减小其内部的应力集中现象，部分消除大体积混凝土的温度应力。而在预应力混凝土结构中，混凝土徐变使钢筋的预加应力受到损失。

混凝土的徐变与很多因素有关，但可认为，混凝土徐变是其水泥石中毛细孔相对数量的函数，即毛细孔数量越多，混凝土的徐变越大，反之越小。因此，环境湿度减小和混凝土失水会使徐变增加；水灰比越大，混凝土强度越低，则混凝土徐变增大；水泥用量和品种对徐变也有影响，水泥用量越多，徐变越大，采用强度发展快的水泥，则混凝土徐变减小；因骨料的徐变很小，故增大骨料含量会使徐变减小；延迟加荷时间，会使混凝土徐变减小。

5.3.4 混凝土的耐久性

混凝土的耐久性是指混凝土在实际使用条件下抵抗各种破坏因素的作用，长期保持强度和外观完整性的能力。结构在规定的使用年限内，在各种环境条件作用下，不需要额外的费用加固处理而保持其安全性、正常使用，其外观仍可接受即说明混凝土具有一定的耐久性。因而，混凝土的耐久性对延长结构使用寿命、减少维修保养费用等具有重要意义，故越来越引起普遍关注。混凝土的耐久性是一个综合指标，通常主要是指混凝土的抗冻性、抗渗性、抗碳化、抗碱-骨料反应等。

1. 混凝土的抗渗性

混凝土抗渗性是指混凝土抵抗水、油等液体渗透的性能。混凝土的冻融破坏、钢筋腐蚀、碱-骨料反应都是以水渗透为前提的，因而抗渗性是混凝土最重要的耐久性能。

混凝土的抗渗性用抗渗等级 p_N 表示，分 p_4、p_6、p_8、p_{10}、p_{12} 五个等级，即相应表示混凝土能抵抗 0.4MPa、0.6MPa、0.8MPa、1.0 MPa 及 1.2MPa 的静水压力而不渗水。

混凝土渗水的主要原因是内部的孔隙形成连通的渗水通道。混凝土的这些渗水通道又与水灰比有关，水灰比越大，在混凝土内部形成渗水通道的数量越多，混凝土抗渗性越差；反之，水灰比越小，混凝土越密实，渗水通道数量越少，抗渗性越好。因此，提高混凝土的抗渗性，一是提高混凝土的密实度，具体措施有降低水灰比、选择级配良好的骨料、添加掺合料和适当外加剂等；二是改善混凝土的孔结构，减少连通孔隙，如加入引气剂形成大量封闭独立的小微孔，以阻断水的通道。

除此之外，与混凝土的抗渗性还与施工质量及龄期有关。良好的浇筑、振捣和养护有利于提高混凝土的抗渗性；龄期越长，水泥水化越充分，混凝土的密实度提高，混凝土的抗渗性提高。

2. 混凝土的抗冻性

混凝土的抗冻性是指混凝土在吸水饱和状态下，能经受多次冻融循环而不受破坏，同时不严重降低强度的性能。在寒冷地区，特别是在接触水又受冻的环境条件下，混凝土要求具有较高的抗冻性能。

混凝土的抗冻性用抗冻等级表示。抗冻等级是以龄期28d的试块在吸水饱和后，承受反复冻融循环，以抗压强度下降不超过25%、质量损失不超过5%时所能承受的最大冻融循环次数来确定。混凝土抗冻等级分别为 D10、D15、D25、D50、D100、D250 和 D300 等，如 D50 表示混凝土能承受最大冻融循环次数为 50 次。

混凝土产生冻融破坏有两个必要条件：一是混凝土必须接触水或混凝土中有一定的游离水；二是建筑物所处的自然条件存在反复交替的正负温度。

密实混凝土或具有闭口孔隙的混凝土具有较好的抗冻性。因而，选择质量密实、粒径较小的集料，采用硅酸盐水泥、普通硅酸盐水泥甚至早强硅酸盐水泥，适量控制水灰比适量掺入减水剂、防冻剂、引气剂等都可有效提高混凝土的抗冻性。

另外，随着混凝土龄期增加，混凝土抗冻性能也在不断提高。因为水泥不断水化，可冻结水量减少；水中溶解盐浓度随水化深入而增加，冰点也随龄期而降低，抵抗冻融破坏的能力也随之增强，所以延长冻结前的养护时间可以提高混凝土的抗冻性。一般在混凝土抗压强度尚未达到 5.0MPa 或抗折强度未达到 1.0MPa 时，不得遭受冰冻。

3. 混凝土的抗碳化性

混凝土的碳化是指大气中的 CO_2 不断向混凝土孔隙渗透，并与孔隙中碱性物质 $Ca(OH)_2$ 溶液发生中和反应，使混凝土孔隙内的 pH 降低的现象。

混凝土是一种多孔材料，孔隙中存有碱性的 $Ca(OH)_2$ 溶液，钢筋在这种碱性介质条件下，生成一层厚度很薄、牢固吸附在钢筋表面的氧化膜（$Fe_2O_3 \cdot nH_2O$），称为钢筋的钝化膜，它保护钢筋使之不会锈蚀。然而由于混凝土的碳化，钢筋表面的介质转变为呈弱酸性状态，使钝化膜遭到破坏。钢筋表面在混凝土孔隙中的水和氧共同作用下发生化学反应，生成新的氧化物 $Fe(OH)_3$，即铁锈。这种氧化物生成后体积增大，使其周围混凝土产生拉应力直到引起混凝土的开裂和破坏。

碳化对混凝土也有有利的影响，碳化放出的水分有助于水泥的水化作用，而且碳酸钙可填充水泥石孔隙，提高混凝土的密实度。

4. 混凝土碱-骨料反应

骨料中含有的活性氧化硅（SiO_2）或含有黏土的白云石质石灰石，与水泥中的碱（Na_2O 或 K_2O）发生反应，生成一层复杂的碱-硅酸凝胶或碱-碳酸盐凝胶，其体积膨胀大约 3 倍以上，易使混凝土开裂破坏。这种碱-骨料反应一旦发生，不易修复，混凝土力学性能明显降低。还会大幅度加剧冻融、钢筋锈蚀、化学腐蚀等因素对混凝土的破坏作用，更会导致混凝土迅速恶化。

在实际工程中，为防止碱-骨料反的危害，常采取如下措施：①采用低碱水泥，水泥中的含碱量不宜超过 0.6%；②控制混凝土中碱含量，由于混凝土中的碱不仅来源于水泥、混合材料、外加剂、水，甚至有时从骨料（如海砂）中来，因此控制混凝土中各种原材料总碱量比单纯控制水泥含碱量更为科学；③选用非活性骨料；④防止水分侵入，设法使钢筋混凝土结构处于干燥状态；⑤在混凝土拌制中适量掺入引气剂及引气型减水剂，在混凝土中形成微气泡结构，可减小硅酸盐因体积膨胀而造成的膨胀压和渗透压；⑥在混凝土中适量掺入粉煤灰，增加混凝土的密实度，提高其抗渗性。

5. 提高混凝土耐久性的措施

混凝土耐久性的各个性能都与混凝土材料的组成材料、混凝土的孔隙率、孔隙构造密切相关，因此提高混凝土耐久性的措施有以下几种。

(1) 根据混凝土工程所处的环境条件和工程特点选择合理的水泥品种。

(2) 严格控制水胶比，保证足够的水泥用量。

最新行业标准《普通混凝土配合比设计规程》(JGJ 55—2011)规定了工业与民用建筑及一般构筑物所用混凝土的最大水胶比和最小胶凝材料用量的限值(表5-25)。

表5-25　混凝土最大水胶比及最小胶凝材料用量(JGJ 55—2011)

最大水胶比	最小胶凝材料用量/(kg/m³)		
	素混凝土	钢筋混凝土	预应力混凝土
0.60	250	280	300
0.55	280	300	300
0.50	320		
≤0.45	330		

注：1. 胶凝材料用量是指混凝土中水泥用量和矿物掺合料用量之和；

2. 水胶比是指混凝土中用水量与胶凝材料用量的质量比；

3. 最小胶凝材料用量是在满足最大水胶比条件下，满足混凝土施工性能和掺加矿物掺合料后，满足混凝土耐久性的胶凝材料用量；

4. 配制C15及其以下等级的混凝土，可不受本表限制。

(3) 选用杂质少、级配良好的骨料，并尽量采用合理的砂率。

(4) 掺入高效活性矿物掺合料，填充混凝土内部孔隙，提高密实度，有效改善混凝土的性能，在高掺量下还能抑制混凝土的碱-骨料反应。

(5) 在混凝土施工中，搅拌均匀、振捣密实、加强养护，增加混凝土密实度。

5.4　混凝土的质量控制与强度评定

混凝土质量控制的目标是保证生产的混凝土的各项技术性能均能满足设计要求。混凝土的质量控制贯穿于混凝土的原材料检验、配合比设计、生产、施工、养护及成品检验全过程。

5.4.1　混凝土的质量控制

1. 对原材料的质量控制

混凝土是由水泥、砂、石、外加剂、掺合料等多种材料配制而成的非均质性结构材料。其中胶凝材料水泥在使用前，除应持有生产厂家的合格证外，还应做强度、凝结时间、安定性等常规检验，检验合格方可使用。不可先用后检或边用边检。不同品种的水泥要分别存储或堆放，不得混合使用。大体积混凝土尽量选用低热或中热水泥，降低水化热。在钢筋混凝土结构中，严禁使用含氯化物的水泥；骨料的质量必须符合《普通混凝土用砂、石质量及检验方法标准》(JGJ 52—2006)，材料进场应进行筛分、含泥量、含水率、石粉含量等检测。储料场对不同规格、不同产地、不同品种的粗细集料应分别堆放，并有明显的标志；对外加剂，应通过试验确定其品种和掺量。对每批进场的外加剂，还应检测其密度以保证其减水率，并对不同品种的外加剂分别储存在专用的仓罐内；混凝土中掺合料进场时，必须具有质量证明书，按不同品种、等级分别存储，并做好明显标记，防止受潮和环境污染。

2. 对混凝土配合比的控制

混凝土的配合比应根据设计的混凝土强度等级、坍落度及耐久性要求，按《普通混凝土配合比设计规程》(JGJ 55—2011)经试配确定一个既满足设计要求，又满足施工要求，同时经济合理的混凝土配合比。

影响混凝土强度的主要因素是水泥强度和水灰比(或水胶比)。在相同配合比的情况下，水泥强度等级越高，混凝土的强度等级也越高；水灰比(或水胶比)越大，混凝土的强度越低。

影响混凝土工作性能的主要因素是水泥浆的稠度和数量、砂率以及外加剂。在水泥用量不变的条件下，水泥浆越稠，混凝土的流动性越差，混凝土的坍落度越小；在水灰比不变的条件下，水泥浆越少，包裹在集料颗粒表面的浆层越薄，其润滑能力就越弱，混凝土的流动性越小；而适当的砂率可以减小集料间的摩擦阻力，增加混凝土的流动性；外加剂的掺入可在不增加水泥用量的条件下，使混凝土流动性显著提高。

对泵送混凝土，其配合比还应考虑混凝土运输时间、坍落度损失、输送泵的管径、泵送的垂直高度和水平距离、弯头设置、泵送设备的技术条件、气温等因素，通过试配确定混凝土的配合比。

同时，混凝土原材料的变更对混凝土强度及工作性能的影响非常大，需根据原材料的变化，及时地调整混凝土的配合比。

3. 对混凝土生产过程的质量控制

混凝土生产过程的质量控制应包括混凝土组成材料的计量、搅拌，混凝土质量的检验等工序的控制。同一构件、同一部位的混凝土使用同一品种、同一规格的原材料，生产过程中测得的混凝土质量指标应做好原始记录。混凝土在生产过程中还应及时了解和记录天气情况，并对生产混凝土采用相对应措施。

1) 混凝土组成材料的计量控制

搅拌混凝土时必须严格按混凝土配合比和指定的原材料进行配料；搅拌前应对使用配合比、原材料品种、规格、称量计量值、搅拌程序核对无误后，方能开机。重大工程应进行开盘鉴定，当班操作工做好当班记录和交接班记录。

混凝土原材料搅拌时，原材料每盘计量允许偏差应符合表 5-26 的规定。

表 5-26　原材料每盘计量允许偏差

原材料品种	水泥	骨料	水	外加剂	掺合料
计量允许偏差/%	±2	±3	±1	±1	±1

注：1. 各种衡器应定期校验，每次使用前应进行零点校核，保持计量准确；

2. 当遇雨天含水率显著变化时，应增加含水率检测次数，并及时调整水和骨料的用量。

2）投料顺序及搅拌时间控制

投料顺序应从提高搅拌质量，减少叶片、衬板的磨损，减少拌合物与搅拌筒的黏结，减少水泥飞扬，改善工作环境，提高混凝土强度及节约水泥等方面综合考虑确定。常用的有一次投料法和二次投料法。

一次投料法是在上料斗中先装石子，再加水泥和砂，然后一次投入搅拌筒中进行搅拌。在投入原材料的同时，缓慢均匀分散地加水。二次投料法，是先向搅拌机内投入水和水泥（和砂），待其搅拌 1min 后再投入石子和砂继续搅拌到规定时间。这种投料方法，能改善混凝土性能，可使混凝土强度提高 10％～15％，节约水泥 15％～20％。

混凝土拌合物的各种组成材料必须拌合均匀，以保证其有良好的和易性，其搅拌时间可按表 5-27 采用。当掺入混凝土外加剂、掺合料时，搅拌时间应适当延长。

表 5-27　混凝土搅拌最短时间　　　　　　　　　单位：s

混凝土坍落度/mm	搅拌机机型	搅拌机出料量/L		
		<250	250～500	>500
≤40	强制式	60	90	120
>40 且<100	强制式	60	60	90
≥100	强制式	60		

注：混凝土搅拌的最短时间是指全部材料装入搅拌筒中起，到开始卸料止的时间。

4. 对混凝土施工现场浇筑养护的控制

混凝土在施工现场应首先检查坍落度，预拌混凝土应检查随车出料单，强度等级、坍落度和其他性能不符合要求的混凝土不得使用。预拌混凝土中不得擅自加水。对有离析现象的混凝土，必须在浇筑前搅拌两次或采用其他措施改善其和易性。施工现场采取见证取样制，按规范要求留取混凝土试件。

浇筑混凝土时，严格控制浇筑流程。合理安排施工工序，分层、分块浇筑。对已浇筑的混凝土，在终凝前进行二次振动，提高黏结力和抗拉强度，并减少内部裂缝与气孔，提高抗裂性。二次振动完成后，板面要找平，排除板面多余的水分。

混凝土浇筑后，及时用湿润的草帘、麻袋等覆盖，并注意洒水养护，延长养护时间，保证混凝土表面缓慢冷却。在高温季节泵送时，宜及时用湿草袋覆盖混凝土，尤其在中午阳光直射时，宜加强覆盖养护，以避免表面快速硬化后，产生混凝土表面温度和收缩裂缝。在日平均气温低于5℃时，不得浇水，混凝土表面应设草帘覆盖等保温措施，以防止寒潮袭击。混凝土强度达到1.2MPa前，不得在其上踩踏或安装模板及支架。

5.4.2　混凝土强度的评定

1. 混凝土强度评定的数理统计方法

在正常施工的情况下，混凝土强度的波动服从正态分布规律，如图5-10所示。正态分布曲线窄而高，以平均强度为对称轴，左右两边曲线对称，距离强度平均值越近的值，出现的概率就越大。对称轴两边各有一拐点。曲线与横轴之间的面积为概率的总和等于 100%，对称轴两边出现的概率各为 50%。

拐点距对称轴近，说明强度测定值比较集中，混凝土匀质性较好、质量波动小，施工控制水平高；若曲线宽而矮，即拐点距对称轴远，说明强度离散程度大，混凝土匀质性差，施工控制水平差。

用数理统计方法进行混凝土强度质量评定，是通过正常生产控制条件下混凝土强度的平均值、标准差、变异系数、强度保证率等指标，对混凝土进行综合评定。

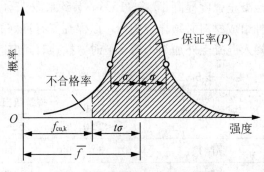

图 5 - 10　混凝土正态分布曲线

1）强度平均值 $\overline{f}_{cu}$

$$\overline{f}_{cu}=\frac{1}{n}f_{cu,i} \tag{5-9}$$

式中：n——混凝土强度试件的组成，$n \geqslant 25$；

$f_{cu,i}$——第 i 组试件的抗压强度。

强度平均值只能反应混凝土的总体强度水平，而不能说明强度波动的大小及混凝土施工水平的高低。

2）标准差 σ

标准差 σ 又称均方差，是分布曲线上拐点到对称轴间的距离，是评定质量均匀性的一种指标，可用公式(5-10)计算。

$$\sigma=\sqrt{\frac{\sum_{i=1}^{n}(f_{cu,i}-\overline{f}_{cu})^2}{n-1}}=\sqrt{\frac{\sum_{i=1}^{n}f_{cu,i}^2-n\overline{f}_{cu}^2}{n-1}} \tag{5-10}$$

σ 小则正态分布曲线窄而高，强度值分布集中，说明混凝土质量均匀性好，混凝土施工质量控制较好；反之，说明混凝土强度的波动较大，混凝土的施工质量控制较差。

3）变异系数

在相同生产管理水平下，混凝土的强度标准差会随强度平均值的提高或降低而增大或减小，它反映绝对波动量的大小。对平均强度水平不同的混凝土的质量稳定性的比较，可用反应混凝土强度相对波动大小的变异系数 C_V 表示，其计算如下：

$$C_V=\frac{\sigma}{\overline{f}_{cu}} \tag{5-11}$$

C_V 值越小，说明混凝土质量越均匀，施工管理水平越高。

4) 混凝土强度保证率 P

强度保证率是指在混凝土强度总体中，不小于设计要求的强度等级值 $f_{cu,k}$ 的强度值出现的概率，如图 5 - 10 所示阴影部分的面积；低于强度等级的概率，为不合格率。

计算混凝土强度保证率 P，应先根据混凝土的设计等级值 $f_{cu,k}$、强度平均值 $\overline{f}_{cu}$、变异系数 C_V 或标准差 σ，计算出概率度 t

$$t = \frac{\overline{f}_{cu} - f_{cu,k}}{\sigma} = \frac{\overline{f}_{cu} - f_{cu,k}}{C_v f_{cu}} \qquad (5 - 12)$$

由正态分布的曲线方程求得，或利用表 5 - 28 查出。

表 5 - 28　不同 t 值的混凝土强度保证率

t	0.00	0.50	0.80	0.84	1.00	1.04	1.20	1.28	1.40	1.50	1.60
P	50.0	69.2	78.8	80.0	84.1	85.1	88.5	90.0	91.9	93.3	94.5
t	1.645	1.70	1.75	1.81	1.88	1.96	2.00	2.05	2.33	2.50	3.00
P	95.0	95.5	96.0	96.5	97.0	97.5	97.7	98.0	99.0	99.4	99.87

工程中，强度保证率 P 可根据统计周期内混凝土试件强度不低于要求强度等级的组数 N_0 与试件总数 $N(N \geqslant 25)$ 之比求得

$$P = \frac{N_0}{N} \times 100\% \qquad (5 - 13)$$

根据我国最新国家标准《混凝土质量控制标准》(GB 50164—2011)中的规定，在统计周期内，根据混凝土强度的 σ 值和保证率，可将混凝土生产单位生产管理水平划分为优良、一般和差三个等级，见表 5 - 29。

表 5 - 29　混凝土生产管理水平

生产质量水平		优　　良		一　　般	
混凝土强度等级		$<$C20	$\geqslant$C20	$<$C20	$\geqslant$C20
混凝土强度标准差 σ/MPa	商品混凝土厂 预制混凝土构件厂	$\leqslant$3.0	$\leqslant$3.5	$\leqslant$4.0	$\leqslant$5.0
	集中搅拌混凝土的施工现场	$\leqslant$3.5	$\leqslant$4.0	$\leqslant$4.5	$\leqslant$5.5
混凝土强度不低于规定强度等级值的百分率 P/%	商品混凝土厂 预制混凝土构件厂 集中搅拌混凝土的施工现场	$\geqslant$95		$>$85	

2. 混凝土强度配制

根据混凝土强度保证率概念，如果按设计强度 $f_{cu,k}$ 配制混凝土，则其强度保证率只有 50%。为使混凝土强度保证率满足 95% 的规定要求，在设置混凝土配合比时，必须使配制强度 $f_{cu,o}$ 高于混凝土设计要求强度。

令混凝土配制强度等于混凝土平均强度，即 $f_{cu,o} = \overline{f}_{cu}$，再以此代入式(5 - 12)中，得

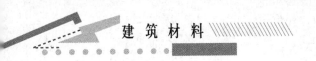

$$t = \frac{f_{cu,o} - f_{cu,k}}{\sigma} \tag{5-14}$$

查表 5 - 28，$P = 95\%$ 时对应的 $t = 1.645$，由此得出混凝土配制强度的关系为

$$f_{cu,o} = f_{cu,k} + t\sigma = f_{cu,k} + 1.645\sigma \tag{5-15}$$

3. 混凝土强度的检验评定

混凝土强度应分批进行检验评定。一个验收批的混凝土应由强度等级相同、生产工艺条件和配合比基本相同、试件试验龄期相同的混凝土组成。对施工现场的混凝土，应按单位工程的验收项目划分验收批，每个验收项目应按照现行国家标准《建筑工程施工质量验收统一标准》(GB 50300—2001)确定。

1) 混凝土的取样

混凝土强度试样应在混凝土的浇筑地点随机取样，预拌混凝土的出厂检验应在搅拌地点取样，交货检验应在交货地点取样。

试件的取样频率和数量应符合下列规定。

(1) 每 100 盘，但不超过 100m³ 的同配合比的混凝土，取样次数不应少于一次。

(2) 每一工作班拌制的同配合比的混凝土不足 100 盘时，其取样次数不应少于一次。

(3) 当一次连续浇筑超过 1 000m³ 时，每 200m³ 取样不应少于一次。

(4) 对房屋建筑，每一楼层、同一配合比的混凝土，取样不应少于一次。

每批混凝土试样应制作的试件总组数，除满足混凝土强度评定所必需的组数外，还应留置为检验结构或构件施工阶段混凝土强度所必需的试件。

2) 混凝土试件的制作、养护与试验

每次取样至少制作一组标准养护试件。每组三个试件应由同一盘或同一车的混凝土中取样制作。检验评定混凝土强度用的混凝土试件，其成型方法、标准养护条件及试验方法应按《普通混凝土力学性能试验方法标准》(GB/T 50081—2002)规定的方法进行。

采用蒸汽养护的构件，其试件应先随构件同条件养护，然后再置入标准养护条件下，两段养护时间总和应为设计规定龄期。

3) 混凝土强度代表值的确定

混凝土强度代表值的确定，应符合下列规定。

(1) 取三个试件强度的算术平均值作为每组试件的强度代表值。

(2) 当一组试件中，强度的最大值和最小值与中间值之差超过中间值的 15% 时，取中间值作为该组试件的强度代表值。

(3) 当一组试件中，强度的最大值和最小值与中间值之差均超过中间值的 15% 时，该组试件的强度不能作为评定的依据。

当采用非标准试件时，应将其抗压强度乘以尺寸折算系数，折算成边长为 150mm 的标准尺寸试件抗压强度。

4) 混凝土强度的检验评定

混凝土强度应进行分批检验评定。评定方法有统计法及非统计法两种。

(1) 统计方法评定。

① 当连续生产的混凝土，其生产条件在较长时间内保持一致，且同一品种、同一强

度等级混凝土的强度变异性保持稳定时，一个检验批的样本容量应为连续的三组试件，其强度应同时满足下列要求：

$$m_{f_{cu}} \geqslant f_{cu,k} + 0.7\sigma_0 \qquad (5-16)$$

$$f_{cu,min} \geqslant f_{cu,k} - 0.7\sigma_0 \qquad (5-17)$$

$$\sigma_0 = \sqrt{\frac{\sum\limits_{i=1}^{n} f_{cu,i}^2 - nm_{f_{cu}}^2}{n-1}} \qquad (5-18)$$

式中：$m_{f_{cu}}$——同一检验批混凝土立方体抗压强度的平均值，精确到 0.1MPa；

$f_{cu,k}$——混凝土立方体抗压强度标准值，精确到 0.1MPa；

σ_0——检验批混凝土立方体抗压强度标准差，精确到 0.01MPa；当检验批混凝土强度标准差 σ_0 计算值小于 2.5MPa 时，应取 2.5MPa；

$f_{cu,i}$——前一检验期内同一品种、同一强度等级的第 i 组混凝土试件的立方体抗压强度代表值，精确到 0.1MPa；该检验期不应少于 60d，也不得大于 90d；

n——前一检验期内的样本容量，在该期间内样本容量不应少于 45；

$f_{cu,min}$——同一检验批混凝土立方体抗压强度的最小值，精确到 0.1MPa。

当混凝土强度等级不高于 C20 时，其强度的最小值尚应满足下列要求：

$$f_{cu,min} \geqslant 0.85 f_{cu,k} \qquad (5-19)$$

当混凝土强度等级高于 C20 时，其强度的最小值尚应满足下列要求：

$$f_{cu,min} \geqslant 0.90 f_{cu,k} \qquad (5-20)$$

② 当混凝土的生产条件不能满足上述验收批划分的要求时，或在前一检验期内的同一品种混凝土没有足够的强度数据用以确定验收批混凝土强度值标准差时，应由不少于 10 组试件代表一个验收批。其强度应同时满足下列要求：

$$m_{f_{cu}} \geqslant f_{cu,k} + \lambda_1 \cdot S_{f_{cu}} \qquad (5-21)$$

$$f_{cu,min} \geqslant \lambda_2 \cdot f_{cu,k} \qquad (5-22)$$

$$S_{f_{cu}} = \sqrt{\frac{\sum\limits_{i=1}^{n} f_{cu,i}^2 - nm_{f_{cu}}^2}{n-1}} \qquad (5-23)$$

式中：$S_{f_{cu}}$——同一检验批混凝土立方体抗压强度标准差，精确到 0.01MPa；当检验批混凝土强度标准差 $S_{f_{cu}}$ 计算值小于 2.5MPa 时，应取 2.5MPa；

λ_1，λ_2——合格判定系数，见表 5-30。

n——本检验期内的样本容量。

表 5-30 混凝土强度的合格判定系数

试件组数	10~14	15~24	≥25
λ_1	1.15	1.05	0.95
λ_2	0.90	0.85	

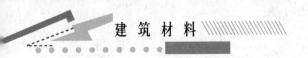

（2）非统计方法评定。

当用于评定的样本容量小于 10 组时，应用非统计方法评定混凝土强度。

以非统计方法评定混凝土强度时，其强度应同时符合下列规定：

$$m_{f_{cu}} \geqslant \lambda_3 \cdot f_{cu,k} \tag{5-24}$$

$$f_{cu,min} \geqslant \lambda_4 \cdot f_{cu,k} \tag{5-25}$$

式中：λ_3、λ_4——合格判定系数，见表 5-31。

表 5-31　混凝土强度的合格判定系数

试件组数	<C60	≥C60
λ_3	1.15	1.10
λ_4	0.95	

当评定结果满足标准规定时，该批混凝土强度判为合格；否则，判为不合格。对不合格的结构或构件，必须按国家有关规定及时进行处理。当对混凝土试件强度的代表性有怀疑时，可采用从结构或构件钻取芯样的方法，或采用非破损检验方法。

5.5　混凝土配合比设计

混凝土中各组成材料用量之比即混凝土的配合比。常用的混凝土的配合比表示方法有两种：一种以每立方米混凝土中各种材料的用量（多以质量计）表示，如水泥 343kg、水 185kg、砂 722kg、石 1142kg、减水剂 8kg；另一种以水泥质量为 1 来表示各种材料用量的比例关系，如上述配合比还可以表示为，水泥∶水∶砂∶石∶减水剂＝1∶0.54∶2.10∶3.33∶0.023。

混凝土配合比在设计时应满足以下四点要求。

（1）满足设计强度等级，并具有 95％的保证率。

（2）满足施工要求，混凝土应具有良好的和易性。

（3）满足工程所处环境对混凝土的耐久性要求，如防渗、防冻、耐腐蚀。

（4）满足经济合理要求，最大限度节约水泥，降低混凝土成本。

5.5.1　混凝土配合比设计的重要参数

混凝土配合比设计的实质是确定各组成材料的比例关系，即水泥与水之间的比例关系，用水灰比 W/C 来表示；胶凝材料与骨料之间的比例关系，用单位用水量 W_0 来表示；砂、石之间的比例关系，用砂率 β_s 来表示。水灰比、单位用水量和砂率为混凝土配合比中的三个基本参数，与混凝土的各项技术性能密切相关，准确地确定这三个参数，能使混凝土满足配合比设计的基本要求。

水灰比的确定是根据设计混凝土强度和耐久性的要求，在满足设计强度和耐久性的基础上，选用较大水灰比，以节约水泥，降低混凝土成本。

单位用水量主要根据坍落度要求和粗骨料品种、最大粒径确定。在满足施工和易性的基础上，尽量选用较小的单位用水量，以节约水泥。因为当 W/C 一定时，用水量越大，所需水泥用量也越大。

砂子的用量以填满石子的空隙略有富余为度。砂率对混凝土和易性、强度和耐久性影响很大，也直接影响水泥用量，故应尽可能选用最优砂率，并根据砂子细度模数、坍落度要求等加以调整。

5.5.2　普通混凝土配合比设计的步骤

混凝土配合比设计的步骤，通常按下列四个步骤进行（见图 5-11）。

图 5-11　混凝土配合比设计流程图

1. 计算初步配合比

1）确定混凝土配制强度 $f_{cu,o}$

根据《混凝土质量控制标准》（GB 50164—2011）的规定，当混凝土的设计强度等级小于 C60 时，为使所配制的混凝土具有 95% 的强度保证率，混凝土的配制强度必须大于其标准值 $f_{cu,k}$，即

$$f_{cu,o} \geqslant f_{cu,k} + 1.645\sigma \tag{5-26}$$

式中：σ——由施工单位质量管理水平确定的混凝土强度标准差。按表 5-28 计算，且强度试件组数不应少于 25 组。

当施工单位没有近期的同一品种混凝土强度的历史资料时，其强度标准差可根据要求的混凝土强度等级按表 5-32 取用。

表 5-32　标准差 σ 值

强度等级/MPa	<C20	C20～C35	>C35
标准差/MPa	4.0	5.0	6.0

当现场条件与试验室条件有显著差异时，或 C30 级及其以上强度等级的混凝土，采用非统计方法评定时，混凝土的配制强度应适当提高。

2）计算水灰比

当混凝土强度等级小于 C60 时，可根据已确定的配制强度计算水灰比，由式（5-26）计算得出。

3）确定单位用水量

在水灰比已定的条件下确定单位用水量，实质上是确定混凝土中的水泥浆用量；而水泥浆的用量是根据混凝土的工作性要求来确定的。因此，在确定单位用水量之前，首先应根据结构物的类型、结构截面尺寸、钢筋的疏密以及施工的条件等，选定适宜的坍落度，然后选取单位用水量。

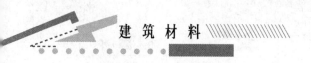

（1）干硬性和塑性混凝土用水量。

① 水灰比在 0.4～0.8 范围时，混凝土拌合物稠度，其用水量可按表 5-33 选用。

② 水灰比小于 0.4 的混凝土以及采用特殊成型工艺的混凝土的用水量应通过试验确定。

表 5-33　混凝土的单位用水量选用表　　　　　单位：kg/m³

拌合物稠度		卵石最大公称粒径/mm				碎石最大公称粒径/mm			
项目	指标	10.0	20.0	31.5	40.0	16.0	20.0	31.5	40.0
坍落度 /mm	10～30	190	170	160	150	200	185	175	165
	35～50	200	180	170	160	210	195	185	175
	55～70	210	190	180	170	220	205	195	185
	75～90	215	195	185	175	230	215	205	195
维勃稠度 /s	16～20	175	160	—	145	180	170	—	155
	11～15	180	165	—	150	185	175	—	160
	5～10	185	170	—	155	190	180	—	165

注：1. 本表用水量系采用中砂时的平均取值。采用细砂时，每立方米混凝土用水量可增加 5～10kg，采用粗砂时，则可减少 5～10kg。

2. 掺用各种外加剂或掺合料时，用水量应相应调整。

（2）流动性和大流动性混凝土的用水量宜按下列步骤计算：

① 以表 5-33 中坍落度 90mm 的用水量为基础，按坍落度每增大 20mm，用水量增加 5kg，计算出未掺外加剂的混凝土的用水量 m_{w0}。

② 掺外加剂混凝土的用水量 m_{wa} 按下式计算：

$$m_{wa} = m_{w0}(1-\beta) \qquad (5-27)$$

式中：β——外加剂的减水率。外加剂的减水率应通过试验确定。

4）计算单位水泥用量

根据已初步确定的水灰比和选用的单位用水量，可按下式计算单位水泥用量 m_{c0}：

$$m_{c0} = \frac{m_{w0}}{W/C} \quad \text{或} \quad m_{c0} = \frac{m_{wa}}{W/C} \qquad (5-28)$$

为了保证混凝土的耐久性，由上式计算所得的水泥用量还应满足表 5-33 的要求，若计算出的水泥用量小于表中规定数值，则按表中规定的最小水泥用量的要求选用。

5）确定合理砂率

由于砂率对混凝土拌合物的工作性有很大影响，对于混凝土量大的工程应通过试验确定合理砂率，或按集料的品种、规格及混凝土的水灰比按下列规定确定。

（1）坍落度为 10～60mm 的混凝土砂率，可按表 5-34 选取。

（2）坍落度大于 60mm 的混凝土砂率，可经试验确定，也可在表 5-33 的基础上，按坍落度每增大 20mm，砂率增大 1% 的幅度予以调整。

（3）坍落度小于 10mm 的混凝土，其砂率应经试验确定。

表 5-34　混凝土的砂率选用表(%)

水灰比	卵石最大粒径/mm			碎石最大粒径/mm		
	10.0	20.0	40.0	16.0	20.0	40.0
0.40	26~32	25~31	24~30	30~35	29~34	27~32
0.50	30~35	29~34	28~33	33~38	32~37	30~35
0.60	33~38	32~37	31~36	36~41	35~40	33~38
0.70	36~41	35~40	34~39	39~44	38~43	36~41

注：1. 本表数值系中，对细砂或粗砂，可相应地减小或增大砂率；

2. 只用一个单粒级粗骨料时，砂率应适当增大；

3. 对薄壁构件，砂率取偏大值；

4. 本表中，砂率系指砂与骨料总量的质量比。

6) 计算细骨料单位用量 m_{s0} 及粗骨料单位用量 m_{g0}

在已知砂率的情况下，粗、细骨料用量可用质量法或体积法求得。

(1) 质量法。该法基本原理是假定混凝土拌合物的单位体积内的质量为一定值，混凝土拌合物各组成材料的单位用量之和即为该混凝土拌合物的总重量。质量法按下列公式计算：

$$m_{c0}+m_{w0}+m_{s0}+m_{g0}=m_{cp}$$

$$\beta_s=\frac{m_{s0}}{m_{s0}+m_{g0}}\times100\%$$

$$(5-29)$$

式中：β_s——砂率；

m_{cp}——每立方米混凝土拌合物的假定质量，其值可取 2 350~2 450kg。

(2) 体积法。基本理论是以组成混凝土拌合物的水泥、细集料、粗集料、水等材料经过充分搅拌后，互相填充而达到绝对密实为原则进行设计，即混凝土体积等于各组成材料体积总和。用体积法按下式计算：

$$\frac{m_{c0}}{\rho_c}+\frac{m_{s0}}{\rho_s}+\frac{m_{g0}}{\rho_g}+\frac{m_{w0}}{\rho_w}+0.01\alpha=1$$

$$\beta_s=\frac{m_{s0}}{m_{s0}+m_{g0}}\times100\%$$

$$(5-30)$$

式中：ρ_c——水泥密度，可取 2 900~3 100kg/m³；

ρ_s、ρ_g——细集料、粗集料的表观密度；

ρ_w——水的密度，可取 1 000kg/m³；

α——混凝土的含气量百分数，在不使用引气型外加剂时，可取 1。

通过以上六个步骤便可选定水泥、水、砂、石的单位用量，从而得到混凝土的初步配合比，表示为 m_{c0}：m_{w0}：m_{s0}：m_{g0}。需强调的是，以上确定的配合比系指骨料在干燥状态下的用量，未考虑砂石含水率。

2. 提出基准配合比

配合比的调整是混凝土配合比设计的一个重要阶段，上面得到的初步配合比能否满足施工时对混凝土和易性的要求，必须通过试配调整后，才能确定。

初步配合比以干燥集料为基准，试配时混凝土所用各种原材料要与实际工程使用的材料相同。若粗、细集料含有水，称料时应在用水量中扣除集料中超过的含水量值，集料称量相应增加，但试配调整时配合比仍应取原计算值，不计该项增减数值。

试拌时所需的混凝土量，取决于集料的最大粒径、混凝土的检验项目以及搅拌机的容量。集料最大粒径不大于 31.5mm 时，一般制备约 15L 混凝土拌合物；粒径在 40mm 时，一般应制备 25L。如果除强度外，还需进行耐久性检验，则混凝土的制备量还应适当增加。此外，还应注意用搅拌机拌制混凝土时，所搅拌的混凝土数量不应低于搅拌机额定搅拌量的 1/4。

混凝土按规定搅拌完毕后，即进行工作性检验，检验结果可能有以下几种情况。

（1）测得的坍落度值符合设计要求，且混凝土的黏聚性和保水性都很好，则此配合比即可定为供检验强度用的基准配合比；该盘混凝土可以用来制备检验强度或其他性能指标用的试块。

（2）如果测得的坍落度值符合设计要求，但混凝土的黏聚性及保水性不好，则应加大砂率，增加细集料用量，重新称料、搅拌并检验混凝土稠度。

（3）如果测得的坍落度低于设计要求，即混凝土拌合物过干，则可把所有拌合物重新收集。在保持水灰比不变的条件下，增加水泥和用水量，重新搅拌后再检验其坍落度值。每增大 10mm 坍落度，需增加水泥浆 5%～8%。若一次添料后即能满足要求，则此调整后的配合比即可定为基准配合比。如果一次添料不能满足要求，则该盘混凝土作废，重新调整用水量（水灰比保持不变）、称料、搅拌，直至检验合格为止。

（4）如果所测得的坍落度大于设计要求，但混凝土的黏聚性及保水性较好，则此盘混凝土作废。在保持水灰比不变下，减少水泥和水用量，保持砂率不变，重新称料、搅拌，进行测定。

（5）如果所测得的坍落度大于设计要求，且混凝土的黏聚性及保水性较差，则此盘混凝土作废。在保持砂率不变的情况下，增加砂石用量，使流动性满足要求。若黏聚性及保水性仍较差，适当提高砂率，重新称料、搅拌，进行测定。

经试配检验，调整后的配合比即为基准配合比，表示为 $m_{cj} : m_{wj} : m_{sj} : m_{gj}$。

3. 确定试验室配合比

1）检验强度

确定基准配合比后即可进行强度检验及水灰比值校正。为此，混凝土强度试验至少应采用三个不同的配合比。其中一个为基准配合比，另外两个配合比的水灰比值较基准配合比增加或减少 0.05，用水量与基准配合比相同，砂率可分别增加和减少 1%。

制作混凝土强度试验试件时，应同时检验混凝土拌合物的坍落度、黏聚性、保水性及表面密度，作为相应配合比的混凝土拌合物的性能。

进行强度试验时，每种配合比至少应制作一组（三块）试件，标准养护到 28d。

2）确定试验室配合比

制成的试块经 28d 后进行试压，取得各配合比混凝土的立方体强度值，根据混凝土强度与其相对应的灰水比(C/W)用作图法或计算法求出与混凝土配制强度相对应的灰水比,并按下列原则确定每立方米混凝土材料用量。

(1) 用水量m'_{wb}应在基准配合比用水量的基础上,根据制作强度试件时测得的坍落度或维勃稠度进行调整确定。

(2) 水泥用量m'_{cb}应以用水量乘以选定出的灰水比计算确定。

(3) 细骨料用量m'_{sb}和粗骨料用量m'_{gb}应在基准配合比的基础上,按选定的灰水比进行调整后确定。

3) 配合比校正

经试配确定配合比后,还应按下列步骤进行校正。

(1) 计算混凝土的表观密度计算值$\rho_{c,c}$。

$$\rho_{c,c} = m'_{cb} + m'_{wb} + m'_{sb} + m'_{gb} \tag{5-31}$$

(2) 计算混凝土配合比校正系数δ。

$$\delta = \frac{\rho_{c,t}}{\rho_{c,c}} \tag{5-32}$$

式中:$\rho_{c,t}$——混凝土表观密度实测值。

(3) 当混凝土表观密度实测值与计算值之差的绝对值不超过计算值的2%时,可不进行校正;当二者之差超过2%时,应将配合比中各项材料用量均乘以校正系数δ,即为确定的试验室配合比,表示为$m_{cb} : m_{wb} : m_{sb} : m_{gb}$。

4. 确定施工配合比

试验室最后确定的配合比是按干燥状态集料计算的,而施工现场砂、石材料均为露天堆放,都有一定的含水率。因此,施工现场应根据现场砂石的实际含水率的变化,将试验室配合比换算为施工配合比。设施工现场实测砂、石含水率分别为$a\%$、$b\%$,则施工配合比的各种材料单位用量为

$$\begin{aligned}
m_c &= m_{cb} \\
m_s &= m_{sb}(1 + a\%) \\
m_g &= m_{gb}(1 + b\%) \\
m_w &= m_{wb} - (m_{sb}a\% + m_{gb}b\%)
\end{aligned} \tag{5-33}$$

则施工配合比表示为$m_c : m_w : m_s : m_g$。

5.5.3 掺入外加剂、掺合料的混凝土配合比设计

1. 掺入外加剂混凝土的配合比设计

掺入外加剂后,在保证混凝土流动性和强度等级(W/C)不变的条件下,根据外加剂品种的不同可以起到如下作用:减少用水量,从而节约水泥;或提高混凝土早期强度;或提高混凝土耐久性能等。

矿物掺合料在混凝土中的掺量应通过试验确定,采用硅酸盐水泥或普通硅酸盐水泥时,钢筋混凝土中矿物掺合料最大掺量宜符合表5-35的要求。对大体积混凝土,粉煤

灰、粒化高炉矿渣粉和复合掺合料的最大掺量可增加 5%。

表5-35　钢筋混凝土中矿物掺合料最大掺量

矿物掺合料种类	水胶比	最大掺量/%	
		硅酸盐水泥	普通硅酸盐水泥
粉煤灰	≤0.40	45	35
	>0.40	40	30
粒化高炉矿渣粉	≤0.40	65	55
	>0.40	55	45
钢渣粉	—	30	20
磷渣粉	—	30	20
硅灰	—	10	10
复合掺料	≤0.40	65	55
	>0.40	55	45

注：1. 采用其他通用硅酸盐水泥时，宜将水泥混合材料掺量的 20% 以上的混合材料用量计入矿物掺合料。

2. 复合掺合料各组分的掺量不宜超过单掺时的最大掺量。

3. 在混合使用两种或两种以上矿物掺合料时，矿物掺合料总掺量应符合表中复合掺合料的规定。

在混凝土配合比上需要注意以下几点。

(1) 掺引气剂、防冻剂时，混凝土强度会随含气量的增大而降低，试配强度 $f'_{cu,0}$ 可按式(5-34)计算后，再按式(5-6)确定混凝土水灰比，通常为保证混凝土强度，水灰比要比未掺引气剂时低。

$$f'_{cu,0} = \frac{f_{cu,0}}{1-(\alpha-1)\times 5\%}$$ (5-34)

式中：α——掺引气剂后的混凝土的含气量。

掺入除引气剂、防冻剂外的其他外加剂时，水灰比基本可保持不变。

(2) 单位用水量根据外加剂的减水率按式(5-27)确定。

(3) 掺引气剂、防冻剂时，混凝土中气泡可以起到填充作用，因而混凝土砂率可适当降低；掺入除引气剂外的其他外加剂时，砂率可保持不变，也可适当增加，以提高混凝土的和易性。

2. 掺入掺合料的混凝土配合比设计

根据掺合料的活性，在混凝土中掺入掺合料时常采用等量取代法或超量取代法。同时为了保证混凝土的和易性，通常减水剂、引气剂等外加剂会同时掺用。其配合比的调整如下。

(1) 计算基准配合比(掺外加剂而不掺掺合料)$m_{cj} : m_{wj} : m_{sj} : m_{gj} : m_{aj}$，其中，$m_{aj}$ 为外加剂掺量，通常取水泥用量的百分数。

（2）确定掺合料的取代水泥率 β_c（查取相关规范），计算取代水泥量 m_m 及调整后水泥用量 m_{mc}：

$$m_m = m_c \cdot \beta_c \qquad\qquad (5-35)$$

$$m_{mc} = m_c - m_m = (1-\beta_c)m_c \qquad\qquad (5-36)$$

（3）确定超量取代系数 δ_c，根据掺合料的活性，等量取代时 $\delta_c=1.0$，计算掺合料用量 m_M：

$$m_M = m_m \cdot \delta_c \qquad\qquad (5-37)$$

（4）计算砂、石用量：

$$m_{sm} + m_{gm} = \rho_{c,c} - m_{mc} - m_w - m_{aj} - m_M$$

$$\beta_s = \frac{m_{sm}}{m_{sm}+m_{gm}} \times 100\% = \frac{m_{sj}}{m_{sj}+m_{gj}} \times 100\%$$

两式联立解出砂、石用量。

（5）确定调整后混凝土的配合比 $m_{mc} : m_{wj} : m_{sm} : m_{gm} : m_M : m_{aj}$。

案 例

1. 工作任务

某高层剪力墙结构房屋，剪力墙设计强度等级为 C30，施工要求坍落度为 160 ± 20mm，混凝土采用机械搅拌、机械振捣。根据施工单位生产水平，混凝土强度标准差 $\sigma=3.5$MPa。原材料情况使用如下。

水泥：强度等级为 42.5 级，水泥强度等级富余系数为 1.13。

细集料：Ⅱ区中砂，细度模数为 2.7，视密度为 2 650kg/m³。

粗集料：碎石，5～31.5 连续级配，视密度为 2 700kg/m³。

水：自来水。

减水剂：与水泥适应性合格，最大掺量 5%，掺量为 2.5% 时，减水率为 16%；掺量为 3.0% 时，减水率为 18%。

（1）试设计混凝土初步配合比。

（2）若试配时，测得混凝土坍落度仅 120mm，试进行调整并求混凝土基准配合比。

（3）求混凝土设计配合比。

（4）若施工现场砂含水率为 4.6%，石子含水率为 2.1%，求混凝土施工配合比。

2. 任务实施

1）计算初步配合比

（1）计算试配强度 $f_{cu,0}$。

$$f_{cu,0} = f_{cu,k} + 1.645\sigma = 30 + 1.645 \times 3.5 = 35.8\text{MPa}$$

（2）计算水灰比 W/C。

① 计算水泥实际强度。

$$f_{ce} = \gamma_c \cdot f_{ce,g} = 1.13 \times 42.5 = 48.0\text{MPa}$$

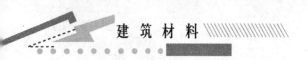

② 计算水灰比。

由于采用的是碎石，取 $\alpha_a = 0.46$，$\alpha_b = 0.07$。

$$W/C = \frac{\alpha_a f_{ce}}{f_{cu,0} + \alpha_a \cdot \alpha_b \cdot f_{ce}} = \frac{0.46 \times 48.0}{35.8 + 0.46 \times 0.07 \times 48.0} \approx 0.59$$

取水灰比为 0.59。

(3) 确定单位用水量 m_{w0}（或 m_{wa}）。

查表 5-33，按大流动性混凝土，取 $m_{w0} = 220\text{kg}$。

掺减水剂后，单位用水量调整为

$$m_{wa} = m_{w0}(1-\beta) = 220 \times (1-16\%) = 185(\text{kg})$$

(4) 计算单位水泥用量 m_{c0}。

$$m_{c0} = \frac{m_{wa}}{W/C} = \frac{185}{0.59} \approx 313(\text{kg})$$

单位水泥用量为 313kg。

(5) 减水剂用量 m_{a0}。

减水剂掺量为水泥用量的 2.5%，故 $m_{a0} = 313 \times 0.025 = 7.825(\text{kg})$。

(6) 确定最佳砂率 β_s。

根据水灰比及石子的最大粒径，查表 5-34 后，结合经验（坍落度大于 60mm 时，每增大 20mm，砂率增大 1%），取 $\beta_s = 42\%$。

(7) 计算砂（m_{s0}）、石（m_{g0}）用量。

按质量法计算，假定混凝土密度为 2 400kg/m³，可得方程组：

$$\begin{cases} 313 + 185 + m_{s0} + m_{g0} + 7.82 = 2\,400 \\ \dfrac{m_{s0}}{m_{s0} + m_{g0}} \times 100\% = 42\% \end{cases}$$

解得：$m_{s0} = 795\text{kg}$，$m_{g0} = 1\,099\text{kg}$。

(8) 混凝土的初步配合比为

$m_{c0} = 313\text{kg}$，$m_{wa} = 185\text{kg}$，$m_{s0} = 795\text{kg}$，$m_{g0} = 1\,099\text{kg}$，$m_{a0} = 7.825\text{kg}$

也可表示为 $m_{c0} : m_{wa} : m_{s0} : m_{g0} : m_{a0} = 1 : 0.59 : 2.54 : 3.51 : 0.025$。

2）提出基准配合比

(1) 计算试配材料用量。

由于粗骨料最大粒径为 31.5mm，故最小混凝土拌合量为 15L，其材料用量为

水泥：$313 \times 0.015 = 4.70(\text{kg})$。

水：$185 \times 0.015 = 2.78(\text{kg})$。

砂：$795 \times 0.015 = 11.92(\text{kg})$。

石：$1\,099 \times 0.015 = 16.48(\text{kg})$。

减水剂：$7.825 \times 0.015 = 0.117(\text{kg})$。

(2) 和易性评定及调整。

搅拌均匀后做和易性试验，测得坍落度为 120mm，不符合要求。将减水剂用量增大至 3.0%，重新搅拌后，测得坍落度为 157mm，混凝土黏聚性和保水性均良好，混凝土表

观密度为 2 413kg/m³。试配调整后除各减水剂用量增至 0.141kg 外，其余材料用量不变。材料总用量为

$$4.70+2.78+11.92+16.48+0.117=35.997(kg)$$

（3）计算基准配合比。

混凝土实测表观密度为 2 413kg/m³，则拌制每立方米混凝土的材料用量分别为

水泥：$m_{cj}=\dfrac{4.70}{35.997}\times 2\ 413\approx 315(kg)$。

水：$m_{wj}=\dfrac{2.78}{35.997}\times 2\ 413\approx 186(kg)$。

砂：$m_{sj}=\dfrac{11.92}{35.997}\times 2\ 413\approx 799(kg)$。

石：$m_{gj}=\dfrac{16.48}{35.997}\times 2\ 413\approx 1\ 105(kg)$。

减水剂：$m_{aj}=\dfrac{0.141}{35.997}\times 2\ 413\approx 9.452(kg)$。

也可表示为 $m_{cj}:m_{wj}:m_{sj}:m_{gj}:m_{aj}=1:0.59:2.54:3.51:0.030$。

3）确定试验室设计配合比

在基准配合比的基础上，保持用水量、砂、石不变，分别采用 0.54、0.59、0.64 三种水灰比，经检验，和易性均满足要求，制作三组强度试件。标准养护 28d 后，进行强度试验，结果见表 5-36。

表 5-36 不同水灰比的混凝土试样

组别	W/C	C/W	组成材料用量/kg					28d 试块强度 $f_{cu,28}$
			水泥	水	砂	石	减水剂	
1	0.54	1.85	344	186	799	1 105	10.320	42.4
2	0.59	1.69	315	186	799	1 105	9.452	38.2
3	0.64	1.56	291	186	799	1 105	8.730	33.6

绘制水灰比（W/C）与强度（$f_{cu,28}$）的线性关系图，如图 5-12 所示。由图 5-12 可知，满足配制强度 $f_{cu,0}=35.8$MPa 所对应的灰水比（C/W）为 1.63。保持用水量、砂、石用量不变，按 $W/C=0.61$ 计算水泥、减水剂用量为

水泥：$m_c=\dfrac{186}{0.61}\approx 305(kg)$。

减水剂：$m_a=305\times 3.0\%=9.150(kg)$。

按此配合比配制的混凝土，测得拌合物表观密度为

$$\rho_{c,t}=2\ 408(kg/m^3)$$

混凝土计算表观密度为

$$\rho_{c,c}=305+186+799+1\ 105+9.150=2\ 404(kg/m^3)$$

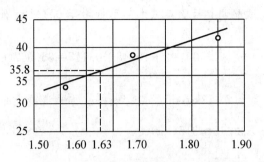

图 5 - 12　混凝土强度与水灰比关系

则

$$\delta=\frac{\rho_{c,t}}{\rho_{c,c}}=\frac{2\ 408}{2\ 404}\approx1$$

而

$$\left|\frac{\rho_{c,t}-\rho_{c,c}}{\rho_{c,c}}\times100\%\right|=\left|\frac{2\ 408-2\ 404}{2\ 404}\times100\%\right|=1.7\%<2.0\%$$

故不需校正。

混凝土的试验室设计配合比为 $m_{cb}:m_{wb}:m_{sb}:m_{gb}:m_{ab}=305:186:799:1\ 105:9.150$。

3. 换算施工配合比

施工现场砂含水率为 4.6%，石子含水率为 2.1%，水泥、减水剂用量不变，则

砂用量：$m_s=799\times(1+4.6\%)=836(kg)$

石用量：$m_g=1105\times(1+2.1\%)=1\ 128(kg)$

用水量：$m_w=186-799\times4.6\%-1\ 105\times2.1\%=126(kg)$

故混凝土的施工配合比为 $m_c:m_w:m_s:m_g:m_a=305:126:836:1\ 128:9.150$。

5.6　泵送混凝土

泵送混凝土是指在施工现场通过压力泵及输送管道进行浇筑的混凝土，如图 5 - 13 所示。与普通混凝土相比，泵送混凝土有如下特点。

1. 施工效率很高

泵送混凝土与常规混凝土的施工方法相比，施工效率高是其明显优点。目前，世界上最大功率的混凝土泵的泵送量可达 $159m^3/h$，一般混凝土泵的泵送量可达 $60m^3/h$，其施工效率是其他任何一种施工机械难以比拟的。

2. 施工占地面积小

由于混凝土泵的机身体积较小，所以特别适用于场地受到限制的施工现场。在配置合适的布料杆后，施工现场不必为混凝土的输送、浇筑留置专用通道，混凝土泵可设在远离或靠近浇筑点的任何一个方便位置。

3. 施工方便

泵送混凝土施工的最大优势，是可使混凝土一次连续完成垂直和水平的输送、浇筑，从而减少了混凝土的倒运次数，较好地保证了混凝土的各项性能；同时，输送管道也易于通过各种障碍地段直达浇筑地点，有利于结构的整体性。

4. 保证工程质量

泵送混凝土是商品（预拌）混凝土，所用原材料较稳定，生产工艺先进，采用全电脑控制，计量准确，配合比优化，检验手段完备，混凝土质量稳定可靠、富裕强度高，从而大大提高建（构）筑物质量水平。

5. 保护施工环境

泵送混凝土一般不在施工现场拌制，不仅节省了施工场地，而且减少了搅拌混凝土的粉尘污染；再加上泵送混凝土是通过管道封闭运输的，又减少了混凝土运输过程中的泥水污染，更加有利于施工现场的文明、整洁施工。

(a) 混凝土拖泵   (b) 混凝土汽泵

(c) 泵送流动性混凝土   (d) 泵送大流动性混凝土

图 5 - 13　泵送混凝土

5.6.1 泵送混凝土对原材料的质量要求

1. 泵送混凝土的可泵性能

泵送混凝土必须具备良好的可泵性能，即混凝土拌合物在泵送压力作用下，具有能顺利通过管道、摩擦阻力小、不离析、不堵塞和黏塑性良好的性能。可泵性好的混凝土应具备以下特点。

（1）混凝土与输送管道的管壁间，具有较小的摩擦力，不致因摩擦力过大而造成压送中断。

（2）混凝土在压送过程中，不会产生混凝土离析现象（离析会引起粗骨料在管道内的拥塞）。

（3）保证在压送过程中，不引起混凝土性质的变化。例如，过大压力将引起集料的破碎和大量吸水以及混凝土内部含气量的不同。过大的管壁摩擦阻力引起混凝土升温过高，从而产生混凝土的早凝，造成堵塞。

（4）混凝土必须具有较好的流动性和足够的初凝时间。

为获得混凝土较好的可泵性，必须严格控制原材料质量，并经试验选定适宜的配合比，即适宜的坍落度、适宜的水泥用量、适宜的砂率。此外，在泵送混凝土时，掺入适量的粉煤灰或引气剂、增塑剂等掺合料，以增加混凝土的流动性。

2. 泵送混凝土对原材料的技术要求

为了保证混凝土的可泵性能，泵送混凝土的原材料必须满足一定的技术要求。

1）水泥

水泥品种对混凝土的可泵性有一定的影响。例如，矿渣水泥由于保水性差、泌水率大，对泵送不利，但在应用时可适当提高砂率，降低坍落度，掺加粉煤灰，提高保水性，以顺利地泵送混凝土。因此，泵送混凝土宜选用硅酸盐水泥、普通硅酸盐水泥、矿渣硅酸盐水泥和粉煤灰硅酸盐水泥，不宜选用火山灰质硅酸盐水泥，且水泥的质量应符合现行国家标准。

2）细骨料

混凝土拌合物之所以能在输送管中顺利流动，是由于砂浆润滑管壁和粗集料悬浮在砂浆中的缘故。因此，细骨料要有良好的级配，宜采用中砂。工程实践证明，砂中通过0.315mm 筛孔的数量对混凝土可泵性的影响很大。规范规定，通过该筛的颗粒不应少于15%，且细骨料质量应符合现行国家标准。

3）粗骨料

级配良好的粗骨料，空隙小，对节约砂浆和增加混凝土密实度起很大作用，因而宜采用连续级配。粗骨料最大粒径的选择，主要是防止混凝土拌合物在泵送过程中堵塞输送管。泵送高度越高，输送管道越长，越容易发生堵管现象，因而现行行业标准《混凝土泵送施工技术规程》（JGJ/T 10—2011)依据泵送高度规定了粗骨料粒径与输送管径之比（表 5 - 37）。

同时，粗骨料的形状对混凝土拌合物的泵送性能也有影响，一般表面光滑的圆形或近似圆形的粗骨料比尖锐扁平的要好，后者表面积比前者大，这就意味着需要更多的砂浆来包裹。在相同的砂浆量下，后者配制的混凝土流动性差。针片状颗粒较多的拌合物在泵送过程中，在管道转弯处易造成泵送管壁的磨损，且易发生堵管现象。故粗骨料中针片状颗粒含量不宜大于10%。粗骨料质量也必须符合现行国家标准。

表 5-37　粗骨料最大粒径与输送管径之比（JGJ/T 10—2011）

粗骨料品种	泵送高度/m	粗骨料粒径与输送管径之比
碎石	＜50	≤1∶3.0
	50～100	≤1∶4.0
	＞100	≤1∶5.0
卵石	＜50	≤1∶2.5
	50～100	≤1∶3.0
	＞100	≤1∶4.0

4）外加剂

泵送混凝土要求混凝土有较大的流动性，并在较长时间内保持这种性能，即坍落度损失小，黏性较好，混凝土不离析、不泌水，要做到这一点，仅靠调整混凝土配合比是不够的，必须依靠混凝土外加剂。常用的外加剂有以下几种。

（1）减水剂：普通减水剂、高效减水剂和高性能减水剂等，起到降低混凝土水胶比、增加流动性的作用。

（2）缓凝剂：控制混凝土坍落度损失，有利于泵送。

（3）引气剂：引入大量小的稳定气泡，在拌合物起到类似轴承滚珠的作用，这些气泡使得砂粒运动更加自由，可增加拌合物的可塑性，防止离析和泌水。

（4）增稠剂：增加混凝土保水性，防止混凝土拌合物发生泌水、离析现象。

当单一组分的外加剂很难满足泵送混凝土对外加剂性能的要求时，常用由减水组分、缓凝组分、引气组分、增稠组分等多种组分复合的泵送剂作为泵送混凝土的重要组成部分。同时这些外加剂的质量必须符合相关现行国家标准规定。

5）掺合料

为提高泵送混凝土的可泵性，降低混凝土的水胶比，节约成本并保证混凝土耐久性，泵送混凝土常掺入适量的矿物掺合料。矿物掺合料宜选用粉煤灰或其他活性矿物掺合料，其质量应符合现行国家标准的规定。

5.6.2　泵送混凝土的配制与质量要求

泵送混凝土配合比设计与传统施工的混凝土相比，其可泵性是设计的重点和关键。由混凝土的可泵性来确定混凝土的配合比，就是根据原材料的质量、泵送距离、泵的种类、输送管的管径、浇筑方法和气候条件等来选择混凝土拌合物的坍落度、水灰比，确定最小水泥用量，确定适宜的砂率，选择外加剂与粉煤灰。

1. 配合比设计的原则

根据泵送混凝土的工艺特点，确定泵送混凝土配合比设计的基本原则如下。

（1）配制的混凝土要保证压送后能满足所规定的和易性、均质性、强度和耐久性等方面的质量要求。

（2）根据所用材料的质量、混凝土泵的种类、输送管的直径、压送的距离、气候条件、浇筑部位及浇筑方法等，经过试验确定配合比。试验包括混凝土的试配和试送。

（3）在混凝土配合成分中，应尽量采用减水型塑化剂等化学附和剂，以降低水灰比，改善混凝土的可泵性。

2. 坍落度的选择

在选择泵送混凝土的坍落度时，首先应满足《混凝土结构工程施工质量验收规范》（GB 50204—2002）（2011 年版）的规定，另外还应满足泵送混凝土的流动性要求，并考虑泵送混凝土在运输过程中的坍落度损失。坍落度过小的混凝土拌合物进行泵送时摩擦阻力大，要求用较大的泵送压力。若用较高的泵送压力，必然使分配阀、输送管、液压系统等的磨损增加，如处理不当还会产生堵塞。坍落度过大的混凝土拌合物，在管道中滞留时间长，则泌水就多，容易因产生离析而形成阻塞。在《混凝土泵送施工技术规程》（JGJ/T 10—2011）中，推荐了按不同泵送高度选用不同的入泵混凝土坍落度，见表 5-38。

表 5-38　混凝土入泵坍落度与泵送高度关系

入泵坍落度/cm	10~14	14~16	16~18	18~20	20~22
最大泵送高度/m	30	60	100	400	400 以上

在一般情况下，混凝土拌合物经过一定距离的运输，坍落度会损失，为了能准确达到入泵时规定的坍落度，在确定预拌混凝土生产出料的坍落度时，必须考虑上述运输时的坍落度损失。同时，由于泵送混凝土的水泥和集料的种类、混凝土的配合比、温度、管道长度、泵送速度和泵送时间等的影响，混凝土拌合物经过泵送后坍落度会降低。一般每经过 3~4min 的连续泵送，坍落度降低 1cm。如果流速为 1m/s 左右，每经过 180~240m 的泵送距离，坍落度约降低 1cm。经过大量试验表明，一般情况下，混凝土拌合物的温度每升高 1℃，其坍落度下降 0.4cm。由于混凝土泵送过程中与管壁摩擦使混凝土温度升高，也会造成坍落度的降低。

3. 水灰比

流态混凝土在输送管中流动时，必须克服管壁的摩擦阻力。摩擦阻力与混凝土的水灰比有关，随着水灰比的减小，摩擦阻力逐渐增大；当水灰比小于 0.5 后，摩擦阻力急剧增大。但是水灰比过大，对摩擦阻力的减小也没有明显效果，反而会引起硬化后的混凝土收缩量增加，有发生裂缝的危险。根据实践经验，泵送混凝土的水灰比一般不宜超过 0.6。

4. 砂率

泵送混凝土的砂率应比普通混凝土的砂率高 2%~5%，这主要是因为泵送混凝土的输送管，除直管外，还有锥形管、弯管、软管等，当混凝土拌合物经过变截面或变方向管路时，改变了流态混凝土的运动状态，从而改变了骨料颗粒的相对位置。此时如果含砂量不足，容易产生堵塞。我国泵送混凝土含砂率多控制在 35%~45%。

5. 外加剂与掺合料量

在泵送混凝土中掺入一定的外加剂或掺合料能够改善混凝土的工作性能，增大坍落度，延缓凝结时间和节约水泥。外加剂加入混凝土中的剂量较小，但对混凝土性能影响很大，因而外加剂的品种和掺量必须由试验确定，不宜随意使用。掺合料主要来源于粉煤灰、细磨矿渣等工业废料的再利用。掺合料在混凝土中具有一定的活性作用，可节约水泥和提高混凝土的和易性及稠度，其胶凝材料用量由试配确定，一般不小于 $300kg/m^3$，并符合现行有关标准规定。

6．泵送混凝土的质量要求

在常规混凝土的施工中，混凝土工作性能的好坏是用和易性表示的；在泵送混凝土施工中，混凝土可泵送性能的好坏是用可泵性表示的。目前，可泵性尚没有确切的表示方法。工程实践中采用泵送混凝土的入泵坍落度不小于 10mm，混凝土坍落度实测值与合同规定值偏差，当坍落度≥100mm 时，不大于±30mm 来控制混凝土的可泵性。

5.7 其他品种混凝土

5.7.1 轻骨料混凝土

普通混凝土的主要缺点之一是自重大，而轻骨料混凝土的主要优点就是轻。轻骨料混凝土是指用轻粗骨料、轻细骨料（或普通砂）、水泥和水（有时还包括适量外加剂和掺合料）配制而成的，干表观密度小于 $1\,950kg/m^3$ 的混凝土。

1．轻骨料

1）轻骨料的分类

轻骨料是指堆积密度不大于 $1\,200kg/m^3$ 的骨料。轻骨料通常由天然多孔岩石破碎加工而成，或用地方材料、工业废渣等原材料烧制而成。轻骨料的分类见表 5-39。

表 5-39　轻骨料的分类

标　准	类　别	特　点
按轻骨料粒径	轻粗骨料	凡粒径大于 4.75mm，堆积密度小于 $1\,000kg/m^3$ 的轻质骨料
	轻细骨料（或轻砂）	凡粒径不大于 4.75mm，堆积密度小于 $1\,200kg/m^3$ 的轻质骨料
按轻骨料形成方式	人造轻骨料[轻粗骨料（陶粒等）、轻细骨料（陶砂等）]	
	天然轻骨料（浮石、火山渣等）	
	工业废渣轻骨料（自燃煤矸石、煤渣等）	
按轻骨料性能	超轻骨料（堆积密度不大于 $500kg/m^3$ 的保温用或结构保温用的轻粗骨料）	
	高强轻骨料	

2）轻骨料的技术性质

轻骨料的技术性质主要包括堆积密度、粗细程度与颗粒级配、强度、吸水率等。

（1）堆积密度。轻骨料堆积密度的大小将直接影响轻骨料混凝土的表观密度和性能，轻粗骨料按其堆积密度（kg/m³）分为 8 个等级：300、400、500、600、700、800、900、1 000；轻细骨料也分为 8 个等级：500、600、700、800、900、1 000、1 100、1 200。

（2）粗细程度与颗粒级配。用于保温及结构保温的轻粗骨料，其最大粒径不宜大于 40mm；用于结构的轻粗骨料，其最大粒径不宜大于 20mm。对轻粗骨料的级配要求是，其自然级配的空隙率不应大于 50%。轻砂的细度模数不宜大于 4.0；其大于 4.75mm 的累计筛余量不宜大于 10%。

（3）强度。轻粗骨料的强度，通常采用"筒压法"来测定。筒压强度是间接反映轻骨料颗粒强度的一项指标，对相同品种的轻骨料，筒压强度与堆积密度常呈线性关系。但筒压强度不能反映轻骨料在混凝土中的真实强度。因此，技术规程中还规定了采用强度等级来评定轻粗骨料的强度。"筒压法"和强度等级测试方法可参考《轻骨料混凝土技术规程》（JGJ 51—2002）。

（4）吸水率。轻骨料的吸水率一般比普通砂石大，因此将导致施工中混凝土拌合物的坍落度损失较大，并且影响到混凝土的水灰比和强度发展。在设计轻骨料混凝土配合比时，如果采用干燥骨料，则必须根据骨料吸水率大小，再多加一部分被骨料吸收的附加水量。规程中规定，轻砂和天然轻粗骨料的吸水率不做规定；其他轻粗骨料的吸水率不应大于 22%。

2. 轻骨料混凝土

1）轻骨料混凝土的分类

（1）按细骨料品种分类。

轻骨料混凝土按细骨料品种分为以下两类。

① 全轻混凝土。是由轻砂作细骨料配制而成的轻骨料混凝土。

② 砂轻混凝土。是由普通砂或部分轻砂作细骨料配制而成的轻骨料混凝土。

（2）按用途分类。

轻骨料混凝土按用途分为三类，见表 5 - 40。

表 5 - 40　轻骨料混凝土分类

类别名称	混凝土强度等级的合理范围	混凝土干表观密度等级的合理范围/(kg/m³)	用　　途
保温轻骨料混凝土	LC5.0	≤800	主要用于保温的围护结构或热工构筑物
结构保温轻骨料混凝土	LC5.0～LC15	800～1 400	主要用于既承重又保温的围护结构
结构轻骨料混凝土	LC15～LC60	1 400～1 900	主要用于承重构件或构筑物

2）轻骨料混凝土的技术性质

（1）和易性。

轻骨料混凝土由于其轻骨料具有颗粒表观密度小、表面粗糙、总表面积大、易于吸水等特点，因此其和易性同普通混凝土相比有较大的不同。轻骨料混凝土拌合物的黏聚性和保水性好，但流动性差，过大的流动性会使轻骨料上浮、离析；过小的流动性则会使捣实困难。同时，因骨料吸水率大，使得混凝土中的用水量包括两部分：一部分被骨料吸收，其数量相当于骨料1h的吸水量，称为附加用水量；另一部分为使拌合物获得要求流动性的用水量，称为净用水量。

（2）强度等级。

轻骨料混凝土强度等级与普通混凝土相对应，按其立方体抗压强度不标准值划分为13个强度等级：LC5.0、LC7.5、LC10、LC15、LC20、LC25、LC30、LC35、LC40、LC45、LC50、LC55和LC60。符号"LC"表示轻骨料混凝土（Light Weight Concrete）。

轻骨料强度虽低于普通骨料，但轻骨料混凝土仍可达到较高强度。原因在于轻骨料表面粗糙而多孔，轻骨料的吸水作用使其表面呈低水灰比，提高了轻骨料与水泥石的界面黏结强度，使弱结合面变成了强结合面。混凝土受力时不是沿界面破坏，而是轻骨料本身先遭到破坏。对低强度的轻骨料混凝土，也可能是水泥石先开裂，然后裂缝向骨料延伸。

另外，正是由于轻骨料的强度是决定轻骨料混凝土强度的主要因素，所以反映在轻骨料混凝土强度上有两方面的特点：一是轻骨料会导致混凝土强度下降，用量愈多，混凝土强度降低愈多，而其表观密度也减小；二是每种骨料只能配制一定强度的混凝土，如欲配制高于此强度的混凝土，则即使用降低水灰比的方法来提高砂浆的强度，也不可能使混凝土的强度明显提高。

（3）弹性模量与变形。

轻骨料混凝土的弹性模量小，一般为同强度等级普通混凝土的 $50\%\sim70\%$。这有利于改善建筑物的抗震性能和抵抗动荷载的作用。增加混凝土组分中普通砂的含量，可以提高轻骨料混凝土的弹性模量。

轻骨料混凝土的收缩和徐变比普通混凝土相应大 $20\%\sim50\%$ 和 $30\%\sim60\%$，热膨胀系数比普通混凝土小 20% 左右。

（4）热工性能。

轻骨料混凝土的干表观密度范围大约是 $760\sim1\,950kg/m^3$，相应的导热系数从 0.23 $W/(m\cdot K)$ 至 $1.01W/(m\cdot K)$。因此，轻骨料混凝土具有良好的保温性能。

（5）抗渗、抗冻性能。

由于轻骨料混凝土水泥水化充分，与同强度等级普通混凝土相比，抗渗、抗冻性能大为改善，抗渗可达 P25，抗冻可达 F150。因轻骨料能与水泥石中 $Ca(OH)_2$ 化合生成新的产物，因而可减少水泥石中的 $Ca(OH)_2$ 含量，进而提高混凝土的抗化学侵蚀能力。

● 知 识 拓 展

轻骨料混凝土在施工时，其主要的技术特点如下。

（1）在气温高于或等于5℃的季节施工时，根据工程需要，预湿时间可按外界气温和来料的自然含水状态确定，应提前半天或一天对轻粗骨料进行淋水或泡水预湿，然后滤干水分进行投料。在气温低于5℃时不宜进行预湿处理。

（2）轻骨料混凝土拌和物中轻骨料容易上浮，因此，应使用强制式搅拌机，搅拌时间应略长。施工中最好采用加压振捣，并掌握振捣的时间。

（3）轻骨料混凝土拌和物的工作性比普通混凝土差。为获得相同的工作性，应适当增加水泥浆或砂浆的用量。轻骨料混凝土拌合物搅拌后，宜尽快浇筑，以防坍落度损失。

（4）轻骨料混凝土易产生干缩裂缝，必须加强早期养护。采用蒸汽养护时，应适当控制静停时间及升温速度。

5.7.2 多孔混凝土和无砂大孔混凝土

1. 多孔混凝土

多孔混凝土是一种不用骨料的轻混凝土，内部充满大量细小封闭的气孔，孔隙率极大，一般可达混凝土总体积的85%。它的表观密度一般在$300\sim1\,200kg/m^3$，导热系数为$0.08\sim0.29W/(m\cdot K)$。因此多孔混凝土是一种轻质多孔材料，兼有结构及保温、隔热等功能，同时容易切削、锯解和握钉性好。多孔混凝土可制作屋面板、内外墙板、砌块和保温制品，广泛地用于工业及民用建筑和管道保温。

根据气孔产生的方法不同，多孔混凝土可分为加气混凝土和泡沫混凝土。

1）加气混凝土

加气混凝土是用含钙材料（水泥、石灰）、含硅材料（石英砂、粉煤灰、矿渣、页岩等）和加气剂为原料，经磨细、配料、浇注、切割和压蒸养护等工序加工而成。加气混凝土的表观密度多在$300\sim1\,200kg/m^3$，抗压强度一般为$2.5\sim3.5MPa$。由于混凝土内有大量空气，大大降低了加气混凝土的导热性能。混凝土内部被气泡所隔离，而且各球形气泡被固化的水泥浆所包围，对热能的穿透形成很大阻力，从而取得良好的隔热、保温效果。加气混凝土的导热系数比普通混凝土低，一般为$0.12W/(m\cdot K)$。因此，加气混凝土被广泛用作屋面、外墙、管道等的保温及冷藏、高温车间的墙体的隔热材料，效果很好。

2）泡沫混凝土

泡沫混凝土是将水泥浆和泡沫剂拌合后形成的多孔混凝土。其表观密度多在$300\sim500kg/m^3$，强度仅$0.5\sim7MPa$。泡沫混凝土的热导率通常为$0.09\sim0.17W/(m\cdot K)$。从本质上说，泡沫混凝土也是一种加气混凝土，它的孔结构和材料性能都接近加气混凝土。泡沫混凝土和加气混凝土的不同点主要表现为以下几点。

（1）泡沫混凝土所用固体废弃物种类多。传统加气混凝土只利用粉煤灰这一种固体废弃物；泡沫混凝土所用的固体废弃物十分广泛，如粉煤灰、煤渣、煤矸石、钢渣、矿渣、秸秆、废纤维等。从这个意义上讲，它的原料更容易得到，更符合循环经济的原则。

（2）泡沫混凝土可以实现更小的密度。传统加气混凝土实现低密度的手段只采用发泡，而不使用轻集料。而泡沫混凝土选用了很多低密度物质作为集料，可以很方便地生产出更低密度的泡沫混凝土。

（3）泡沫混凝土发泡手段更加灵活。传统加气混凝土只采用化学发泡，而泡沫混凝土采用了更加灵活的发泡手段。它除利用发泡机和发泡剂发泡外，还可以利用高压气泵充气，只要能达到使混凝土形成封闭性气孔的目的，发泡手段不拘一格。

2. 无砂大孔混凝土

无砂大孔混凝土是以粗骨料、水泥、水配制而成的一种轻混凝土。无砂大孔混凝土中因无细骨料，水泥浆仅将粗骨料胶结在一起，所以是一种大孔材料。由碎石、卵石配制成的大孔混凝土，表观密度为 $1\,500\sim1\,900\mathrm{kg/m^3}$，抗压强度为 $3.5\sim10\mathrm{MPa}$；由陶粒、浮石等轻骨料配制的大孔混凝土，表观密度为 $500\sim1\,500\mathrm{kg/m^3}$，抗压强度为 $1.5\sim7.5\mathrm{MPa}$。大孔混凝土具有导热性低、透水性好等特点，收缩一般为变通混凝土的 $30\%\sim50\%$，抗冻可达 $15\sim20$ 次冻融循环。适用于制作小型空心砌块和各种混凝土板，也可作绝热材料及滤水材料。水工建筑中常用作排水暗管、井壁滤管等。

5.7.3 防水混凝土

防水混凝土又称抗渗混凝土。防水原理：通过合理选择混凝土配合比和骨料级配，掺加适量外加剂，优选混凝土组成材料的品质等方法，设法避免混凝土中微孔的形成或将微孔堵塞（或切断），使混凝土达到在 0.6MPa 以上水压下不透水。目前常用的防水混凝土有普通防水混凝土、外加剂防水混凝土和膨胀水泥防水混凝土三大类。

1. 普通防水混凝土

普通防水混凝土是以调整混凝土配合比的方法来提高自身密实度和抗渗能力的一种混凝土。普通防水混凝土主要借助采用较小的水灰比，适当提高水泥用量、砂率及灰砂比，控制石子最大粒径，加强养护等方法，以抑制或减少混凝土孔隙率，改变孔隙特征，提高砂浆及其与粗骨料界面之间的密实性和抗渗性。普通防水混凝土的一般抗渗压力可达 $0.6\sim2.5\mathrm{MPa}$，施工简便，造价低廉，质量可靠，适用于地上和地下防水工程。

2. 外加剂防水混凝土

在混凝土拌合物中加入微量有机物（引气剂、减水剂、三乙醇胺）或无机盐（如氯化铁），可改善其和易性，提高混凝土的密实性和抗渗性。引气剂防水混凝土抗冻性好，能经受 $150\sim200$ 次冻融循环，适用于抗水性、耐久性要求较高的防水工程。减水剂防水混凝土具有良好的和易性，可调节凝结时间，适用于泵送混凝土及薄壁防水结构。三乙醇胺防水混凝土早期强度高，抗渗性能好，适用于工期紧迫、要求早强及抗渗压力大于 2.5MPa 的防水工程。氯化铁防水混凝土具有较高的密实性和抗渗性，抗渗压力可达 $2.5\sim4.0\mathrm{MPa}$，适用于水下、深层防水工程或修补堵漏工程。

3. 膨胀水泥防水混凝土

膨胀水泥防水混凝土利用膨胀水泥水化时产生的体积膨胀，在约束条件下，能改善混凝土的孔隙结构，使毛细孔减少，孔隙率降低，提高混凝土的抗裂性和抗渗性能。主要用于地下防水工程和后浇带。

5.7.4 高性能混凝土

高性能混凝土(简称 HPC)是指采用常规材料和工艺生产的,具有混凝土结构所要求的各项力学性能,且具有高耐久性、高工作性和高体积稳定性的混凝土。高性能混凝土是由高强混凝土发展而来的,但高性能混凝土对混凝土技术性能的要求比高强混凝土更多、更广泛。它具有以下几个特点。

1. 施工性

高性能混凝土的用水量较低、流动性好、抗离析性高、坍落度损失小,从而具有较好的可泵性及较优异的填充性。

2. 体积稳定性

高性能混凝土的体积稳定性较高,表现为具有高弹性模量、低收缩与徐变、低温度变形。其弹性模量可达 40~45GPa。高性能混凝土的总收缩量与其强度成反比,强度越高,总收缩量越小。但高性能混凝土的早期收缩率,随着早期强度的提高而增大。采用高弹性模量、高强度的粗集料并降低混凝土中水泥浆体的含量,选用合理的配合比配制的高性能混凝土,90d 龄期的干缩值低于 0.04%。高性能混凝土的徐变变形显著低于普通混凝土,在徐变总量中,干燥徐变值的减少更为显著,基本徐变仅略有一些降低。而干燥徐变与基本徐变的比值,则随着混凝土强度的增加而降低。

3. 强度

高性能混凝土的抗压强度已超过 200MPa。目前,28d 平均强度介于 100~120MPa 的高性能混凝土,已经在工程中应用。高性能混凝土的抗拉强度较高强混凝土有明显增加,高性能混凝土的早期强度发展较快,而后期强度的增长率却低于普通强度混凝土。

4. 水化热

由于高性能混凝土用水量比较低,会较早地终止水化反应,因此,水化热较低。

5. 耐久性

高性能混凝土除通常的抗冻性、抗渗性明显高于普通混凝土之外,其 Cl^- 渗透率明显低于普通混凝土。高性能混凝土由于具有较高的密实性和抗渗性,因此,其抗化学腐蚀性能显著优于普通混凝土。

高性能混凝土是以耐久性作为设计的主要指标的,为此,高性能混凝土在配置上的特点:采用低水胶比,选用优质原材料,且必须掺加足够数量的矿物细掺料和高效外加剂。

5.7.5 大体积混凝土

水利工程的混凝土大坝、高层建筑的深基础底板、其他重力底座结构物等,由于具有结构厚、体形大、混凝土用量多、工程条件复杂和施工技术要求高等特点,所以需要用一种特殊的混凝土来施工。这种特殊的混凝土就是体积较大又就地浇筑、成型、养护的大体积混凝土。

我国《大体积混凝土施工规范》(GB 50496—2009)规定：混凝土结构物实体最小几何尺寸不小于 1m 的大体量混凝土，或预计会因混凝土中胶凝材料水化引起的温度变化和收缩而导致有害裂缝产生的混凝土即为大体积混凝土。

大体积混凝土结构由于其截面尺寸较大，所以由外荷载引起裂缝的可能性很小。但水泥在水化反应过程中释放的水化热产生的温度变化和混凝土收缩的共同作用，将会产生较大的温度应力和收缩应力，这是大体积混凝土结构出现裂缝的主要因素。为防止大体积混凝土开裂，在混凝土原材料选择及配合比设计上应注意以下几点。

1. 原材料的选择

(1) 应选中、低热硅酸盐水泥或低热矿渣硅酸盐水泥。当混凝土有抗渗要求时，所用水泥的 C_3A 含量不宜大于 8%。

(2) 细骨料宜采用中砂，细度模数宜大于 2.3，含泥量不应大于 3%；粗骨料宜采用 5～31.5mm 连续级配，含泥量不应大于 1%。

(3) 外加剂品种、掺量应根据试验确定，并提供外加剂对硬化混凝土等性能的影响。对耐久性要求较高或寒冷的地区，宜采用引气型外加剂。

2. 混凝土配合比设计

(1) 混凝土拌合物到浇筑工作面的坍落度不宜低于 60mm。

(2) 拌合用水量不宜大于 175kg/m³。

(3) 粉煤灰掺量不宜超过胶凝材料用量的 40%，矿渣掺量不宜超过胶凝材料用量的 50%，粉煤灰和矿渣掺合料的总量不宜大于混凝土胶凝材料总用量的 50%。

(4) 水胶比不宜大于 0.55。

(5) 砂率宜为 38%～42%。

(6) 拌合物泌水量宜小于 10L/m³。

在混凝土制备前，应进行常规配合比试验，并应进行水化热、泌水率、可泵性等对大体积混凝土控制裂缝所需的技术参数的试验。在确定配合比时，应根据混凝土的绝热温升、温控施工方案的要求等，提出混凝土制备时粗细骨料和拌和用水及入模温度控制的技术措施。

5.7.6　纤维混凝土

纤维混凝土又称纤维增强混凝土，是以水泥浆、砂浆或混凝土为基体，以各种纤维为增强材料组成的复合材料。

在纤维混凝土中，纤维弹性模量是否高于基体混凝土的弹性模量，导致其增强增韧效果有明显差异，故可分为两类：高弹性模量纤维增强混凝土和低弹性模量纤维增强混凝土，如图 5-14 所示。

为了获得需要的纤维混凝土特性和较低成本，有时将两种或两种以上纤维复合使用，称为混杂(或混合)纤维混凝土。通常，纤维是短切、乱向、均匀分布于混凝土基体中的。而有时采用连续的纤维(如单丝、网、布、束等)分布于基体中，称为连续纤维增强混凝土。

$$纤维\begin{cases}高弹性模量纤维\begin{cases}金属纤维,如钢纤维、不锈钢纤维、钢棉等\\无机非金属纤维,如玻璃纤维、碳纤维、陶瓷纤维等\\高弹模合成纤维,如芳纶纤维、高弹模聚乙烯纤维等\end{cases}\\低弹性模量纤维\begin{cases}天然有机纤维,如纤维素纤维、麻纤维、草纤维等\\合成纤维,如聚丙烯纤维、聚丙烯腈纤维、尼龙纤维等\end{cases}\end{cases}$$

图 5-14　纤维的分类

知 识 链 接

与普通混凝土相比，纤维混凝土具有以下特点。

（1）纤维混凝土的抗拉强度、弯拉强度、抗剪强度均有提高，尤其是对于高弹性模量纤维混凝土或高含量纤维混凝土提高的幅度更大。

（2）纤维在基体中可明显降低早期收缩裂缝，并可降低温度裂缝和长期收缩裂缝。

（3）纤维混凝土的裂后变形性能明显改善，弯曲韧性提高几倍到几十倍，压缩韧性也有一定程度提高，极限应变有所提高。受压破坏时，基体裂而不碎。

（4）纤维混凝土的收缩变形和徐变变形较基体混凝土有一定程度降低。

（5）纤维混凝土的抗压疲劳和弯拉疲劳性能，以及抗冲击和抗爆炸性能显著提高。

（6）由于纤维可降低混凝土微裂缝和阻止宏观裂缝扩展，故可使其耐磨性、耐空蚀性、耐冲刷性、抗冻融性和抗渗性有不同程度的提高；使侵蚀介质侵入基体的速率降低，对钢筋混凝土构件中钢筋的防腐蚀有利。

（7）纤维混凝土中纤维的耐腐蚀和耐老化与纤维品种和基体特性有关。例如，在碱性环境中不受腐蚀、耐紫外线、耐候性好的碳纤维混凝土耐久性好；钢纤维的锈蚀基本在表面 5mm 范围内，且不锈胀，可满足结构耐久性要求；合成纤维中耐紫外线老化性能低的聚丙烯纤维，由于水泥石和骨料的保护，基体内部纤维不产生老化。

（8）某些特殊纤维配制的混凝土，其热学性能、电学性能、耐久性能较普通混凝土也有变化。例如，石棉水泥板绝热性能、耐久性能优良；碳纤维混凝土导电性能显著提高，并具有一定的"压阻效应"；线胀系数为零或负值的碳纤维、芳纶纤维在一定程度上可限制变温作用下的基体胀缩，从而降低纤维混凝土的温度裂缝；低熔点合成纤维配制的纤维混凝土在火灾过程中，其细微纤维熔化可降低混凝土的爆裂。

纤维混凝土虽然有普通混凝土无法企及的优点，但在实际应用中还受到一定的限制。例如，混凝土和易性较差，搅拌、浇注和振捣时会发生纤维缠结和折断等问题，纤维与基体的黏结强度也有待进一步提高，另外纤维价格较高也是影响其推广应用的一个重要因素。

5.7.7　自密实混凝土

自密实混凝土又称高流态混凝土，指混凝土拌合物主要靠自重，不需要振捣即可充满模型和包裹钢筋，属于高性能混凝土的一种。该混凝土是具有较高流动性、高抗离析性、高密实性和良好均质性的拌合物，有良好的施工性能，在硬化后具有适当的强度、较小的收缩、良好的耐久性。它可以避免普通混凝土在浇筑过程中由于振捣不当造成的混凝土质量问题，如振捣造成的麻面、蜂窝，漏振造成的空洞，特别是有些结构钢筋密集、断面狭窄、无法有效浇筑处，自密实混凝土可不采取任何密实成型措施，即能均匀充满整个模腔而不留下任何空隙。

自密实混凝土对工作性和耐久性的要求较高，因此自密实混凝土在进行配合比设计时，不能靠加大用水量和水泥用量的方法，因为这样会引起混凝土内毛细管的大量增加导致混凝土强度降低和抗渗性能差，还会出现过多的混凝土收缩裂缝。配制自密实混凝土的原理是通过对外加剂、胶结材料和粗细骨料的选择与配合比设计，使混凝土流动性增大，同时又具有足够的塑性黏结强度，令骨料悬浮于水泥浆中，不出现离析和泌水问题，能自由流淌并充分填充模板内的空间，形成密实且均匀的胶凝结构。

知识拓展

在配制自密实混凝土时，主要应采取以下措施。

（1）借助流化剂或高效减水剂对水泥粒子产生强烈的分散作用，并阻止分散粒子凝聚，从而达到混凝土的高流动性。但掺入的流化剂或高效减水剂的用量要适当，且应具有一定的保塑功能。

（2）掺加适量矿物掺合料能调节混凝土的流变性能，提高塑性黏度，同时提高拌合物中的浆固比，改善混凝土和易性，使混凝土匀质性得到改善，并减少粗细骨料颗粒之间的摩擦力，提高混凝土的流动能力。

（3）掺入适量混凝土膨胀剂，补偿混凝土在硬化过程中产生的收缩变形，提高混凝土的自密实性及防止混凝土产生收缩裂缝，提高混凝土抗裂能力，同时提高混凝土黏聚性，改善混凝土外观质量。

（4）适当增加砂率和控制骨料最大粒径不大于20mm，并保证所用骨料具有良好级配，以减少遇到阻力时浆骨分离的可能，增加拌合物的抗离析稳定性。

配制自密实混凝土时，应首先确定混凝土配制强度、水胶比、用水量、砂率、粉煤灰、膨胀剂等主要参数，再经过混凝土性能试验、强度检验，反复调整各原材料参数来确定混凝土配合比。

5.7.8　聚合物混凝土

聚合物混凝土与普通混凝土的区别在于，聚合物混凝土的胶结材料不仅有水泥，还有机材料——聚合物或聚合物与水泥的混合材料，所以它是有机材料与无机材料复合拌制的混凝土。

聚合物在混凝土中的应用包括三个方面，即聚合物混凝土(简称 PC)、聚合物改性混凝土(简称 PMC)和聚合物浸渍混凝土(简称 PIC)。

聚合物混凝土(PC)是以聚合物为唯一胶结材料的混凝土，复合材料中不含水化的水泥，但有时也可能将水泥用作填料或细骨料。这种聚合物能均匀分布于混凝土内，填充水泥水化物和骨料间的孔隙，并与水泥水化物结合成一个整体，使混凝土密实度提高。

聚合物改性混凝土(PMC)又称树脂混凝土，是指将水泥和骨料在混合的时候与分散在水中(或者可以在水中分散的)有机聚合物材料结合所生成的复合材料。常用的树脂主要有环氧树脂、不饱和聚酯、甲基丙烯酸酯聚合物等。其中环氧树脂的固化收缩率小，黏结性强，拉伸强度高，耐磨性优良。不饱和聚酯树脂比较便宜，是应用得最多的品种。甲基丙烯酸酯类的聚合物混凝土在装饰和厨房方面的应用呈不断增长之势。

聚合物浸渍混凝土(PIC)是指将已经水化的水泥混凝土用聚合物单体浸渍，随后单体在混凝土内部进行聚合而生成的复合材料。聚合物填充了混凝土内部空隙，提高了混凝土的密实度。

聚合物混凝土较普通混凝土相比，具有强度高，抗渗、抗冻性能好，耐化学腐蚀，耐磨，抗冲击，易于黏结，电绝缘性好等优点。且聚合物混凝土能够采用普通混凝土的拌合设备和浇筑设备，因而在建筑、交通、水利、化工、装潢等行业都得到了广泛的应用，如建筑隔墙板和外墙板，各类地下构件、设备基座和支撑结构，排水系统构件、管子和衬管等水工结构件、卫生制品，电力工程中的绝缘子、变压器底座等多种产品，混凝土结构的裂缝、路面和桥面的修补、老建筑物表面维修、混凝土或岩石雕像的修复与保护等，建筑装饰、家具台面及厨房和卫生间的设备或台面等。

5.7.9　防辐射混凝土

防辐射混凝土又称屏蔽混凝土、防射线混凝土，是指能够屏蔽 α、β、γ 射线、X 射线或中子辐射的混凝土。一般来讲，材料对射线的吸收能力与其表观密度成正比，因而防辐射混凝土采用重骨料(如重晶石、磁铁矿、褐铁矿、废铁块等)配制，所以密度较大，其表观密度一般在 $2\,800\,kg/m^3$ 以上。胶凝材料一般采用水化热较低的硅酸盐水泥，或高铝水泥、钡水泥、镁氧水泥等特种水泥。混凝土中还可加入含有硼、镉、锂等的物质，从而减弱中子流的穿透强度。

防辐射混凝土主要用于原子能工业，如原子能反应堆、粒子加速器、放射化学装置，以及农业和科研部门的放射性同位素设备的防护结构。

5.7.10　喷射混凝土

喷射混凝土是将一定比例的水泥、沙、石和速凝剂装入喷射机，在压缩空气下经管道混合输送到喷嘴处与高压水混合后，高速喷射到基面上，经层层射捣密实，迅速硬化而成的混凝土。

喷射混凝土宜采用普通硅酸盐水泥，石子粒径不应大于 20mm，10mm 以上的粗骨料应控制在 10% 以下，砂宜用中砂或粗砂。其配合比一般采用水泥∶砂∶石＝1∶(2.0～2.5)∶(2.0～2.5)，水泥用量为 $300\sim450\,kg/m^3$，水灰比为 0.4～0.5。

喷射混凝土具有较高的强度和密实性，抗压强度可达 25～40MPa，抗拉强度可达 2.0～2.5MPa。它能与岩石紧密结合形成整体，且施工不用模板，是一种将运输、浇灌和捣实结合在一起的新型施工方法。

这项技术已广泛用于隧道衬砌、基坑加固、地下井巷支护和路堑边坡加固等工程。

喷射混凝土的缺点是粉尘多、回弹量大，但近年来采用了优质速凝剂后，回弹率可控制在 10％～20％以内。

5.7.11 智能混凝土

智能化是现代社会的发展方向，智能混凝土是现代混凝土技术的发展方向。智能混凝土尚处于研制、开发阶段，目前尚没有成熟的技术。

实现混凝土智能化的基本思路是，在混凝土中加入智能组分，使之具有智能效果。目前国内外智能混凝土的研制开发主要集中在以下几个方面。

1. 电磁场屏蔽混凝土

在混凝土中掺入碳、石墨、铝和铜等材料制成的导电粉末和导电纤维，使混凝土具有吸收和屏蔽电磁波的功能，消除或减轻各种电器、电子设备、电力设施等的电磁泄漏对人体健康的危害。

2. 交通导航混凝土

在混凝土中掺入碳纤维等材料，使混凝土具有反射电磁波的功能。用这种混凝土作为车道两侧的导航标记，将来可利用计算机控制汽车，使其自动确定行车路线和速度，实现高速公路的自动导航。

3. 自愈合混凝土

将含有黏结剂的空心玻璃纤维或胶囊掺入混凝土中，一旦混凝土在外力作用下产生开裂缝隙，空心玻璃纤维或胶囊中的黏结剂就流向开裂处，使混凝土重新黏结起来，起到损伤自愈合的效果。

4. 损伤自诊断混凝土

在混凝土中掺入碳纤维等材料，混凝土将具有自动感知内部应力、应变和损伤程度的功能。混凝土本身成为传感器，实现对构件或结构变形、断裂的自动监测。

复习思考题

一、填空题

1. 普通混凝土由 _____、_____、_____、_____ 以及必要时掺入的 _____ 组成。

2. 混凝土用骨料按其粒径大小不同分为细骨料和粗骨料。粒径在 _____ 之间的岩石颗粒称为 _____；粒径大于 4.75mm 的岩石颗粒称为 _____。粗细骨料的总体积占混凝土体积的 _____，因此骨料的性能对所配制的混凝土性能有很大影响。

3. 砂中含泥量通常是指_____的颗粒含量；石粉含量是指_____的颗粒含量；泥块含量是指_____的颗粒含量。

4. 普通混凝土用粗骨料石子主要有_____和_____两种。石子的压碎指标值越大，则石子的强度越_____。

5. 根据《混凝土结构工程施工及验收规范》(GB 50204—2002)(2011 版)的规定，混凝土用粗骨料的最大粒径不得大于结构截面最小尺寸的_____，同时不得大于钢筋间最小净距的_____；对于混凝土实心板，骨料最大粒径不宜超过板厚的_____，且不得超过_____ mm。

6. 石子的颗粒级配分为_____和_____两种。采用_____级配配制的混凝土和易性好，不易发生离析。

7. 混凝土拌合物的和易性包括_____、_____和_____三个方面的含义。_____的测定方法是，较稀的新拌混凝土采用_____法，较干硬的新拌混凝土采用_____法。以经验目测来评定其_____和_____。

8. 混凝土的立方体抗压强度是以边长为_____ mm 的立方体试件，在温度为_____℃，相对湿度为_____以上的潮湿条件下养护_____ d，用标准试验方法测定的抗压极限强度。

9. 混凝土的轴心抗压强度采用尺寸为_____的棱柱体试件测定。

10. 混凝土拌合物的耐久性主要包括_____、_____、_____和_____等四个方面。

11. 混凝土中掺入减水剂，在混凝土流动性不变的情况下，可以减少_____，提高混凝土的_____；在用水量及水灰比一定时，混凝土的_____增大；在流动性和水灰比一定时，可以_____。

12. 在普通混凝土配合比设计中，混凝土的强度主要通过控制参数_____，混凝土拌合物的和易性主要通过控制参数_____，混凝土的耐久性主要通过控制参数_____和_____，来满足普通混凝土的技术要求。

二、选择题

1. 配制混凝土对砂的主要要求不包括(　　)。

A. 含泥量　　　　　　　　　　　B. 针、片状颗粒含量

C. 级配　　　　　　　　　　　　D. 粗细程度

2. 压碎指标是表示(　　)的强度指标。

A. 混凝土　　　　B. 河沙　　　　C. 石子　　　　　D. 轻骨料

3. 当混凝土拌合物流动性偏小时，应采取(　　)办法来调整。

A. 砂率不变加骨料　　　　　　　B. 水灰比不变加胶凝材料浆体

C. 加适量水　　　　　　　　　　D. 延长搅拌时间

4. 影响混凝土强度的最主要因素是(　　)。

A. 水灰比和水泥强度等级　　　　B. 骨料品种

C. 龄期　　　　　　　　　　　　D. 温度和湿度

5. 普通水泥配制高性能混凝土时，必须掺入（　　）。

A. 超细活性掺合料　B. 高效减水剂　　　C. 有机纤维　　　D. A+B

6. 试拌混凝土时，若混凝土拌合物的流动性低于设计要求，则宜采用的调整方法是（　　）。

A. 增加用水量　　　　　　　　　B. 降低砂率

C. 增加水泥用量　　　　　　　　D. 增加水泥浆量（W/C 不变）

三、简答题

1. 普通混凝土的主要组成有哪些？它们在硬化前后各起什么作用？

2. 混凝土中水泥用量越多越好吗？

3. 砂、石的级配对混凝土的性质有什么影响？

4. 如何确定或选择合理砂率？

5. 什么是混凝土外加剂？它对混凝土会产生哪些影响？

6. 混凝土中掺入一定的粉煤灰能节约水泥吗？

7. 如何提高混凝土的和易性？为什么碎石混凝土较卵石混凝土的强度高而和易性差？

8. 为什么不能采用增加用水量的方式来提高混凝土拌合物的流动性？

9. 如何理解水灰比（W/C）对混凝土强度的影响？

10. 初步配合比、基准配合比、实验室配合比和施工配合比的水灰比（W/C）是否相同，有什么差异？

11. 什么是混凝土的徐变？影响徐变的因素有哪些？

12. 如何提高混凝土的强度？

13. 碱骨料反应对混凝土的性质有什么影响？

14. 为什么混凝土的自由倾落高度不能超过 2m？

15. 为什么刚浇注的混凝土不能受冻？

16. 拌和好的混凝土拌合物为何需尽快成型，而不宜放置太久？

17. 为什么混凝土要进行养护？

18. 在混凝土拌制时，各原材料的投放有无先后顺序？

19. 泵送混凝土对各项原材料有何要求？

20. 轻骨料混凝土按用途分为哪几类？

21. 在测试混凝土拌合物的和易性时，可能会出现以下四种情况：

（1）坍落度比要求的小，黏聚性、保水性也较好；

（2）坍落度比要求的大，黏聚性、保水性也较好；

（3）坍落度比要求的小，黏聚性、保水性也较差；

（4）坍落度比要求的大，黏聚性、保水性也较差。

面对这四种情况应分别采取什么样的措施来进行调整？

22. 有下列混凝土工程及制品，一般选用哪一种外加剂较为合适？并简要说明原因。

① 大体积混凝土；②高强混凝土；③现浇普通混凝土；④混凝土预制构件；⑤有抗冻要求的混凝土；⑥冬季施工用混凝土；⑦泵送混凝土。

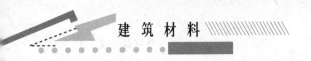

四、案例题

1. 某种砂筛分结果见表 5-41，试确定该砂的细度模数与级配情况。

表 5-41 某种砂筛分结果

筛孔尺寸/mm	4.75	2.36	1.18	0.60	0.30	0.15	筛底
筛余量/g	21	79	94	105	78	86	37

2. 现有 A、B 两组边长分别为 100mm、200mm 的混凝土立方体试件，将它们在标准养护条件下养护 28d，测得 A、B 两组混凝土试件的破坏荷载分别为 314kN、283kN、296kN；及 676kN、681kN、788kN。试确定 A、B 两组混凝土的标准立方体抗压强度、立方体抗压强度标准值，并确定 A、B 二者的强度等级（假定抗压强度的标准差均为 3.5MPa）。

3. 按 C20 混凝土配合比制成的一组 100mm×10mm×100mm 试块，标准养护条件下养护 28d，测定其抗压强度，破坏荷载分别为 278kN、189kN、334kN，该混凝土的强度等级是否合格？

4. 用普通水泥配制 100mm×100mm×100mm 的立方体混凝土试块，在标准养护条件下，测得 7d 的立方体抗压强度为 16.3MPa，试估算该组混凝土 28d 立方体抗压强度是多少？

5. 用 42.5 级普通水泥、河砂及卵石配制混凝土，使用的水灰比分别为 0.64 及 0.55，试估算 28d 抗压强度各为多少（$\gamma_c=1.0$）？

6. 某工程设计要求的混凝土强度等级为 C30，试求：

(1) 当混凝土强度标准差 σ 为 5.5MPa 时，混凝土的配制强度应为多少？

(2) 若提高施工管理水平，混凝土强度标准差 σ 降为 3.0MPa，混凝土的配制强度为多少？

(3) 若采用强度等级为 42.5 的普通水泥和碎石配制混凝土，用水量为 180kg/m³，问混凝土强度标准差 σ 从 5.5MPa 降到 3.0MPa，每立方米混凝土可节约水泥多少？

7. 为确定混凝土拌合物的配合比，按初步配合比试拌 30L 的混凝土拌合料。各材料的用量为水泥 9.82kg、水 5.6kg、砂 18.54kg、石 37.48kg。经检验，混凝土的坍落度偏小。在加入 5% 的水泥浆后（W/C）不变，坍落度满足要求，且黏聚性、保水性也合格，并测得此时混凝土拌合物的体积密度为 2 380kg/m³。试计算该混凝土的基准配合比。

8. 某混凝土的实验室配合比为 $m_{cb}:m_{wb}:m_{sb}:m_{gb}=1:0.60:2.1:4.0$。混凝土的体积密度为 2 380kg/m³。求单位体积混凝土的各材料用量。

9. 经初步配合比试验调整后，混凝土工作性能良好，各种材料用量：水泥 3.10kg、水 1.86kg、砂 6.24kg、卵石 12.48kg。测得混凝土拌合物表观密度为 2 500kg/m³，试计算每立方米混凝土的材料用量。

10. 某工地采用刚出厂的强度等级 42.5 的普通硅酸盐水泥和卵石配制混凝土。其施工配合比为水泥 336kg、砂 685kg、石 1 260kg、水 129kg。已知现场砂的含水率为 5%、石子的含水率为 1%。问该混凝土是否满足 C30 强度等级要求（假定 $\sigma=4.5$MPa）。

第6章

建筑砂浆

学习目标

本章主要介绍砌筑砂浆、抹面砂浆、功能砂浆和干混砂浆。通过本章的学习，要求学生：

掌握：砌筑砂浆的技术性质和配合比设计。

熟悉：砌筑砂浆的材料组成；抹面砂浆的种类及应用。

了解：功能砂浆的种类及应用；干混砂浆的优势、种类及强度等级。

砂浆是由胶凝材料、细骨料和水，有时也加入适量掺合料和外加剂，混合而成的建筑工程材料。它与普通混凝土的主要区别是组成材料中没有粗骨料。因此，建筑砂浆也称为细骨料混凝土。

随着我国建筑业技术进步和文明施工要求的提高，取消现场拌制砂浆，采用工业化生产的预拌砂浆势在必行。2007 年 6 月 6 日，商务部、建设部等 6 部委联合发布了《关于在部分城市限期禁止现场搅拌砂浆工作的通知》，要求自 2007 年 9 月 1 日至 2009 年 7 月 1 日期间，全国 127 个城市分三批实现禁止施工现场使用水泥搅拌砂浆。北京等 10 个城市从 2007 年 9 月 1 日起禁止在施工现场使用水泥搅拌砂浆（第一批）；重庆等 33 个城市从 2008 年 7 月 1 日起禁止在施工现场使用水泥搅拌砂浆（第二批）；长春等 84 个城市从 2009 年 7 月 1 日起禁止在施工现场使用水泥搅拌砂浆（第三批）。国家标准《预拌砂浆》（GB/T 25181—2010）已经于 2011 年 8 月 1 日起实施。

砂浆在建筑工程中是一项用量大、用途广的材料，它可以把单块的砖、石、砌块胶结成为砌体，可用来进行砖墙勾缝和各种结构的接缝；还可用于墙面、地面、梁、柱结构表面的抹面，起到保护内部结构和装饰作用；在建筑饰面材料（如花岗岩、大理石地砖）的施工中，黏结用的砂浆也是必不可少的。

建筑砂浆根据胶凝材料可分为水泥砂浆、水泥混合砂浆、石灰砂浆、石膏砂浆、聚合物水泥砂浆等。根据用途不同，可分为砌筑砂浆、抹面砂浆。抹面砂浆包括普通抹面砂浆、装饰抹面砂浆、功能砂浆（如防水砂浆、保温砂浆、吸声砂浆等）。根据目前砂浆的拌合形式分为施工现场拌制的砂浆和由专业生产厂生产的预拌砂浆。

6.1 砌 筑 砂 浆

砌筑砂浆是将砖、石、砌块等块材砌筑成为砌体，起黏结、衬垫和传力作用的砂浆。

6.1.1 砌筑砂浆的组成材料

1. 胶凝材料

砌筑砂浆常用的胶凝材料有水泥、石灰、石膏等。在选用时应根据砌筑部位、所处的环境条件等合理选择。在干燥环境中使用的砂浆可以选用气硬性胶凝材料，如石灰、石膏；在潮湿环境或水中使用砂浆，必须用水硬性胶凝材料，如水泥。

水泥是砂浆的主要胶凝材料，常用的水泥品种有普通水泥、矿渣水泥、火山灰质水泥、粉煤灰水泥、砌筑水泥等。水泥应根据使用部位的耐久性要求来选择。不同品种的水泥不得混用。水泥的强度等级要求：用于水泥砂浆中的水泥不宜超过 32.5 级；用于水泥混合砂浆中的水泥不宜超过 42.5 级。1m³ 水泥砂浆中水泥的用量不低于 200kg；1m³ 水泥混合砂浆中水泥与掺合料的总量为 300~350kg。

2. 细骨料

砂浆用的细骨料主要为天然砂，其质量要求应符合《建筑用砂》（GB/T 14684—2011）的规定。砌筑砂浆采用中砂拌制，即可以满足和易性要求，又能节约水泥，因此优先选用中砂。由于砂浆铺设层较薄，应对砂的最大粒径加以限制，其最大粒径不应大于2.5mm；毛石砌体宜选用粗砂，其最大粒径应小于砂浆层厚度的1/5～1/4。

砂中含泥量过大，会增加砂浆的水泥用量，增大收缩值，降低耐水性。因此，为保证砂浆质量，对 M5 以上砂浆，砂的含泥量不应超过 5％；M5 以下的水泥混合砂浆，砂的含泥量不应超过 10％。

3. 掺合料

掺合料是为改善砂浆的和易性与节约水泥，降低水泥用量，而在水泥砂浆中掺入的部分石灰膏、黏土膏、电石膏、粉煤灰等无机材料。

生石灰熟化成石灰膏，熟化时间不得小于 7d，磨细生石灰粉的熟化时间不得小于 2d。储存石灰膏，应采取防止干燥、冻结和污染的措施。石灰膏、黏土膏和电石膏在检验其性质和使用前，应用孔径不大于 3mm×3mm 的丝网过滤，试配时的稠度应为 120mm±5mm。粉煤灰、粒化高炉矿渣粉、硅灰、天然沸石粉的品质应符合国家标准。未充分熟化的消石灰粉，颗粒太粗，起不到改善和易性的作用，不得直接用于砌筑砂浆中。

4. 水

拌和砂浆的水，其水质应符合现行行业标准《混凝土用水标准》（JGJ 63—2006)的规定，选用不含有害杂质的洁净水。

5. 外加剂

在拌制砂浆时，掺入外加剂可以改善砂浆的某些性能，更好地满足砂浆的使用要求。砂浆中所掺外加剂的品种和掺量，必须通过试验确定。

6.1.2　砌筑砂浆的技术性质

砂浆在砌体中的作用主要是将砖石按一定的砌筑方法黏结成整体。砂浆凝固后，各层砖可以通过砂浆均匀地传递荷载，使砌体受力均匀。砂浆填满砌体的间隙，可防止透风，对房屋起保暖、隔热的作用。因此对砌筑砂浆有一定的强度要求，新拌砂浆应具有良好的和易性。

1. 砂浆的强度等级

砌筑砂浆的强度等级是以 3 块边长 70.7mm 的立方体试块，在标准试验条件下养护28d 后，用标准试验方法测得的抗压强度平均值来划分的。规定的标准养护温度为(20±2)℃；标准养护湿度为，水泥混合砂浆试件要求的相对湿度为 60％～80％，水泥砂浆试件要求的相对湿度为 90％以上。

硬化后砂浆的强度及强度等级划分如下。根据行业标准《砌筑砂浆配合比设计规程》(JGJ/T 98—2010)的规定，水泥砂浆及预拌砌筑砂浆的强度等级可分为 M5、M7.5、M10、M15、M20、M25、M30；水泥混合砂浆的强度等级可分为 M5、M7.5、M10、M15。

影响砂浆强度的因素有材料性质、配合比、施工质量等。

砂浆的实际强度除了与水泥的强度和用量有关外,还与基底材料的吸水性有关,可据此分为不吸水基层材料和吸水基层材料等。由于砖、石、砌块等材料是靠砂浆黏结成一个坚固整体并传递荷载的,因此要求砂浆与基层材料之间应有一定的黏结强度。两者黏结得越牢,则整个砌体的整体性、强度、耐久性及抗震性等越好。一般砂浆抗压强度越高,则其与基材的黏结强度越高。此外,砂浆的黏结强度与基层材料的表面状态、清洁程度、湿润状况以及施工养护等条件有很大关系,同时还与砂浆的胶凝材料种类有很大关系,加入聚合物可使砂浆的黏结性大为提高。

2. 砂浆的和易性

砂浆的和易性是指新拌砂浆能在基层上均匀形成平整的薄层,且能与基层黏结紧密的性质。砂浆的和易性包括流动性和保水性两方面的含义。

1) 流动性

砂浆的流动性也称稠度,是指砂浆在自重或外力作用下流动的性质。砂浆的流动性用砂浆稠度仪测定,以沉入度(mm)表示。沉入度大的砂浆,流动性好。砂浆的流动性应根据砂浆和砌体的种类、施工方法和气候条件来选择。

砌筑砂浆的施工稠度应符合表 6-1 的规定。

表 6-1　砌筑砂浆的施工稠度(JGJ/T 98—2010)

砌 体 种 类	砂浆稠度/mm
烧结普通砖砌体、粉煤灰砖砌体	70~90
混凝土砖砌体、普通混凝土小型空心砌块砌体、灰砂砖砌体	50~70
烧结多孔砖砌体、烧结空心砖砌体、轻集料混凝土小型空心砌块砌体、蒸压加气混凝土砌块砌体	60~80
石砌体	30~50

2) 保水性

砂浆的保水性是指砂浆保持水分的能力。它反映新拌砂浆在停放、运输和使用过程中,各组成材料是否容易分离的性能。保水性良好的砂浆水分不易流失,容易摊铺成均匀的砂浆层,且与基底的黏结好、强度较高。

砂浆的保水性与胶结材料的类型和用量、砂的级配、用水量以及有无掺合料和外加剂等因素有关。保水率是衡量砂浆保水性能的指标,砌筑砂浆的保水率应符合表 6-2 的规定。

表 6-2　砌筑砂浆的保水率(JGJ/T 98—2010)

砂 浆 种 类	保水率/%
水泥砂浆	≥80
水泥混合砂浆	≥84
预拌砌筑	≥88

3. 砂浆的黏结力

砂浆能把许多块状的石块材料黏结成为一个整体。因此，砌体的强度、耐久性及抗震性取决于砂浆黏结力的大小。砂浆的黏结力随其抗压强度的增大而提高。此外，砂浆的黏结力与砖石的表面状态、清洁程度、湿润状况及施工养护条件等因素有关。

4. 砂浆的变形

砂浆在承受荷载或温、湿度条件变化时，均会产生变形。如果变形过大或不均匀，会降低砌体质量，引起沉陷或裂缝。用轻骨料拌制的砂浆，其收缩变形要比普通砂浆大。

5. 砂浆的抗冻性

有抗冻性要求的砌体工程，砌筑砂浆应进行冻融试验。砌筑砂浆的抗冻性应符合表 6-3 的规定，且当设计对抗冻性有明确要求时，尚应符合设计规定。

表 6-3　砌筑砂浆的抗冻性(JGJ/T 98—2010)

使用条件	抗冻指标	质量损失率/%	强度损失率/%
夏热冬暖地区	F15		
夏热冬冷地区	F25	≤5	≤25
寒冷地区	F35		
严寒地区	F50		

6.1.3　砌筑砂浆的配合比设计

确定砂浆的配合比时，应先根据工程类别及砌体部位的设计要求来选择砂浆的强度等级，再根据砂浆的强度等级确定配合比。砂浆的强度等级确定后，可查阅有关手册和资料来选择配合比，若无参考资料时，可按下列步骤进行配合比设计计算。经过计算、试配、调整，从而确定施工用的配合比。

根据《砌筑砂浆配合比设计规程》(JGJ/T 98—2010)可按下列步骤进行配合比设计。

1. 现场配制水泥混合砂浆配合比设计过程

1) 确定试配强度

砂浆的试配强度可按下式确定：

$$f_{m,0} = \kappa f_2 \tag{6-1}$$

式中：$f_{m,0}$——砂浆的试配强度(MPa)，精确至 0.1MPa；

　　　f_2——砂浆抗压强度平均值(MPa)，精确至 0.1MPa；

　　　κ——系数，按表 6-4 查取。

2) 确定砂浆强度标准差

(1) 当有统计资料时，砂浆强度标准差 σ 应按下式计算：

$$\sigma = \sqrt{\dfrac{\sum\limits_{i=1}^{n} f_{m,i}^2 - n\mu_{fm}^2}{n-1}} \qquad\qquad (6-2)$$

式中：$f_{m,i}$——统计周期内同一品种砂浆第 i 组试件的强度(MPa)；

μ_{fm}——统计周期内同一品种砂浆 n 组试件强度的平均值(MPa)；

n——统计周期内同一品种砂浆试件的组数，$n \geqslant 25$。

(2) 当无统计资料时，砂浆强度标准差 σ 可按表 6-4 取用。

表 6-4　砂浆强度标准差(JGJ/T 98—2010)

施工水平 强度等级	强度标准差/MPa							k
	M5	M7.5	M10	M15	M20	M25	M30	
优良	1.00	1.50	2.00	3.00	4.00	5.00	6.00	1.15
一般	1.25	1.88	2.50	3.75	5.00	6.25	7.50	1.20
较差	1.50	2.25	3.00	4.50	6.00	7.50	9.00	1.25

3）计算每立方米砂浆中水泥用量

每立方米砂浆中的水泥用量 Q_C(kg)应按下式计算

$$Q_C = \dfrac{1\,000(f_{m,0} - \beta)}{\alpha \cdot f_{ce}} \qquad\qquad (6-3)$$

式中：Q_C——每立方米砂浆的水泥用量(kg)，精确至 1kg；

f_{ce}——水泥的实测强度(MPa)，精确至 0.1MPa；

α、β——砂浆的特征系数，无统计值时，一般取 $\alpha = 3.03$，$\beta = -15.09$。各地区也可用本地区试验资料确定 α、β 值，统计用的试验组数不得少于 30 组。

计算出的水泥用量不足 200 kg/m³ 时，应取 200 kg/m³。

当无法得到水泥的实测强度值时，可按下式计算：

$$f_{ce} = \gamma_c \cdot f_{ce,k} \qquad\qquad (6-4)$$

式中：$f_{ce,k}$——水泥强度等级值(MPa)；

γ_c——水泥强度等级值的富余系数，宜按实际统计资料确定；无统计资料时可取 1.0。

4）计算每立方米水泥混合砂浆的石灰膏用量

为保证砂浆的和易性和黏结力，水泥混合砂浆中水泥和掺合料的总量应在 300~350 kg/m³ 之间，较细且含泥较多的砂，用较小值，反之，选用较大值。

石灰膏用量按下式计算：

$$Q_D = Q_A - Q_C \qquad\qquad (6-5)$$

式中：Q_D——每立方米砂浆的石灰膏用量(kg)，应精确至 1kg；石灰膏使用时的稠度宜为 120±5mm；

Q_C——每立方米砂浆中水泥用量(kg)，应精确至 1kg；

Q_A——每立方米砂浆中水泥和石灰膏的总量(kg)，应精确至 1kg；可以用 350kg。

当石灰膏稠度不满足时，其换算系数可按表6-5进行换算。

表6-5 石灰膏稠度的换算系数

石灰膏稠度/mm	120	110	100	90	80	70	60	50	40	30
换算系数	1.00	0.99	0.97	0.95	0.93	0.92	0.90	0.88	0.87	0.86

5）确定砂子用量

每立方米砂浆中砂子用量 Q_s（kg/m^3），应以干燥状态（含水率小于0.5%）的堆积密度作为计算值，即 $1m^3$ 的砂浆含有 $1m^3$ 堆积体积的砂。

6）确定用水量

每立方米砂浆中用水量 Q_w（kg/m^3），可根据砂浆稠度要求选用 210～310kg。应当注意的是：此用水量，不包括石灰膏中的水；当采用细砂或粗砂时，用水量分别取上限或下限；稠度小于70mm时，用水量可小于下限；施工现场气候炎热或干燥季节时，可酌量增加用水量。

2. 水泥砂浆配合比的选用

现场拌制的水泥砂浆的材料用量可按照表6-6选用。

表6-6 每立方米水泥砂浆材料用量　　　　　　　　　　　　　单位：kg/m^3

强度等级	水　泥	砂	用 水 量
M5	200～230		
M7.5	230～260		
M10	260～290		
M15	290～330	砂的堆积密度值	270～330
M20	340～400		
M25	360～410		
M30	430～480		

注：1. M15及M15以下强度等级水泥砂浆，水泥强度等级为32.5级；M15以上强度等级水泥砂浆，水泥强度等级为42.5级。

2. 当采用细砂或粗砂时，用水量分别取上限或下限。

3. 稠度小于70mm时，用水量可小于下限。

4. 施工现场气候炎热或干燥季节时，可酌情增加用水量。

5. 试配强度应按式（6-1）计算。

3. 水泥粉煤灰砂浆配合比的选用

现场拌制的水泥粉煤灰砂浆材料的用量可按表6-7选用。

表 6-7　每立方米水泥粉煤灰砂浆材料用量　　　　　　　单位：kg/m³

强度等级	水泥和粉煤灰总量	粉煤灰	砂	用 水 量
M5	210~240	粉煤灰掺量可占胶凝材料总量的 5%~25%	砂的堆积密度值	270~330
M7.5	240~270			
M10	270~300			
M15	300~330			

注：1. 表中水泥强度等级为 32.5 级。

2. 当采用细砂或粗砂时用水量分别取上限或下限。

3. 稠度小于 70mm 时，用水量可小于下限。

4. 施工现场气候炎热或干燥季节时，可酌情增加用水量。

5. 试配强度应按式（6-1）计算。

4. 配合比的试配、调整与确定

按计算或查表选用的配合比，采用工程实际使用的材料进行试拌，并测定其拌合物的稠度和分层度。当不能满足要求时，应调整材料用量，直至符合要求为止。此时的配合比为砂浆基准配合比。

为了使测定的砂浆强度能在设计要求的范围内，试配时至少采用 3 个不同的配合比，其中一个为基准配合比，另外两个配合比的水泥用量按基准配合比分别增加及减少 10%。在保证稠度和分层度合格的条件下，可将用水量或掺合料用量做相应调整。

对三个不同的配合比进行调整后，按《建筑砂浆基本性能试验方法标准》（JGJ/T 70—2009)规定的成型试件测定砂浆强度。选定符合试配强度要求并且水泥用量最少的配合比作为砂浆配合比。砂浆配合比以各种材料用量的比例形式表示：

$$水泥：掺合料：砂：水 = Q_c：Q_D：Q_S：Q_W。$$

5. 砌筑砂浆的配合比设计实例

要求设计用于砌筑砖墙的 M7.5 等级，稠度 70~100mm 的水泥石灰砂浆配合比。设计资料如下：32.5 级的普通硅酸盐水泥；石灰膏稠度 120mm；中砂，堆积密度为 1 450kg/m³，含水率为 2%；施工管理水平一般。

设计步骤：

(1) 计算试配强度。

$$f_{m,0} = \kappa f_2 = 1.2 \times 7.5 = 9(MPa)$$

(2) 计算水泥用量 Q_C。

$$Q_C = \frac{1\,000(f_{m,0} - \beta)}{\alpha \cdot f_{ce}} = \frac{1\,000 \times (9 + 15.09)}{3.03 \times 32.5} \approx 245(kg/m^3)$$

(3) 计算石灰膏用量 Q_D。

取砂浆中水泥和石灰膏的总量 $Q_A = 350\ kg/m^3$，则

$$Q_D = Q_A - Q_C = 350 - 245 = 105(kg/m^3)$$

(4) 根据砂子堆积密度和含水率，计算砂用量 Q_s：

$$Q_s = 1\,450 \times (1 + 2\%) = 1\,479(kg/m^3)$$

（5）选择用水量 Q_w，取 $Q_w = 300 \text{ kg/m}^3$。

（6）砂浆试配时各材料的用量比例。水泥：石灰膏：砂：水＝245：105：1 479：300 或水泥：石灰膏：砂：水＝1：0.43：6.04：1.22。

6.2 抹 面 砂 浆

凡涂抹在基底材料的表面，兼有保护基层和增加美观作用的砂浆，可统称为抹面砂浆。

根据抹面砂浆功能的不同，一般可将抹面砂浆分为普通抹面砂浆、装饰砂浆和功能砂浆（包括防水、保温、吸声、耐腐蚀、防辐射和聚合物砂浆）等。

与砌筑砂浆相比，抹面砂浆的特点和技术要求如下。

（1）抹面层不承受荷载。

（2）抹面砂浆应具有良好的和易性，容易抹成均匀平整的薄层，便于施工。

（3）抹面层与基底层要有足够的黏结强度，保证其在施工中或长期自重和环境作用下不脱落、不开裂。

（4）抹面层多为薄层，并分层涂沫，面层要求平整、光洁、细致、美观。

（5）多用于干燥环境，大面积暴露在空气中。

抹面砂浆的组成材料与砌筑砂浆基本上是相同的。但为了防止砂浆层的收缩开裂，有时需要加入一些纤维材料，或者为了使其具有某些特殊功能，需要选用特殊骨料或掺合料。

与砌筑砂浆不同，抹面砂浆的主要技术性质指标不是抗压强度，而是和易性以及与基底材料的黏结强度。

6.2.1 普通抹面砂浆

普通抹面砂浆对建筑物和墙体能起到保护作用。它可以抵抗风、雨、雪等自然环境对建筑物的侵蚀，并提高建筑物的耐久性，同时经过抹面的建筑物表面或墙面又可以达到平整、光洁、美观的效果。

1. 常用普通抹面砂浆的种类

常用的普通抹面砂浆有水泥砂浆、石灰砂浆、水泥混合砂浆、麻刀石灰砂浆（简称麻刀灰）、纸筋石灰砂浆（简称纸筋灰）等。

2. 普通抹面砂浆的施工要求

为了使砂浆层表面平整，不容易脱落，通常分为两层或三层进行施工。各层抹灰的作用和要求不同，所以各层选用的砂浆也有所区别。

一般底层抹灰的作用是使砂浆与基底能牢固地黏结，因此要求底层砂浆具有良好的和易性、保水性和较好的黏结强度；中层抹灰主要是找平，有时可省略；面层抹灰是为了获得平整、光洁的表面效果。

各层抹灰面的作用和要求不同，因此每层所选用的砂浆也不一样。同时，不同的基底材料和工程部位，对砂浆技术性能的要求也不同，这也是选择砂浆种类的主要依据。不同层砂浆的流动性和骨料最大粒径可参考表 6-8。

表 6-8　砂浆的流动性和骨料最大粒径

抹 面 层	沉入度/mm	砂的最大粒径/mm
底层	100~120	2.6
中层	70~90	2.6
面层	70~80	1.2

3. 普通抹面砂浆的选用

水泥砂浆宜用于潮湿或强度要求较高的部位；混合砂浆多用于室内底层或中层，或面层抹灰；石灰砂浆、麻刀灰、纸筋灰多用于室内中层或面层抹灰。水泥砂浆不得涂抹在石灰砂浆层上。普通抹面砂浆的组成材料及配合比，可根据使用部位及基底材料的特性确定，一般情况下可按表 6-9 选用。

表 6-9　普通抹面砂浆的配合比

材　　料	配合比(体积比)	应用范围
石灰：砂	1:2~1:4	用于砖石墙表面(檐口、勒脚、女儿墙以及潮湿房间的墙除外)
石灰：粘土：砂	1:1:4~1:1:8	干燥环境的墙表面
石灰：石膏：砂	1:0.6:2~1:1.5:3	用于不潮湿房间的墙及顶棚
石灰：石膏：砂	1:2:2~1:2:4	用于不潮湿房间的线脚及其他装饰工程
石灰：水泥：砂	1:0.5:4.5~1:1:5	用于檐口、勒脚、女儿墙以及比较潮湿的部位
水泥：砂	1:2~1:1.5	用于地面、顶棚或墙面面层
水泥：砂	1:0.5~1:1	用于混凝土地面随时压光
水泥：石膏：砂：锯末	1:1:3:5	用于吸声粉刷
水泥：白石子	1:1.5	用于剁石(打底用1:2~2.5水泥砂浆)
石灰膏：麻刀	100:2.5(质量比)	用于板层、顶棚底层
石灰膏：麻刀	100:1.3(质量比)	用于板层、顶棚面层
石灰膏：纸筋	灰膏 0.1m³，纸筋 0.36kg	用于较高级墙面、顶棚

6.2.2　装饰砂浆

装饰砂浆是涂抹在建筑物内外表面，具有美化装饰、改善功能、保护结构物的抹灰砂浆。

装饰砂浆与普通抹灰砂浆的主要区别在于面层。装饰砂浆的面层要选择有一定颜色的胶凝材料和骨料，并采用特殊的工艺，使表层呈现出不同的色彩、质地、图案和花纹等装饰效果。

装饰材料所采用的胶凝材料除普通水泥、矿渣水泥、石灰、石膏外，还常采用白色水泥、彩色水泥或在常用的水泥中掺加用耐碱矿物颜料配成的彩色水泥。骨料除普通河砂外，还采用色彩鲜艳的大理石、花岗岩碎石渣或玻璃、陶瓷碎粒，或特制的塑料色粒等。

1. 装饰砂浆的分类

根据砂浆的组成材料不同，分为灰浆类和石渣类两大砂浆饰面。

1) 灰浆类砂浆饰面

灰浆类砂浆饰面指以水泥砂浆、石灰砂浆及混合砂浆作饰面材料，通过各种工艺手段直接形成的装饰面层。常见的做法有拉毛灰、甩毛灰、拉条、假面砖、喷涂、滚涂和弹涂等。

2) 石渣类砂浆饰面

石渣类砂浆饰面用水泥(普通水泥、白色水泥和彩色水泥)、石渣、水(有时掺入一定量胶黏剂)制成石渣浆，用不同的做法，造成石渣不同的外露，形成水泥与石渣的色泽对比，构成不同的装饰效果。常见的做法有水刷石、水磨石、斩假石、拉假石、干黏石等。

2. 装饰砂浆常用的几种工艺做法

1) 拉毛灰

拉毛灰是用铁抹子或木蟹将罩面灰轻压后顺势拉起，形成一种凹凸质感较强的饰面层。拉毛是过去广泛采用的一种传统饰面做法。通常所用的灰浆是水泥石灰砂浆或水泥纸筋灰浆。表面拉毛花纹、斑点分布均匀，颜色一致，具有装饰和吸声作用，一般用于外墙面及有吸声要求的内墙面和顶棚的饰面。

2) 水刷石

水刷石是将水泥和石渣(颗粒径约5mm)按比例配合并加水拌和制成水泥石渣浆，用作建筑物表面的面层抹灰，待水泥浆初凝后，立即用清水冲刷表面水泥浆，使石渣半露，达到装饰效果。水刷石多用于外墙饰面。

3) 水磨石

水磨石是由水泥、彩色石渣或白色大理石碎粒及水按适当比例配合，需要时掺入适量颜料，经搅拌均匀、浇筑捣实、养护、表面打磨、用草酸冲洗、干后打蜡等工序制成。水磨石多用于地面装饰。

4) 斩假石

斩假石又称剁斧石，是以水泥石渣浆或水泥石屑浆作面层抹灰，待硬化后具有一定强度时，用剁斧及各种凿子等工具，在面层上剁出类似石材的纹理。斩假石一般多用于室外局部小面积装饰，如柱面、勒脚、台阶等。

5) 干黏石

干黏石是在素水泥浆或聚合物水泥浆黏结层上，把石渣、彩色石子等粘在其上，再拍平压实(石粒压入砂浆2/3)即为干黏石。干黏石饰面工艺由传统水刷石工艺演变而得，操作简单，饰面效果好，多用于外墙饰面。

建 筑 材 料 \\\\\\\\\\\\\\\\\\\\

6）喷涂

喷涂是用挤压式砂浆泵或喷斗，将聚合物水泥砂浆喷涂在墙面基层或底灰上，形成饰面层。为提高涂层的耐久性和减少墙面污染，在涂层表面再喷一层甲基硅醇钠或甲基硅树脂疏水剂。喷涂多用于外墙饰面。

7）弹涂

弹涂是在墙体表面刷一道聚合物水泥砂浆后，用弹力器分几遍将水泥砂浆弹涂到墙面上，形成1～3mm的大小近似、颜色不同、相互交错的圆状色点，再喷罩一层甲基硅树脂，提高耐污染性能。弹涂用于内墙或外墙饰面。

6.2.3 功能砂浆

1. 防水砂浆

防水砂浆是一种高抗渗性砂浆，用来制作防水层。防水砂浆又称刚性防水层，仅适用于不受振动和具有一定刚度的混凝土或砖石砌体工程，如地下室、水塔、水池等部位的防水，对变形较大或可能发生不均匀沉陷的工程，都不宜采用防水砂浆。

防水砂浆宜选用强度等级32.5以上的普通水泥和洁净级配良好的中砂配制；也可在水泥砂浆中掺入防水剂，促使砂浆结构密实，或能堵塞毛细孔，从而提高砂浆的抗渗能力。防水砂浆的配合比，一般水泥与砂的质量比不宜大于1：2.5，水灰比应为0.5～0.6。

常用的防水剂有氯化物金属盐类防水剂、水玻璃类防水剂和金属皂类防水剂等。防水剂的掺量须经试配调整后确定。

防水砂浆的防水效果与施工质量密切相关。配制防水砂浆，要先把水泥和砂干拌均匀，再把需掺加的防水剂溶于水后与水泥、砂搅拌均匀。采用喷浆法施工时，使用高压空气将砂浆以约100m/s高速喷至建筑物表面，砂浆密实度大，抗渗性好。采用多层抹压法施工时，应分4～5层，每层厚5mm，总厚度约为20～30mm。每层在初凝前压实一遍，最后一层要压实，抹完后要加强养护。总之，防水砂浆施工必须保证砂浆的密实性，才能获得理想的防水效果。

2. 保温砂浆

保温砂浆又称绝热砂浆，是采用水泥、石灰、石膏等胶凝材料以及膨胀珍珠岩、膨胀蛭石、浮石砂、陶粒砂等轻质多孔骨料，按照一定比例配制的砂浆，具有质量轻、保温隔热性能好(导热系数一般为0.07～0.10W/(m·K))等特点，主要用于屋面、墙体绝热层和热水、空调管道的绝热层。常用的保温砂浆有水泥膨胀珍珠岩砂浆、水泥膨胀蛭石砂浆、水泥石灰膨胀蛭石砂浆等。

3. 吸声砂浆

一般采用轻质多孔骨料拌制而成的吸声砂浆，由于其骨料内部孔隙率大，因此吸声性能十分优良。吸声砂浆还可以在砂浆中掺入锯末、玻璃纤维、矿物棉等材料拌制而成，主要用于室内吸声墙面和顶面。

4. 耐腐蚀砂浆

水玻璃类耐酸砂浆一般采用水玻璃作为胶凝材料拌制而成，常常掺入氟硅酸钠作为促硬剂。耐酸砂浆主要作为衬砌材料、耐酸地面或内壁防护层等。

耐碱砂浆：使用 42.5 强度等级以上的普通硅酸盐水泥细骨料，可采用耐碱、密实的石灰岩类、火成岩类制成的砂和粉料，也可采用石英质的普通砂。耐碱砂浆可耐一定温度和浓度下的氢氧化钠和铝酸钠溶液的腐蚀，以及任何浓度的氨水、碳酸钠、碱性气体和粉尘等的腐蚀。

硫磺砂浆：以硫磺为胶结料，加入填料、增韧剂，经加热熬制而成的砂浆。具有良好的耐腐蚀性能，几乎能耐大部分有机酸、无机酸、中性和酸性盐的腐蚀，对乳酸也有很强的耐蚀能力。

5. 防辐射砂浆

防辐射砂浆是采用重水泥(钡水泥、锶水泥)或重质骨料(黄铁矿、重晶石、硼砂等)拌制而成的可防止各类辐射的砂浆，主要用于射线防护工程。

6. 聚合物砂浆

聚合物砂浆是在水泥砂浆中加入有机聚合物乳液配制而成的，具有黏结力强、干缩率小、脆性低、耐蚀性好等特性，用于修补和防护工程。常用的聚合物乳液有氯丁胶乳液、丁苯橡胶乳液、丙烯酸树脂乳液等。

6.3　干　混　砂　浆

随着工程质量、环保要求及文明施工要求的不断提高，施工现场拌制砂浆的缺点及局限性越来越突出，而干混砂浆因在技术性能、社会效益等方面的优势得到越来越多人的青睐。

干混砂浆系指由专业生产厂家生产的，以水泥为主要胶结料与干燥筛分处理的细集料、矿物掺合料、加强材料和外加剂按一定比例混合而成的混合物。在施工现场，按照使用说明加水拌合，即成为砂浆拌合物。

干混砂浆是从 20 世纪 50 年代的欧洲建筑市场发展壮大起来的，如今德国、奥地利、芬兰等国家已将干混砂浆作为主要的砂浆材料，仅德国就有年产 10 万 t 以上的工厂 200 余家，平均每 50 万人就拥有一个干混砂浆生产企业。在亚洲，新加坡、日本、韩国、中国香港等地的干混砂浆发展也十分迅速，如香港建筑领域抹灰砂浆中超过三成是干混砂浆。我国自 20 世纪 90 年代至今，干混砂浆发展已成燎原之势，广州地区推广使用干混砂浆已有 6 年，相应的指导政策与规范已逐步实施，北京市、上海市有关干混砂浆的应用技术规程的地方标准也已实施几年，青岛市、重庆市地方标准也在制定中。

6.3.1　干混砂浆的优势

1. 传统砂浆的缺点和局限性

1) 很难满足文明施工和环保要求

首先是各种原材料(包括水泥、砂子、石灰膏等)的存放场地，会对周围的环境造成影响。其次在砂浆拌制过程中会形成较多的扬尘，再者现场拌和砂浆的搅拌设备往往噪声超标，噪声扰民是城市的一大环境问题。

2）难以保证施工质量

首先，因现场拌和计量的不准确而造成砂浆质量的异常波动。现场拌和砂浆往往无严格的计量，全凭工人现场估计，不能严格执行配合比；无法准确添加微量的外加剂；不能准确控制加水量；搅拌的均匀度难以控制。其次，现场拌和砂浆施工性能差。因现拌砂浆无法或很少添加外加剂，和易性差，难以进行机械施工，操作费时费力，落灰多、浪费大，质量事故多，如抹灰砂浆开裂剥落、防水砂浆渗漏等。最后，现拌砂浆品种单一，无法满足各种新型建材对砂浆的不同要求。

2. 干混砂浆的优势

1）生产质量有保证

干混砂浆有专业厂家生产，有固定的场所，有成套的设备，有精确的计量，有完善的质量控制体系。例如，完善的计算机控制系统确保整个生产过程准确稳定；规范严格的品质检验使产品品质均衡。如此多种措施，充分保证了产品质量。

2）施工性能与质量优越

干混砂浆根据产品种类及性能要求，特定设计配合比并添加多种外加剂进行改性。改性的砂浆具有优异的施工性能和品质及良好的和易性，方便砌筑、抹灰和泵送，提高了施工效率，如手工批荡抹灰 $10m^2/h$，机械施工 $40m^2/h$；砌筑时一次铺浆长度大大增加。由于其优异的施工性能和品质，使施工质量提高，施工层厚度降低，节约材料。施工质量的提高使得维修返工的机会大大减少，同时也可以降低建筑物的长期维护费用。

3）产品种类齐全满足各种不同工程要求

干混砂浆生产企业可以根据不同的基体材料和功能要求设计配方，如针对各种吸水率较大的加气混凝土砌块、灰砂砖、陶粒混凝土空心砌块、粉煤灰砖等墙体材料设计的高保水性砌筑与抹灰砂浆；用于地面要求高平整度的自流平地台砂浆等。它亦可满足多种功能性要求，如保温、抗渗、灌浆、修补、装饰等。据不完全统计干粉砂浆的种类已有50多种。

4）高质环保的材料具有明显的社会效益

干混砂浆是工厂预拌的材料，只须在工地加水搅拌均匀即可使用，且扬尘极少，更环保。其具有优异的操作性能，施工速度快，工人劳动强度低，现场扬尘少，有利于工人身体健康，更符合我国"以人为本"的宗旨。

6.3.2 干混砂浆的种类和强度等级

1. 干混砂浆的种类

根据国家标准《预拌砂浆》（GB/T 25181—2010），干混砂浆分为干混砌筑砂浆（代号DM）、干混抹灰砂浆（代号DP）、干混地面砂浆（代号DS）、干混普通防水砂浆（代号DW）、干混陶瓷砖黏结砂浆（代号DTA）、干混界面砂浆（代号DJT）、干混保温板黏结砂浆（代号DEA）、干混保温板抹面砂浆（代号DBI）、干混聚合物水泥防水砂浆（代号DWS）、干混自流平砂浆（代号 DSL）、干混耐磨地坪砂浆（代号 DFH）和干混饰面砂浆（代号DDR）等。

2. 干混砂浆的强度等级

干混砌筑砂浆、干混抹灰砂浆、干混地面砂浆、干混普通防水砂浆的强度等级见表 6-10。

表 6-10 干混砂浆的强度等级

项　目	干混砌筑砂浆		干混抹灰砂浆		干混地面砂浆	干混普通防水砂浆
	普通砌筑砂浆	薄层砌筑砂浆	普通抹灰砂浆	薄层抹灰砂浆		
强度等级	M5、M7.5、M10、M15、M20、M25、M30	M5、M10	M5、M10、M15、M20	M5、M10	M15、M20、M25	M10、M15、M20
抗渗等级	—	—	—	—	—	P6、P8、P10

复习思考题

一、填空题

1. 建筑砂浆根据胶凝材料可分为_____、_____、_____、_____等。根据用途不同可分为_____和_____。

2. 抹面砂浆包括_____、_____、_____（如防水砂浆、保温砂浆、吸声砂浆等）。

3. 根据目前砂浆的拌和形式分为_____和_____。

4. 砌筑砂浆的和易性包括_____和_____两个方面的含义。

5. 抹面砂浆的配合比一般采用_____比表示，砌筑砂浆的配合比一般采用_____比表示。

6. 混合砂浆的基本组成材料包括_____、_____、_____和_____。

7. 普通抹面砂浆一般分底层、中层和面层三层进行施工，其中底层起着_____的作用，中层起着_____的作用，面层起着_____的作用。

8. 根据最新行业标准《砌筑砂浆配合比设计规程》（JGJ/T 98—2010）的规定，水泥砂浆及预拌砌筑砂浆的强度等级可分为_____、_____、_____、_____、_____、_____、_____七个等级；水泥混合砂浆的强度等级可分为_____、_____、_____、_____四个等级。

9. 砂浆的流动性指标为_____；保水性指标为_____。

10. 根据最新国家标准《预拌砂浆》（GB/T 25181—2010），干混砂浆分为_____、_____、_____、_____、_____、_____、_____、_____、_____和_____等。

二、选择题(不定项)

1. 新拌砂浆应具备的技术性质是（　　）。

A. 流动性　　　　　B. 保水性　　　　　　C. 变形性　　　　　D. 强度

2. 砌筑砂浆为改善其和易性与节约水泥用量，常掺入（　　）。

A. 石灰膏　　　　　B. 麻刀　　　　　　　C. 石膏　　　　　　D. 黏土膏

3. 用于砌筑砖砌体的砂浆强度主要取决于（　　）。

A. 水泥用量　　　　B. 砂子用量　　　　　C. 水灰比　　　　　D. 水泥强度等级

4. 用于石砌体的砂浆强度主要决定于（　　）。

A. 水泥用量　　　　B. 砂子用量　　　　　C. 水灰比　　　　　D. 水泥强度等级

5. 砌筑砂浆的流动性指标用（　　）表示。

A. 坍落度　　　　　B. 维勃稠度　　　　　C. 沉入度　　　　　D. 分层度

6. 砌筑砂浆的保水性指标用（　　）表示。

A. 坍落度　　　　　B. 维勃稠度　　　　　C. 沉入度　　　　　D. 分层度

7. 砂浆的和易性包括（　　）。

A. 流动性　　　　　B. 黏聚性　　　　　　C. 保水性　　　　　D. 泌水性

8. 装饰砂浆与普通抹灰砂浆的主要区别是（　　）。

A. 面层　　　　　　B. 底层　　　　　　　C. 中层　　　　　　D. 水泥强度等级

三、简答题

1. 简述砂浆的概念与分类。

2. 砌筑砂浆的组成材料有哪些？各有什么要求？

3. 配制砂浆时，为什么除水泥外常常还要加入一定量的其他胶凝材料？

4. 砂浆的和易性包括哪些含义？各用什么来表示？

5. 影响砂浆抗压强度的主要因素有哪些？

6. 抹面砂浆的技术要求与砌筑砂浆的技术要求有何异同？

7. 常用的装饰砂浆有哪些类型？

8. 常用的功能砂浆有哪些？

9. 与传统砂浆相比，干混砂浆的优势有哪些？

四、案例题

1. 某工地砌筑砖墙，试设计强度等级为 M5 的水泥石灰混合砂浆的配合比。采用中砂，含水率为 2%，堆积密度为 1 400kg/m³，水泥采用 32.5 等级的普通水泥，施工水平一般。

2. 某工程砌筑烧结普通砖，需要 M7.5 混合砂浆。所用材料：32.5 级的普通硅酸盐水泥；中砂，含水率为 2%，堆积密度为 1 550kg/m³；稠度为 12cm 的石灰膏，体积密度为 1 350kg/m³；自来水。试计算该砂浆的配合比。

第7章

建 筑 钢 材

学习目标

本章介绍了建筑钢材的分类、性质、技术标准及选用原则。通过本章的学习，要求学生：

掌握：建筑钢材的主要力学性能和工艺性能；建筑用钢材的标准和应用；工程中常用钢材的牌号表示方法；工程中所用钢筋的种类及性能。

熟悉：钢的化学成分及其对钢材性能的影响；钢材防火防腐的原理和方法。

了解：钢的冶炼和分类；钢材验收和储运的基本要求。

引 例

英国皇家邮船泰坦尼克号是当时世界上最大的豪华客轮，被称为"永不沉没的船"或是"梦幻之船"。1912 年 4 月 10 日，泰坦尼克号从英国南安普敦出发，开始了这艘"梦幻客轮"的处女航。4 月 14 日晚 11 点 40 分，泰坦尼克号在北大西洋撞上冰山，2 小时 40 分钟后，于 4 月 15 日凌晨 2 点 20 分沉没，由于缺少足够的救生艇，1 500 人葬身海底，造成了当时在和平时期最严重的一次航海事故，也是迄今为止最著名的一次海难。

为什么"永不沉没的船"在冰山面前如此脆弱？一是钢材在低温下会变脆，在极低温度下经不起冲击和振动。钢材的韧性也是随温度的降低而降低的。在某一个温度范围内，钢材会由塑性破坏很快变为脆性破坏。在这一温度范围内，钢材对裂纹的存在很敏感，在受力不大的情况下，便会导致裂纹迅速扩展造成断裂事故。二是钢材中所含的化学成分也是导致事故的因素。冰山从侧面撞击了船体，导致船底的铆钉承受不了撞击而毁坏，当初制造时也有考虑铆钉的材质较脆弱，而在铆钉制造过程中加入了矿渣，但矿渣分布过密，因而使铆钉变得脆弱无法承受撞击，使得泰坦尼克号折断成 3 截后沉没。泰坦尼克号上所使用的钢板含有许多化学杂质硫化锌，加上长时间浸泡在冰冷的海水中，使得钢板更加脆弱。

钢材组织均匀、密实，强度很高，具有相当高的塑性和韧性，不仅能铸成各种形状的铸件，而且也能承受各种形式的压力加工，能够进行焊接、铆接和切割，便于装配。钢材的缺点是容易生锈，维护费用大，耐火性差，在低温下容易脆断。

现代建筑工程中大量使用的钢材主要有两类：一类是钢筋混凝土用钢材，与混凝土共同构成受力构件；另一类则为钢结构用钢材，充分利用其轻质高强的优点，用于建造大跨度、大空间的高层建筑。

7.1　钢材的冶炼与分类

7.1.1　钢材的冶炼

钢是由生铁冶炼而成的，炼钢的过程是把熔融的生铁进行氧化，使碳的含量降到预定的范围，杂质含量降到允许范围。一般把含碳量在 2% 以下，含有害杂质较少的铁碳合金称为钢。

钢的冶炼方法根据炼钢设备的不同，可分为转炉法(空气转炉法、氧气转炉法)、平炉法和电炉法。不同的冶炼方法对钢材的质量有着不同的影响。

炼钢过程中，部分铁被氧化成氧化铁，降低了钢的质量，因此在炼钢后期要投入锰铁、硅铁等脱氧剂进行脱氧。

根据脱氧程度的不同，钢又可分为沸腾钢(F)、镇静钢(Z)、特殊镇静钢(TZ)。

7.1.2　钢材的分类

钢材的品种繁多，为了便于选用，将钢材的一般分类示于表7-1。

表7-1　钢的分类

分类方法	类　别		特　性
按化学成分分类	碳素结构钢	低碳钢	含碳量<0.25%
		中碳钢	含碳量0.25%~0.60%
		高碳钢	含碳量>0.60%
	合金钢	低合金钢	合金元素总含量低于5%
		中合金钢	合金元素总含量为5%~10%
		高合金钢	合金元素总含量大于10%
按用途分类	钢结构		建筑工程用结构钢、机械制造用结构钢
	工具钢		用于量具、模具
	特殊钢		不锈钢、耐酸钢、耐热钢、耐磨钢等
按质量分类	普通钢		含硫量≤0.055%~0.065% 含磷量≤0.045%~0.085%
	优质钢		含硫量≤0.03%~0.045% 含磷量≤0.035%~0.045%
	高级优质钢		含硫量≤0.02%~0.03% 含磷量≤0.027%~0.035%
	特级优质钢		含磷量≤0.025%~0.015%
按脱氧程度分类	沸腾钢F		脱氧不完全，硫、磷杂质量较多
	镇静钢Z		脱氧完全
	特殊镇静钢TZ		比镇静钢脱氧还彻底

目前，建筑工程中常用的钢种是普通碳素结构钢和普通低合金结构钢。

7.2　建筑钢材的技术性能

钢材的主要性能包括力学性能和工艺性能。力学性能是钢材最重要的使用性能，包括拉伸性能、塑性、韧性及强度等。工艺性能是钢材在各种加工过程中表现出的性能，包括冷弯性能和可焊性。

7.2.1　钢材的力学性能

1. 拉伸性能

抗拉性能是建筑钢材最重要的技术性质，通过对钢材的拉伸，可测定钢材的屈服强度、抗拉强度及伸长率。它们是钢材的三个重要技术指标。测定建筑钢材的拉伸性能时，常将低碳钢做成标准试件，放在材料试验机上进行拉伸试验。从图 7-1 中可看出拉伸分为四个阶段：弹性阶段(OA)、屈服阶段(AB)、强化阶段(BC)、和颈缩阶段(CD)。

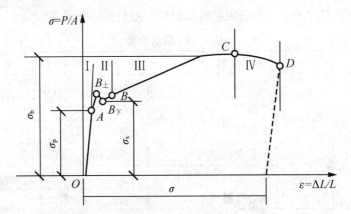

图 7-1　低碳钢受拉时的应力－应变图

1）弹性阶段

曲线中 OA 段是一条直线，应力与应变成正比。如卸去外力，试件能恢复原来的形状，这种性质即为弹性，此阶段的变形为弹性变形。与 A 点对应的应力称为弹性极限，以 σ_p 表示。应力与应变的比值为常数，即弹性模量(E)，$E=\sigma/\varepsilon$，单位为 MPa。弹性模量反映钢材抵抗弹性变形的能力，是钢材在受力条件下计算结构变形的重要指标。建筑常用碳素结构钢 Q235 的弹性模量 $E=(2.0\sim2.1)\times10^5$ MPa。

2）屈服阶段

应力超过 A 点后，应力、应变不再成正比关系，开始出现塑性变形。应力增长滞后于应变的增长，当应力达到 $B_上$ 点后（上屈服点），瞬时下降至 $B_下$ 点（下屈服点），变形迅速增加，而此时外力则大致在恒定的位置上波动，直到 B 点。这就是所谓的"屈服现象"，似乎钢材不能承受外力而屈服，所以 AB 段称为屈服阶段。与 $B_下$ 点（此点较稳定，易测定）对应的应力称为屈服点（屈服强度），用 σ_s 表示。钢材受力大于屈服点后，会出现较大的塑性变形，已不能满足使用要求。因此屈服强度是设计中钢材强度取值的依据，是工程结构计算中非常重要的一个参数。

中碳钢与高碳钢（硬钢）的拉伸曲线与低碳钢不同，屈服现象不明显，没有明显的屈服点，通常以残余变形为原标距长度的 0.2% 时所对应的应力值作为屈服强度，也称为条件屈服点，用 $\sigma_{0.2}$ 表示，如图 7-2 所示。

3）强化阶段

试件在屈服阶段后，由于试件内部组织结构发生变化，其抵抗塑性变形的能力又重新提高，BC 段呈上升曲线，称为强化阶级。对应于最高点 C 的应力值称为极限抗拉强度（σ_b）。σ_b 是钢材受拉时所能承受的最大应力值。

工程上使用的钢材，不仅希望具有高 σ_s，还需要具有一定的屈强比（σ_s/σ_b）。屈强比越小，表示钢材受力超过屈服点工作时的可靠性越大，结构越安全。但如果屈强比过小，则表示钢材有效利用率太低，造成浪费。建筑结构钢的屈强比一般为 0.6～0.75。

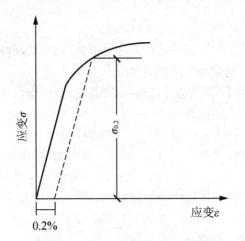

图7-2　中碳钢、高碳钢的应力-应变图

《混凝土结构工程施工质量验收规范》(GB 50204—2002)(2011年版)规定：钢筋的抗拉强度实测值与屈服强度实测值的比值不应小于1.25，钢筋的屈服强度实测值与强度标准值的比值不应大于1.3。

4）颈缩阶段

试件受力达到最高点(C点)后，其抵抗变形的能力明显降低，变形迅速发展，应力逐渐下降，试件被拉长；在有杂质或缺陷处，断面急剧缩小，直至断裂，故CD段称为颈缩阶段。将拉断后的试件拼合起来，测定出标距范围内的长度l_1(mm)，l_1与试件原标距l_0(mm)之差为塑性变形值，它与l_0之比称为伸长率δ，如图7-3所示。伸长率是表明钢材塑性好坏的重要指标。

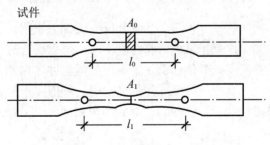

图7-3　钢材的伸长率

伸长率的计算式如下：

$$\delta = \frac{l_1 - l_0}{l_0} \times 100\% \qquad (7-1)$$

式中：l_0——试件原标距长度(mm)；

l_1——试件拉断后标距的长度(mm)。

δ随试件原标距长度与试件直径d_0的比值l_0/d_0增大而减小。标准试件一般取$l_0=5d_0$(短试件)或$l_0=10d_0$(长试件)，所得伸长率用δ_5和δ_{10}表示。对于同一种钢材，其δ_5大于δ_{10}。现行钢材标准规定采用δ_5，以节约材料。

2. 冲击韧性

冲击韧性是指钢材抵抗冲击荷载的能力，是钢材断裂时吸收机械能能力的量度。吸收较多能量才断裂的钢材，是韧性好的钢材。

冲击韧性的测量，可用不同的方法进行，我国过去多用梅氏(Mesnager)方法进行。该法规定用跨中带 U 型缺口的方形截面小试件(10mm×10mm×55mm)在规定试验机上进行。试件在摆锤冲击下折断后，断口处单位面积上的功即为冲击韧性，用 α_k 表示，单位为 J/cm^2。

现行国家标准《碳素结构钢》(GB/T 700—2006)规定采用国际上通用的夏比试验法(Charpy V-notch test)，如图 7-4 所示。夏比试件和梅氏试件的区别仅仅在于带 V 型缺口，由于缺口比较尖锐，缺口根部的高峰应力及其附近的应力状态能更好地反映实际结构的缺陷。夏比缺口韧性用 A_{KV} 表示，其值为试件折断所需的功，单位为焦耳(J)。因为试件都用同一标准尺寸，可以使测量工作简化。

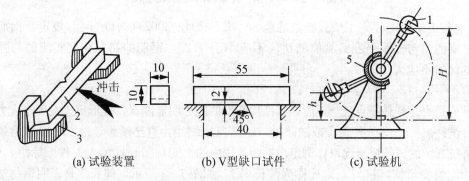

(a) 试验装置　　　　　(b) V 型缺口试件　　　　(c) 试验机

图 7-4　钢材冲击韧性试验图

1—摆锤；2—试件；3—试验台；4—刻度盘；5—指针；H—摆锤扬起高度；h—摆锤向后摆动高度

钢材的化学成分、内在缺陷、加工工艺及环境温度都会影响钢材的冲击韧性。钢材的韧性受温度影响较大，当温度低于某值时将急剧下降而呈脆性，这种脆性称为钢材的冷脆性。此时的温度称为临界温度。其值愈低，则钢材的低温冲击性能愈好。所以，设计处于低温环境的重要结构，尤其是受动荷载作用的结构时，不但要求保证常温(20℃左右)时的冲击韧性，还要保证负温(−20℃或−40℃)时的冲击韧性。

3. 耐疲劳性

受交变荷载反复作用，使钢材在应力低于其屈服强度的情况下突然发生脆性断裂破坏的现象，称为疲劳破坏。钢材的疲劳破坏一般是由拉应力引起的，首先在局部开始形成细小断裂，随后由于微裂纹尖端的应力集中而使其逐渐扩大，直至突然发生瞬时疲劳断裂。

疲劳破坏是在低应力状态下突然发生的，是脆性破坏。破坏很突然，几乎以 2 000m/s 的速度断裂，所以危害极大，往往造成灾难性的事故。在设计承受交变荷载且需进行疲劳验算的结构时，应当特别注意。

取应力比 $\rho(\rho=\sigma_{min}/\sigma_{max})$ 为不同定值，进行大量的试验可以得到钢材疲劳破坏时的 σ_{max} 与应力循环次数 n 的关系曲线，称为疲劳曲线(图 7-5)。从图 7-5 中可以看到，σ_{max} 随 n 增大而降低，并逐渐趋近于一平行于横坐标的渐近线。σ_{max} 等于此渐近线值时，n 趋近于无穷大，表示钢材永远不会产生疲劳破坏。此渐近线值称为永久疲劳强度。一般取 $n=5\times10^6$ 的 σ_{max} 值为疲劳极限强度。实际测量时，常以 $n=2\times10^6$ 次应力循环为基准。

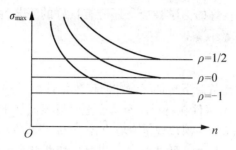

图7-5 钢材的疲劳曲线

钢材的疲劳强度与很多因素有关，主要是应力集中、应力循环次数、应力比 ρ、应力幅 $\Delta\sigma$（$\Delta\sigma=\sigma_{max}-\sigma_{min}$）几种情况。应力集中对疲劳强度的影响以截面几何形状突然改变处最为明显。但对没有截面改变的钢材，也存在着微观裂纹等引起应力集中的因素，如焊接结构的焊缝及其附近主体金属中的裂纹、夹渣等缺陷；非焊接结构的孔洞、刻槽；钢材内部的偏析、非金属夹杂；制造过程的剪切、冲孔、切割等。

4. 钢材的硬度

钢材的硬度是指其表面抵抗硬物压入产生局部变形的能力。测定钢材硬度的方法有布氏法、洛氏法和维氏法等。建筑钢材常用布氏硬度表示，其代号为 HB。布氏法的测定原理是利用直径为 $D(mm)$ 的淬火钢球，以荷载 $P(N)$ 将其压入试件表面，经规定的持续时间后卸去荷载，得直径为 $d(mm)$ 的压痕，以压痕表面积 $A(mm^2)$ 除荷载 P，即得布氏硬度（HB）值，此值无量纲。布氏硬度的测定如图7-6所示。

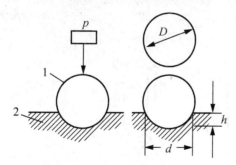

图7-6 布氏硬度的测定
1—淬火钢球；2—试件

知识链接

材料的硬度是材料弹性、塑性、强度等性能的综合反映。各类钢材的 HB 值与抗拉强度有较好的相关性。试验证明：当低碳钢的布氏硬度值 HB<175 时，其抗拉强度与布氏硬度的经验关系为：$\sigma_b=3.6HB$；HB>175 时，$\sigma_b=3.5HB$。根据这一关系，可以直接在钢结构上测出钢材的 HB 值，并估算该钢材的抗拉强度值。

7.2.2 钢材的工艺性能

建筑钢材不仅要具有良好的力学性能，还应有良好的工艺性能，以使钢材顺利加工，冷弯、冷拉、冷拔及焊接等。

1. 钢材的冷弯性能

冷弯性能可衡量钢材在常温下冷加工弯曲时产生塑性变形的能力。冷弯性能可通过冷弯试验(图 7-7)确定。冷弯试件在材料原有厚度上经过表面加工成条状，根据试件的厚度 a，按规定的弯心直径(如 Q345 钢，规定弯心直径为 $2a$ 或 $3a$)，在试验机上通过冷弯冲头对试件加压，使其弯曲 180°，然后检查试件，以试件弯曲部分的表面不出现裂纹和分层为合格。

冷弯性能也是钢材力学性能的一项指标，但它是比单向拉伸试验更为严格的一种试验方法。它不仅能检验钢材承受规定的弯曲变形的能力，还能反映出钢材内部的冶金缺陷，如结晶情况、非金属夹杂物的分布情况等缺陷。因此，它是判别钢材塑性性能和质量的一个综合性指标，常作为静力拉伸试验和冲击试验等的补充试验。对一般结构构件采用的钢材，不必要求通过冷弯试验；只有某些重要结构及需要经过冷加工的构件，才要求不仅伸长率合格，而且冷弯试验也要合格。

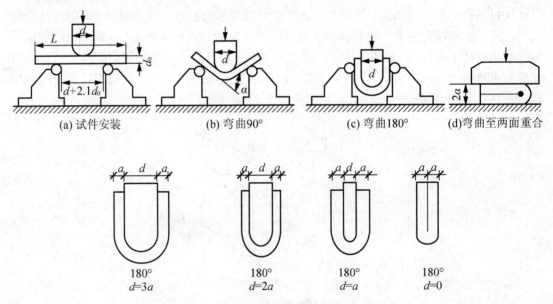

(a) 试件安装　　　(b) 弯曲90°　　　(c) 弯曲180°　　　(d)弯曲至两面重合

180°　　　180°　　　180°　　　180°
$d=3a$　　$d=2a$　　$d=a$　　$d=0$

图 7-7　钢材冷弯及规定弯心

2. 钢材的冷加工性能及时效

1) 钢材的冷加工

冷加工是指钢材在常温下进行的加工，建筑工程中常通过冷加工改善钢材的力学性能。建筑钢材常见的冷加工方式有冷拉、冷拔、冷轧、冷扭、刻痕等。钢材进行冷加工时，若其变形超过弹性范围，产生塑性变形后，其强度和硬度会提高，而其塑性和韧性会下降，这种现象称为冷加工强化。如图 7 - 8 所示，钢材的应力-应变曲线为 $OBKCD$。若钢材被拉伸至 K 点时卸载，则钢材将恢复至 O' 点。此时，再重新加载，其应力-应变曲线将为 $O'KCD$。新的屈服点(K)比原屈服点(B)提高，但伸长率降低。在一定范围内，冷加工变形越大，屈服强度提高越多，塑性和韧性降低越多。

2) 钢材的时效处理

钢材在自然条件下或经过冷加工后，随着时间的延长，其强度、硬度提高，而塑性、韧性下降的现象称为时效。钢材在自然条件下的时效是非常缓慢的，经过冷加工或使用中经常受到振动、冲击荷载作用，时效将迅速发展。钢材经冷加工后，在常温下放置 15～20d 或加热至 100～200℃ 并保持 2h 左右，钢材的屈服点、硬度将进一步提高，而塑性、韧性继续降低，前者称为自然时效，后者称为人工时效。如图 7 - 8 所示，钢材经冷加工和时效后，其应力-应变曲线为 $O'K_1C_1D_1$，此时屈服强度(K_1)和抗拉强度(C_1)比时效前进一步提高。在对钢材进行冷加工时，一般强度较低的钢材采用自然时效，强度较高的钢材采用人工时效。

因时效而导致钢材性能改变的程度称为时效敏感性。时效敏感性大的钢材，经时效后，其韧性、塑性改变较大。因此，承受振动、冲击荷载作用的重要结构(如吊车梁、桥梁等)，应选用时效敏感性小的钢材。建筑用钢材常利用冷加工、时效作用来提高其强度，增加钢筋的品种规格，以节约钢材。

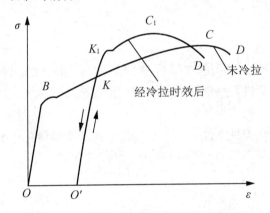

图 7 - 8　钢材冷拉时效后的应力-应变图

3. 钢材的焊接性能

钢材的可焊性是指采用一般焊接工艺就可完成合格的(无裂纹的)焊缝的性能。

钢材的可焊性受碳含量和合金元素含量的影响。碳含量在 0.12%～0.20% 范围内的碳素钢，可焊性最好。碳含量过高，可使焊缝和热影响区变脆。

根据《低合金高强度结构钢》(GB/T 1591—2008)，衡量低合金钢的可焊性，可以用下列公式计算其碳当量 CEV：

$$CEV = C + \frac{M_n}{6} + \frac{1}{5}(C_r + M_0 + V) + \frac{1}{15}(N_i + C_u) \tag{7-2}$$

当 CEV 不超过 0.38% 时，钢材的可焊性很好；当 CEV 大于 0.38% 但未超过 0.45%

时，钢材淬硬倾向逐渐明显，需要采取适当的预热措施并注意控制施焊工艺。预热的目的在于，使焊缝和热影响区缓慢冷却，以免因淬硬而开裂。当 CEV＞0.45％时，钢材的淬硬倾向明显，需采用较高的预热温度和严格的工艺措施来获得合格的焊缝。《钢结构焊接规范》（GB 50661—2011)给出了对常用结构钢材最低施焊预热温度的要求。除碳当量外，预热温度还和钢材厚度及构件变形受到约束的程度有直接关系。因此，重要结构施焊时实际采用的焊接温度最好由工艺试验确定。

钢材焊接应注意：冷拉钢筋的焊接应在冷拉之前进行；焊接部位应清除铁锈、熔渣和油污等，应尽量避免不同国家的进口钢筋之间或进口钢筋与国产钢筋之间的焊接。

7.2.3 钢的化学成分对钢材性能的影响

钢内所含的元素很多，有冶炼生铁后存在钢内的，也有人为加入的合金元素，这些元素对钢材性质有不同的影响。

1. 碳

碳（C)是决定钢材性能最主要的元素。钢材中在碳含量小于 0.8％的范围内，随着碳的增加，钢的抗拉强度及硬度相应增加，而塑性及韧性相应降低；当碳含量大于 1％时，随着碳的增加，除硬度继续增加外，强度、塑性、韧性都降低，钢材变脆、可焊性下降，冷脆性增加。

2. 硅、锰

硅（Si)和锰（Mn)是炼钢时为脱去硫而加入的元素。当硅含量小于 1％时，加入硅能显著提高钢的强度，而对塑性、韧性影响不明显；但当硅含量大于 1％时，钢的塑性及韧性明显降低，冷脆性增加，使可焊性变差。

加入锰能消除钢的热脆性，改善热加工性能。钢的含锰量在 0.8％～1％时，可显著提高钢的强度和硬度，几乎不降低塑性和韧性。但锰的含量大于 1％时，会降低钢的塑性、韧性和可焊性。

3. 磷、硫

磷（P)、硫（S)是由炼铁原料中带入的有害元素。磷能使钢起强化作用，但塑性及韧性显著降低，可焊性变差，特别在低温时，对塑性及韧性的影响更大，会显著加大钢材的冷脆性。

硫在钢的热加工时易引起钢材断裂，形成热脆现象。硫的存在还使钢的冲击韧性、疲劳强度、可焊性降低。建筑钢材要严格控制钢中磷、硫的含量。

4. 氧、氮

氧（O)、氮（N)均是冶炼过程中进入钢水经脱氧处理后残留下来的。氧和氮属于有害杂质，在金属熔化的状态下可以从空气中进入。氧能使钢热脆，其作用比硫剧烈，氮能使钢冷脆，与磷相似。氧和氮的含量也应严加控制。

7.3 建筑钢材的技术标准和选用

7.3.1 钢结构用钢

目前国内工程用钢有钢结构用钢和钢筋混凝土用钢两类，前者主要有型钢、钢板和钢管等；后者主要有钢筋、钢丝和钢绞线。

1. 碳素结构钢

1) 碳素结构钢的牌号及表示方法

根据国家标准《碳素结构钢》（GB/T 700—2006），普通碳素结构钢由氧气转炉或电炉冶炼，按脱氧程度分为特殊镇静钢、镇静钢和沸腾钢。

碳素结构钢的牌号按屈服点共划分为 4 种，即 Q195、Q215、Q235、Q275。从 Q195 到 Q275，是按强度由低到高排列的。钢材强度主要由其中碳元素含量的多少来决定，但与其他一些元素的含量也有关系。所以，钢的牌号的由低到高在较大程度上代表了含碳量的由低到高。

碳素结构钢的质量等级分为 A、B、C、D 四级。由 A 到 D，表示质量的由低到高。质量高低主要是以对冲击韧性(夏比 V 型缺口试验)的要求区分的，对冷弯试验的要求也有所区别。对 A 级钢，冲击韧性不作为要求条件，对冷弯试验只在需方有要求时才进行，而 B、C、D 各级则都要求 A_{KV} 值不小于 27J，不过三者的试验温度有所不同，B 级要求常温(20±5)℃冲击值，C 和 D 级则分别要求 0℃和-20℃冲击值。B、C、D 级也都要求冷弯试验合格。为了满足以上性能要求，不同等级的 Q235 钢的化学元素含量略有区别。对 C 级和 D 级钢要提高其锰含量以改进韧性，同时降低其含碳量的上限以保证可焊性，此外，还应降低它们的硫、磷含量以保证质量。另外，A、B 级钢分沸腾钢、镇静钢，而 C 级钢全为镇静钢，D 级钢则全为特殊镇静钢。

碳素结构钢的牌号由代表屈服点的字母、屈服点数值、质量等级符号、脱氧方法符号等四个部分按顺序组成，如 Q235AF。所采用的符号分别用下列字母表示：

Q——钢材屈服点"屈"字汉语拼音首位字母；

A、B、C、D——分别为质量等级；

F——沸腾钢"沸"字汉语拼音首位字母；

Z——镇静钢"镇"字汉语拼音首位字母；

TZ——特殊镇静钢"特镇"两字汉语拼音首位字母。

在牌号组成表示方法中，"Z"与"TZ"符号可以省略。根据上述牌号表示方法，Q235AF 表示屈服点为 235N/mm² 、质量等级为 A 级的沸腾钢；Q235B 表示屈服点为 235N/mm² 、质量等级为 B 级的镇静钢。

牌号较高的碳素结构钢含碳量较高，强度、硬度高，但塑性差。Q195、Q215 强度低，塑性及焊接性好，用于承受轻荷载的焊接结构及制作铆钉、地脚螺栓。Q235 有较高的强度、良好的塑性，易焊接及冷热加工，广泛用于钢结构、钢筋混凝土结构及制造一般机器零件。Q275 强度更高，但塑性、韧性稍差，主要用于机器制造。

2）技术要求

《碳素结构钢》（GB 700—2006)对碳素结构钢的化学成分、力学性质及工艺性质做出了具体的规定。

（1）化学成分。根据现行国家标准《碳素结构钢》（GB/T 700—2006），碳素结构钢的牌号、统一数字代号、脱氧方法和化学成分见表 7-2。

表 7-2 碳素结构钢的化学成分(GB/T 700—2006)

牌号	统一数字代号	等级	厚度(直径)/mm	脱氧方法	化学成分(质量分数)/%，不大于				
					C	Si	Mn	P	S
Q195	U11952	—	—	F、Z	0.12	0.30	0.50	0.035	0.040
Q215	U12152	A	—	F、Z	0.15	0.35	1.20	0.045	0.050
	U12155	B							0.040
Q235	U12352	A		F、Z	0.22	0.35	1.40	0.045	0.050
	U12355	B			0.20				0.045
	U12358	C		Z	0.17			0.040	0.040
	U12359	D		TZ				0.035	0.035
Q275	U12752	A	—	F、Z	0.24	0.35	1.50	0.045	0.050
	U12755	B	≤40	Z	0.21			0.045	0.045
			>40		0.22				
	U12758	C	—	Z	0.20			0.040	0.040
	U12759	D		TZ				0.035	0.035

注：1. 表中为镇静钢、特殊镇静钢牌号的统一数字，沸腾钢牌号的统一数字代号如下：

Q195F——U11950；Q215AF——U12150；Q215BF——U12153；

Q235AF——U12350；Q235BF——U12353；Q275AF——U12750。

2. 经需方同意，Q235B 的碳含量可不大于 0.22%。

（2）力学性能。碳素结构钢的力学性能见表 7-3。

（3）冷弯性能。碳素结构钢的冷弯性能见表 7-4。

表7-3　碳素结构钢的力学性能（GB/T 700—2006）

牌号	等级	屈服强度 R_{eL}/(N/mm²)，不小于						抗拉强度 R_m/(N/mm²)	断后伸长率 A/%，不小于					冲击试验（V型缺口）	
		厚度（或直径）/mm							厚度（或直径）/mm					温度/℃	冲击吸收功（纵向）/J，不小于
		≤16	>16~40	>40~60	>60~100	>100~150	>150~200		≤40	>40~60	>60~100	>100~150	>150~200		
Q195	—	195	185	—	—	—	—	315~430	33	—	—	—	—	—	—
Q215	A	215	205	195	185	175	165	335~450	31	30	29	27	26	—	—
	B													+20	27
Q235	A	235	225	215	215	195	185	370~5 000	26	25	24	22	21	—	—
	B													+20	27
	C													0	
	D													-20	
Q275	A	275	265	255	245	225	215	410~540	22	21	20	18	17	—	—
	B													+20	27
	C													0	
	D													-20	

注：1. Q195的屈服强度值仅供参考，不做交货条件。

2. 厚度大于100mm的钢材，抗拉强度下限允许降低20N/mm²。宽带钢（包括剪切钢板）抗拉强度上限不作交货条件。

3. 厚度小于25mm的Q235B级钢材，如供方能保证冲击吸收功值合格，经需方同意，可不做检验。

表7-4　碳素结构钢的冷弯性能（GB/T 700—2006）

牌号	试样方向	冷弯试验 180° $B=2a$	
		钢材厚度（或直径）/mm	
		≤60	>60~100
		弯心直径 d	
Q195	纵	0	—
	横	0.5a	
Q215	纵	0.5a	1.5a
	横	a	2a
Q235	纵	a	2a
	横	1.5a	2.5a
Q275	纵	1.5a	2.5a
	横	2a	3a

注：1. B 为试样宽度，a 为试样厚度（或直径）。

2. 板材厚度（或直径）大于100mm时，弯曲试验由双方商量确定。

2. 低合金高强度结构钢

低合金高强度结构钢是以低碳钢为基础，在炼钢过程中添加总量小于 5％的一种或几种合金元素而成。合金元素有硅、锰、钒、钛、铌、铬、镍及稀土元素。加入合金元素后，低合金结构钢具有较高的屈服点和抗拉强度，良好的塑性和冲击韧性，耐低温性能好，使用寿命长，综合性能好。

根据现行国家标准《低合金高强度结构钢》（GB/T 1591—2008），低合金高强度结构钢按力学性能和化学成分分为 8 种，即 Q345、Q390、Q420、Q460、Q500、Q550、Q620、Q690；质量等级分为 A、B、C、D、E 五级，其中 A、B 级属于镇静钢，C、D、E 级属于特殊镇静钢。和碳素结构钢一样，不同的质量等级是按对冲击韧性（夏比 V 型缺口试验）的要求区分的。A 级无冲击功要求；B 级要求提供 20℃ 冲击功 $A_{KV} \geqslant 34J$（纵向）；C 级要求提供 0℃ 冲击功 $A_{KV} \geqslant 34J$（纵向）；D 级要求提供 −20℃ 冲击功 $A_{KV} \geqslant 34J$（纵向）；E 级要求提供 −40℃ 冲击功 $A_{KV} \geqslant 27J$（纵向）。不同的质量等级对碳、硫、磷、铝等含量的要求也有区别。

1）牌号表示方法

低合金高强度结构钢的牌号由代表钢材屈服强度的字母 Q、屈服强度数值（MPa）、质量等级符号三个部分按顺序组成。例如，Q390B 表示屈服强度不小于 390MPa 的质量等级为 B 级的低合金高强度结构钢。

2）技术性能

低合金高强度结构钢共 8 个牌号，与碳素结构钢的最高牌号 Q275 正好衔接，牌号的数值，以钢材厚度（或直径、边长）不大于 16mm 时屈服强度（R_{eL}）的低限值标出。随着钢材尺寸的加大，屈服强度的限值下调。钢的牌号加大，抗拉强度（R_m）越高，断后伸长率（A）越小。各牌号的钢，A 级不保证冲击韧性，B、C、D 级则分别保证 20℃、0℃、−20℃ 下的冲击吸收能量不小于 34J；而 E 级保证 −40℃ 下不小于 27J。低合金高强度结构钢的拉伸性能见表 7-5，冲击韧性见表 7-6，弯曲性能见表 7-7。

合金元素加入钢材以后，改变了钢的组织、性能。所加元素主要有锰、硅、钒、钛、铌、铬、镍及稀土元素。各牌号钢的硅（Si）含量均定为 0.55％，钛（Ti）含量均在 0.02％ ～0.2％之间，铌（Nb）含量为 0.015％～ 0.06％。各牌号的 C 级、D 级、E 级钢，均限定 0.015％以下的铝（Al）；Q390、Q420 和 Q460 钢，均限定 0.7％以下的镍（Ni）。其他元素碳（C）、锰（Mn）、钒（V）、铬（Cr）等，也划成几个阶段，特别是磷（P）和硫（S）的含量，按级别不同，提出比以前严格且统一的指标。低合金高强度结构钢的化学成分见表 7-8。

采用低合金高强度结构钢可减轻结构自重，延长结构使用寿命。特别是大跨度、大柱网结构，采用较高强度的低合金结构钢，其技术经济效果更显著。

表 7 - 5　低合金高强度结构钢的拉伸性能（GB/T 1591—2008）

拉伸试验[1,2,3]

牌号	质量等级	以下公称厚度（直径，边长）下屈服强度（R_{eL}）/MPa									以下公称厚度（直径，边长）下抗拉强度（R_m）/MPa							断后伸长率（A）/%　公称厚度（直径，边长）					
		≤16mm	>16~40mm	>40~63mm	>63~80mm	>80~100mm	>100~150mm	>150~200mm	>200~250mm	>250~400mm	≤40mm	>40~63mm	>63~80mm	>80~100mm	>100~150mm	>150~250mm	>250~400mm	≤40mm	>40~63mm	>63~100mm	>100~150mm	>150~250mm	>250~400mm
Q345	A	≥345	≥335	≥325	≥315	≥305	≥285	≥275	≥265	—	470~630	470~630	470~630	470~630	470~600	470~600	—	≥20	≥19	≥19	≥18	—	—
	B	≥345	≥335	≥325	≥315	≥305	≥285	≥275	≥265	—	470~630	470~630	470~630	470~630	470~600	470~600	—	≥20	≥19	≥19	≥18	≥17	—
	C	≥345	≥335	≥325	≥315	≥305	≥285	≥275	≥265	≥265	470~630	470~630	470~630	470~630	470~600	470~600	450~600	≥20	≥19	≥19	≥18	≥17	≥17
	D	≥345	≥335	≥325	≥315	≥305	≥285	≥275	≥265	≥265	470~630	470~630	470~630	470~630	470~600	470~600	450~600	≥20	≥19	≥19	≥18	≥17	≥17
	E	≥345	≥335	≥325	≥315	≥305	≥285	≥275	≥265	≥265	470~630	470~630	470~630	470~630	470~600	470~600	450~600	≥20	≥19	≥19	≥18	≥17	≥17
Q390	A	≥390	≥370	≥350	≥330	≥330	≥310	—	—	—	490~650	490~650	490~650	490~650	470~620	—	—	≥21	≥20	≥20	≥19	—	—
	B	≥390	≥370	≥350	≥330	≥330	≥310	—	—	—	490~650	490~650	490~650	490~650	470~620	—	—	≥21	≥20	≥20	≥19	—	—
	C	≥390	≥370	≥350	≥330	≥330	≥310	—	—	—	490~650	490~650	490~650	490~650	470~620	—	—	≥21	≥20	≥20	≥19	—	—
	D	≥390	≥370	≥350	≥330	≥330	≥310	—	—	—	490~650	490~650	490~650	490~650	470~620	—	—	≥21	≥20	≥20	≥19	—	—
	E	≥390	≥370	≥350	≥330	≥330	≥310	—	—	—	490~650	490~650	490~650	490~650	470~620	—	—	≥21	≥20	≥20	≥19	—	—
Q420	A	≥420	≥400	≥380	≥360	≥360	≥340	—	—	—	520~680	520~680	520~680	520~680	500~650	—	—	≥20	≥19	≥19	≥18	—	—
	B	≥420	≥400	≥380	≥360	≥360	≥340	—	—	—	520~680	520~680	520~680	520~680	500~650	—	—	≥20	≥19	≥19	≥18	—	—
	C	≥420	≥400	≥380	≥360	≥360	≥340	—	—	—	520~680	520~680	520~680	520~680	500~650	—	—	≥20	≥19	≥19	≥18	≥18	—
	D	≥420	≥400	≥380	≥360	≥360	≥340	—	—	—	520~680	520~680	520~680	520~680	500~650	—	—	≥20	≥19	≥19	≥18	≥18	—
	E	≥420	≥400	≥380	≥360	≥360	≥340	—	—	—	520~680	520~680	520~680	520~680	500~650	—	—	≥20	≥19	≥19	≥18	≥18	—
Q460	C	≥460	≥440	≥420	≥400	≥400	≥380	—	—	—	550~720	550~720	550~720	550~720	550~700	—	—	≥17	≥16	≥16	≥16	—	—
	D	≥460	≥440	≥420	≥400	≥400	≥380	—	—	—	550~720	550~720	550~720	550~720	550~700	—	—	≥17	≥16	≥16	≥16	—	—
	E	≥460	≥440	≥420	≥400	≥400	≥380	—	—	—	550~720	550~720	550~720	550~720	550~700	—	—	≥17	≥16	≥16	≥16	—	—

续表

拉伸试验 [1,2,3]

牌号	质量等级	屈服强度 (R_{eL})/MPa 以下公称厚度（直径，边长）下									抗拉强度 (R_m)/MPa 以下公称厚度（直径，边长）下							断后伸长率 (A)/% 公称厚度（直径，边长）					
		≤16mm	>16~40mm	>40~63mm	>63~80mm	>80~100mm	>100~150mm	>150~200mm	>200~250mm	>250~400mm	≤40mm	>40~63mm	>63~80mm	>80~100mm	>100~150mm	>150~250mm	>250~400mm	≤40mm	>40~63mm	>63~100mm	>100~150mm	>150~250mm	>250~400mm
Q500	C																						
	D	≥500	≥480	≥470	≥450	≥440	—	—	—	—	610~770	600~760	590~750	540~730	—	—	—	≥17	≥17	≥17	—	—	—
	E																						
Q550	C																						
	D	≥550	≥530	≥520	≥500	≥490	—	—	—	—	670~830	620~810	600~790	590~780	—	—	—	≥16	≥16	≥16	—	—	—
	E																						
Q620	C																						
	D	≥620	≥600	≥590	≥570		—	—	—	—	710~880	690~880	670~880		—	—	—	≥15	≥15	≥15	—	—	—
	E																						
Q690	C																						
	D	≥690	≥670	≥660	≥640		—	—	—	—	770~940	750~920	730~900		—	—	—	≥14	≥14	≥14	—	—	—
	E																						

注：1. 当屈服不明显时，可测量 $R_{p0.2}$ 代替下屈服强度。

2. 宽度不小于600mm扁平材，拉伸试验取横向试样，型材及棒材取纵向试样，宽度小于600mm的扁平材，断后伸长率最小值相应提高 1%（绝对值）。

3. 厚度>250~400mm 的数值适用于扁平材。

表7-6　低合金高强度结构钢的冲击韧性(GB/T 1591—2008)

牌号	质量等级	试验温度/℃	冲击吸收能量(KV)/J		
			公称厚度(直径、边长)		
			12~150mm	>150~250mm	>250~400mm
Q345	B	20	≥34	≥27	—
	C	0			
	D	−20			27
	E	−40			
390	B	20	≥34	—	—
	C	0			
	D	−20			
	E	−40			
Q420	B	20	≥34	—	—
	C	0			
	D	−20			
	E	−40			
Q460	C	0	≥34	—	—
	D	−20			
	E	−40			
Q500、Q550 Q620、Q690	C	0	≥55	—	—
	D	−20	≥47		
	E	−40	≥31		

注：冲击试验取纵向试样。

表7-7　低合金高强度结构钢的弯曲性能(GB/T 1591—2008)

牌号	试样方向	180°弯曲试验 [d——弯心直径；a——试样厚度(直径、边长)]	
		钢材厚度(或直径)/mm	
		≤16	>60~100
Q345 Q390 Q420 Q460	试样方向宽度不小于600mm的扁平材，拉伸试验取横向试样，宽度小于600mm的扁平材、型材及棒材，取纵向试样。	2a	3a

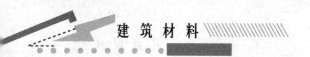

表 7-8　低合金高强度结构钢的化学成分(GB/T 1591—2008)

牌号	质量等级	化学成分(质量分数)/%													
		C ≤	Si ≤	Mn ≤	P ≤	S ≤	Nb ≤	V ≤	Ti ≤	Cr ≤	Ni ≤	Cu ≤	N ≤	Mo ≤	B ≤	Al ≥
Q345	A	0.20			0.035	0.035										
	B	0.20			0.035	0.035										
	C	0.20	0.50	1.70	0.030	0.030	0.07	0.15	0.20	0.30	0.50	0.30	0.012	0.10	—	
	D	0.18			0.030	0.025										0.015
	E	0.18			0.025	0.020										
Q390	A				0.035	0.035										
	B				0.035	0.035										
	C	0.20	0.50	1.70	0.030	0.030	0.07	0.20	0.20	0.30	0.50	0.30	0.015	0.10	—	
	D				0.030	0.025										0.015
	E				0.025	0.020										
Q420	A				0.035	0.035										
	B				0.035	0.035										
	C	0.20	0.50	1.70	0.030	0.030	0.07	0.20	0.20	0.30	0.80	0.30	0.015	0.20	—	
	D				0.030	0.025										0.015
	E				0.025	0.020										
Q460	C				0.030	0.030										
	D	0.20	0.60	1.80	0.030	0.025	0.11	0.20	0.20	0.30	0.80	0.55	0.015	0.20	0.004	0.015
	E				0.025	0.020										
Q500	C				0.030	0.030										
	D	0.18	0.60	1.80	0.030	0.025	0.11	0.12	0.20	0.60	0.80	0.55	0.015	0.20	0.004	0.015
	E				0.025	0.020										
Q550	C				0.030	0.030										
	D	0.18	0.60	2.00	0.030	0.025	0.11	0.12	0.20	0.80	0.80	0.80	0.015	0.30	0.004	0.015
	E				0.025	0.020										
Q620	C				0.030	0.030										
	D	0.18	0.60	2.00	0.030	0.025	0.11	0.12	0.20	1.00	0.80	0.80	0.015	0.30	0.004	0.015
	E				0.025	0.020										
Q690	C				0.030	0.030										
	D	0.18	0.60	2.00	0.030	0.025	0.11	0.12	0.20	1.00	0.80	0.80	0.015	0.30	0.004	0.015
	E				0.025	0.020										

注：1. 型材及棒材 P、S 的含量可提高 0.005%，其中 A 级钢上限可为 0.045%。

2. 当细化晶粒元素组合加入时，20(Nb+V+Ti)≤0.22%，20(Mo+Cr)≤0.30%。

3. 钢结构用型钢和钢板

1) 钢板

钢板分热轧钢板和钢带、冷轧钢板和钢带、花纹钢板、高层建筑结构用钢板。在图样中,其规格用符号"—"和厚度×宽度×长度的毫米数表示。例如,—12×800×1200 表示厚度为 12mm,宽度为 800mm,长度为 1200mm 的钢板。

2) 热轧型钢

常用的热轧型钢有角钢、工字钢、槽钢、H 型钢和剖分 T 型钢。

(1) 角钢。角钢由两个互相垂直的肢组成,若两肢长度相等,称为等边角钢;若不等则为不等边角钢。根据国家标准《热轧型钢》(GB/T 706—2008)等边角钢的型号用符号"∟"和肢宽×肢厚的毫米数表示,如∟ 100×10 为肢宽 100mm、肢厚 10mm 的等边角钢。不等边角钢的型号用符号"∟"和长肢宽×短肢宽×肢厚的毫米数表示,如∟ 100×80×8 为长肢宽 100mm、短肢宽 80mm、肢厚 8mm 的不等边角钢。

(2) 工字钢。工字钢翼缘内表面是斜面,斜度成 1∶6。它的翼缘厚度比腹板厚度大,翼缘宽度比截面高度小很多,因此截面对弱轴的惯性矩较小,在应用上有一定的局限性,一般宜用于单向受弯构件。

根据国家标准《热轧型钢》(GB/T 706—2008),热轧普通工字钢以高度(cm)编号,符号用"I"表示。20~28 号的普通工字钢,同一号数中又分 a、b 两类,32 号以上,同一号数中则分 a、b、c 三类,其腹板厚度和翼缘宽度均分别递增 2mm。例如,I32a 表示截面高度为 320mm、腹板厚度为 a 类的普通工字钢。我国生产的普通工字钢规格有 10~63 号。普通工字钢的通常长度:I10~ I10,为 5~19m;I20~ I63,为 6~19m。

(3) 槽钢。热轧普通槽钢翼缘内表面是倾斜的,成 1∶10 的斜度,翼缘厚度比腹板厚度大,翼缘宽度比截面高度小很多,截面对弱轴(平行于腹板的主轴)惯性矩小,且与弱轴不对称。根据国家标准《热轧型钢》(GB/T 706—2008),普通槽钢的型号用符号"["及号数表示,号数代表截面高度的厘米数。14~22 号的普通槽钢,同一号数中又分 a、b 两类,32 号以上,同一号数中则分 a、b、c 三类,其腹板厚度和翼缘宽度均分别递增 2mm。例如,[36a 表示截面高度为 360mm、腹板厚度为 a 类的普通槽钢。

(4) H 型钢和剖分 T 型钢。H 型钢的翼缘较宽阔而且等厚,因此在宽度方向的惯性矩和回转半径都大为增加,由于截面形状合理,使钢材能更好地发挥效能,且其内、外表面平行,便于和其他构件连接。

根据国家标准《热轧 H 型钢和剖分 T 型钢》(GB/T 11263—2010),热轧 H 型钢分为四类:宽翼缘 H 型钢(HW)、中翼缘 H 型钢(HM)、窄翼缘 H 型钢(HN)和薄壁 H 型钢(HT)。H 型钢型号的表示方法是先用符号 HW、HM、HN 和 HT 表示 H 型钢的类别,后面加"高度(mm)×宽度(mm)"。例如,HW300×300 表示截面高度为 300mm,翼缘宽度为 300mm 的宽翼缘 H 型钢。

热轧剖分 T 型钢是由对应的 H 型钢沿腹板中部对等剖分而成,其类别有三类:即宽翼缘 T 型钢、中翼缘 T 型钢和窄翼缘 T 型钢,没有薄壁 T 型钢。其代号与 H 型钢相应采用 TW、TM、TN，其规格标记亦与 H 型钢相同，如 TN250×200，即为截面高度为 250mm，翼缘宽度为 200mm 的窄翼缘剖分 T 型钢。用剖分 T 型钢代替由双角钢组成的 T 型截面，其截面力学性能更为优越，且制作方便。

H 型钢和剖分 T 型钢的交货长度应在合同中注明，通常定尺长度为 12m。

3）冷弯型钢和压型钢板

冷弯型钢是用薄钢板或钢带（成卷供应的薄钢板）在连续辊式冷弯机组上生产的冷加工型材。壁厚原先在 1.5～6mm，随着生产工艺的发展，现在国内已能生产厚度在 12mm 以上的冷弯型钢。其截面形式有等边角钢、卷边等边角钢、Z 型钢、卷边 Z 型钢、槽钢、卷边槽钢等开口截面以及方形和矩形闭口截面管材（图 7-9）。

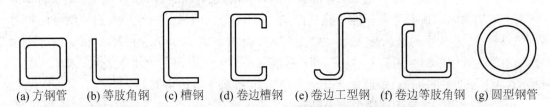

(a) 方钢管　(b) 等肢角钢　(c) 槽钢　(d) 卷边槽钢　(e) 卷边工型钢　(f) 卷边等肢角钢　(g) 圆型钢管

图 7-9　冷弯型钢的截面形式

压型钢板是由厚度为 0.4～2mm 的钢板压制而成的波纹状钢板（图 7-10），波纹高度约在 10～200mm 范围内，钢板表面涂漆、镀锌、涂有机层（又称彩色压型钢板）以防止锈蚀，因而耐久性较好。压型钢板常用作屋面板、墙板及楼板等，其优点是轻质、高强、美观、施工快。

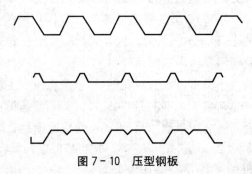

图 7-10　压型钢板

7.3.2　钢筋混凝土结构用钢

钢筋具有较高的强度，所以常作为混凝土的增强材料，大量用于混凝土工程中。钢筋具有良好的塑性，便于生产过程中加工成型。并且与混凝土有良好的黏结性能，因此，钢筋是建筑工程中用量最大的钢材品种。

钢筋按所用的钢种，可分为碳素结构钢和低合金结构钢钢筋；按生产工艺，可分为热轧钢筋、冷加工钢筋、余热处理钢筋、热处理钢筋、钢丝及钢绞线。按钢筋外形又分光面钢筋、螺纹钢筋和刻痕钢筋。

目前，钢筋混凝土结构用钢主要有热轧钢筋、冷拉热轧钢筋、冷拔低碳钢丝、冷轧带肋钢筋、热处理钢筋和预应力混凝土用钢丝及钢绞线。

1. **热轧钢筋**

热轧钢筋，主要有用碳素钢轧制的光圆钢筋和用合金钢轧制的带肋钢筋。

1) 热轧光圆钢筋

热轧光圆钢筋是指经热轧成型并自然冷却，横截面通常为圆形，表面光滑的成品光圆钢筋。

根据国家标准《钢筋混凝土用钢 第1部分：热轧光圆钢筋》（GB 1499.1—2008）规定，钢筋按屈服强度特征值分为235、300两个等级，其牌号为HPB235（HPB表示热轧光圆钢筋）和HPB300。钢筋的公称直径范围为6~22mm，钢筋公称直径为6mm、8mm、10mm、12mm、16mm、20mm。

钢筋按直条交货时，其通常长度为3.5~12m。钢筋按盘卷交货时，每盘应是一根钢筋。其力学性能见表7-9。按表7-9规定的弯芯直径弯曲180°后，钢筋受弯曲部位表面不得产生裂纹。

表7-9　热轧光圆钢筋技术性能（GB 1499.1—2008）

牌　号	屈服强度 R_{eL}/MPa，不小于	抗拉强度 R_m//MPa，不小于	断后伸长率 A/%，不小于	最大力总伸长率 A_{gt}/%，不小于	冷弯试验 180° （d 为弯芯直径，a 为钢筋公称直径）
HPB235	235	370	25.0	10.0	$d=a$
HPB300	300	420	25.0	10.0	$d=a$

2) 热轧带肋钢筋

热轧带肋钢筋包括普通热轧钢筋和细晶粒热轧钢筋两大类，其金相组织主要是铁素体加珠光体，不得有影响使用功能的其他组织存在。

普通热轧钢筋是指按热轧状态交货的钢筋，细晶粒热轧钢筋是指在热轧过程中通过控轧和控冷工艺形成的细晶粒钢筋，并且要求其晶粒度不低于9级。

钢筋的公称直径为6~50mm，推荐直径为6mm、8mm、10mm、12mm、16mm、20mm、25mm、32mm、40mm、50mm。表面可带纵肋，也可不带纵肋。带有纵肋的月牙肋钢筋，其外形如图7-11所示。

（1）热轧带肋钢筋的牌号。根据《钢筋混凝土用钢　第2部分：热轧带肋钢筋》（GB 1499.2—2007）的规定，按照屈服强度分为335、400、500三个等级，普通热轧钢筋的牌号由HRB和屈服强度特征值表示，分别为HRB335、HRB400、HRB500，牌号中的H、R、B分别表示热轧（Hot rolled）、带肋（Ribbed）、钢筋（Bars）3个词的英文首位字母。

细晶粒热轧钢筋的牌号由HRBF强度特征值表示，分别为HRBF335、HRBF400、HRBF500。F是Fine的首位字母。

（2）热轧带肋钢筋的技术性能。热轧带肋钢筋的技术性能见表7-10。

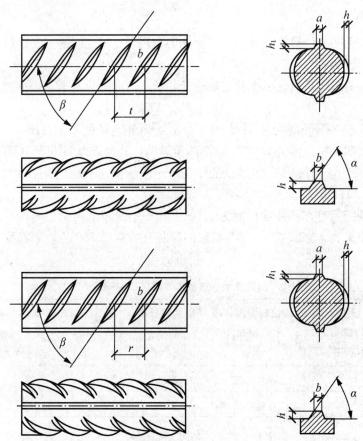

图 7-11　月牙肋钢筋(带纵肋)表面及截面形状

d—钢筋内径；α—横肋斜角；h—横肋高度；β—横肋与轴线夹角；

h_1—纵肋高度；a—纵肋顶宽；l—横肋间距；b—横肋顶宽

表 7-10　热轧带肋钢筋技术性能(GB 1499.2—2007)

牌　号	公称直径 /mm	屈服强度 R_{eL}/MPa, 不小于	抗拉强度 R_m/MPa, 不小于	断后伸长率 A/%, 不小于	最大力总伸 长率 A_{gt}/%, 不小于	180°弯曲试验 弯芯直径 (α 为钢筋公称直径)
HRB335 HRBF335	6~25	335	455	17	7.5	3a
	28~40					4a
	>40~50					5a
HRB400 HRBF400	6~25	400	540	16	7.5	4a
	28~40					5a
	>40~50					6a
HRB500 HRBF500	6~25	500	630	15	7.5	6a
	28~40					7a
	>40~50					8a

热轧带肋钢筋的工艺性能，按表6-10右栏规定的弯芯直径弯曲180°后，钢筋受弯曲部位表面不得产生裂纹。

3) 热轧钢筋的选用

光圆钢筋的强度低、塑性好、韧性好、焊接性好，便于冷加工，广泛用于普通钢筋混凝土非预应力结构中的受力及构造钢筋；HRB335、HRB400带肋钢筋的强度较高，塑性、韧性也较好，广泛用于大中型钢筋混凝土结构的受力钢筋；HRB500带肋钢筋强度高，但塑性与焊接性较差，适宜于作为预应力钢筋。

2. 冷加工钢筋

为了提高钢筋的强度及节约钢筋，工地上常将热轧钢筋进行冷拉、冷拔、冷轧加工。常用的冷加工钢筋有冷拉热轧钢筋、冷拔低碳钢丝、冷轧带肋钢筋三种。

1) 冷拉热轧钢筋

冷拉热轧钢筋是将热轧钢筋在常温下拉伸至某一应力（超过屈服点小于抗拉强度），然后卸荷而得，冷拉可使钢筋的屈服点提高17%～27%，但材料脆性增加，屈服阶段缩短，伸长率降低。冷拉热轧钢筋可用于预应力混凝土结构。

为了保证钢筋在强度提高的同时又具有一定的塑性，不使冷拉热轧钢筋脆性过大，冷拉时应同时控制应力和应变。

2) 冷拔低碳钢丝

冷拔低碳钢丝是将直径为6.5～8mm的Q235（或Q215）圆盘条，通过截面小于钢筋截面的钨合金拔丝模而制成。冷拔钢丝不仅受拉，同时还受到挤压作用。经过一次或多次的拔制而得的钢丝，其屈服强度可提高40%～60%，且已失去低碳钢的性能，变得硬脆，属硬钢类钢丝。

行业标准《混凝土制品用冷拔低碳钢丝》(JC/T 540—2006)规定，冷拔低碳钢丝按力学强度分为甲级和乙级两个级别。甲级为预应力钢丝，用作预应力筋；乙级为非预应力钢丝，用于焊接网、焊接骨架、箍筋和构造钢筋。

混凝土工厂自行冷拔时，应对钢丝的质量进行严格控制，对其外观要求分批抽样，表面不准有锈蚀、油污、伤痕、小刺、裂纹等，逐盘检查其力学性能。其力学性能必须符合表7-11的要求。

表7-11　冷拔低碳钢丝的力学性能(JC/T 540—2006)

级别	公称直径/mm	抗拉强度 R_m/MPa，不小于	断后伸长率 A/%，不小于	反复弯曲次数/(次/180°)，不小于
甲级	5.0	650	3.0	4
		600		
	4.0	700	2.5	
		650		
乙级	3.0，4.0，5.0，6.0	550	2.0	

注：甲级冷拔低碳钢丝作预应力筋用时，如经机械调直则抗拉强度标准值应降低50MPa。

3）冷轧带肋钢筋

冷轧带肋钢筋是低碳钢热轧圆盘条经冷轧或冷拔减径后，在其表面带有沿长度方向均匀分布的二面或三面横肋的钢筋。

国家标准《冷轧带肋钢筋》（GB 13788—2008）规定，冷轧带肋钢筋的牌号用 CRB 和抗拉强度最小值表示，并按抗拉强度等级划分为四级：CRB550、CRB650、CRB800、CRB970，C、R、B 分别表示冷轧（Cold rolled）、带肋（Ribbed）、钢筋（Bar）三个词的英文首字母，数值表示抗拉强度最小值。CRB550 的公称直径为 4～12mm，为普通混凝土用钢筋；CRB650 及以上等级的公称直径为 4mm、5mm、6mm，为预应力混凝土用钢筋。其力学性能见表 7 - 12。

表 7 - 12　冷轧带肋钢筋的力学性能（GB 13788—2008）

级别代号	屈服强度 $R_{P0.2}$/MPa	抗拉强度 R_m/MPa	断后伸长率 /%，不小于		180°弯曲试验 弯芯直径	反复弯曲次数	应力松弛（初始应力为抗拉强度的 70%）
	不小于	不小于	$A_{11.3}$	A_{100}	（a 为钢筋直径）		1000h(不大于)/%
CRB550	500	500	8.0	—	$3a$	—	—
CRB650	585	650	—	4.0		3	8
CRB800	720	800	—	4.0		3	8
CRB970	875	970	—	4.0		3	8

冷轧带肋钢筋克服了冷拉、冷拔握裹力低的缺点，同时具有和冷拉、冷拔相近的强度，因此，冷轧带肋钢筋将逐步取代冷拉、冷拔低碳钢丝的应用。CRB550 级宜用作普通钢筋混凝土结构构件的受力主筋和构造钢筋；CRB650 和 CRB800 宜用作中、小预应力混凝土结构构件的受力主筋；其他牌号宜用在预应力混凝土结构中。

冷轧带肋钢筋按冷加工状态交货，冷轧后允许进行低温回火处理。表面不得有裂纹、折叠、油污、结疤等影响使用的缺陷，表面可有浮锈，但是不得有锈皮及目视可见的麻坑等腐蚀现象。

3. 预应力混凝土用钢丝及钢绞线

1）预应力钢丝

预应力钢丝是以优质碳素钢盘条，经等温淬火并拔制而成的专用线材，也称为优质碳素钢丝及钢绞线，包括冷拉或消除应力的光圆、螺旋肋和刻痕钢丝。

国家标准《预应力混凝土用钢丝》（GB/T 5223—2002）规定，按加工状态分为冷拉钢丝（WCR）和消除应力钢丝两种。消除应力钢丝包括低松弛（代号 WLR）和普通松弛（代号 WNR）两种，不建议用普通松弛级别的钢丝。按外形分为光圆（代号 P）、螺旋肋（代号 H）和刻痕（代号 I）三种。

预应力钢丝的产品标记依次包括预应力钢丝、公称直径、抗拉强度等级、加工状态代号、外形代号、标准号。例如，直径为 4.00mm，抗拉强度为 1 670MPa 的冷拉光圆钢丝，其标记：预应力钢丝 4.00 - 1670 - WCD - P - GB/T 5223—2002；直径为 7.00mm，抗拉强度为 1570MPa 的低松弛螺旋肋钢丝,其标记:预应力钢丝 7.00 - 1570 - WLR - H - GB/T 5223—2002。

预应力混凝土用钢丝的特点是质量稳定、安全可靠、强度高、无接头、施工方便等,主要用于大跨度的屋架、薄腹架、吊车梁或桥梁等大型预应力混凝土构件,也可用于轨枕、压力管道等预应力混凝土构件。

2) 预应力混凝土用钢绞线

预应力混凝土用钢绞线是由 7 根钢丝(冷拉钢丝或刻痕钢丝)经绞捻热处理制成的。

国家标准《预应力混凝土用钢绞线》(GB/T 5224—2003)规定,钢绞线按其结构分为五类,其代号:1×2,用 2 根钢丝捻制而成的钢绞线;1×3,用 3 根钢丝捻制而成的钢绞线;1×7,用 7 根钢丝捻制而成的标准型钢绞线。

预应力混凝土用钢绞线产品标记为预应力钢绞线、结构代号、公称直径、强度等级、强度。例如,预应力钢绞线 1×7 - 15.20 - 1860 - GB/T 5224—2003,表示为公称直径为 15.20mm,强度级别为 1 860MPa 的 7 根钢丝捻制的标准型钢绞线。

钢绞线要求不得有油或润滑脂等物质(除非需方有特殊要求),表面允许有轻微的浮锈,但不得有看得见的锈蚀、麻坑,表面允许存在回火颜色。

钢绞线主要用于大跨度、大负荷的后张法预应力屋架、桥梁和薄腹梁等结构的预应力筋。

7.4 建筑钢材的防火与防腐

建筑钢材是建筑材料的三大主要材料之一,其在高温下的性能关系到建筑物的火灾危险性大小,以及发生火灾后火势扩大蔓延的速度,从而直接关系到建筑物的安全;而钢筋的锈蚀,使其受力截面减小,表面不平整引起应力集中,从而降低钢材的承载能力。因此,钢材的防火与防腐,有着极为重要的地位和意义。

7.4.1 钢材的防火

钢是不燃性材料,但这并不表明钢材能够抵抗火灾。无保护层时钢柱和钢屋架的耐火极限只有 15min,而裸露 Q235 钢梁的耐火极限仅为 27min,与国家有关防火规范对建筑构件的耐火极限要求相差很远(表 7 - 13),因此,需对钢结构进行防火处理。

表 7 - 13　建筑构件的防火要求

耐火等级	高层民用建筑设计防火规范/H			建筑设计防火规范/H				
	柱	梁	楼板屋顶承重构件	支持多层的柱	支持单层的柱	梁	楼板	屋顶承重结构
一级	3.0	2.0	1.5	3.0	2.5	2.0	1.5	1.5
二级	2.5	1.5	1.0	2.5	2.0	1.5	1.5	0.5
三级				2.5	2.0	1.0	0.5	

1. 钢材性能随温度变化的过程

温度在 200℃ 以内，可以认为钢材的性能基本不变；当温度超过 250℃ 以后，钢材的弹性模量、屈服点和极限强度均开始下降，而塑性伸长率增大，钢材产生徐变；当温度超过 400℃ 时，钢材的强度和弹性模量都急剧降低；当温度到达 600℃ 时，弹性模量、屈服点和极限强度均接近于零，已失去承载能力。以钢材制作的构件，如梁、柱、屋架，若不加保护或保护不力，在火灾中可能失去承载力而影响到建筑的安全。2001 年美国的"9·11"恐怖事件中，世贸大厦在高温作用下，短短数十分钟，轰然倒塌，这就是钢结构遇火失稳的典型案例。

2. 钢结构防火保护

钢结构防火保护的基本原理是采用绝热或吸热材料，阻隔火焰和热量，推迟钢结构的升温速率。防火方法以包覆法为主，即以防火涂料、不燃性板材或混凝土和砂浆将钢构件包裹起来。

1）防火涂料包裹法

近年来，工程中多采用防火涂料包裹法进行钢结构的防火处理。防火涂料是指施涂于建筑物或构筑物的钢结构表面，能形成耐火隔热保护层，以提高钢结构耐火极限的涂料。

常用的防火涂料有 LG 钢结构防火隔热涂料（厚涂层型）、LB（薄涂层型）防火涂料、JC－276 钢结构防火涂料和 ST1－A 型钢结构防火涂料。后两种涂料除作钢结构防火外，还可用作预应力混凝土构件的防火处理。其技术性能要符合《钢结构防火涂料》（GB 14907—2002)中的要求。

在钢筋混凝土结构中，由于钢材的热导率较混凝土大，钢筋受热后，其热膨胀率是混凝土膨胀率的 1.5 倍，故受热钢筋的伸长变形比混凝土大。因此，在结构设计允许的范围内适当增加保护层的厚度，可以减小或延缓钢筋的伸长变形和预应力值损失。如结构设计不允许有保护层，可在受拉区的混凝土表面涂刷防火涂料，从而使结构得到保护。

2）不燃性材料包裹法

在钢结构外表添加外包层，可以现浇成型，也可以采用喷涂法。现浇成型的实体混凝土外包层通常用钢丝网或钢筋来加强，以限制收缩裂缝，并保证外壳的强度。喷涂法可以在施工现场对钢结构表面涂抹砂泵以形成保护层，砂泵可以是石灰水泥或是石膏砂浆，也可以掺入珍珠岩或石棉。同时，外包层也可以用珍珠岩、石棉、石膏或石棉水泥、轻混凝土做成预制板，采用胶黏剂、钉子、螺栓固定在钢结构上。

3）充水（水套）法

空心型钢结构内充水是抵御火灾最有效的防护措施，这种方法能使钢结构在火灾中保持较低的温度，水在钢结构内循环可吸收材料本身受热的热量。受热的水经冷却后可以进行再循环、或由管道引入凉水来取代受热的水。

4）屏蔽法

钢结构设置在耐火材料组成的墙体或顶棚内，或将构件包藏在两片墙之间的空隙里，只要增加少许耐火材料或不增加即能达到防火的目的。这是一种最为经济的防火方法。

【例7-1】 纽约世界贸易中心大楼原为美国纽约的地标之一，原址位于美国的纽约州纽约市曼哈顿岛西南端，西临哈德逊河，由美籍日裔建筑师雅玛萨基设计，建于1962—1976年，由两座110层高411.5米的塔式摩天楼和4幢办公楼及一座旅馆组成，是美国纽约市最高、楼层最多的摩天大楼。摩天大楼平面为正方形，边长63m，每幢摩天大楼面积46.6万 m^2。

大楼采用钢结构，用钢7.8万t，楼的外围有密置的钢柱，墙面由铝板和玻璃窗组成，素有"世界之窗"之称。2001年9月11日，"基地"恐怖分子劫持客机撞向美国世贸大楼，导致纽约标志性建筑世贸双塔轰然倒塌。

【原因分析】

英国科学家表示，世贸双塔之所以倒塌，主要是因为建塔的钢铁在高温燃烧下其磁性发生了变化，进而软化发生倒塌。在室温下，铁原子之间的磁场仍然保持相对稳定。但是，随着温度的升高，这些磁场不断发生不规则改变，原子之间的运动和碰撞加速，这种变化导致了钢的性能变化。千百年来，铁匠一直在利用钢铁的这种性能来谋生。在比熔点低得多的温度下，钢铁开始变得柔软易折，铁匠可以将其打造成任何形状。从大约500℃时钢铁就已经开始变软，而一般的建筑物大火则经常可以达到这种温度。在"9·11"恐怖袭击事件中，纽约世贸中心双塔被劫持的飞机撞击后，其钢架构表面的保护层绝缘面板随之脱落。双塔的钢架构因此完全暴露于大火之中，当时大火的温度已接近500℃的钢软化点。

7.4.2 钢材的防腐

钢材的锈蚀，指其表面与周围介质发生化学反应而遭到破坏。锈蚀可发生在许多引起锈蚀的介质中，如湿润空气、土壤、工业废气等。温度升高，化学反应加速，引起锈蚀的程度加速。钢材在存放中严重锈蚀，不仅截面积变小，材质降低甚至报废，而且除锈工作耗费很大。使用中除锈不仅使得受力面积减小，而且局部锈坑的产生可造成应力集中，促使结构早期破坏。尤其是当结构承受反复荷载时，钢材将产生锈蚀疲劳现象，使疲劳强度大为降低，出现脆性断裂。

1. 钢材锈蚀分类

通常按钢材表面与周围介质的不同作用，将钢材锈蚀分为化学腐蚀和电化学腐蚀两类。

1）化学腐蚀

化学腐蚀是由钢材与使用环境中的电解质溶液或各种干燥气体（如 O_2、CO_2、SO_2 等）发生化学反应所引起的一种纯化学性质的腐蚀，腐蚀过程无电流作用。这种腐蚀多数是氧化作用，在钢材表面形成疏松的氧化物。这种腐蚀受环境影响较大，在干燥环境下进展较缓慢，但在温度和湿度较高的环境，这种腐蚀进展很快。

2）电化学腐蚀

钢材与电解质溶液相接触而产生电流，形成原电池作用而发生的腐蚀，称为电化学腐蚀。由于钢材中不同成分的电极电位不同，很容易形成电极的两个极。例如，钢材与潮湿空气、水、土壤接触时，表面覆盖一层水膜，水中溶有来自空气中的各种离子，这样便形成了电解质。通过一系列的物理和化学作用，钢中的铁素体被氧化成氢氧化铁及氧化铁等，从而产生腐蚀。实际工程中发生的腐蚀，主要是电化学腐蚀。

2. 钢材锈蚀的防护

在实际工程中，钢材锈蚀的防护方法主要有四种。

(1) 保护膜法。利用保护膜使钢材与周围介质隔离，可避免或减缓外界腐蚀性介质对钢材的破坏作用。例如，在钢材的表面喷刷涂料、搪瓷、塑料等；或以金属镀层作为保护膜，如锌、锡、铬等。

(2) 电化学保护法。根据发生腐蚀的具体原因，分为无电流保护法和外加电流保护法。

无电流保护法也叫牺牲阳极法，是在钢铁结构上接一块较钢铁更为活泼的金属，如锌、镁。因为锌、镁比钢铁的电位低，锌、镁成为腐蚀电池的阳极而遭到破坏(牺牲阳极)，而钢铁结构得到保护。这种方法在那些不容易或不能覆盖保护层的地方，如蒸汽锅炉、轮船外壳、地下管道、港工结构、道桥建筑等常被采用。

外加电流保护法是在钢结构附近，安放一些废钢铁或其他难熔金属，如高硅铁及铅银合金，将外加直流电源的负极接在被保护的钢铁结构上，正极接在难熔的金属上，通电后则难熔金属成为阳极而被腐蚀，钢结构成为阴极而被保护。

(3) 合金化保护法。在碳素钢中加入能提高抗腐蚀能力的合金元素，如镍、铬、钛、铜等，制成不同的合金钢。

(4) 提高混凝土的密实度、碱度，加大钢筋保护层厚度保护法。防止钢筋混凝土中钢筋的腐蚀可以采用上述方法，但最经济有效的方法是提高混凝土的密实度和碱度，并保证钢筋有足够的保护层厚度。在水泥水化产物中，由于存在 1/5 左右的氢氧化钙，介质的 pH 达 13 左右，氢氧化钙的存在使钢筋表面产生一层钝化膜，形成保护层。同时，氢氧化钙也可以与大气中 CO_2 作用而降低混凝土的碱性，钝化膜可能被破坏，使钢材表面呈活化状态。在潮湿环境中，钢筋表面即开始发生电化学腐蚀作用，导致混凝土顺筋开裂。因此，应通过提高混凝土的密实性，来提高其抗碳化的性能。

另外，氯离子(Cl^-)有破坏钝化膜的作用，因此，在配制钢筋混凝土时，应限制氯盐的使用量。

3. 钢材的除锈

钢材锈蚀时，随着体积的增大，在钢筋混凝土中的钢筋将使混凝土胀裂。目前一般的除锈方式有以下三种。

1) 钢丝刷除锈

可采取人工用钢丝刷或半自动钢丝刷将钢材表面的铁锈全部刷去，直至露出金属表面为止。这种方法工作效率低，除锈质量得不到保证。

2) 酸洗除锈

将生锈的钢材放入酸洗槽内，分别除去油污、铁锈，直至构件表面全部呈铁灰色，并清除干净，保证表面无残余酸液。这种方法较人工除锈彻底，工效高，效果好。

3) 喷砂除锈

通过喷砂机将钢材表面的铁锈清除干净，直至构件表面呈灰白色为止，不得存在黄色。这种方法是一种较为先进的除锈方法。

混凝土配筋的防锈措施，主要是根据结构的性质和所处的环境条件等，考虑混凝土的质量要求，即限制水灰比和水泥用量，并加强施工管理，以保证混凝土的密实性及足够的保护层厚度，限制氯盐外加剂的掺量。对于预应力配筋，一般含碳量较高，又多系经过变形加工或冷拉，因而对锈蚀破坏较敏感，特别是高强度热处理钢筋，容易产生应力锈蚀现象。故重要的预应力承重构件，除不能采用氯盐外，还应对原材料进行严格检验。

7.5 建筑钢材的验收与储运

7.5.1 钢材的验收

钢材的验收是按批次检查验收的。钢材验收的主要内容如下。

(1) 钢材的数量和品种是否与订货单符合。

(2) 钢材表面质量的检验。钢材表面不允许有结疤、裂纹、折叠和分层、油污等缺陷。

(3) 钢材的质量保证书是否与钢材上打印的记号相符合。每批钢材必须具备生产厂家提供的材质证明书，写明钢材的炉号、钢号、化学成分和机械性能等，根据国家技术标准核对钢材的各项指标。

(4) 根据国家标准按批次抽取试样检测钢材的力学性能。同一级别、种类，同一规格、批号、批次不大于 60t 为一检验批（不足 60t 也为一检验批），取样方法应符合国家标准规定。

7.5.2 钢材的储运

1. 运输

钢材在运输中要求不同钢号、炉号、规格的钢材分别装卸，以免混乱。装卸中，钢材不许摔掷，以免破坏。在运输过程中，其一端不能悬空及伸出车身的外边。另外，装车时要注意荷重限制，不许超过规定，并须注意装载负荷的均衡。

2. 堆放

钢材的堆放要减少钢材的变形和锈蚀，节约用地，且便于提取钢材。

(1) 钢材应按不同的钢号、炉号、规格、长度等分别堆放。

(2) 堆放在有顶棚的仓库时，可直接堆放在草坪上（下垫楞木），对小钢材亦可放在架子上，堆与堆之间应留出走道；堆放时每隔 5～6 层放置楞木。其间距以不引起钢材明显的弯曲变形为宜。楞木要上下对齐，并在同一垂直平面内。

(3) 露天堆放时，应加上简易的篷盖，或选择较高的堆放场地，四周有排水沟。堆放时尽量使钢材截面的背面向上或向外，以免积雪、积水。

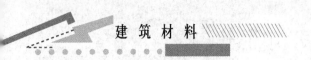

（4）为增加堆放钢材的稳定性，可使钢材互相勾连，或采用其他措施。标牌应标明钢材的规格、钢号、数量和材质验收证明书号。并在钢材端部根据其钢号涂以不同颜色的油漆。

（5）钢材的标牌应定期检查。选用钢材时，要按顺序寻找，不准乱翻。

（6）完整的钢材与已有锈蚀的钢材应分别堆放。凡是已经锈蚀的钢材，应捡出另放，并进行适当的处理。

复习思考题

一、填空题

1. 钢材抗拉性能的三项主要指标是_____、_____、和_____，结构设计中一般以_____作为强度取值的依据。

2. 钢材的力学性能包括_____、_____、_____等，工艺性能包括_____、_____和_____等。

3. 随着时间的延长，钢材的强度、硬度提高，塑性、韧性下降的现象称为钢材的_____。

4. 低合金高强度结构钢的质量等级分为 A、B、C、D、E 五级，其中_____、_____级钢属于_____钢，而_____级钢属于_____钢。

5. 带肋钢筋包括_____和_____两大类。

6. 广泛用于普通钢筋混凝土非预应力结构中的受力及构造钢筋的是_____；广泛用于大中型钢筋混凝土结构的受力钢筋的是_____、_____；适宜于做预应力钢筋的是_____。

7. 钢材中有害元素_____，使钢"热脆"；而有害元素_____则使钢"冷脆"。

8. 碳素结构钢的质量等级分为 A、B、C、D 四级，其中_____、_____级钢分沸腾钢、镇静钢，而_____钢全为镇静钢，_____钢全为特殊镇静钢。

9. 钢材防火方法主要有_____、_____、_____和_____。

10. 导致钢材腐蚀的原因有_____腐蚀和_____腐蚀。实际工程中发生的腐蚀，主要是_____。

二、选择题

1. 热轧钢筋级别提高，则其（　　）。

A. 屈服点、抗拉强度提高，伸长率下降

B. 屈服点、抗拉强度下降，伸长率下降

C. 屈服点、抗拉强度下降，伸长率提高

D. 屈服点、抗拉强度提高，伸长率提高

2. 钢材的屈强比越小，则结构的可靠性（　　）。

A. 越低　　　　　　B. 越高　　　　　　C. 不变　　　　　　D. 二者无关

3. 钢材冷加工后,下列性质将发生变化( )。

(1) 屈服极限提高;(2)屈强比下降;(3)塑性、韧性下降;(4)抗拉强度提高

A. (1)、(3)　　　　　B. (2)、(4)　　　　　C. (1)、(4)　　　　　D. (3)、(4)

4. 钢材抵抗冲击荷载的能力称为( )。

A. 塑性　　　　　　　B. 冲击韧性　　　　　C. 弹性　　　　　　　D. 硬度

5. 伸长率是衡量钢材的( )指标。

A. 弹性　　　　　　　B. 塑性　　　　　　　C. 脆性　　　　　　　D. 耐磨性

6. 普通碳塑结构钢随钢号的增加,钢材的( )。

A. 强度增加、塑性增加　　　　　　　　B. 强度降低、塑性增加

C. 强度降低、塑性降低　　　　　　　　D. 强度增加、塑性降低

7. 在低碳钢的应力-应变图中,有线性关系的是( )阶段。

A. 弹性阶段　　　　　B. 屈服阶段　　　　　C. 强化阶段　　　　　D. 颈缩阶段

8. 建筑钢结构所用钢材,按含碳量划分应属于( )。

A. 各种含碳量的钢材　　　　　　　　　B. 高碳钢

C. 低碳钢　　　　　　　　　　　　　　D. 中碳钢

9. 在钢材的化学成分中,下列元素会使钢材转向冷脆的是( )。

A. S、P　　　　　B. S、P、O、N　　　　　C. P、N　　　　　D. S、O

10. 有四种厚度不等的 Q345 钢板,其中( )厚的钢板强度最高。

A. 12mm　　　　　B. 24mm　　　　　C. 48mm　　　　　D. 100mm

三、简答题

1. 通过对钢材的拉伸试验可测定出钢材的哪几个阶段?试说明各指标的含义。

2. 什么是钢材的屈强比?在建筑设计中有何意义?它的大小对钢结构有何实际意义?

3. 冷弯与冲击韧性试验在选材上有何实际意义?

4. 钢材的化学成分主要有哪些?它们分别对钢材有什么影响?

5. 碳素结构钢是如何划分牌号的?碳素结构钢随牌号的增大,其主要技术性质是如何变化的?

6. 普通低合金高强度结构钢是如何划分牌号的?

7. 下列符号分别表示何种钢材:(1)Q235-AF;(2)Q235-B;(3)Q390-C。

8. 钢筋混凝土用热轧钢筋有几个牌号?是如何表示的?各牌号钢筋的应用范围如何?

9. 什么是钢材的冷加工和时效?冷加工方式有几种?冷加工对钢材的性能有何影响?

10. 建筑工程中常用的型钢有哪些?它们的规格如何表示?

11. 钢材的防火保护措施有哪些?

12. 钢材的锈蚀有哪几种?有哪些防护措施?

四、案例题

1. 用两根直径为 16mm 的钢筋作拉伸试验,测得屈服点的荷载为 72.3kN 和 72.2kN,拉断时荷载为 104.5kN 和 108.5kN。试件原长度为 80mm,拉断后的标距长度为 96mm 和 94.4mm。问此钢筋属何牌号?

2. 今有一批直径为 16mm 的月牙肋钢筋，抽样截取两根试件进行拉伸试验，力学性能如下：屈服荷载分别为 52kN、53kN，极限荷载为 78kN、80kN；原始标距长度为 80mm；拉断后标距长度为 102mm、104mm，试计算：(1)屈服强度；(2)抗拉强度；(3)断后伸长率。

3. 某一钢材试件，直径为 25mm，原标距为 125mm，做拉伸试验。当屈服点荷载为 201.0kN 时，达到最大荷载为 250.3kN，拉断后测得的标距长 138mm。试求该钢筋的屈服强度、抗拉强度及断后伸长率。

4. 某建筑工地有一批热轧钢筋，其标签上牌号字迹模糊，为了确定其牌号，截取两根钢筋做拉伸试验，测得结果如下：屈服点荷载分别为 33.0kN、32.0kN；抗拉极限荷载分别为 61.0kN、60.5kN。钢筋实测直径为 12mm，标距为 60mm，拉断后长度分别为 72mm、71mm。试计算该钢筋的屈服强度、抗拉强度及伸长率，并判断这批钢筋的牌号。

第8章

墙体材料和屋面材料

学习目标

本章介绍了砌墙砖、墙用砌块、墙用板材和屋面材料，通过本章的学习，要求学生：

掌握：烧结普通砖、烧结多孔砖和烧结空心砖的技术性质、特点及应用。各类新型墙体材料的类型与技术要求。

熟悉：熟悉非烧结砖和常用墙用板材与砌块的类型、技术性质及应用。

了解：新型墙体材料的发展趋势，屋面材料的类型、技术性质及应用。

引 例

"十一五"期间，我国墙体材料革新工作取得显著成效。截至2010年年底，全国600多个城市已基本实现城市（城区）禁止使用实心黏土砖（以下简称"禁实"），部分地区在完成城市"禁实"的基础上，开始向县城推进，已有16省（区、市）的487个县城实现"禁实"；2010年全国新型墙体材料产量已占墙体材料总量的55%，比2005年提高11个百分点，以新型墙体材料为主的生产和应用格局基本形成；新型墙体材料年产6 000万块标砖以上的企业达到5 000多家，比"十五"末增加50%以上，改变了传统墙体材料企业以砖瓦窑为主、小而散的局面；通过淘汰落后产能、企业技术改造、建筑应用，共实现节约标准煤约2 500万t，减少二氧化碳排放约5 500万t，减少二氧化硫排放约50万t；新型墙体材料发展消纳煤矸石、粉煤灰、尾矿等大宗固体废弃物约15亿t，减少毁田烧砖、堆存占地、关停企业腾退、淘汰黏土砖产能，合计节约耕地300多万亩[①]，为守住18亿亩耕地红线做出了积极贡献。

"十二五"时期，是我国工业化、城镇化进程加快的关键时期，一方面固体废弃物大量排放和堆存占用宝贵土地，污染环境和危害人体健康；另一方面，城乡建设发展对建材产品需求急剧增加，资源环境的约束矛盾日益突出。进一步推进墙体材料革新是保护耕地，节约能源，提高资源利用效率、转变经济发展方式，维护人民群众权益，缓解经济社会发展与资源环境矛盾，增强可持续发展能力的重要措施。同时随着城乡建设的快速发展，人民生活居住水平的不断提高，迫切需要大量品质优良的新型墙体材料来满足绿色节能建筑发展的需求，故墙体材料革新面临着新形势和新挑战。

墙体在建筑中起承重、围护、分割作用。用于墙体砌筑的材料种类较多，按形状尺寸不同可分为砌墙砖、墙用砌块和墙用板材三大类。它们与建筑物的功能、自重、成本、工期及建筑能耗等有着直接的关系。

传统的墙体材料主要以烧结实心黏土砖为主，由于具有一定的强度、较好的耐久性及隔声性能及价格低廉等，加上原料取材方便，生产工艺简单，所以应用历史最久。但它也存在很多缺点，如消耗大量黏土资源，毁坏农田，自重大、能耗高、尺寸小，施工效率低，保温隔热和抗震性能较差等。

针对生产与使用小块实心黏土砖存在毁地取土、高能耗与严重污染环境等问题，我国必须大力开发与推广节土、节能、利废、隔热、高强、多功能，有利于环保并且符合可持续发展要求的各类新型墙体材料；发展以粉煤灰、页岩、炉渣、煤矸石为主要材料的空心砌块及板材。

8.1 砌 墙 砖

砌墙砖是指以黏土、工业废料及其他资源为主要原材料，按不同工艺制成的，在建筑中用于砌筑承重和非承重墙体的砖。

砌墙砖可分为普通砖和空心砖两类，其中用于承重墙的空心砖又称为多孔砖。按制作

---

① 1亩＝666.7m²，后同。

工艺可分为烧结砖和非烧结砖两类。

普通砖是无孔洞或孔洞率小于25％的砖(图8-1)；微孔砖是通过掺入成孔材料(如聚苯乙烯微珠、锯末等)经焙烧，在砖内形成微孔的砖；多孔砖是孔洞率大于25％，孔的尺寸小而数量多的砖(图8-2)；空心砖是孔洞率大于40％，孔的尺寸大而数量少的砖(图8-3)。

图8-1　实心砖

图8-2　多孔砖

图8-3　空心砖

8.1.1　烧结砖

烧结砖是经焙烧而制成的砖，如烧结普通砖、烧结多孔砖、烧结空心砖等。

1. 烧结普通砖

烧结普通砖是指以黏土、页岩、粉煤灰、煤矸石等为主要原料，经焙烧而制成的孔洞率小于15％的砖。

1) 烧结普通砖的分类和产品标记

烧结普通砖按主要原料分为黏土砖(N)、页岩砖(Y)、煤矸石砖(M)和粉煤灰砖(F)。

烧结普通砖的产品标记按产品名称、类别、强度等级、质量等级和标准编号顺序编写。例如，强度等级 MU15、一等品的烧结普通黏土砖，其标记：烧结普通砖 N MU15 BGB 5101。

2) 烧结普通砖的技术要求

以黏土、页岩、煤矸石、粉煤灰为主要原料经焙烧而成的烧结普通砖的各项技术指标应符合国家标准《烧结普通砖》(GB 5101—2003)的规定，其主要技术要求如下。

（1）规格尺寸。烧结普通砖的外形为直角六面体，公称尺寸为 240mm×115mm×53mm（图 8-4），加上砌筑用灰缝的厚度 10mm，则每 4 块砖长、8 块砖宽、16 块砖厚均为 1m，故每 1m³ 砖砌体需用砖 512 块。

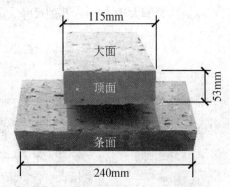

图 8-4　烧结普通砖的尺寸及平面名称

（2）强度。烧结普通砖根据 10 块试样抗压强度的试验结果，分为 MU30、MU25、MU20、MU15、MU10 五个强度等级。各强度等级应符合表 8-1 的要求。

表 8-1　烧结普通砖强度（GB 5101—2003）

强度等级	抗压强度平均值 $\overline{f}$/MPa	变异系数 $\delta \leqslant 0.21$ 强度标准值 f_k/MPa	变异系数 $\delta > 0.21$ 单块砖抗压强度最小值 f_{min}/MPa
MU30	≥30.0	≥22.0	≥25.0
MU25	≥25.0	≥18.0	≥22.0
MU20	≥20.0	≥14.0	≥16.0
MU15	≥15.0	≥10.0	≥12.0
MU10	≥10.0	≥6.5	≥7.5

（3）抗风化性能。抗风化性能是指在干湿变化、温度变化、冻融变化等物理因素作用下，材料不被破坏并长期保持原有性质的能力。它是材料耐久性的重要内容之一。地域不同，对材料的风化作用程度也不同。

我国将风化区域划分为严重分化区和非严重风化区。严重风化区中的黑龙江、吉林、辽宁、内蒙古和新疆 5 省区必须进行试验；其他省区的砖，吸水率和饱和系数符合表 8-2 的要求时，可不做冻融试验，否则，必须进行冻融试验。

（4）放射性物质。煤矸石、粉煤灰砖以及掺加工业废渣的砖，应进行放射性物质检测，并应符合《建筑材料放射性核素限量》（GB 6566—2010）的规定。

（5）质量等级。强度、抗风化性能和放射性物质合格的烧结普通砖，根据尺寸偏差、外观质量、泛霜和石灰爆裂分为优等品（A）、一等品（B）和合格品（C）三个质量等级，见表 8-3。

表 8-2　烧结普通砖抗风化性能指标(GB 5101—2003)

项目 砖种类	严重风化区				非严重风化区			
	5h 沸煮吸水率/%		饱和系数		5h 沸煮吸水率/%		饱和系数	
	平均值	单块 最大值	平均值	单块 最大值	平均值	单块 最大值	平均值	单块 最大值
黏土砖	≤18	≤20	≤0.85	≤0.87	19≤	≤20	≤0.88	≤0.90
粉煤灰砖	≤21	≤23			≤23	≤25		
页岩砖	≤16	≤18	≤0.74	≤0.77	≤18	≤20	≤0.78	≤0.80
煤矸石砖								

注：粉煤灰掺入量(体积比)小于 30% 时，按黏土砖规定判定。

表 8-3　烧结普通砖的质量等级划分(GB 5101—2003)

项　目		优等品		一等品		合格品	
		样本平均 偏差	样本极差	样本平均 偏差	样本极差	样本平均 偏差	样本极差
尺寸 偏差 /mm	长度 240mm	±2.0	≤6	±2.5	≤7	±3.0	≤8
	宽度 115mm	±1.5	≤5	±2.0	≤6	±2.5	≤7
	高度 53mm	±1.5	≤4	±1.6	≤5	±2.0	≤6
外观 质量	两条面高度差/mm	≤2		≤3		≤4	
	弯曲/mm	≤2		≤3		≤4	
	杂质凸出高度/mm	≤2		≤3		≤4	
	缺棱掉角的 3 个 破坏尺寸/mm， 不得同时大于	≤5		≤20		≤30	
	大面上宽度方向 及其延伸至条面 的裂纹长度/mm	≤30		≤60		≤80	
	大面上长度方向 及其延伸至顶面 的裂纹长度或条 顶面上水平裂纹 的长度/mm	≤50		≤80		≤100	
	完整面不得少于	二条面和二顶面		一条面和一顶面		—	
	颜色	基本一致		—		—	
	泛霜	无泛霜		不允许出现中等泛霜		不允许出现严重泛霜	

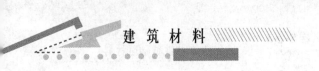

项　目		优等品	一等品	合格品
外观质量	石灰爆裂	不允许出现最大破坏尺寸大于 2mm 的爆裂区域	① 最大破坏尺寸大于 2mm 且小于等于 10mm 的爆裂区域，每组砖样不得多于 15 处 ② 不允许出现最大破坏尺寸大于 10mm 的爆裂区域	① 最大破坏尺寸大于 2mm 且小于等于 15mm 的爆裂区域，每组砖样不得多于 15 处。其中大于 10mm 的不得多于 7 处 ② 不允许出现最大破坏尺寸大于 10mm 的爆裂区域

注：1. 泛霜是指在新砌筑的砖砌体表面出现的一层白色粉末、絮团或絮片。泛霜有损建筑物的外观，还会引起砖表层的疏松甚至剥落。

2. 石灰爆裂是指烧结砖或烧结砌块的原料或内燃物中夹杂着石灰质，焙烧时被烧成生石灰，砖或砌块吸水后，体积膨胀而发生的爆裂现象。石灰爆裂严重时，可使砖砌体强度降低，直至破坏。

3) 烧结普通砖的应用

烧结普通砖具有一定的强度，较好的耐久性，是应用最久、应用范围最为广泛的墙体材料。其中实心黏土砖由于有破坏耕地、能耗高、绝热性能差等缺点，国务院办公厅《关于进一步推进墙体材料革新和推广节能建筑的通知》要求到 2010 年年底，所有城市都要禁止使用实心黏土砖。

烧结普通砖目前可用来砌筑墙体、柱、拱、烟囱、沟道、地面及基础等；还可与轻骨科混凝土、加气混凝土、岩棉等复合砌筑成各种轻质墙体；在砌体中配制适当钢筋或钢丝网制作柱、过梁等，可代替钢筋混凝土柱、过梁使用；烧结普通砖优等品用于清水墙的砌筑，一等品、合格品可用于混水墙的砌筑。中等泛霜的砖不能用于潮湿部位。

2. 烧结多孔砖和多孔砌块

烧结多孔砖是指孔洞率等于或者大于 25%，孔洞的尺寸小而数量多，且为竖向孔的烧结砖。烧结多孔砖的生产工艺与烧结普通砖基本相同，但对原材料的可塑性要求较高。

多孔砌块是指经焙烧而成，孔洞率等于或者大于 33%，孔的尺寸小而数量多的砌块。

1) 烧结多孔砖和多孔砌块的分类

根据主要原料的不同，分为黏土砖和黏土砌块(N)、页岩砖和页岩砌块(Y)、煤矸石砖和煤矸石砌块(M)、粉煤灰砖和粉煤灰砌块(F)、淤泥砖和淤泥砌块(U)、固体废弃物砖和固体废弃物砌块(G)。

烧结多孔砖和多孔砌块的产品标记按产品名称、品种、规格、强度等级、密度等级和标准编号顺序编写。例如，规格尺寸为 290mm×140mm×90mm、强度等级为 MU25、密度等级为 1200 的黏土烧结多孔砖，其标记：烧结多孔砖　N　290×140×90　MU25　1200　GB 13544—2011。

2) 现行标准与技术要求

烧结多孔砖和多孔砌块的技术性能应满足国家现行标准《烧结多孔砖和多孔砌块》(GB 13544—2011)的要求。其具体规定如下。

（1）规格。烧结多孔砖和多孔砌块的外形为直角六面体（图8-5），在与砂浆的结合面上应设有增加结合力的粉刷槽和砌筑砂浆槽，并应符合下列要求。

粉刷槽：混水墙用烧结多孔砖和多孔砌块，应在条面和顶面上设有均匀分布的粉刷槽或类似结构，深度不小于2mm。

砌筑砂浆槽：砌块至少应在一个条面或顶面上设立砌筑砂浆槽。两个条面或顶面都有砌筑砂浆槽时，砌筑砂浆槽深应为15～25mm；只有一个条面或顶面有砌筑砂浆槽时，砌筑砂浆槽深应为30～40mm。砌筑砂浆槽宽应超过砂浆槽所在砌块面宽度的50%。

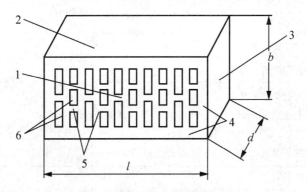

图8-5　烧结多孔砖外形示意图
1—大面(坐浆面)；2—条面；3—顶面；4—外壁；5—肋；6—孔洞；
l—长度；b—宽度；d—高度

（2）尺寸要求。烧结多孔砖和多孔砌块的长度、宽度、高度尺寸应符合下列要求。

烧结多孔砖规格尺寸(mm)：290、240、190、180、140、115、90。

多孔砌块规格尺寸（mm）：490、440、390、340、290、240、190、180、140、115、90。

其他规格尺寸由供需双方协商确定。

（3）尺寸允许偏差。烧结多孔砖和多孔砌块的尺寸允许偏差与外观质量要求见表8-4。

（4）孔型、孔结构及孔洞率。烧结多孔砖和多孔砌块的孔型、孔结构及孔洞率应符合表8-5的规定。

表8-4　烧结多孔砖和多孔砌块的尺寸允许偏差与外观质量(GB 13544—2011)　单位：mm

项　　目		指　　标	
	尺寸	样本平均偏差	样本极差，不大于
尺寸允许偏差	＞400	±3.0	10.0
	300～400	±2.5	9.0
	200～300	±2.5	8.0
	100～200	±2.0	7.0
	＜100	±1.5	6.0

续表

项　目		指　标
外观质量/mm	完整面	不得少于一条面和一顶面
	缺棱掉角的 3 个破坏尺寸	不得同时大于 30
	大面(有孔面)上深入孔壁 15mm 以上宽度方向及其延伸到条面的裂纹长度	不大于 80
	大面(有孔面)上深入孔壁 15mm 以上长度方向及其延伸到顶面的裂纹长度	不大于 100
	条顶面上的水平裂纹长度	不大于 100
	杂质在砖面上造成的凸出高度	不大于 5

有下列缺陷之一者,不得称为完整面:

① 缺损在条面或顶面上造成的破坏面尺寸同时大于 20mm×30mm;

② 条面或顶面上裂纹宽度大于 1mm,其长度超过 70mm;

③ 压陷、粘底、焦花在条面或顶面上的凹陷或凸出超过 2mm,区域尺寸同时大于 20mm×30mm。

表 8-5　烧结多孔砖和多孔砌块的孔型、孔结构及孔洞率(GB 13544—2011)

孔型	孔洞尺寸/mm		最小外壁厚/mm	最小肋厚/mm	孔洞率/%		孔洞排列
	孔宽度尺寸 b	孔长度尺寸 L			砖	砌块	
矩形条孔或矩形孔	≤13	≤40	≥12	≥5	≥28	≥33	1. 所有孔宽应相等,孔采用单向或双向交错排列; 2. 孔洞排列上下、左右应对称,分布均匀,手抓孔的长度方向尺寸必须平行于砖的条面

注:1. 矩形孔的孔长 L、孔宽 b 满足 $L \geqslant 3b$ 时为矩形条孔。

2. 孔四个角应做成过渡圆角,不得做成直尖角。

3. 如设有砌筑砂浆槽,则砌筑砂浆槽不计算在孔洞率内。

4. 规格大的砖和砌体应设置手抓孔,手抓孔尺寸为(30~40)mm×(70~85)mm。

(5) 强度。烧结多孔砖和多孔砌块通过取 10 块砖样进行抗压强度试验,根据抗压强度平均值和标准值分为 MU30、MU25、MU20、MU15、MU10 五个强度等级。各等级应满足的强度等级见表 8-6。

(6) 密度等级。烧结多孔砖和多孔砌块按照 3 块砖或砌块的干燥表观密度平均值划分密度等级。多孔砖分为 1 000、1 100、1 200、1 300 四个等级;多孔砌块分为 900、1 000、1 100、1 200 四个等级。

(7) 放射性物质。烧结多孔砖和多孔砌块,应进行放射性物质检测,并应符合国家标准《建筑材料放射性核素限量》(GB 6566—2010)的规定。

表 8-6　烧结多孔砖和多孔砌块强度等级(GB 13544—2011)

强度等级	抗压强度平均值 $\bar{f}$/MPa	强度标准值 f_k/MPa
MU30	≥30.0	≥22.0
MU25	≥25.0	≥18.0
MU20	≥20.0	≥14.0
MU15	≥15.0	≥10.0
MU10	≥10.0	≥6.5

(8) 泛霜。每块烧结多孔砖或砌块不允许出现严重泛霜。

(9) 石灰爆裂。①在破坏尺寸大于 2mm 且小于等于 15mm 的爆裂区域，每组砖样不得多于 15 处。其中大于 10mm 的不得多于 7 处。②不允许出现破坏尺寸大于 15mm 的爆裂区域。

(10) 抗风化性能。严重风化区中的黑龙江、吉林、辽宁、内蒙古和新疆 5 省区的烧结多孔砖和其他地区以淤泥、固体废弃物为主要原料生产的烧结多孔砖必须进行冻融试验。其他地区以黏土、粉煤灰、页岩、煤矸石为主要原料生产的烧结多孔砖的抗风化性能符合表 8-7 规定时，可不做冻融试验，否则，必须进行冻融试验。15 次冻融循环试验后，每块砖样不允许出现裂纹、分层、掉皮、缺棱掉角等冻坏现象。

表 8-7　烧结多孔砖抗风化性能(GB 13544—2011)

项目 砖种类	严重风化区				非严重风化区			
	5h 沸煮吸水率/%		饱和系数		5h 沸煮吸水率/%		饱和系数	
	平均值	单块最大值	平均值	单块最大值	平均值	单块最大值	平均值	单块最大值
黏土砖	≤21	≤23	≤0.85	≤0.87	≤23	≤25	≤0.88	≤0.90
粉煤灰砖	≤23	≤23			≤30	≤32		
页岩砖	≤16	≤18	≤0.74	≤0.77	≤18	≤20	≤0.78	≤0.980
煤矸石砖	≤19	≤21			≤21	≤23		

注：粉煤灰掺入量(体积比)小于 30% 时，按黏土砖规定判定。

3) 烧结多孔砖和多孔砌块的应用

烧结多孔砖和多孔砌块由于具有较好的保温性能，对黏土的消耗相对减少，是目前一些实心黏土砖的替代产品。其设计施工可参照《模数多孔砖建筑抗震设计与施工要点》。

烧结多孔砖主要用于六层以下建筑物的承重部位，砌筑时要求孔洞方向垂直于承压面。常温砌筑应提前 1~2d 浇水湿润，砌筑时砖的含水率宜控制在 10%~15% 范围内。地面以下或室内防潮层以下的砌体不得使用多孔砖。

3. 烧结空心砖和空心砌块

烧结空心砖和空心砌块是指以黏土、页岩、煤矸石等为主要原料，经焙烧而制成的孔

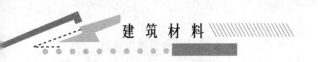

洞率等于或者大于 35%，孔洞的尺寸大而数量少，用于非承重墙和填充墙的砖和砌块。

1）烧结空心砖的分类和产品标记

根据主要原料的不同，烧结空心砖也可分为黏土砖（N）、页岩砖（Y）、煤矸石砖（M）和粉煤灰砖（F）。

烧结空心砖的产品标记按产品名称、类别、规格、密度等级、强度等级、质量等级和标准编号顺序编写。

例如，规格尺寸 290mm×190mm×90mm、密度等级 800、强度等级 MU7.5、优等品的页岩空心砖，其标记：烧结空心砖 Y　290×190×90　800　MU7.5　A　GB13545。

2）现行标准与技术要求

烧结空心砖的技术性能应满足国家标准《烧结空心砖和空心砌块》（GB 13545—2003）的要求。其主要内容如下。

（1）规格。空心砖的外型为直角六面体（图 8-6），其长度、宽度与高度尺寸应符合下列要求（单位为 mm）：390、290、240、190、180（175）、140、115、90。

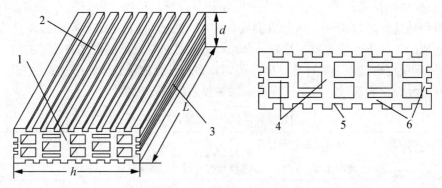

图 8-6　烧结空心砖示意图

1—顶面；2—大面；3—条面；4—肋；5—凹棱槽；6—外壁；L—长度；b—宽度；h—高度

（2）密度等级。根据体积密度分为 800、900、1 000、1 100 四个密度等级，应符合表 8-8 的规定。

表 8-8　烧结空心砖密度等级划分（GB 13545—2003）

密度等级	5 块密度平均值/(kg/m³)	密度等级	5 块密度平均值/(kg/m³)
800	≤800	1 000	901～1 000
900	801～900	1 100	1 001～1 100

（3）强度等级。根据抗压强度分为 MU10.0、MU7.5、MU5.0、MU3.5、MU2.5 五个强度等级，各强度等级应符合表 8-9 的规定。

（4）抗风化性能。严重风化区中的黑龙江、吉林、辽宁、内蒙古和新疆 5 省区必须进行试验；其他地区烧结空心砖的抗风化性能符合表 8-10 规定时，可不做冻融试验，否则，必须进行冻融试验。冻融试验后，每块砖样不允许出现分层、掉皮、缺棱掉角等冻坏现象。

表 8-9　烧结空心砖强度等级(GB 13545—2003)

强度等级	抗压强度平均值 $\bar{f}$/MPa	变异系数 $\delta\leqslant 0.21$ 强度标准值 f_k/MPa	变异系数 $\delta> 0.21$ 单块最小抗压强度值 f_{min}/MPa	密度等级范围 /(kg/m³)
MU10.0	≥10.0	≥7.0	≥8.0	≤1 100
MU7.5	≥7.5	≥5.0	≥5.8	
MU5.0	≥5.0	≥3.5	≥4.0	
MU3.5	≥3.5	≥2.5	≥2.8	
MU2.5	≥2.5	≥1.6	≥1.8	≤800

表 8-10　烧结空心砖抗风化性能(GB 13545—2003)

分　类	饱和系数			
	严重风化区		非严重风化区	
	平均值	单块最大值	平均值	单块最大值
黏土砖	≤0.85	≤0.87	≤0.88	≤0.90
粉煤灰砖				
页岩砖	≤0.74	≤0.77	≤0.78	≤0.80
煤矸石砖				

(5) 放射性物质。煤矸石、粉煤灰砖以及掺加工业废渣的烧结多孔砖,应进行放射性物质检测。放射性物质应符合《建筑材料放射性核素限量》(GB 6566—2010)的规定。

(6) 质量等级。强度、密度、抗风化性能和放射性物质合格的砖和砌块,根据尺寸偏差、外观质量、孔洞排列及其结构、泛霜、石灰爆裂、吸水率分为优等品(A)、一等品(B)和合格品(C)三个质量等级。

3) 烧结空心砖的应用

烧结空心砖强度较低,具有良好的保温、隔热功能。

烧结空心砖主要用于多层建筑的隔断墙和填充墙,使用时孔洞方向平行于承压面;烧结空心砖墙宜采用全顺侧砌,上下皮竖缝相互错开 1/2 砖长;烧结空心砖墙底部至少砌 3 层普通砖,在门窗洞口两侧一砖范围内,需用普通砖实砌;烧结空心砖墙中不够整砖部分,宜用无齿锯加工制作非整砖块,不得用砍凿方法将砖打断;地面以下或室内防潮层以下的基础不得使用烧结空心砖砌筑。

8.1.2　非烧结砖

不经焙烧而制成的砖均为非烧结砖。目前应用较广的是蒸养蒸压砖,这类砖是以含钙材料(石灰、电石渣等)和含硅材料(砂子、粉煤灰、煤矸石、灰渣、炉渣等)与水拌合,经压制成型及常压或高压蒸汽养护而成，主要品种有灰砂砖、粉煤灰砖、炉渣砖等。这些砖的强度较高，可以替代普通烧结黏土砖使用。

国家推广应用的非烧结砖主要有蒸压灰砂多孔砖、蒸压粉煤灰砖和混凝土多孔砖。

1. 蒸压灰砂多孔砖

蒸压灰砂多孔砖(图8-7)是以石灰和砂为主要原料，允许掺入颜料和外加剂，经坯料制备、压制成型及高压蒸汽养护而成的多孔砖。高压蒸汽养护是采用高压蒸汽(绝对压力不低于0.88MPa，温度174℃以上)，对成型后的坯体或制品进行水热处理的养护方法，简称蒸压。蒸压灰砂多孔砖就是通过蒸压养护，使原来在常温常压下几乎不与氢氧化钙反应的砂(晶体二氧化硅)，产生具有胶凝能力的水化硅酸钙凝胶。水化硅酸钙凝胶与氢氧化钙晶体共同将未反应的砂粒黏结起来，从而使砖具有强度。

图8-7 蒸压灰砂多孔砖

1) 蒸压灰砂多孔砖的技术要求

(1) 规格与孔洞尺寸。蒸压灰砂多孔砖的尺寸规格一般为240mm×115mm×90mm(115mm)，孔洞采用圆形或其他孔形，孔洞垂直于大面。

(2) 产品标记。蒸压灰砂多孔砖产品采用产品名称、规格、强度等级、产品等级、标准编号的顺序标记，如强度等级为15级，优等品，规格尺寸为240mm×115mm×90mm的蒸压灰砂多孔砖，标记：蒸压灰砂多孔砖 240×115×90 15 A JC/T 637—2009。

(3) 产品等级。根据行业标准《蒸压灰砂多孔砖》(JC/T 637—2009)的规定，蒸压灰砂多孔砖按尺寸允许偏差和外观质量将产品分为优等品(A)和合格品(C)两个等级，按抗压强度分为MU30、MU25、MU20、MU15四个等级，各强度等级的抗压强度及抗冻性应符合表8-11的规定。

表8-11 蒸压灰砂多孔砖的强度等级(JC/T 637—2009)

强度等级	抗压强度/MPa		冻后抗压强度/MPa	单块砖的干质量损失/%
	平均值	单块最小值	平均值	
MU30	≥30.0	≥24.0	≥24.0	≤2.0
MU25	≥25.0	≥20.0	≥20.0	
MU20	≥20.0	≥16.0	≥16.0	
MU15	≥15.0	≥12.0	≥12.0	

注：冻融循环次数应符合以下规定：夏热冬暖地区15次，夏热冬冷地区25次，寒冷地区35次，严寒地区50次。

2）蒸压灰砂多孔砖的性能特点及应用

蒸压灰砂多孔砖属于国家大力发展、推广应用的新型墙体材料。在工程中，应结合其具有的性能，合理选择使用。

（1）蒸压灰砂多孔砖组织致密、强度高、大气稳定性好、干缩小、外形光滑平整、尺寸偏差小、色泽淡灰，可加入矿物颜料制成各种颜色的砖，具有较好的装饰效果。可用于防潮层以上的建筑承重部位。

（2）蒸压灰砂多孔砖中的一些组分如水化硅酸钙、氢氧化钙等不耐酸，也不耐热。因此，蒸压灰砂多孔砖应避免用于长期受热高于200℃及承受急冷、急热或有酸性介质侵蚀的建筑部位。砖中的氢氧化钙等组分在流动水作用下会流失，所以蒸压灰砂多孔砖不能用于有流水冲刷的部位。

（3）蒸压灰砂多孔砖的表面光滑，与砂浆黏结力差。在砌筑时必须采取相应的措施，如增加结构措施，选用高黏度的专用砂浆。

2. 蒸压粉煤灰砖

蒸压粉煤灰砖（图8-8）是以粉煤灰、石灰或水泥为主要原料，掺加适量石膏、外加剂、颜料和集料，经坯体制备、压制成型、高压蒸汽养护而成的实心粉煤灰砖。

1）蒸压粉煤灰砖的技术要求

（1）规格与产品标记。蒸压粉煤灰砖的尺寸规格为240mm×115mm×53mm，砖的颜色分为本色（N）和彩色（CO）。

蒸压粉煤灰砖产品采用产品名称（FB）、颜色、强度等级、质量等级、标准编号的顺序标记，如强度等级为20级、优等品的彩色蒸压粉煤灰砖，标记：FB　CO　20　A　JC 231—2001。

（2）产品等级。根据行业标准《粉煤灰砖》（JC 239—2001）的规定，蒸压粉煤灰砖按尺寸偏差、外观质量、强度

图8-8　蒸压粉煤灰砖

等级、干燥收缩将产品分为优等品（A）、一等品（B）和合格品（C）三个质量等级。蒸压粉煤灰砖的强度等级分为 MU30、MU25、MU20、MU15 和 MU10 五个等级。其强度和抗冻性指标要求见表8-12，一般要求优等品和一等品的干燥收缩值应不大于0.65mm/m，合格品的干燥收缩值应不大于0.75mm/m。

表8-12　蒸压粉煤灰砖的强度和抗冻性指标（JC 231—2001）

强度等级	抗压强度/MPa		抗折强度/MPa		冻后抗压强度/MPa 平均值	单块砖的干质量损失/%
	平均值	单块最小值	平均值	单块最小值		
MU30	≥30.0	≥24.0	≥6.2	≥5.0	≥24.0	≤2.0
MU25	≥25.0	≥20.0	≥5.0	≥4.0	≥20.0	
MU20	≥20.0	≥16.0	≥4.0	≥3.2	≥16.0	
MU15	≥15.0	≥12.0	≥3.3	≥2.6	≥12.0	
MU10	≥10.0	≥8.0	≥2.5	≥2.0	≥8.0	

2）蒸压粉煤灰砖的性能特点与应用

蒸压粉煤灰砖在性能上与蒸压灰砂多孔砖相近。在工程中，应结合其具有的性能，合理选择使用。

（1）蒸压粉煤灰砖可用于工业与民用建筑的墙体和基础。但用于基础或易受冻融和干湿交替作用的建筑部位时，必须采用 MU15 及以上强度等级的砖。

（2）因砖中含有氢氧化钙，蒸压粉煤灰砖应避免用于长期受热高于200℃及承受急冷、急热或有酸性介质侵蚀的建筑部位。

（3）蒸压粉煤灰砖初始吸水能力差，后期的吸水能力较大。施工时应提前湿水，保持砖的含水率在10％左右，以保证砌筑质量。

（4）由于蒸压粉煤灰砖出釜后收缩较大，因此，出釜一周后才能用于砌筑。

（5）用蒸压粉煤灰砖砌筑的建筑物，应适当增设圈梁及伸缩缝或其他措施，以避免或减少收缩裂缝。

3. 混凝土多孔砖

混凝土多孔砖是以水泥为胶结材料，以砂、石等为主要集料，加水搅拌、成型、养护制成的一种具有多排小孔的混凝土制品，孔洞率在30％以上，其外形如图8-9所示。混凝土多孔砖是继普通混凝土小型空心砌块与轻集料混凝土小型空心砌块之后又一墙体材料新品种。具有生产能耗低、节土利废、施工方便和体轻、强度高、保温效果好、耐久、收缩变形小、外观规整等特点，是一种替代烧结黏土砖的理想材料。

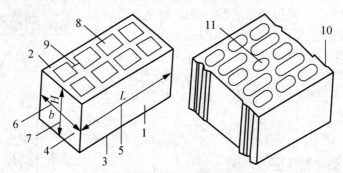

图8-9　混凝土多孔砖示意图

1—条面；2—坐浆面(外壁、肋的厚度较小的面)；3—铺浆面(外壁、肋的厚度较大的面)；

4—顶面；5—长度(L)；6—宽度(b)；7—高度(H)；8—外壁；9—肋；10—槽；11—手抓孔

1）混凝土多孔砖的技术要求

（1）规格与产品标记。混凝土多孔砖的外型为直角六面体，其长度、宽度、高度应符合下列要求(mm)：290、240、190、180、240、190、115、90；115、90。

矩形孔或矩形条孔(孔长与孔宽之比大于或等于3)的4个角应为半径大于8mm的圆角，铺浆面为半盲孔。

混凝土多孔砖产品采用产品名称(CPB)、强度等级、质量等级、标准编号的顺序标记。例如，强度等级为 MU10 的一等品的混凝土多孔砖，标记为 CPB　MU10　B　JC 943-2004。

（2）产品等级。根据标准《混凝土多孔砖》（JC 943—2004）的规定，混凝土多孔砖按其尺寸偏差、外观质量分为一等品（B）及合格品（C）两个质量等级。

混凝土多孔砖的主要规格尺寸为 240mm×115mm×90mm，砌筑时可配合使用半砖（120mm×115mm×903mm）、七分砖（180mm×115mm×90mm）或与主规格尺寸相同的实心砖等；按其强度等级分为 MU30、MU25、MU20、MU15 和 MU10 五个等级，其强度指标要求见表 8-13。混凝土多孔砖尺寸允许偏差、外观质量应符合表 8-14 的要求。混凝土多孔砖的最小壁厚不应小于 15mm，最小肋厚不应小于 10mm，其干燥收缩率不应大于 0.045%。

表 8-13　混凝土多孔砖的强度指标（JC 943—2004）

强度等级	抗压强度/MPa	
	平均值	单块最小值
MU10	≥10.0	≥8.0
MU15	≥15.0	≥12.0
MU20	≥20.0	≥16.0
MU25	≥25.0	≥20.0
MU30	≥30.0	≥24.0

表 8-14　混凝土多孔砖尺寸允许偏差、外观质量（JC 943—2004）

项目名称		一等品（B）	合格品（C）
长度/mm		±1	±2
宽度/mm		±1	±2
高度/mm		±1.5	±2.5
弯曲/mm		≤2	≤2
掉角缺棱	个数/个	≤0	≤2
	三个方向投影尺寸的最小值/mm	≤0	≤20
裂纹延伸投影尺寸累计/mm		≤0	≤20

2）混凝土多孔砖的性能特点与应用

（1）混凝土多孔砖兼具黏土砖和混凝土小砌块的特点，外形特征属于烧结多孔砖，材料与混凝土小型空心砌块类似，符合砖砌体施工习惯，各项物理、力学和砌体性能均具备代替烧结黏土砖的条件，可直接替代烧结黏土砖用于各类承重、保温承重和框架填充等不同建筑墙体结构中，具有广泛的推广应用前景。

（2）混凝土多孔砖应按规格、等级分批分别堆放，不得混堆。混凝土多孔砖在堆放、运输时，应采取防雨水措施。混凝土多孔砖装卸时，严禁碰撞、扔摔，应轻码轻放，禁止翻斗倾卸。

(3) 混凝土多孔砖的应用，将有助于减少和杜绝烧结黏土砖的生产使用；对于改善环境、保护土地资源和推进墙体材料革新与建筑节能，以及"禁实"工作的深入开展具有十分重要的社会和经济意义。

【例8-1】　长江流域某农村红砖砌体住房在夏季大雨后出现墙体渗漏。

【原因分析】

(1) 长江流域夏天气温高，受日光照射比较强烈的墙体由于内外墙温差比较大，导致墙体受应力作用，出现了细微裂纹。

(2) 红砖密实程度不高，不具备防水的功能。长江流域的大雨有时持续时间很长，在长期浸泡后出现墙体渗漏。

8.2　墙用砌块

砌块是指砌筑用的人造石材，外形多为直角六面体，也有各种异形的。砌块系列中主规格的长度、宽度和高度至少有一项相应大于365mm、240mm和115mm，但高度不大于长度或宽度的6倍，长度不超过高度的3倍。

砌块的分类方法很多，按用途可分为承重砌块和非承重砌块；按有无孔洞可分为实心砌块(无孔洞或空心率小于25%)和空心砌块(空心率等于或大于25%)；按产品规格可分为大型砌块(高度大于980mm)、中型砌块(高度为380～980mm)和小型砌块(高度大于115mm而又小于380mm)；按生产工艺可分为烧结砌块和蒸压蒸养砌块；按材质可分为轻骨料混凝土砌块、混凝土砌块、硅酸盐砌块、粉煤灰砌块、加气混凝土砌块等。

砌块是发展迅速的新型墙体材料，生产工艺简单、材料来源广泛，可充分利用地方资源和工业废料，节约耕地资源，造价低廉，制作使用方便，同时由于其尺寸大，可机械化施工，故可提高施工效率，改善建筑物功能，减轻建筑物自重。

目前，国家推广应用的常用砌块主要有普通混凝土小型空心砌块、轻集料混凝土小型空心砌块、烧结空心砌块(以煤矸石、江河湖淤泥、建筑垃圾、页岩为原料)、蒸压加气混凝土砌块、石膏砌块、粉煤灰混凝土小型空心砌块。烧结空心砌块的引用标准、性能及应用与烧结空心砖完全相同，本节主要介绍其他5种常用砌块。

8.2.1　普通混凝土小型空心砌块

普通混凝土小型空心砌块是以水泥为胶结材料，砂、碎石或卵石、煤矸石、炉渣为集料，经加水搅拌、振动加压或冲压成型、养护而成的空心砌块，空心率为25%～50%。普通混凝土小型空心砌块的主规格为390mm×190mm×190mm，再配以3～4种辅助规格，即可组成墙用砌块基本系列，普通混凝土小型空心砌块的外形如图8-10所示。

1. 普通混凝土小型空心砌块的产品标记

普通混凝土小型空心砌块按产品名称(代号NHB)、强度等级、外观质量等级和标准编号的顺序进行标记。

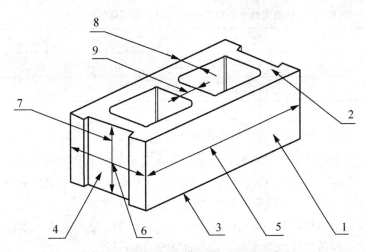

图8-10 普通混凝土小型空心砌块示意图

1—条面；2—坐浆面(肋厚较小的面)；3—铺浆面(肋厚较大的面)；

4—顶面；5—长度；6—宽度；7—高度；8—壁；9—肋

例如，强度等级为MU7.5，外观质量为优等品(A)的普通混凝土小型空心砌块，其标记：NHB MU7.5 A GB8239。

2. 普通混凝土小型空心砌块的现行标准与技术要求

普通混凝土小型空心砌块的技术性能应满足国家标准《普通混凝土小型空心砌块》(GB 8239—1997)的要求。其具体规定如下。

(1) 质量等级。普通混凝土小型空心砌块按其尺寸偏差、外观质量分为优等品(A)、一等品(B)及合格品(C)。尺寸允许偏差与外观质量应符合表8-15的规定。最小外壁厚应不小于30mm，最小肋厚应不小于25mm。

表8-15 普通混凝土小型空心砌块尺寸允许偏差与外观质量(GB 8239—1997)

项目名称		优等品(A)	一等品(B)	合格品(C)
尺寸允许偏差	长度/mm	±2	±3	±3
	宽度/mm	±2	±3	±3
	高度/mm	±2	±3	+3, −4
弯曲/mm		≤2	≤2	≤2
掉角缺棱	个数/个	≤0	≤2	≤2
	三个方向投影尺寸的最小值/mm	≤0	≤20	≤30
裂纹延伸投影尺寸累计/mm		≤0	≤20	≤30

(2) 强度等级。普通混凝土小型空心砌块按抗压强度分为 MU3.5、MU5.0、MU7.5、MU10.0、MU15.0 和 MU20.0 六个等级。强度等级应符合表8-16的规定。

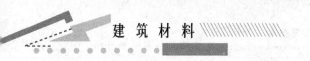

表 8 - 16　普通混凝土小型空心砌块的强度指标(GB 8239—1997)

抗压强度/MPa	MU3.5	MU5.0	MU7.5	MU10.0	MU15.0	MU20.0
平均值	≥3.5	≥5.0	≥7.5	≥10.0	≥15.0	≥20.0
单块最小值	≥2.8	≥4.0	≥6.0	≥8.0	≥12.0	≥16.0

3. 普通混凝土小型空心砌块的性能特点及应用

(1) 普通混凝土小型空心砌块的导热系数随混凝土材料及孔型和空心率的不同而有差异,空心率为 50% 时,其导热系数约为 0.26W/(m·K)。对于承重墙和外墙砌块,要求其干缩率小于 0.5mm/m;非承重墙和内墙砌块要求其干缩率小于 0.6mm/m。

(2) 普通混凝土小型空心砌块一般用于地震设计烈度为 8 度或 8 度以下的建筑物墙体。在砌块的空洞内可浇注配筋芯柱,能提高建筑物的延性。

(3) 普通混凝土小型空心砌块适用于各类低层、多层和中高层的工业与民用建筑承重墙、隔墙和围护墙,以及花坛等市政设施,也可用作室内、外装饰装修。

(4) 普通混凝土小型空心砌块在砌筑时一般不宜浇水,但在气候特别干燥、炎热时,可在砌筑前稍喷水湿润。

(5) 装饰混凝土小型空心砌块,外饰面有劈裂、磨光和条纹等面型,做清水墙时不需另作外装饰。

8.2.2　轻集料混凝土小型空心砌块

轻集料混凝土小型空心砌块是由轻集料混凝土拌合物,经砌块成型机成型、养护而制成的一种空心率大于 25%,表观密度小于 1 400kg/m³ 的轻质墙体材料。轻集料混凝土小型空心砌块的主规格为 390mm×190mm×190mm。

轻集料混凝土小型空心砌块按所用原材料可分为天然轻集料(如浮石、火山渣)混凝土小砌块、工业废渣类集料(如煤渣、自燃煤矸石)混凝土小砌块、人造轻集料(如黏土陶粒、页岩陶粒、粉煤灰陶粒)混凝土小砌块;按孔的排数分为单排孔、双排孔、三排孔和四排孔四类。

1. 轻集料混凝土小型空心砌块的产品标记

轻集料混凝土小型空心砌块按产品名称(代号 LHB)、孔类别、密度等级、强度等级、质量等级和标准编号的顺序进行标记。

例如,密度等级为 600 级,强度等级为 MU1.5,质量等级为一等品(B)的轻集料混凝土三排孔小型空心砌块,其标记为 LHB(3)　600　MU1.5　B　GB/T15229—2002。

2. 轻集料混凝土小型空心砌块的现行标准与技术要求

轻集料混凝土小型空心砌块的技术性能应满足国家标准《轻集料混凝土小型空心砌块》(GB/T 15229—2011)的要求。其具体规定如下。

(1) 质量等级。轻集料混凝土小型空心砌块按其尺寸允许偏差、外观质量分为一等品

（B）、合格品（C）。承重砌块最小外壁厚应不小于 30mm，最小肋厚应不小于 25mm。保温砌块最小外壁厚和肋厚不宜小于 20mm。

（2）密度等级。轻集料混凝土小型空心砌块按干表观密度可分为 500、600、700、800、900、1 000、1 200、1 400 八个等级。

（3）强度等级。轻集料混凝土小型空心砌块按抗压强度分为 MU1.5、MU2.5、MU3.5、MU5.0、MU7.5 和 MU10.0 六个等级。强度等级应符合表 8-17 的规定。

表 8-17　轻集料混凝土小型空心砌块的强度等级（GB/T 15229—2011）

抗压强度/MPa	MU1.5	MU2.5	MU3.5	MU5.0	MU7.5	MU10.0
平均值	≥1.5	≥2.5	≥3.5	≥5.0	≥7.5	≥10.0
单块最小值	≥1.2	≥2.0	≥2.8	≥4.0	≥6.0	≥8.0
密度等级范围	≤600	≤800	≤1 200		≤1 400	

3. 轻集料混凝土小型空心砌块的性能特点及应用

轻集料混凝土小型空心砌块具有轻质、保温隔热性能好、抗震性能好等特点，在保温隔热要求较高的围护结构中应用广泛，是取代普通黏土砖的、最有发展前途的墙体材料之一。

8.2.3　蒸压加气混凝土砌块

蒸压加气混凝土砌块是由钙质材料（水泥、石灰等）和硅质材料（砂、矿渣、粉煤灰等）加入加气剂（铝粉等），经配料、搅拌、浇注成型、发气（由化学反应形成孔隙）、预养切割、蒸压养护等工艺过程制成的多孔硅酸盐轻质块体材料。

1. 蒸压加气混凝土砌块的产品标记

蒸压加气混凝土砌块按产品名称（代号 ACB）、强度级别、干密度级别、规格尺寸、产品等级和标准编号的顺序进行标记。

例如，强度级别为 A3.5、干密度级别为 B05、优等品（A）、规格尺寸为 600mm×200mm×250mm 的蒸压加气混凝土砌块，其标记为 ACB　A3.5　B05　600×200×250A B11968。

2. 蒸压加气混凝土砌块的现行标准与技术要求

蒸压加气混凝土砌块的技术性能应满足国家标准《蒸压加气混凝土砌块》（GB 11968—2006）的要求，其具体规定如下。

（1）规格尺寸。蒸压加气混凝土砌块的规格尺寸应符合表 8-18 的要求。

（2）砌块等级。蒸压加气混凝土砌块按其尺寸偏差、外观质量、干密度、抗压强度和抗冻性分为优等品（A）、合格品（B）两个等级。不允许平面弯曲、表面疏松、层裂和表面油污。

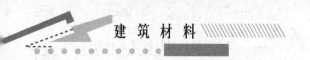

表 8-18　蒸压加气混凝土砌块的规格尺寸(GB 11968—2006)

长度 L/mm	宽度 B/mm			高度 H/mm
600	100　120　125			
	150　180　200			200　240　250　300
	240　250　300			

注：如需要其他规格，可由供需双方协商解决。

（3）干密度。蒸压加气混凝土砌块按干密度级别可分为 B03、B04、B05、B06、B07、B08 六个等级，见表 8-19。

表 8-19　蒸压加气混凝土砌块的干密度(GB 11968—2006)

干密度级别		B03	B04	B05	B06	B07	B08
干密度 /(kg/m³)	优等品(A)	≤300	≤400	≤500	≤600	≤700	≤800
	合格品(B)	≤325	≤425	≤525	≤625	≤725	≤825

（4）强度级别。蒸压加气混凝土砌块按抗压强度分为 A1.0、A2.0、A2.5、A3.5、A5.0、A7.5 和 A10.0 七个等级，见表 8-20 和表 8-21。

表 8-20　蒸压加气混凝土砌块的抗压强度(GB 11968—2006)

强度级别		A1.0	A2.0	A2.5	A3.5	A5.0	A7.5	A10.0
立方体抗压 强度/MPa	平均值	≥1.0	≥2.0	≥2.5	≥3.5	≥5.0	≥7.5	≥10.0
	单组最小值	≥0.8	≥1.6	≥2.0	≥2.8	≥4.0	≥6.0	≥8.0

表 8-21　蒸压加气混凝土砌块的强度级别(GB 11968—2006)

干密度级别		B03	B04	B05	B06	B07	B08
强度级别	优等品(A)	A1.0	A2.0	A3.5	A5.0	A7.5	A10.0
	合格品(B)			A2.5	A3.5	A5.0	A7.5

（5）干燥收缩、抗冻性和导热系数。蒸压加气混凝土砌块的干燥收缩、抗冻性和导热系数(干态)应符合表 8-22 的规定。

表 8-22　蒸压加气混凝土砌块干燥收缩、抗冻性、导热系数(GB 11968—2006)

干密度级别			B03	B04	B05	B06	B07	B08
干燥收缩值	标准法(mm/m)		≤0.50					
	快速法(mm/m)		≤0.80					
抗冻性	质量损失/%		≤5.0					
	冻后强度 /MPa	优等品(A)	≥0.8	≥1.6	≥2.8	≥4.0	≥6.0	≥8.0
		合格品(B)			≥2.0	≥2.8	≥4.0	≥6.0
导热系数(干态)/[W/(m·K)]			0.10	0.12	≤0.14	≤0.16	≤0.18	≤0.20

3. 蒸压加气混凝土砌块的性能特点及应用

（1）蒸压加气混凝土砌块由于其多孔构造，表观密度小，只相当于黏土砖和灰砂砖的 1/4~1/3，普通混凝土的 1/5，使用这种材料，可以使整个建筑的自重比普通砖混结构的自重降低 40％以上。由于建筑自重减轻，地震破坏力小，所以大大提高了建筑物的抗震能力。

（2）蒸压加气混凝土砌块导热系数［0.10~0.28W/(m·K)］小，具有保温隔热、隔声、加工性能好、施工方便、耐火等特点。缺点是干燥收缩大，易出现与砂浆层黏结不牢的现象。

（3）蒸压加气混凝土砌块适用于低层建筑的承重墙，多层和高层建筑的隔离墙、填充墙以及工业建筑的围护墙体和绝热材料（图 8-11）。它作为保温隔热材料，也可用于复合墙板和屋面结构中。

图 8-11　蒸压加气混凝土砌块砌筑的墙体

（4）在无可靠的防护措施时，蒸压加气混凝土砌块不得用于处于水中或高湿度和有侵蚀介质的环境中，也不得用于建筑物的基础和温度长期高于 80℃的建筑部位。

8.2.4　石膏砌块

石膏砌块是以建筑石膏为主要原料，经加水搅拌、浇注成型和干燥制成的块状轻质建筑石膏制品。在生产中还可以加入各种轻集料、填充料、纤维增强材料等辅助材料，也可加入发泡剂、憎水剂。

1. 石膏砌块的分类和产品标记

1）产品分类

（1）按结构分成空心石膏砌块和实心石膏砌块。空心石膏砌块是带有水平或垂直方向预制孔洞的砌块，代号 K；实心石膏砌块是无预制孔洞的砌块，代号 S。

（2）按防潮性能分成普通石膏砌块和防潮石膏砌块。普通石膏砌块是在成型过程中未做防潮处理的砌块，代号 P；防潮石膏砌块是在成型过程中经防潮处理，具有防潮性能的砌块，代号 F。

石膏砌块的主要品种有磷石膏空心砌块、粉煤灰石膏内墙多孔砌块、植物纤维石膏渣空心砌块等。

2）产品标记

石膏砌块按产品名称、类别代号、规格尺寸、标准编号的顺序进行标记。例如，规格尺寸为 666mm×500mm×100mm 的空心防潮石膏砌块，其标记为石膏砌块　KF　666mm×500mm×100mm　JC/T 698—2010。

2. 石膏砌块的现行标准与技术要求

石膏砌块的技术性能应满足标准《石膏砌块》（JC/T 698—2010）的要求。石膏砌块的标准外形为长方体，纵横边缘分别设有榫头和榫槽，其推荐尺寸为长度 600mm、666mm，高度 500mm，厚度 80mm、100mm、120mm、150mm，即三块砌块组成 1m² 墙面。

石膏砌块的外表面不应有影响使用的缺陷，其物理力学性能应符合表 8-23 的规定。

表 8-23　石膏砌块物理力学性能（JC/T 698—2010）

项　目		要　求
表观密度/(kg/m³)	实心石膏砌块	≤1 100
	空心石膏砌块	≤800
断裂荷载/N		≥2 000
软化系数		≥0.6

3. 石膏砌块的性能特点及应用

（1）石膏砌块与混凝土相比，其耐火性能要高 5 倍，其导热系数一般小于 0.15W/(m·K)，是良好的节能墙体材料；且有良好的隔声性能，墙体轻，相当于黏土实心砖墙质量的 1/4～1/3，抗震性好。石膏砌块可钉、可锯、可刨、可修补，加工处理十分方便，干法施工，施工速度快，石膏砌块配合精密，墙体光洁、平整，墙面不需抹灰；另外，石膏砌块具有"呼吸"水蒸气功能，提高了居住舒适度。

（2）在生产石膏砌块的原料中可掺加相当一部分粉煤灰、炉渣，除使用天然石膏外，还可以使用化学石膏，如烟气脱硫石膏、氟石膏、磷石膏等，使相当一部分废渣变废为宝；其次，在生产石膏砌块的过程中，基本无三废排放；最后，在使用过程中，不会产生对人体有害的物质。因此，石膏砌块是种很好的保护和改善生态环境的绿色建材。

（3）石膏砌块强度较低，耐水性较差，主要用于框架结构和其他结构建筑的非承重墙体，一般作为内隔墙用。若采用合适的固定及支撑结构，墙体还可以承受较重的荷载（如挂吊柜、热水器、厕所用具等）。掺入特殊添加剂的防潮砌块，可用于浴室、厕所等空气湿度较大的场合。

8.2.5　粉煤灰混凝土小型空心砌块

粉煤灰混凝土小型空心砌块是一种新型材料，是以粉煤灰、水泥、集料、水为主要组分（也可加入外加剂）制成的混凝土小型空心砌块，代号为 FHB。其中，粉煤灰用量不应低于原材料干质量的 20%，也不高于原材料干质量的 50%，水泥用量不低于原材料质量的 10%。

粉煤灰混凝土小型空心砌块，按砌块孔的排数分为单排孔、双排孔和多排孔三类。主规格尺寸为 390mm×190mm×190mm，其他规格尺寸可由供需双方商定。

1. 粉煤灰混凝土小型空心砌块的规格尺寸和产品标记

粉煤灰混凝土小型空心砌块按产品名称(代号 FHB)、分类、规格尺寸、密度等级、强度等级、质量等级和标准编号的顺序进行标记。例如，规格尺寸为 390mm×190mm×190mm、密度等级为 800 级、强度等级为 MU5 的双排孔粉煤灰混凝土小型空心砌块，其标记为 FHB2　390mm×190mm×190mm　800　MU5　JC/T 862—2008。

2. 粉煤灰混凝土小型空心砌块的现行标准与技术要求

粉煤灰混凝土小型空心砌块的技术性能应满足标准《粉煤灰混凝土小型空心砌块》(JC/T 862—2008)的要求。

(1) 密度等级。粉煤灰混凝土小型空心砌块，按砌块密度等级分为 600、700、800、900、1 000、1 200、1 400 七个等级。

(2) 强度等级。粉煤灰混凝土小型空心砌块，按砌块抗压强度分为 MU3.5、MU5、MU7.5、MU10、MU15 和 MU20 六个等级。强度等级应符合表 8-24 的规定。

表 8-24　粉煤灰混凝土小型空心砌块的强度等级(JC/T 862—2008)

抗压强度/MPa	MU3.5	MU5	MU7.5	MU10	MU15	MU20
平均值	≥3.5	≥5.0	≥7.5	≥10.0	≥15.0	≥20.0
单块最小值	≥2.8	≥4.0	≥6.0	≥8.0	≥12.0	≥16.0

3. 粉煤灰混凝土小型空心砌块的性能特点及应用

粉煤灰混凝土小型空心砌块有较好的韧性，不易脆裂；抗震性能好，而且电锯切割开槽、冲击钻钻孔、人工钻凿洞时，均不易引起砌块破损，有利于装修及暗埋管线，同时运输装卸过程中不易损坏；有良好的保温性能和抗渗性，190 系列的单排孔粉煤灰小型空心砌块的保温性能超过 240 黏土砖墙。粉煤灰小型空心砌块所用的原材料中，粉煤灰和炉渣等工业废料占 80%，水泥用量比同强度的混凝土小型空心砌块少 30%，因而成本低，具有良好的经济效益和社会效益。

【例 8-2】　北京某小区混凝土小型空心砌块墙体局部出现细裂纹。

【原因分析】混凝土小型空心砌块墙体局部出现细裂纹现象，主要是由于该处砌块含水率过高。虽然《普通混凝土小型空心砌块》(GB 8239—1997)对相对含水率做出了规定，但由于混凝土小型空心砌块在运至现场后敞开放置，并未密封，所以相对含水率随环境而变化，无法控制。个别砌块含水过多，干燥时收缩率比其他部位要大，导致开裂。

【例 8-3】　加气混凝土砌块墙体抹面时，采用与烧结普通砖墙体一样的方法，即往墙上浇水后即抹，出现干裂或空鼓。

【原因分析】加气混凝土砌块的气孔大部分是"墨水瓶"结构,只有小部分是水分蒸发形成的毛细孔,肚大口小,毛细管作用较差,故吸水速度缓慢。烧结普通砖淋水后易吸足水,而加气混凝土表面浇水不少,实则吸水不多。用一般的砂浆抹灰易被加气混凝土吸去水分,进而产生开裂或空鼓。所以加气混凝土砌块墙体可分多次浇水,宜采用保水性好、黏结强度高的抗裂砂浆。

8.3 墙 用 板 材

随着建筑结构体系的改革、墙体材料的发展,各种墙用板材、轻质墙板也迅速兴起。以板材为主要围护墙体的建筑体系具有轻质、节能、施工便捷、开间布置灵活、节约空间等特点,具有很好的发展前景。

我国目前可用于墙体的板材品种很多,主要有墙用条板、墙用薄板、复合墙板等品种,按制作材料主要有水泥混凝土类、石膏类、纤维类和发泡塑料类等。

8.3.1 建筑用轻质隔墙条板

建筑用轻质隔墙条板是指采用轻质材料或轻型构造制作,面密度不大于表8-25规定数值,长宽比不小于2.5,用于非承重内隔墙的预制条板(图8-12)。

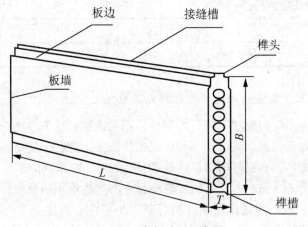

图8-12 条板外形示意图

1. 轻质隔墙条板的类型

(1) 轻质隔墙条板按断面构造分为空心条板(K)、实心条板(S)和复合条板(F)三种类型。空心条板是指沿板材长度方向留有若干贯穿孔洞的预制条板,如石膏空心条板、玻璃纤维增强水泥轻质多孔隔墙条板;实心条板是指用同类材料制作的无孔洞预制条板,如石膏条板;复合条板指由两种或两种以上不同功能材料复合制成的预制条板,如陶粒轻质隔墙条板。

(2) 轻质条板按板的构件类型分为普通板(PB)、门窗框板(MCB)、异型板(YB)。

2. 建筑用轻质隔墙条板产品标记

轻质隔墙条板按产品代号(K、S、F)、分类代号(PB、MCB、YB)、规格尺寸和标准编号的顺序进行标记。例如，板长为2540mm、宽为600mm、厚为90mm的空心条板门窗框板，其标记为 KMCB　2 540mm×600mm×90mm　GB/T 23451—2009。

3. 建筑用轻质隔墙条板现行标准与技术要求

建筑用轻质隔墙条板的技术性能应满足标准《建筑用轻质隔墙条板》(GB/T 23451—2009)的要求。

(1) 规格尺寸。长度尺寸 L 宜不大于3.3m，为层高减去楼板顶部结构件(如梁、楼板)厚度及技术处理空间尺寸，应符合设计要求，由供需双方协商确定。宽度尺寸 B 的主规格尺寸为600mm。厚度尺寸 T 的主规格尺寸为90mm、120mm。

其他规格尺寸可由供需双方协商确定，其相关技术指标应符合相近规格产品的要求。

(2) 物理力学性能。建筑用轻质隔墙条板的物理力学性能指标应符合表8-25的有关规定。

表 8-25　建筑用轻质隔墙条板的物理力学性能指标(GB/T 23451—2009)

序号	项　目	指　　标	
		板厚 90mm	板厚 120mm
1	抗冲击性能	经5次抗冲击试验后，板面无裂纹	
2	抗弯承载(板自重倍数)	≥1.5	
3	抗压强度/MPa	≥3.5	
4	软化系数	≥0.80	
5	面密度/(kg/m³)	≤90	≤110
6	干燥收缩值/(mm/m)	≤0.6	
7	吊挂力	荷载1 000N 静置24h，板面无宽度超过0.5mm的裂缝	
8	空气声隔声量/dB	≥35	≥40
9	耐火极限/h	≥1	
10	燃烧性能	A1 或 A2 级	
11	含水率/%	≤12	
12	抗冻性	不应出现可见的裂纹且表面无变化	

注：1. 防水石膏条板的软化系数应不小于0.60，普通石膏条板的软化系数应不小于0.40。
2. 夏热冬暖地区和石膏条板不检抗冻性。

4. 建筑用轻质隔墙条板性能特点及应用

各种类轻质隔墙条板的共同特点：强度高、质量轻、保温效果好；可锯、刨、钉、钻孔，施工方便；墙板之间可横向、纵向穿管线，板与板之间的拼接处设计有公、母榫结构，结合牢固，抗震、抗冲击；拼接起来墙面平整，不开裂；可直接处理墙面，结构占地面积小，节约空间。

这类板材广泛应用于各种类高、低层建筑的内外非承重墙、活动用房、旧房改造、装饰装修、厂区、商场、宾馆、写字楼等墙体隔断。

建筑用轻质隔墙条板的常见种类有石膏空心条板、加气混凝土条板、GRC 水泥多孔隔墙板，每种条板有特有的性能和应用。

1) 石膏空心条板

石膏空心条板以天然石膏为主要原料，添加适当的辅料，搅和成料浆，经浇注成型、抽芯、干燥等工艺制成的轻质板材。石膏空心条板具有质量轻、强度高、隔热、隔声、防水等性能，可锯、可刨、可钻，施工简便。与纸面石膏板相比，石膏用量多、不用纸和胶黏剂、不用龙骨，工艺设备简单，所以比纸面石膏板造价低。石膏空心条板主要用于工业与民用建筑的内隔墙，其墙面可作喷浆、涂料、贴瓷砖、贴壁纸等各种饰面。

2) 玻璃纤维增强水泥轻质多孔隔墙条板

GRC 水泥多孔隔墙板（GRC 水泥多孔隔墙板）是以高强水泥为胶结料，珍珠岩为骨料，高强耐碱玻璃纤维为增强材料，加入适量粉煤灰及发泡剂和防水剂等，经搅拌、振动成型、养护而成。

GRC 水泥多孔隔墙板具有防老化、防水、防裂、耐火不燃及可锯切等优点，安装速度快，可提高工效，缩短工期，扩大室内使用空间，同时降低工程造价。

3) 蒸压加气混凝土板

蒸压加气混凝土板是以水泥、石灰、硅砂等为主要原料，再根据结构要求配置不同数量经防腐处理的钢筋网片，再经高温高压、蒸汽养护制成的一种轻质、多孔、新型绿色环保建筑材料。

蒸压加气混凝土板具有保温隔热、轻质高强、可加工、吸声、隔声、耐久性好、没有放射性等特点。适用于各类钢结构、钢筋混凝土结构的工业与民用建筑的外墙、内隔墙、屋面。部分蒸压加气混凝土板还可用作低层或加层建筑楼板、钢梁钢柱的防火保护、外墙保温等。

8.3.2 建筑平板

建筑平板主要以薄板和龙骨组成墙体。通常以墙体轻钢龙骨或石膏龙骨为骨架，以矿棉、岩棉、玻璃棉、泡沫塑料等作为保温、吸声填充层，外覆以新型薄板。目前，薄板品种主要有纸面石膏板、石棉水泥板、纤维增强硅酸钙板等。这类墙体的主要特点是轻质、高强、应用形式灵活、施工方便。

1. 纤维增强水泥平板

纤维增强水泥平板（TK 板）是以低碱水泥、耐碱玻璃为主要原料，加水混合成浆，制坯、压制、蒸养而成的薄型平板，其规格为长 1 200～3 000mm，宽 800～900mm，厚40mm、50mm、60mm、80mm。

该板质量轻、强度高，防火、防潮，不易变形，可加工性好，适用于各类建筑物的复合外墙和内墙及防潮、防火要求的隔墙。

2. 水泥刨花板

水泥刨花板以水泥和木材加工的下脚料——刨花为主要原料，加入适量水和化学助剂，经搅拌、成型、加压、养护而成。具有自重轻、强度高、防水、防火、防蛀、保温、隔声等性能，可加工性好。主要用于建筑的内外墙板、天花板、壁橱板等。

3. 纸面石膏板

纸面石膏板以掺入纤维增强材料的建筑石膏作芯材，两面用纸做护面而成，有普通型、耐水型、耐火型、耐水耐火型四种。规格为长度 1 500～3 660mm，宽度 600mm、900mm、1 200mm 和 1 220mm，厚度 9.5mm、12mm、15mm、18mm、21mm 和 25mm。

纸面石膏板具有表面平整、尺寸稳定、轻质、隔热、吸声、防火、抗震、施工方便、能调节室内湿度等特点，广泛应用于室内隔墙板、复合墙板内墙板、天花板等。

4. 石膏纤维板

石膏纤维板以建筑石膏、纸筋和短切玻璃纤维为原料。表面无护面纸，规格尺寸和性能同纸面石膏板，但价格较便宜。可用于框架结构的内墙隔断。

5. 植物纤维复合板

植物纤维复合板主要是利用农作物的废弃物(如稻草、麦秸、玉米秆、甘蔗渣等)经适当处理后与合成树脂或石膏、石灰等胶结材料混合、热压成型。

该板的主要品种有稻草板、稻壳板、蔗渣板等。这类板材具有质量轻、保温隔声效果好、节能、可废物利用等特点，适用于非承重的内隔墙、天花板以及复合墙体的内壁板。

8.3.3 复合墙板

为满足对墙体，特别是外墙的保温、隔热、防水、隔声和承重等多种功能的要求，可采用两种以上的材料结合在一起的墙板，于是许多新型复合墙体相继问世。复合墙板一般由结构层、保温层和装饰层组成，如图 8-13 所示。该墙体强度高，绝热性好，施工方

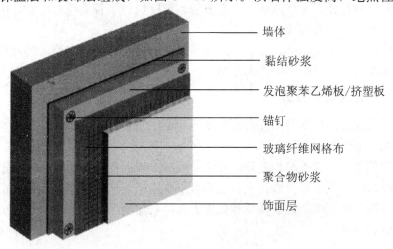

墙体
黏结砂浆
发泡聚苯乙烯板/挤塑板
锚钉
玻璃纤维网格布
聚合物砂浆
饰面层

图 8-13   复合墙板示意图

便，使承重材料和轻质保温材料都得到应用，克服了单一材料强度高、不保温或保温好、不承重的局限性。目前我国已用于建筑的复合墙体材料主要有钢丝网架水泥夹芯板、混凝土岩棉复合外墙板、超轻隔热夹芯板等。

1. 钢丝网架水泥夹芯板

此类复合墙板的最典型产品是"泰柏板"。泰柏板又称舒乐板、3D 板、三维板、节能型钢丝网架夹芯轻质墙板，是一种新型建筑材料。

该板选用强化钢丝焊接而成的三维钢丝笼为构架，阻燃 EPS 泡沫塑料或岩棉板组成芯材，两侧配以直径为 2mm 的冷拔钢丝网片。施工时直接拼装，不需龙骨，表面涂抹砂浆层后形成无缝隙的整体墙面，如图 8 - 14 所示。

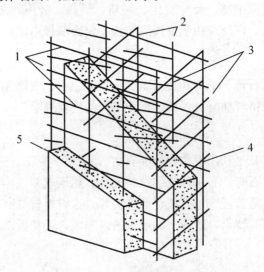

图 8 - 14　泰柏板构造示意图
1—横丝；2—竖丝；3—斜丝；4—轻质芯材；5—水泥砂浆

泰柏板具有节能、质量轻、强度高、防火、抗震、隔热、隔声、抗风化、耐腐蚀的优良性能，并有组合性强、易于搬运、安装方便、速度快、节省工期的特点。由该产品制作的墙体，整体性能好，整面墙为一整体。

泰柏板适用于高层建筑的内隔墙、多层建筑围护墙、复合保温墙体的外保温层、低层建筑或双轻体系(轻板、轻框架)的承重墙以及屋面、吊顶和新旧楼房加层等。

2. 混凝土岩棉复合外墙板

混凝土岩棉复合外墙板的内外表面为 20～30mm 厚的钢筋混凝土，中间填以岩棉，内外两层面板用钢筋连接(图 8 - 15)。

混凝土岩棉复合外墙板按构造分，有承重混凝土岩棉复合外墙板和非承重薄壁混凝土岩棉复合外墙板。承重混凝土岩棉复合外墙板主要用于大板高层建筑，非承重薄壁混凝土岩棉复合外墙板可用于框架轻板体系和高层大模体系建筑的外墙工程。其夹层厚度应根据热工计算确定。

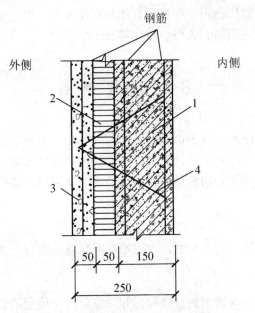

图8-15 混凝土岩棉复合外墙板示意图

1—钢筋混凝土结构承重层；2—岩棉保温层；
3—混凝土外装饰保护层；4—钢筋连接件

3. 超轻隔热夹芯板

超轻隔热夹芯板是外层采用高强度材料的轻质薄板，内层以轻质的保温隔热材料为芯材，通过自动成型机，用高强度黏结剂将两者黏合，再经加工、修边、开槽、落料而成的复合板材(图8-16)。用于外层的薄板主要有铝合金板、不锈钢板、彩色镀锌钢板、石膏纤维板等，芯材有玻璃棉毡、岩棉、阻燃型发泡聚苯乙烯、矿棉、硬质发泡聚氨酯等。一般规格尺寸为宽度1 000mm，厚度30mm、40mm、50mm、60mm、80mm、100mm，长度根据用户需要而定。

图8-16 超轻隔热夹芯板示例

超轻隔热夹芯板的最大特点就是质轻(每平方米重约10～14kg)、隔热[导热系数为0.031W/(m·K)]，具有良好的防潮性能和较高的抗弯、抗剪强度，并且安装灵活便捷，可多次拆装重复使用，故广泛用于厂房、仓库和净化车间、办公室、商场等，还可用于加层、组合式活动房、室内隔断、天棚、冷库等。

8.4 屋面材料

屋面材料主要起到防水、隔热保温、防渗漏等作用。目前我国常用的屋面材料主要有屋面瓦材和屋面用轻型板材两大类。随着建筑物多种功能的需要和材料技术的发展，屋面材料已由过去单一的烧结瓦，向多种材质的大型水泥类瓦材和高分子复合类瓦材发展。

8.4.1 屋面瓦材

屋面瓦材主要有烧结类屋面瓦材、水泥类屋面瓦材、高分子类复合瓦材三大类。

1. 烧结类屋面瓦材

烧结类屋面瓦材主要有黏土瓦、琉璃瓦等，主要用于屋面的防水和装饰。

1) 烧结黏土瓦

烧结黏土瓦以黏土（包括页岩、煤矸石等粉料）为主要原料，经泥料处理、成型、干燥和焙烧而制成。我国目前生产的黏土瓦有小青瓦、脊瓦和平瓦。黏土平瓦用于屋面作为防水覆盖材料的瓦，包括压制平瓦和挤出平瓦（简称平瓦）；黏土脊瓦用于房屋屋脊作为防水覆盖材料的瓦，包括压制脊瓦、挤出脊瓦和手工脊瓦。

黏土瓦只能应用于较大坡度的屋面。由于具有材质脆、自重大、片小，施工效率低，且需要大量木材等缺点，黏土瓦在现代建筑屋面材料市场中所占比例已逐渐下降。作为防水、保温、隔热的屋面材料，黏土瓦是我国使用较多、历史较长的屋面材料之一。但黏土瓦同黏土砖一样破坏耕地、浪费资源，因此逐步被大型水泥类瓦材和高分子复合类瓦材取代。

2) 琉璃瓦

琉璃瓦是施以各种颜色釉并在较高温度下烧成的上釉瓦，可选用大青、二青、缸土、碱土、紫砂、木节等软硬质原料及废匣钵粉、瓷粉等原料。另外，也可部分采用煤矸石、煤研灰等矿物废渣、工业副产品来降低生产成本。琉璃瓦表面光滑，质地坚硬、色彩艳丽，造型多样，一般只用于古建筑的修复和园林建筑的建设，图 8-17 为琉璃瓦屋面建筑。

2. 水泥类屋面瓦材

水泥类屋面瓦材主要有混凝土瓦、石棉水泥瓦和钢丝网水泥大波瓦等，主要用于厂房、库房、堆货棚、凉棚及围护结构等。

（1）混凝土瓦。混凝土瓦是用水泥、砂为主要原料，经配料、机械滚压或人工挤压成型、养护制得的。在配料中加入耐碱颜料，可生产出彩色瓦。混凝土平瓦的成本低、耐久性好，但自重较黏土瓦大，可代替黏土瓦用于建筑工程中。

（2）石棉水泥瓦。石棉水泥瓦以石棉纤维和水泥为原料，经配料、压滤成型、养护而成。该瓦防水、防火、防潮、耐寒、耐热、防腐、绝缘、质轻等，并且单张面积大，有效利用面积大。石棉水泥瓦一般用于仓库、厂房等跨度较大的工业建筑。

图 8-17　琉璃瓦屋面建筑

（3）钢丝网水泥大波瓦。钢丝网水泥大波瓦是用水泥、砂，按一定比例配合，中间加一层钢丝网片，浇筑而成的。其规格有 1 700mm×830mm×14mm，波高 80mm，每张瓦重约 50kg；1 700mm×830mm×12mm，波高 68mm，每张瓦重约 45kg。钢丝网水泥大波瓦一般用于大型工业建筑。

3. 高分子类复合瓦材

（1）聚氯乙烯塑料波形瓦。聚氯乙烯塑料波形瓦是以聚氯乙烯树脂为原料，加入各种配合剂，通过塑化、挤压而得的屋面材料，其质量轻、强度高，耐化学腐蚀，色彩鲜艳，防水，耐老化性能好。高分子类复合瓦材一般用于候车亭、凉棚等简易建筑物的屋面。

（2）玻璃钢波形瓦。玻璃钢波形瓦以聚酯树脂和玻璃纤维为原料，手工糊制而成。其质量轻，强度高，耐高温，耐冲击，透光率高。玻璃钢波形瓦一般用于工业厂房的采光带、凉棚等。

8.4.2　屋面用轻型板材

屋面用轻型板材主要有 EPS 轻型板和硬质聚氨酯夹芯板，如图 8-18 所示。

彩色涂层钢板系列

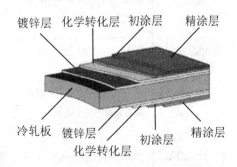

镀锌层　化学转化层　初涂层　精涂层

冷轧板　镀锌层　初涂层　精涂层
化学转化层

图 8-18　屋面用轻型板材

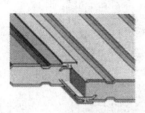

夹芯板

图 8-18 屋面用轻型板材(续)

常用屋面材料的品种、组成、特性及用途见表 8-26。

表 8-26 常用屋面材料的品种、组成、特性及用途

品　　种		主要组成材料	主要特性	主要用途
水泥类	混凝土瓦	水泥、砂或无机硬质细骨料	成本低、耐久性好，但质量大	民用建筑波形屋面防水
	纤维增强水泥瓦	水泥、增强纤维	防水、防潮、防腐、绝缘	厂房、库房、堆货棚、凉棚
	钢丝网水泥大波瓦	水泥、砂、钢丝网	尺寸和质量大	工厂散热车间、仓库、临时性围护结构
高分子类复合瓦材	玻璃钢波形瓦	不饱和聚酯树脂、玻璃纤维	轻质、高强、耐冲击、耐热、耐蚀、透光率高、制作简单	遮阳、车站站台、售货亭、凉棚等屋面
	塑料瓦楞板	聚氯乙烯树脂、配合剂	轻质、高强、防水、耐蚀、透光率高、色彩鲜艳	凉棚、遮阳板、简易建筑屋面
	木质纤维波形瓦	木纤维、酚醛树脂防水剂	防水、耐热、耐寒	活动房屋、轻结构房屋屋面、车间、仓库、临时设施等屋面
	玻璃纤维沥青瓦	玻璃纤维薄毡、改性沥青	轻质、黏结性强、抗风化、施工方便	民用建筑波形屋面
轻型复合板材	EPS 轻型板	彩色涂层钢板、自熄聚苯乙烯、热固化胶	集承重、保温、隔热、防水为一体，且施工方便	体育馆、展览厅、冷库等大跨度屋面结构
	硬质聚氨酯夹芯板	镀锌彩色压型钢板、硬质聚氨酯泡沫塑料	集承重、保温、防水为一体，耐候性极强	大型工业厂房、仓库、公共设施等大跨度屋面结构和高层建筑屋面结构

近年来，在建筑保温技术不断发展的过程中，主要形成了外墙外保温和外墙内保温两种技术形式。

1. 外墙内保温体系

外墙内保温是指在墙体结构内侧覆盖一层保温材料，通过黏结剂固定在墙体结构内侧，之后在保温材料外侧作保护层及饰面。目前内保温多采用粉刷石膏作为黏结和抹面材料，通过使用聚苯板或聚苯颗粒等保温材料达到保温效果。

2. 外墙外保温体系

所谓外墙外保温，是指在垂直外墙的外表面上建造保温层，该外墙用砖石或混凝土建造，此种外保温，可用于新建墙体，也可以用于既有建筑外墙的改造。由于是从外侧保温，其构造必须满足防水密性、抗风压以及湿度变化的要求，不致产生裂缝，并能抵抗外界可能产生的碰撞作用，还能在相邻部位(如门窗洞口、穿墙管道等)之间以及在边角处、面层装饰等方面，得到适当的处理。

复习思考题

一、填空题

1. 目前所用的墙体材料按形状尺寸不同有_____、_____和_____三大类。

2. 烧结多孔砖主要用于_____，烧结空心砖主要用于_____。

3. 烧结普通砖的标准尺寸为_____ mm × _____ mm × _____ mm。_____块砖长、_____块砖宽、_____块砖厚，分别加灰缝(每个按 10mm 计)，其长度均为 1m。理论上，1m³ 砖砌体大约需要砖_____块。

4. 砌墙砖按有无孔洞和孔洞率大小分为_____、_____和_____三种；按生产工艺不同分为_____和_____。

5. 烧结普通砖按照所用原材料不同主要分为_____、_____、_____和_____四种。

6. 烧结普通砖按抗压强度分为_____、_____、_____、_____、五个强度等级。

7. 烧结空心砖是以_____、_____、_____为主要原料，经焙烧而成的孔洞率大于或等于_____的砖；其孔的尺寸_____而数量_____，一般用于砌筑墙体。

8. 砌块按用途分为_____和_____；按有无孔洞可分为_____和_____。

9. 建筑工程中常用的砌块有_____、_____、_____、_____等。

10. 我国目前可用于墙体的板材品种主要有_____、_____、_____，按制作材料主要有_____、_____、_____和_____等。

二、选择题(不定项)

1. 烧结普通砖的强度等级是按( )来评定的。

A. 抗压强度及抗折荷载   B. 大面及条面抗压强度

C. 抗压强度平均值及单块最小抗压强度值 D. 抗压强度平均值及抗压强度标准值

2. 烧结普通砖的产品等级是根据( )确定的。

A. 外观质量(包括尺寸偏差)

B. 外观质量、强度等级

C. 外观质量、尺寸偏差、泛霜和石灰爆裂

D. 外观质量、强度等级及耐久性能

3. 灰砂砖和粉煤灰砖的性能与( )比较相近,基本上可以相互替代使用。

A. 烧结空心砖   B. 普通混凝土

C. 烧结普通砖   D. 加气混凝土砌块

4. 砌筑有保温要求的非承重墙时,宜选用( )。

A. 混凝土砖   B. 烧结多孔砖

C. 烧结空心砖   D. A 和 B

5. 高层建筑安全通道的墙体(非承重墙)应选用的材料是( )。

A. 普通黏土烧结砖   B. 烧结空心砖

C. 加气混凝土砌块   D. 石膏空心条板

6. 红砖在砌筑前,一定要进行浇水湿润,其目的是( )。

A. 把红砖冲洗干净   B. 保证砌筑时,砌筑砂浆的稠度

C. 增加砂浆对砖的胶结力   D. 减小砌筑砂浆的用水量

7. 烧结普通砖按其所用原材料不同,可以分为( )。

A. 烧结页岩砖   B. 烧结黏土砖

C. 烧结煤矸石砖   D. 烧结粉煤灰砖

8. 鉴别过火砖和欠火砖的常用方法是( )。

A. 根据砖的强度

B. 根据砖的颜色深浅及打击声音

C. 根据砖的外形尺寸

9. 检验烧结普通砖的强度等级,需取( )块试样进行试验。

A. 1   B. 5   C. 10   D. 15

10. 以下对于蒸压加气混凝土砌块的描述,正确的是( )。

A. 孔隙率大,表观密度约为烧结黏土砖的 1/3

B. 保温隔热性能好

C. 隔声性能好、抗震性强、耐火性好、易于加工、施工方便

D. 因为蒸压加气混凝土砌块的孔隙率大,所以其吸水性极强,而且导湿快

E. 干燥收缩较大,在砌筑时要严格控制砌块的含水率

三、简答题

1. 烧结普通砖的强度等级是如何确定的？共分为几个等级？

2. 多孔砖与空心砖有哪些异同点？

3. 国家推广应用的非烧结砖主要有哪些品种？各自的特点和应用范围是什么？

4. 国家推广应用的常用砌块主要有哪些品种？各自的特点和应用范围是什么？

5. 目前我国已用于建筑的复合墙体板材主要有哪些品种？各自的特点和应用范围是什么？

6. 屋面瓦材主要有哪些类型？各自的产品和应用范围是什么？

7. 混凝土小型空心砌块墙体为什么容易产生细裂纹？

8. 分析加气混凝土砌块墙抹面层易干裂或空鼓的原因。

四、案例题

1. 现有一批普通烧结砖的强度等级不详，故施工单位按规定方法抽取砖样 10 块送至相关部门检测。经测试 10 块砖样的抗压强度值分别为 21.6MPa、22.0MPa、20.9MPa、22.8MPa、19.6MPa、21.9MPa、20.2MPa、19.0MPa、18.3MPa、19.9MPa，试确定该砖的强度等级。

2. 烧结普通砖，其尺寸为 24.0cm×11.5cm×5.3cm，已经孔隙为 37%，质量为 2 750g，烘干后为 2 487g，浸水饱和后为 2 935g。试求该砖的体积密度、密度、质量吸水率、开口孔隙率及闭口孔隙。

3. 某墙体材料密度为 2.7g/cm³，浸水饱和状态下的体积密度为 1 862kg/m³，其体积吸水率为 46.2%。试问此材料干燥状态下的体积密度和孔隙率各为多少？

第9章

建筑防水材料

学习目标

本章介绍沥青、防水卷材、防水涂料、建筑密封膏和防水屋面瓦等防水材料。通过本章的学习，要求学生：

掌握：常用防水卷材的品种、技术性质与应用。

熟悉：石油沥青的基本组成、技术性质及测定方法。

了解：防水涂料、防水密封材料和防水屋面瓦的品种、特性及应用。

引 例

建筑防水是一个非常重要的环节，层面漏、卫生间漏、厨房漏、外墙漏、地下室也漏，被视为建筑物"癌症"。如果建筑防水没做好，不仅影响工程的整体质量，而且也增加了工程总决算，给国家和住户造成不必要的损失，对建筑物的使用年限也将有很大影响。那么，如何彻底根治这一"癌症"，这就关系到防水材料的质量问题了，因此一定要重视防水材料与构造处理。

我国从 20 世纪 50 年代开始应用沥青油毡卷材以来，沥青类防水材料一直成为我国建筑防水材料的主导产品，无论是品种、质量还是产量都得到迅速发展。就目前我国新型防水材料总体结构比例上看，仍是以沥青基防水材料为主要产品，占全部防水材料的 80%，高分子防水卷材占 10% 左右，防水涂料及其他防水材料占 10% 左右。

随着时代的变迁，人们对建筑防水观念的改变，已经由偏重单一的经济造价观念转变到功能观念，同时还考虑到防水工程的造价和使用年限。

建筑防水材料是指应用于建筑物和构筑物中起着防潮、防漏、防渗作用，保护建筑物和构筑物及其构件不受雨水、雪水、地下水等侵蚀破坏的一类建筑材料。它是建筑工程中应用最为广泛的功能材料之一，被广泛应用于建筑物的屋面、地面、墙面、地下室及其他有防水要求的工程部位。

防水材料具有品种多、发展快的特点；有传统使用的沥青防水材料，也有正在发展的改性沥青防水材料和合成高分子防水材料；防水设计由多层向单层防水发展，由单一材料向复合多功能材料发展。

防水是建筑物的一项主要功能，防水材料是实现这一功能的物质基础。现代建筑防水体系可以分为三种类型。

（1）刚性防水体系。刚性防水体系又称刚性屋面，是由水泥浆、防水砂浆等组成的防水层构成的均匀、密实、无孔洞和微裂缝的整体防水体系。

（2）自防水体系。建筑结构、构件通过结构材料本身所具有的防水功能，再经过适当的构造设计和施工方法而构成的防水体系。钢筋混凝土屋盖整体浇灌过程中掺入一定的防水剂，设计一定的坡度，便构成了自防水混凝土体系。

（3）柔性防水体系。柔性防水体系是指所用的防水材料具有一定的柔韧性、弹性、塑性、耐高温性和可施工性。沥青系防水层、弹塑性的防水卷材以及防水涂膜等，是现在一般建筑物采用最多的一种防水体系。

本章主要介绍柔性防水材料。目前，常用的柔性防水材料按主要成分可分为沥青防水材料、高聚物改性沥青防水材料及合成高分子防水材料三大类，按形态和功能可分为防水卷材、防水涂料、密封材料等。

9.1 沥 青

沥青是一种有机胶凝材料，它是由一些极其复杂的高分子碳氢化合物及其非金属（氧、氮、硫等）衍生物所组成的混合物。沥青在常温下呈固体、半固体或液体的状态，通常为黑色或暗黑色。

沥青是憎水性材料，几乎不溶于水，而且本身构造致密，具有良好的防水性；不透水、不导电，能溶于多种有机溶剂，完全溶解于二硫化碳；与钢、木、砖、石、混凝土等有良好的黏结性并能抵抗酸、碱、盐类的腐蚀及大气的风化作用，具有良好的耐久性；高温时易于进行加工处理，常温下又很快变硬，并且具有抵抗变形的能力。

在建筑工程中，沥青主要作为防水、防潮、防腐材料和胶凝材料，广泛应用于铁路桥梁、道路、涵洞、建筑屋面、地下室的防水工程以及防腐工程中，是建筑工程不可或缺的材料。还可用来制造防水卷材、防水涂料、油膏、胶结剂及防腐涂料等。

沥青的种类较多，按产源可分为地沥青和焦油沥青两大类，其分类见表9-1。

表9-1 沥青的种类

沥 青	地沥青	天然沥青	由地表或岩石中直接采集、提炼加工后得到的沥青
		石油沥青	由提炼石油的残留物制得的沥青，包含石油中所有的重组分
	焦油沥青	煤沥青	由煤焦油蒸馏后的残留物制取的沥青
		页岩沥青	由页岩焦油蒸馏后的残留物制取的沥青

工程中使用最多的是石油沥青和煤沥青，石油沥青的防水性能好于煤沥青，但煤沥青的防腐、黏结性能较好。

9.1.1 石油沥青

石油沥青是由石油原油经蒸馏等炼制工艺提炼出各种轻质油（汽油、煤油、柴油等）和润滑油后的残渣，经再加工而得到的褐色或黑褐色的黏稠状液体或固体状物质，略有松香味，能溶于多种有机溶剂，如三氯甲烷、四氯化碳等。

1. 石油沥青的组分

石油沥青的化学组成非常复杂，进行组成分析相当困难，所以一般不做沥青的化学分析，而是从使用角度出发，将沥青中化学成分和物理特征相似的部分划分为若干组，称为组分。沥青中各组分含量的多寡与沥青的技术性质有着直接的关系。

石油沥青主要有油分、树脂、地沥青质三大组分。石油沥青各组分及其特点见表9-2。

表9-2 石油沥青的组分及其特点

指标 \ 组分	油 分	树 脂	地沥青质
含量/%	40~60	15~30	10~30
常温下状态	黏性液体	黏稠半固体	粉末颗粒
颜色	淡黄色至红褐色	红褐色至黑褐色	深褐色至黑褐色
密度/(g/cm³)	0.6~1.0	1.0~1.1	1.1~1.15

续表

指标＼组分	油　分	树　脂	地沥青质
分子量	100～500	650～1 000	2 000～6 000
溶解性	能溶于二硫化碳、三氯甲烷等大多数有机溶剂，但不溶于酒精	能溶于三氯甲烷、汽油和苯等大多数有机溶剂，但在酒精和丙酮中溶解度极低	易溶于大多数有机溶剂，不溶于酒精、石油醚和汽油
其他特性	在 170℃ 较长时间加热，油分可以挥发	熔点低于 100℃	—
对沥青性质的影响	赋予石油沥青流动性，含量多时，沥青的流动性增大，沥青的软化点降低，温度稳定性差	赋予石油沥青塑性和黏结性，改善沥青对矿物材料的浸润性，特别是提高对碳酸盐类岩石的黏附性，有利于沥青的乳化	决定石油沥青的热稳定性和黏性，含量越多，软化点越高，越硬脆

油分和树脂可以互溶，树脂可以浸润地沥青质。以地沥青质为核心，周围吸附部分树脂和油分，构成胶团，无数胶团均匀地分布在油分中，形成胶体结构。

石油沥青的性质与各组分之间的比例密切相关。液体石油沥青中油分、树脂多，流动性好；固体石油沥青中树脂、地沥青质多，热稳定性和黏性好。此外，石油沥青中往往还含有一定量的固体石蜡，它是沥青中的有害物质，会使沥青的黏结性、塑性、耐热性和稳定性变差。

2. 石油沥青的主要技术性质

1）黏滞性

黏滞性是指沥青材料在外力的作用下，沥青粒子产生相互位移时抵抗变形的性能。黏滞性的大小，反映了沥青的稀稠软硬程度。当地沥青质含量较高，有适量树脂，但油分含量较少时，黏滞性较大。在一定温度范围内，温度升高，黏滞性随之降低；反之则增大。流态沥青的黏滞性用黏滞度表示，而固态、半固态沥青的黏滞性用针入度表示。

黏滞度是流态沥青试样在规定温度下，从规定直径的流孔漏下 50ml 所需的时间(s)。其测试示意图如图 9-1 所示。黏滞度常以符号 C_t^d 表示，其中 d 是孔径(mm)，t 为实验时沥青的温度(℃)。黏滞度大时，表示沥青的稠度大、黏性高。

针入度是在规定温度(25℃)和时间(5s)内，总质量为 100g 的标准针(连杆)垂直贯入固态或半固态沥青试样的深度，以 0.1mm 为 1 度。若贯入沥青试样的深度为 6.3mm，则沥青的针入度为 63°。其测试示意图如图 9-2 所示。针入度越大，说明沥青越软，黏滞性越小。针入度范围在 5～200° 之间，它是很重要的技术指标，是沥青划分牌号的主要依据。

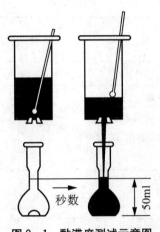

图9-1 黏滞度测试示意图

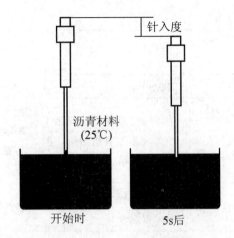

图9-2 针入度测试示意图

2) 塑性

塑性(延性)是指沥青材料在外力拉伸作用下发生变形而不断裂的能力。塑性好的沥青，其变形能力强，在使用的过程中，能随着结构的变形而变形且不开裂，以保持其防水防潮性能。沥青塑性的大小与它的组分和所处温度紧密相关。沥青的塑性随温度升高(降低)而增大(减小)；地沥青质含量相同时，树脂和油分的比例将决定沥青的塑性大小，油分、树脂含量愈多，沥青塑性愈大。沥青的塑性用延伸度表示，简称延度。

延度是将沥青制成"∞"字型试件(中部最窄处的截面积为1cm^2)，在恒温25℃的水中，以5cm/min的速度缓慢拉伸至试件断裂时的伸长量(cm)。其测试示意图如图9-3所示。沥青的延度一般在1～100cm之间，延度越大，沥青的塑性越好。

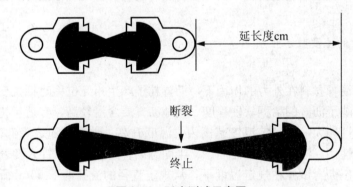

图9-3 延度测试示意图

3) 温度稳定性

温度稳定性是指石油沥青的黏滞性和塑性随温度升降而变化的性能。它反映沥青的耐热程度。沥青性能随温度变化而变化的程度越小，则表示沥青的温度稳定性越大。沥青的温度稳定性常用软化点来表示，即沥青材料由固态变为具有一定流动性的膏体时的温度。

软化点用"环球法"测定：将熬制脱水后的沥青试样注入规定尺寸的金属环内，上置规定尺寸和质量的钢球，放于水(或甘油)中，以(5±0.5)℃/min的速度加热，加热至沥青软化，直至在钢球荷重作用下使沥青产生25.4mm挠度时的温度即为软化点，以℃表示。其测试示意图如图 9-4 所示。一般沥青的软化点在 30~95℃之间，软化点越高的沥青，其温度稳定性越好，但软化点过高，又不易加工和施工。软化点低的沥青，夏季高温时易产生流淌而变形。

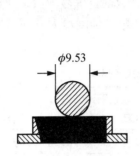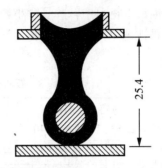

图 9-4　软化点测试示意图

4）大气稳定性

大气稳定性是指石油沥青在热、阳光、氧气和潮湿等大气因素长期综合作用下，其性能保持稳定的能力，即沥青的抗老化性能。沥青在上述诸因素的长期作用下，一部分油分被挥发，其余分子则会氧化、缩合和聚合，导致组分逐渐递变，发生油分向脂质转化，脂质向沥青质转化，结果使油分、脂质逐渐减少，分子量大的沥青质逐渐增多，因而使沥青的塑性降低，脆性增加，各方面性能下降，最后失去其防水性能。这种现象叫做"老化"。

石油沥青的大气稳定性用"蒸发损失率"或"针入度比"表示。"蒸发损失率"是将石油沥青试样加热至 160℃并恒温 5h，测得蒸发前后的质量损失率。针入度比是指蒸发后的针入度与蒸发前的针入度的比值。蒸发损失率愈小、蒸发后针入度比愈大，则表示沥青的大气稳定性愈好，即"老化"愈慢。石油沥青的蒸发损失率要求不超过 1%；建筑石油沥青的针入度比要求不小于 75%。

5）闪点和燃点

沥青材料在使用时通常需加热熔化，当加热至一定温度时，沥青材料挥发的油分蒸汽与周围空气组成混合气体，此混合气体遇到火焰则易发生闪火；若继续加热，油分蒸汽的饱和度增加，由此种蒸汽与空气组成的混合气体遇火焰极易燃烧，从而危及施工安全。为此，需测定沥青加热后闪火和燃烧的温度，即闪点和燃点。

闪点和燃点的测定方法：将沥青试样盛在规定的克利夫兰开口杯盛样器内，按规定的升温速度进行加热，点火器以规定的方法与试样接触，试样表面初次发生一瞬即灭的蓝色火焰时的试验温度，即为闪点；试样按规定的升温速度继续加热，试样表面发生燃烧火焰并能持续燃烧时间不少于 5s 时的试验温度，即为燃点。

沥青材料在使用时加热温度必须低于闪点。一般沥青的闪点在 180~230℃之间。沥青的燃点只比沥青的闪点高 10℃左右。因此，为保证施工安全，必须控制好沥青熬制的温度。

3. 石油沥青的技术标准与选用

1）石油沥青的技术标准

不同建筑物或不同使用部位的工程对所用石油沥青的主要技术性能与指标要求不同。

石油沥青的技术标准有《建筑石油沥青》（GB/T 494—2010）、《道路石油沥青》（NB/SH/T 0522—2010）、《防水防潮沥青》（SH/T 0002—90）。石油沥青的牌号主要根据针入度、延度和软化点等指标划分，并以针入度值表示，见表 9-3。

在同一品种石油沥青材料中，牌号愈小，沥青愈硬；牌号愈大，沥青愈软，同时随着牌号增加，沥青的黏性减小（针入度增加），塑性增加（延度增大），而温度稳定性减小（软化点降低）。

表 9-3　石油沥青技术标准

项　　目	《道路石油沥青》(NB/SH/T 0522—2010)					《建筑石油沥青》(GB/T 494—2010)			《防水防潮沥青》(SH/T 0002—1990)			
	200 号	180 号	140 号	100 号	60 号	10 号	30 号	40 号	3 号	4 号	5 号	6 号
针入度/0.1mm (25℃，100g，5s)	200~300	150~200	110~150	80~110	50~80	10~25	26~35	36~50	25~45	20~40	20~40	30~50
延度(25℃) /cm	≥20	≥100	≥100	≥90	≥70	≥1.5	≥2.5	≥3.5	—			
软化点/℃	30~48	35~48	38~51	42~55	45~58	≥95	≥75	≥60	≥85	≥90	≥100	≥95
溶解度/%	≥99					≥99			≥98	≥98	≥95	≥92
蒸发损失率/%	≤1.3	≤1.3	≤1.3	≤1.2	≤1.0	≤1.0			≤1.0			
蒸发后针入度比/%	报告					≥65			—			
闪点/℃	≥180	≥200	≥230			≥260			≥250		≥270	

2）石油沥青的选用

在选用沥青材料时，应根据工程性质（房屋、道路、防腐等）及当地气候条件、所处工程部位（屋面、地下等）来选用不同品种和牌号的沥青。

道路石油沥青牌号较多，主要用于道路路面或车间地面等工程。道路工程中选用沥青材料应考虑交通量和气候特点。一般拌制成沥青混凝土、沥青拌合料或沥青砂浆等使用。道路石油沥青还可作密封材料、黏结剂及沥青涂料等。此时宜选用黏性较大和软化点较高的道路石油沥青，如 60 号。

建筑石油沥青黏性较大，耐热性较好，但塑性较小，主要用于制造油毡、油纸、防水涂料和沥青胶。它们绝大部分用于建筑屋面工程、地下防水工程、沟槽防水、防腐蚀及管道防腐等工程。对于屋面防水工程，应注意防止过分软化。据高温季节测试，沥青屋面达到的表面温度比当地最高气温高 25~30℃，为避免夏季流淌，屋面用沥青材料的软化点应比当地气温下屋面可能达到的最高温度高 20℃以上。例如，武汉、长沙地区沥青屋面温度可达 68℃，选用的沥青软化点应在 90℃左右。但软化点也不宜选择过高，否则冬季低温易发生硬脆甚至开裂。对一些不易受温度影响的部位，可选用牌号较大的沥青。

防水防潮石油沥青的温度稳定性较好，特别适用作油毡的涂覆材料及建筑屋面和地下防水的黏结材料。其中3号沥青温度敏感性一般，质地较软，用于一般温度下的室内及地下结构部分的防水。4号沥青温度敏感性较小，用于一般地区可行走的缓坡屋面防水。5号沥青温度敏感性小，用于一般地区暴露屋顶或气温较高地区的屋面防水。6号沥青温度敏感性最小，并且质地较软，除一般地区外，主要用于寒冷地区的屋面及其他防水防潮工程。

普通石油沥青含蜡较多，其一般含量大于5%，有的高达20%以上（称多蜡石油沥青），因而温度敏感性大，故在工程中不宜单独使用，只能与其他种类石油沥青掺配使用。

在施工现场使用沥青，应对其牌号、质量加以鉴别，以便正确使用。简易鉴别方法见表9-4。

表9-4 石油沥青的形态及牌号鉴别方法

项　目		鉴别方法
沥青形态	固态	敲碎，检查其断口，色黑而发亮的质好；暗淡的质差
	半固态（即膏状体）	取少许，拉成细丝，丝越长，越好
	液态	黏性强、有光泽，没有沉淀和杂质的较好；也可用一小木条插入液体中，轻轻搅动几下，提起，丝越长越好
沥青牌号	140～100	质地较柔软
	60	用铁锤敲击，只出现凹坑而变形，不破碎
	30	用铁锤敲击，成为较大碎块
	10	用铁锤敲击，成为较小碎块，表面呈黑色并有光

4. 石油沥青的掺配

当单独使用某种牌号的石油沥青不能满足工程技术要求时，需用不同牌号的沥青进行掺配。在掺配时，为了不使掺配的沥青胶体结构被破坏，应选用表面张力相近和化学性质相似的沥青。试验证明，同产源的沥青容易保证掺配后沥青胶体结构的均匀性。所谓同产源是指同属石油沥青，或同属煤沥青。

两种沥青掺配的比例可用下式估算：

$$Q_1 = \frac{T_2 - T}{T_2 - T_1} \times 100 \tag{9-1}$$

$$Q_2 = 100 - Q_1 \tag{9-2}$$

式中：Q_1，Q_2——分别表示较软、较硬沥青用量（%）；

T_1，T_2——分别表示较软、较硬沥青软化点（℃）；

T——需要配制沥青的软化点（℃）；

9.1.2 煤沥青

煤沥青是炼焦或生产煤气的副产品。烟煤干馏时所挥发的物质冷凝为煤焦油，煤焦油经分馏加工，提取出各种油质后的产品即为煤沥青。煤沥青主要是由碳、氢、氧、硫和氮元素组成，碳氢比要比其他沥青大得多。煤沥青可分离为油分、软树脂、硬树脂和游离碳四个组分，油分又可分离为中性油、酚、萘和蒽。

煤沥青按蒸馏程度不同分为低温煤沥青(软化点低于75℃)、中温煤沥青(软化点为75～95℃)、高温煤沥青(软化点为95～120℃)，工程上多采用低温煤沥青。煤沥青也可分为硬煤沥青与软煤沥青两种，硬煤沥青是从煤焦油中蒸馏出轻油、中油、重油及蒽油之后的残留物，常温下一般呈硬的固体；软煤沥青是从煤焦油中蒸馏出水分、轻油及部分中油后得到的产品。

煤沥青与石油沥青都是一种复杂的高分子碳氢化合物，它们的外观相似，具有共同点，但由于组分不同，它们之间存在着很大区别，二者性质的比较见表9-5。

表9-5 煤沥青与石油沥青的主要区别

性 质	石 油 沥 青	煤 沥 青
密度/(g/cm³)	近于1.0	1.25～1.28
锤击	韧性较好	韧性差，较脆
颜色	灰亮褐色	浓黑色
溶解	易溶于汽油、煤油中，呈棕黑色	难溶于汽油、煤油中，呈黄绿色
温度稳定性	较好	较差
燃烧	烟少、无色、有松香味、无毒	烟多、黄色、臭味大、有毒
防水性	好	较差(含酚，能溶于水)
大气稳定性	较高	较低
耐腐蚀性	差	较好

与石油沥青相比，煤沥青的塑性、大气稳定性都较差，冬季易脆裂，夏季易软化，老化快，不宜用于屋面防水和温度变化较大的环境。煤沥青含有酚、蒽等有毒成分，但黏性好，所以常用于地下防水和木材防腐材料。由于煤沥青含有有毒成分，在储存和施工中，应遵守有关劳保规定，以防中毒。

9.1.3 改性沥青

沥青是一种良好的防水材料，但有时其性能并不能完全满足使用要求，故需要改善沥青的防水性能，提高其低温下的柔韧性、塑性、变形性和高温下的热稳定性和机械强度等，以适应工程要求。对沥青进行氧化、乳化、催化或掺入橡胶、树脂、矿物质等物质，使沥青的性质得到不同程度的改善的产品称为改性沥青。

改性沥青可分为橡胶改性沥青、树脂改性沥青、橡胶树脂改性沥青和矿物填充料改性沥青等。

1. 橡胶改性沥青

用橡胶作改性材料加于石油沥青中，可以得到橡胶改性沥青。橡胶是石油沥青比较理想的改性材料，通过掺入橡胶，使改性沥青具有一些橡胶的性能，即黏结性、弹性和柔韧性增加，温度稳定性提高，抗老化能力增强等。

常用的橡胶主要有再生橡胶、氯丁橡胶、丁苯橡胶等，在石油沥青中按一定的方法掺入这些橡胶，便可得到各种不同的橡胶改性沥青。

2. 树脂改性沥青

将合成树脂掺入沥青中，可以改善沥青的黏结性、低温柔韧性、耐热性和不透气性。因树脂与煤沥青的相溶性较好，故多用作煤沥青的改性材料。常用的树脂有聚氯乙烯、聚乙烯、聚丙烯、聚苯乙烯等。

3. 橡胶树脂改性沥青

在沥青中掺入橡胶和树脂，三者混溶而成的改性沥青称为橡胶树脂改性沥青，它兼有橡胶和树脂的特性。

4. 矿物填充料改性沥青

在沥青中掺入一定数量的矿物填充料，可以提高沥青的温度稳定性，增强它的黏结力和柔韧性。常用的矿物填充料有滑石粉、石灰石粉、云母粉、石棉粉等。

9.2 防 水 卷 材

防水卷材是一种可卷曲的片状防水材料。根据其组成和生产工艺不同，分为有胎卷材（纸胎、玻璃布胎、麻布胎）和辊压卷材（无胎、可以掺入玻璃纤维）两类。根据其主要防水组成材料可分为沥青防水卷材、高聚物改性沥青防水卷材和合成高分子防水卷材三大类。

各类防水卷材均应有良好的耐水性、温度稳定性和抗老化性，并应具有必要的机械强度、延伸率和抗断裂能力。

9.2.1 沥青防水卷材

沥青防水卷材是在基胎（原纸或纤维织物等）上浸涂沥青后，在表面撒布粉状或片状的隔离材料而制成的防水卷材。沥青防水卷材的使用性能一般，存在低温柔韧性差、延伸率低、拉伸强度低、耐久性差等缺陷，但由于成本低，广泛用于一般建筑的屋面或地下防水防潮工程，特别是在屋面工程中被普遍采用。

1. 主要品种的性能及应用

沥青防水卷材通常根据沥青和胎基的种类进行分类，常用品种主要有石油沥青纸胎油毡、石油沥青玻璃布胎油毡、石油沥青玻璃纤维胎油毡、铝箔面油毡等。

1）石油沥青纸胎油毡

石油沥青纸胎油毡是采用低软化点热熔石油沥青浸渍原纸而制成油纸，用高软化点石油沥青涂盖油纸的两面，再撒上隔离材料所制成的纸胎防水卷材。表面撒云母片作隔离材料的称为片毡，表面撒滑石粉作隔离材料的称为粉毡。

国家标准《石油沥青纸胎油毡》（GB 326—2007）规定：油毡按卷重和物理性能分为I型、II型、III型，油毡幅宽为 1m，每卷面积为 $(20\pm0.3)m^2$，其他物理性能应符合表 9-6 的要求。

表 9-6 石油沥青纸胎油毡物理性能(GB 326—2007)

项　　目		指　　标		
		Ⅰ型	Ⅱ型	Ⅲ型
卷重/(kg/卷)		≥17.5	≥22.5	≥28.5
单位面积涂材料总量/(g/m⁻²)		≥600	≥750	≥1 000
不透水性	压力/MPa	≥0.02	≥0.02	≥0.10
	保持时间/min	≥20	≥30	≥30
吸水率/%		≤3.0	≤2.0	≤1.0
耐热度		(85±2)℃,2h涂盖层无滑动、流淌和集中性气泡		
拉力(纵向)/(N/50mm)		≥240	≥270	≥340
柔度		(18±2)℃,绕 φ20mm棒或弯板无裂纹		

注：本表Ⅲ型产品的物理性能要求为强制性的,其余为推荐性的。

Ⅰ型、Ⅱ型油毡适用于辅助防水、保护隔离层、临时建筑防水、防潮及包装等。Ⅲ型油毡适用于屋面工程的多层防水。由于纸胎油毡的防水性、耐久性较差,抗拉强度较低,会消耗大量优质纸源,有些地区已禁止或限制使用纸胎油毡。

2) 石油沥青玻璃布胎油毡

石油沥青玻璃布胎油毡简称玻璃布油毡,是采用玻璃布为胎基,浸涂石油沥青并在两面涂撒隔离材料所制成的一种防水卷材。

《石油沥青玻璃布胎油毡》(JC/T 84—1996)规定：玻璃布油毡按物理性能分为一等品(B)和合格品(C)两个等级,油毡幅宽为 1m,每卷面积为(20±0.3)m²,其他物理性能应符合表 9-7 的要求。

表 9-7 石油沥青玻璃布胎油毡物理性能(JC/T 84—1996)

项　　目	等　　级	一等品	合格品
可溶物含量/(g/m²)		≥420	≥380
耐热度(85±2℃)/2h		无滑动、气泡现象	
不透水性	压力/MPa	0.2	0.1
	时间不小于 15min	无渗漏	
拉力(25±2)℃时纵向/N		≥400	≥360
柔度	温度/℃	≤0	≤5
	弯曲直径/30mm	无裂纹	
耐霉菌腐蚀性	重量损失/%	≤2.0	
	拉力损失/%	≤15	

玻璃布油毡具有拉力大及耐霉菌性好的特点，适用于要求强度及耐霉菌性好的防水工程，柔韧性也比纸胎油毡好，易于在复杂部位粘贴和密封。玻璃布油毡主要用于铺设地下防水、防腐层，并用于屋面作防水层及金属管道（热管道除外）的防腐保护层。

3）石油沥青玻璃纤维胎油毡

石油沥青玻璃纤维胎油毡简称玻纤油毡，是采用玻璃纤维薄毡为胎基，浸涂石油沥青，表面覆盖以隔离材料所制成的一种防水卷材。

玻纤油毡按上表面材料分为 PE 膜、砂面，也可按生产厂家要求采用其他类型的上表面材料；按单位面积质量分为 15 号、25 号两个标号；按物理力学性能分为 Ⅰ、Ⅱ 型。玻纤油毡的物理性能应符合《石油沥青玻璃纤维胎防水卷材》（GB/T 14686—2008）的相关规定。

玻纤油毡柔性好（在 0～10℃弯曲无裂纹），耐化学微生物腐蚀，寿命长。15 号玻纤油毡主要用于一般工业与民用建筑的多层防水，并用于包扎管道（热管道除外），作防腐保护层；25 号玻纤油毡适用于屋面、地下、水利等工程的多层防水。

4）铝箔面油毡

铝箔面油毡是采用玻纤毡为胎基，浸涂氧化沥青，在其上表面用压纹铝箔贴面，底面撒以细颗粒矿物材料或覆盖以聚乙烯（PE）膜所制成的一种防水卷材。具有反射热和紫外线的功能及美观效果，能降低屋面及室内的温度，阻隔蒸汽渗透，用于多层防水的面层或隔气层。

2. 沥青防水卷材的储存、运输和保管

不同规格、标号、品种、等级的产品不得混放；卷材应保管在规定温度下，粉毡和玻璃毡不高于 4℃，片毡不高于 50℃。

纸胎油毡和玻纤油毡需立放，高度不超过两层，所有搭接边的一端必须朝上；玻璃布油毡可以同一方向水平堆置成三角形，最高码放 10 层，并应存放在远离火源、通风、干燥的室内，防止日晒、雨淋和受潮。

用轮船和铁路运输时，卷材必须立放，高度不得超过两层，短途运输可平放，不宜超过 4 层，不得倾斜或横压，必要时加盖盖布；人工搬运要轻拿轻放，避免出现不必要的损伤；产品保质期为一年。

9.2.2　高聚物改性沥青防水卷材

高聚物改性沥青防水卷材是以合成高分子聚合物改性沥青为涂盖层，纤维织物或纤维油毡为胎体，粉状、粒状、片状或薄膜材料为防黏隔离层制成的防水卷材。它克服了传统沥青卷材温度稳定性差、延伸率低的不足，具有高温不流淌、低温不脆裂、拉伸强度较高、延伸率较大等优异性能。

1. 常用品种的性能及应用

高聚物改性沥青防水卷材包括弹性体、塑性体和橡塑共混体改性沥青防水卷材等。其中弹性体（SBS）改性沥青防水卷材和塑性体（APP）改性沥青防水卷材应用较多。

1) 弹性体(SBS)改性沥青防水卷材

弹性体改性沥青防水卷材是采用玻纤油毡或聚酯油毡或玻纤增强聚酯油毡为胎体,以苯乙烯—丁二烯—苯乙烯(SBS)热塑性弹性体作石油沥青改性剂,两面覆盖以隔离材料所制成的防水卷材,简称 SBS 卷材。

根据国家标准《弹性体改性沥青防水卷材》(GB 18242—2008),SBS 卷材按所用增强材料(胎基)分为聚酯油毡(PY)、玻纤油毡(G)、玻纤增强聚酯油毡(PYG)三类;按上表面隔离材料和覆面隔离材料分为聚乙烯膜(PE)、细砂(S)、矿物粒(M)三类;按下表面隔离材料分为细砂(S)和聚乙烯膜(PE)两类;按材料性能分为Ⅰ型和Ⅱ型。

SBS 卷材按名称、型号、胎基、上表面材料、下表面材料、厚度、面积和标准编号的顺序标记产品。例如,10m² 面积、3mm 厚度、上表面为矿物粒料、下表面为聚乙烯膜、聚酯油毡胎基、Ⅰ型弹性体改性沥青防水卷材标记为

SBS Ⅰ PY M PE 3 10 GB 18242—2008。

SBS 卷材应符合《弹性体改性沥青防水卷材》(GB 18242—2008)的规定(表 9-8)。

表 9-8 弹性体改性沥青防水卷材物理力学性能(GB 18242—2008)

序号	项 目		指　　标				
			Ⅰ		Ⅱ		
			PY	G	PY	G	PYG
1	可溶物含量/(g/m²)	3mm	≥2 100				—
		4mm	≥2 900				—
		5mm	≥3 500				
		试验现象	—	胎基不燃	—	胎基不燃	—
2	耐热性	℃	90		105		
		mm	≤2				
		试验现象	无流淌、滴落				
3	低温柔性/℃		−20		−25		
			无裂缝				
4	不透水性(30min)/MPa		≥0.3	≥0.2	≥0.3		
5	拉力	最大峰拉力/(N/50mm)	≥500	≥350	≥800	≥500	≥900
		次高峰拉力/(N/50mm)	—	—	—	—	≥800
		试验现象	拉伸过程中,试件中部无沥青涂盖层开裂或与胎基分离				
6	延伸率	最大峰时延伸率/%	≥30	—	≥40	—	—
		第二峰时延伸率/%	—	—	—	—	≥15
7	浸水后质量增加/%	PE、S	≤1.0				
		M	≤2.0				

续表

序号	项目		指标				
			I		II		
			PY	G	PY	G	PYG
8	热老化	拉力保持率/%	≥90				
		延伸率保持率/%	≥80				
		低温柔性/℃	−15		−20		
			无裂缝				
		尺寸变化率/%	≤0.7	—	≤0.7	—	≤0.3
		质量损失/%	≤1.0				
9	渗油性	张数	≤2				
10	接缝剥离强度/(N/mm)		≥1.5				
11	钉杆撕裂强度/N		—				≥300
12	矿物粒料黏附性/g		≤2.0				
13	卷材下表面沥青涂盖层厚度/mm		≥1.0				
14	人工气候加速老化	外观	无滑动、流淌、滴落				
		拉力保持率/%	≥80				
		低温柔性/℃	−15		−20		
			无裂缝				

SBS卷材属高性能的防水材料,是国家目前重点推广的品种。这种材料保持了沥青防水的可靠性和橡胶的弹性,提高了柔韧性、延展性、耐寒性、黏附性、耐气候性。最大的特点是低温柔韧性能好,同时也具有较好的耐高温性、较高的弹性及延伸率(延伸率可达150%)、较理想的耐疲劳性,可形成高强度防水层,并耐穿刺、硌伤、撕裂,出现裂缝能自我愈合,能在寒冷气候热熔搭接,密封可靠。

SBS卷材广泛用于工业与民用建筑的屋面及地下防水工程,尤其适用于低温、寒冷地区和结构变形频繁的建筑物防水;外露使用应采用上表面隔离材料为不透明的矿物粒料的防水卷材;地下工程的防水应采用表面隔离材料为细砂的防水卷材。

2) 塑性体(APP)改性沥青防水卷材

塑性体改性沥青防水卷材是采用玻纤油毡或聚酯油毡或玻纤增强聚酯油毡为胎体,以无规聚丙烯(APP)或聚烯烃类聚合物(APAO、APO等)作石油沥青改性剂,两面覆盖以隔离材料所制成的防水卷材,简称APP卷材。

根据国家标准《塑性体改性沥青防水卷材》(GB 18243—2008),APP卷材按胎基分为聚酯油毡(PY)、玻纤油毡(G)和玻纤增强聚酯油毡(PYG)三类;按上表面隔离材料分为聚乙烯膜(PE)、细砂(S)和矿物粒料(M)三类;按下表面隔离材料分为细砂(S)和聚乙烯膜(PE)两类;按物理力学性能分为I型和II型。

APP 卷材按名称、型号、胎基、上表面材料、下表面材料、厚度、面积和标准编号的顺序标记产品。例如，10m² 面积、3mm 厚度、上表面为矿物粒料、下表面为聚乙烯膜、聚酯毡胎基、Ⅰ型塑性体改性沥青防水卷材标记为

APP Ⅰ PY M PE 3 10 GB 18243—2008。

APP 卷材应符合《塑性体改性沥青防水卷材》(GB 18243—2008)的规定(表 9 - 9)。

表 9 - 9　塑性体改性沥青防水卷材物理力学性能(GB 18243—2008)

序号	项　目			指　标				
				Ⅰ		Ⅱ		
				PY	G	PY	G	PYG
1	可溶物含量/(g/m²)		3mm	≥2 100				—
			4mm	≥2 900				—
			5mm	≥3 500				
			试验现象	—	胎基不燃	—	胎基不燃	—
2	耐热性		℃	110		130		
			mm	≤2				
			试验现象	无流淌、滴落				
3	低温柔性/℃			−7		−15		
				无裂缝				
4	不透水性 30min			0.3MPa	0.2MPa	0.3MPa		
5	拉力		最大峰拉力/(N/50mm)	≥500	≥350	≥800	≥500	≥900
			次高峰拉力/(N/50mm)	—	—	—	—	≥800
			试验现象	拉伸过程中，试件中部无沥青涂盖层开裂或与胎基分离现象				
6	延伸率		最大峰时延伸率/%	≥25		≥40	无裂缝	—
			第二峰时延伸率/%	—				≥15
7	浸水后质量增加/%		PE、S	≤1.0				
			M	≤2.0				
8	热老化		拉力保持率/%	≥90				
			延伸率保持率/%					
			低温柔性/℃	−2		−10		
				无裂缝				
			尺寸变化率/%	≤0.7	钉杆撕裂强度/N	≤0.7	—	≤0.3
			质量损失/%	≤1.0				

序号	项　目		指　　标				
			I		II		
			PY	G	PY	G	PYG
9	接缝剥离强度/(N/mm)		≥1.0				
10	钉杆撕裂强度/N		—				≥300
11	矿物粒料黏附性/g		≤2.0				
12	卷材下表面沥青涂盖层厚度/mm		≥1.0				
13	人工气候加速老化	外观	无滑动、流淌、滴落				
		拉力保持率/%	≥80				
		低温柔性/℃	−2		−10		
			无裂缝				

APP卷材具有良好的防水性能、耐高温性能和较好的柔韧性（耐−15℃不裂），能形成高强度、耐撕裂、耐穿刺的防水层，尤其是耐热性能好，130℃的高温下不流淌、耐紫外线能力比其他改性沥青卷材均强。采用热熔法黏结，可靠性高。

APP卷材广泛用于各式屋面、地下室、游泳池、桥梁、隧道等建筑工程的防水防潮，非常适宜用于高温地区或阳光辐射强烈地区，使用寿命在15年以上。

2. 高聚物改性沥青防水卷材的储存、运输和保管

不同规格、标号、品种、等级的产品应有明显标记，不得混放；卷材应存放在远离火源、通风、干燥的室内，防止日晒、雨淋和受潮；卷材必须立放，高度不得超过两层，不得倾斜或横压，运输时平放不宜超过4层；应避免与化学介质及有机溶剂等有害物质接触。

9.2.3　合成高分子防水卷材

合成高分子防水卷材是以合成橡胶、合成树脂或两者的共混体为基料，加入适量的化学助剂和填料，经混炼、压延或挤出等工序加工而成的、可卷曲的片状防水材料。其抗拉强度、延伸性、耐高低温性、耐腐蚀、耐老化及防水性都很优良，是值得推广的高档防水卷材。

1. 合成高分子防水卷材的分类及产品标记

根据《高分子防水材料　第一部分：片材》（GB 18173.1—2012）的规定，合成高分子防水卷材分类见表9-10。

均质片是以同一种或一组高分子材料为主要材料，各部位截面材质均匀一致的防水片材；复合片是以高分子合成材料为主要材料，复合织物等为保护或增强层，以改变其尺寸稳定性和力学特性，各部位截面结构一致的防水片材；点黏片是均质片材与织物等保护层多点黏结在一起，黏结点在规定区域内均匀分布，利用黏结点的间距，使其具有切向排水功能的防水片材。

表9-10 合成高分子防水卷材的分类(GB 18173.1—2012)

分类		代号	主要原材料
均质片	硫化橡胶类	JL1	三元乙丙橡胶
		JL2	橡胶(橡塑)共混
		JL3	氯丁橡胶、氯磺化聚乙烯、氯化聚乙烯等
		JL4	再生胶
	非硫化橡胶类	JF1	三元乙丙橡胶
		JF2	橡胶(橡塑)共混
		JF3	氯化聚乙烯
	树脂类	JS1	聚氯乙烯等
		JS2	乙烯乙酸乙烯、聚乙烯等
		JS3	乙烯乙酸乙烯改性沥青共混等
复合片	硫化橡胶类	FL	三元乙丙、丁基、氯丁橡胶、氯磺化聚乙烯等
	非硫化橡胶类	FF	氯化聚乙烯、乙丙、丁基、氯丁橡胶、氯磺化聚乙烯等
	树脂类	FS1	聚氯乙烯等
		FS2	聚乙烯、乙烯乙酸乙烯等
点黏片	树脂类	DS1	聚氯乙烯等
		DS2	乙烯乙酸乙烯、聚乙烯等
		DS3	乙烯乙酸乙烯改性沥青共混物等

合成高分子防水卷材按类型代号、材质(简称或代号)、规格(长度×宽度×厚度)进行标记,并可根据需要增加标记内容。例如长度为20 000mm,宽度为1 000mm,厚度为1.2mm的均质硫化型三元乙丙橡胶(EPDM)防水卷材标记为JL1—EPDM—20 000mm×1 000mm×1.2mm。

2. 常用品种的性能及应用

常用的合成高分子防水卷材主要有:三元乙丙橡胶防水卷材、聚氯乙烯防水卷材、氯化聚乙烯—橡胶共混防水卷材等。

1) 三元乙丙橡胶防水卷材

三元乙丙橡胶防水卷材(EPDM)是以三元乙丙橡胶为主体原料,掺入适量的丁基橡胶、硫化剂、软化剂、补强剂等,经密炼、拉片、过滤、压延或挤出成型、硫化等工序加工而制成的高弹性防水卷材。有硫化型(JL)和非硫化型(JF)两类。规格中厚度为1.0mm、1.2mm、1.5mm、2.0mm;宽度为1.0m、1.2m;长度为20m。其物理力学性能应符合《高分子防水材料 第一部分:片材》(GB 18173.1—2012)的相关规定。

三元乙丙橡胶防水卷材防水性能强、弹性好、抗拉强度高、耐腐蚀、耐久性好,可用于冷操作;其抗老化性能优异,使用寿命一般长达40余年,弹性和拉伸性能极佳,拉伸强度可达 7MPa 以上，断裂伸长率可大于 450%，因此，对基层伸缩变形或开裂的适应性强；耐高低温性能优良，－45℃左右不脆裂，耐热温度达 160℃，既能在低温条件下进行施工作业，又能在严寒或酷热的条件长期使用。

三元乙丙橡胶防水卷材可用于具有高要求的屋面防水工程，作单层外露防水效果很好，如易受振动、易变形的建筑防水工程，有刚性保护层或倒置式屋面及桥梁、隧道防水，也用于建筑物地下室、厨房、厕所的防水工程。

2）聚氯乙烯防水卷材

聚氯乙烯防水卷材(PVC 卷材)是以聚氯乙烯树脂为主要原料，并加入一定量的改性剂、增塑剂等助剂和填充料，经混炼、造粒、挤出压延、冷却、分卷包装等工序制成的防水卷材，属非硫化型、高档弹塑性防水材料。按基料分为 S 型和 P 型两种，S 型是以煤焦油与聚氯乙烯树脂混熔料为基料制成的柔性防水卷材，P 型是以增塑聚氯乙烯树脂为基料制成的塑性防水卷材。按有无增强材料分为均质型(单一的 PVC 片材)和复合型(有纤维油毡或纤维织物增强材料)两个品种。其物理力学性能应符合《高分子防水材料　第一部分：片材》(GB 18173.1—2012)的相关规定。

PVC 卷材具有良好的水蒸气扩散性、抗渗性能好、可焊接性好、抗撕裂强度较高、低温柔性较好的特点，与三元乙丙橡胶防水卷材相比，其综合防水性能略差，但其原料丰富，价格较为便宜。

PVC 卷材适用于新建或修缮工程的屋面防水，也可用于水池、地下室、堤坝、水渠等防水抗渗工程。

3）氯化聚乙烯-橡胶共混防水卷材

氯化聚乙烯-橡胶共混防水卷材是以氯化聚乙稀树脂和合成橡胶共混物为主体，加入适量的硫化剂、促进剂、稳定剂、软化剂和填充料等，经过素炼、混炼、过滤、压延或挤出成型、硫化、分卷包装等工序制成的防水卷材，简称共混卷材，属硫化型高档防水卷材。卷材规格中厚度为 1.0mm、1.2mm、1.5mm、1.8mm、2.0mm；宽度为 1.0mm、1.2m；长度为 20m。其物理力学性能应符合《高分子防水材料 第一部分：片材》(GB 18173.1—2012)的相关规定。

氯化聚乙烯-橡胶共混防水卷材兼有塑料和橡胶的特点，具有优异的耐老化性、高弹性、高延伸性及优异的耐低温性，对地基沉降、混凝土收缩的适应能力强，它的物理性能接近三元乙丙橡胶防水卷材，由于原料丰富，其价格低于三元乙丙橡胶防水卷材。

氯化聚乙烯-橡胶共混防水卷材适用于屋面的外露和非外露防水工程、地下防水工程以及水池、土木建筑的防水工程等。

【例 9-1】　在一次竣工验收时，发现顶层屋面渗水，局部水珠下滴，检查屋面，阁楼墙根部卷材 SBS 上翻部分大部分脱落，下雨天雨水渗入。

【原因分析】　为了赶工期，在基层未干时，就强行施工，由于内部水分较大，太阳暴晒，温度升高，水蒸气将卷材强行顶开。

【防治措施】　做防水层前，基层必须干净、干燥。干燥程度的简易检验方法是将 1m² 卷材平坦地干铺在找平层上，静置 3～4h 后掀开检查，找平层覆盖部位与卷材上未见水印。

【例9-2】 某小区的顶层，多年来，只要下雨，阳台就会漏水。上屋面查看发现，防水层外抹的水泥砂浆保护层已经与屋面板裂开，形成长长的裂口，雨水尽灌其中。

【原因分析】阳台顶三面为凸出女儿墙现浇混凝土板，SBS卷材上翻后抹水泥砂浆保护层，顶层温差变化大，随着时间推移，保护层与板脱开，由于SBS卷材防水层收口处无固定措施，加之老化、脆裂，造成雨水渗漏。

【防治措施】浇筑混凝土板时，在位于SBS卷材防水层收口处预留一木条，在拆模时，将木条剔出形成一凹槽，将卷材收头端部裁齐，塞入凹槽后，用金属压条钉固定，最大钉距不应大于90mm，并用密封材料嵌填封严。旧房维修时，可在混凝土板轻剔凹槽，余下方法同上。

【例9-3】 某住宅顶层内墙面靠水落管处霉变，仔细查看外墙洇湿大片，斑驳陆离，位于水落斗处。

【原因分析】仔细检查发现卷材防水与落水斗口上无任何搭接，雨水沿落水斗外壁下落，溅到外墙，由于雨量大，墙面湿透，故内墙霉变，外墙斑驳陆离。

【防治措施】水落口杯上口的标高设置在沟底的最低处，防水层贴入杯内不应小于50mm，水落口周围直径500mm范围内坡度不应小于5%，并采用防水涂料或密封材料涂封，其厚度不应小于2mm。水落口杯与基层接触处应留宽20mm、深20mm的凹槽，并嵌填密封材料。

9.3 防水涂料

防水涂料是以沥青、合成高分子材料等为主料，在常温下呈无定型流态或半流态，涂刷在建筑物表面后，通过溶剂挥发或成膜物组分之间发生化学反应，能形成一层坚韧防水膜的材料的总称。

防水涂料是建筑工程中应用最为广泛的功能材料之一，被广泛应用于建筑物的屋面、地面、墙面、地下室及其他有防水要求的工程部位。特别适用于管道较多的卫生间、特殊结构的屋面以及旧结构的堵漏防渗工程。

防水材料具有品种多、发展快的特点，有传统使用的沥青防水材料，也有正在发展的改性沥青防水材料和合成高分子防水材料。防水设计由多层向单层防水发展，由单一材料向复合多功能材料发展。

9.3.1 防水涂料的特点与分类

1. 防水涂料的特点

一般来说，防水涂料具有以下六个特点。

（1）防水涂料在常温下呈液态，特别适宜在立面、阴阳角、穿结构层管道、不规则屋面、节点等细部构造处进行防水施工，固化后能在这些复杂表面处形成完整的防水膜。

（2）涂膜防水层自重轻，特别适宜于轻型薄壳屋面的防水。

（3）防水涂料施工属于冷施工，不必加热熬制，环境污染小。可刷涂，也可喷涂，操作简便，施工速度快，施工质量容易保证。

（4）温度适应性强，防水涂层在－30℃～80℃条件下均可使用。

（5）涂膜防水层可通过加贴增强材料来提高抗拉强度。

（6）容易修补，发生渗漏可在原防水涂层的基础上修补。

2. 防水涂料的分类

防水涂料的分类见表 9-11。

表 9-11　防水涂料分类

标　　准	类　　别
根据组分的不同	单组分防水涂料
	双组分防水涂料
根据成膜物质的不同	沥青基防水涂料
	高聚物改性沥青防水涂料
	合成高分子防水涂料

9.3.2　沥青基防水涂料

沥青基防水涂料是以沥青为基料配制而成的水乳型或溶剂型防水涂料。水乳型沥青防水涂料是将石油沥青分散于水中所形成的水分散体；溶剂型沥青防水涂料是将石油沥青直接溶解于汽油等有机溶剂后制得的溶液，沥青溶液施工后所形成的涂膜很薄，一般不单独作防水涂料使用，只用作沥青类油毡施工时的基层处理剂，如冷底子油、沥青胶等。

1. 冷底子油

1）冷底子油的概念

冷底子油是用建筑石油沥青加入汽油、煤油、轻柴油等溶剂，或在软化点 50～70℃ 的煤沥青中加入苯，溶合而配成的沥青涂料。由于施工后形成的涂膜很薄，一般不单独使用，往往用作沥青类卷材施工时打底的基层处理剂，故称冷底子油。用 10 号、30 号或 60 号石油沥青热熔后，按 30：70 配入汽油或按 40：60 配入煤油或轻柴油，可配成石油沥青冷底子油，用于石油沥青类防水层的刷底；用煤沥青热熔后按 45：55 配入苯，可配成煤沥青冷底子油，用于煤沥青类防水层的刷底。

2）冷底子油的性能与应用

冷底子油黏度小，具有良好的流动性。涂刷混凝土、砂浆等表面后能很快渗入基底，溶剂挥发沥青颗粒则留在基底的微孔中，使基底表面憎水并具有黏结性，为黏结同类防水材料创造有利条件。在铺设防水层时，需要在干燥的基层上先刷一道冷底子油，渗入到基层的毛细孔隙中，待溶剂挥发后，其沥青成分填塞基层的毛细孔隙，并在基层表面形成一层沥青薄膜，从而提高基层的抗渗能力，又能增强后铺防水材料与基层之间的黏结。图 9-5 为冷底子油作结合层的构造图。

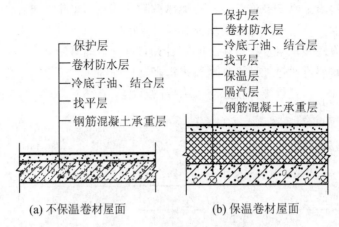

(a) 不保温卷材屋面   (b) 保温卷材屋面

图 9-5   卷材防水屋面构造

冷底子油必须在干燥的基层上涂刷，若基层潮湿，水分起了隔离作用，使沥青成分不能与基层黏合，更不能深入基层填塞毛孔，起不到应有的作用。

2. 沥青胶

1) 沥青胶的概念与分类

沥青胶(沥青玛碲脂)是为了提高沥青的耐热性，降低沥青层的低温脆性，在沥青材料中加入填料进行改性而制成的液体。粉状填料有滑石粉、云母粉、石棉粉、白云石粉等，纤维状填料有木制纤维、石棉屑等。

沥青胶按溶剂及胶黏工艺不同可分为冷、热两种，前者称为冷沥青胶，后者称为热沥青胶。沥青胶按耐热度分为 S-60、S-65、S-70、S-75、S-80、S-85 六个标号。

热用沥青胶的配制通常是将沥青加热至 $150\sim200℃$，脱水后与 $20\%\sim30\%$ 的加热干燥的粉状或纤维状填充料(如滑石粉、石灰石粉、白云粉、石棉屑、木纤维等)热拌而成，热用施工。填充料的作用是为了提高沥青的耐热性、增加韧性、降低低温脆性，因此用沥青胶粘贴油毡比纯沥青效果好。热用沥青胶在热熔状态下使用，主要用于粘贴油毡、涂敷成防水层、耐腐蚀层和嵌缝补漏等。涂刷沥青胶前，在基层先涂刷一层同类的冷底子油。

冷用沥青胶是将 $40\%\sim50\%$ 的沥青熔化脱水后，缓慢加入 $25\%\sim30\%$ 的填料，混合均匀制成，在常温下施工。它的浸透力强，采用冷沥青胶粘贴油毡，不一定要求涂刷冷底子油。它具有施工方便，减少环境污染等优点，目前应用面已逐渐扩大。

2) 沥青胶的性能与应用

沥青胶的性能主要取决于沥青胶所用沥青及其组成。所用沥青的软化点越高，则沥青胶的耐热性越好，夏季受热时不易流淌。若所用沥青的延度大，则沥青胶的柔韧性好，冬季低温时不易开裂。

沥青胶的标号应根据屋面的历年最高温度和屋面坡度进行选择，见表 9-12。

表 9 - 12　石油沥青胶的标号选择

屋面坡度/°	历年极端室外温度/℃	沥青胶标号
1～3	低于 38	S - 60
	38～41	S - 65
	41～45	S - 70
3～15	低于 38	S - 65
	38～41	S - 70
	41～45	S - 75
15～25	低于 38	S - 75
	38～41	S - 80
	41～45	S - 85

3. 水乳型沥青防水涂料

1）水乳型沥青防水涂料的概念与分类

水乳型沥青防水涂料，以乳化沥青为基料，借助于乳化剂作用，在机械强力搅拌下，将熔化的沥青微粒均匀地分散于溶剂中，使其形成稳定的悬浮体。这类涂料对沥青基本上没有改性或改性作用不大。

水乳型沥青防水涂料主要有石灰乳化沥青、膨润土沥青乳液和水性石棉沥青防水涂料等。

2）水乳型沥青防水涂料的性质与应用

水乳型沥青防水涂料主要用于地下室和卫生间防水等。在常温下操作，可在潮湿基层上施工；涂料施工后，随着水分蒸发，沥青颗粒相互挤近靠拢，凝聚成膜，与基层黏结成防水层，起到防水作用。

水乳型沥青防水涂料不宜在负温下施工，以免水分结冰而破坏防水层；也不宜在烈日下施工，以免水分蒸发过快使表面过早结膜，使膜内水分蒸发不出而产生气泡。

9.3.3　高聚物改性沥青防水涂料

高聚物改性沥青防水涂料是以沥青为基料，用合成高分子聚合物进行改性配制成的水乳型或溶剂型防水涂料。高聚物改性沥青防水涂料可直接涂刷成防水层，或粘贴同类的防水卷材，利用这种防水涂料可得到低温下抗裂性能、黏结性能、防水性能和抗老化性能更好的防水层，用于要求较高的屋面防水和其他防水工程。常用的高聚物改性沥青防水涂料有再生橡胶沥青防水涂料、氯丁橡胶沥青防水涂料等。

1. 再生橡胶沥青防水涂料

1）再生橡胶沥青防水涂料的概念与分类

再生橡胶沥青防水涂料是由石油沥青和废橡胶粉加工制成的防水涂料，分为油溶型和水溶型两类。若掺入汽油作溶剂，可得到油溶型的再生橡胶沥青防水卷材(JG—1 型防水冷胶料)；若掺入水和乳化剂，经乳化而成的是水乳型再生橡胶沥青防水涂料(JG—2 型防水冷胶料)。

2）再生橡胶沥青防水涂料的性质与应用

再生橡胶沥青防水涂料有宽阔的温度适应性，在沥青混凝土施工作业时高温 140～180℃不流淌，在低温－30～－20℃的动荷载作用下不脆裂；材料固化成膜快，成膜韧性好。由于材料中加入化学助剂，使材料在短时间内即可成膜，缩短桥面防水施工时间；黏结力强，在配方中添加了渗透剂和增黏剂，提高了涂料的渗透能力和黏结性能，可将铺装层与桥面板黏结成一个整体；施工防水层后，桥面板与铺装层的剪切强度达到 0.5～1.0MPa，基层开裂 2mm，涂膜不开裂；可冷施工作业，机械化、自动化程度高，材料无毒，不污染环境。

再生橡胶沥青防水涂料施工温度在 5℃以上，涂料使用前须搅拌均匀，雨天不能施工，五级风以上不能施工，0℃以上储存、运输，避免暴晒，储存期 6 个月。

2. 氯丁橡胶沥青防水涂料

氯丁橡胶沥青防水涂料是由氯丁橡胶改性沥青为基料加工制作的，也有溶剂型和水乳型两种。溶剂型氯丁橡胶沥青防水涂料是氯丁橡胶和石油沥青溶于芳烃而形成的一种混合胶体溶液，其主要成膜物质是氯丁橡胶和石油沥青；水乳型氯丁橡胶沥青防水涂料是以阳离子型氯丁胶乳与阴离子型沥青乳液混合构成的，是氯丁橡胶及石油沥青的微粒借助于阳离子型表面活性剂的作用，稳定分散在水中而形成的一种乳状液。

氯丁橡胶沥青防水涂料具有橡胶和沥青的双重优点。有较好的耐水性、耐腐蚀性，成膜快、涂膜致密完整、延伸性好，抗基层变形性能较强，能适应多种复杂层面，耐候性能好，能在常温及较低温度条件下施工。

氯丁橡胶沥青防水涂料可用于工业与民用建筑混凝土屋面防水层，防腐蚀地坪的隔离层，旧油毡屋面维修以及厨房、水池、厕所、地下室的抗渗防潮等。

9.3.4 合成高分子防水涂料

合成高分子防水涂料是指以合成橡胶或合成树脂为主要成膜物质，添加其他辅料，经过特殊工艺加工而成的单组分或多组分的防水涂料。合成高分子防水涂料具有优良的高弹性和绝佳的防水性能，无毒、无味，安全环保；涂膜的耐水性、耐碱性、抗紫外线能力强，具有较高的断裂延伸率、拉伸强度和自动修复功能。合成高分子防水涂料逐渐成为防水涂料的主流产品。

我国目前应用较多的合成高分子防水涂料主要有聚氨酯防水涂料、硅橡胶防水涂料、丙烯酸酯防水涂料等。

1. 聚氨酯防水涂料

聚氨酯防水涂料是由异氰酸酯、聚醚等为主要成膜物质，配以催化剂、无水助剂、无水填充剂、溶剂等，经混合等工序加工制成的富有弹性的整体防水膜。该类涂料为反应固化型(湿气固化)涂料，具有强度高、延伸率大、耐水性能好等特点，对基层变形的适应能力强。

聚氨酯防水涂料可分为焦油型和非焦油型两大类。焦油聚氨酯以廉价、性能优异的煤焦油作为活性填充材料，目前在国内市场上占主导地位。但是，煤焦油是一种组成复杂的混合物，其活性成分随煤种和炼焦工艺的不同而有较大的差异，产品性能不稳定，且耐老化性能差，只能用作非外露型防水涂料。另外，煤焦油中含有大量蒽、萘、酚类易挥发物质，严重污染环境和危害人体健康。随着人们对环保要求的不断提高，焦油聚氨酯被淘汰已是大势所趋。

非焦油型聚氨酯主要有沥青型聚氨酯。其他聚氨酯虽性能优异，但价格较贵，一时还不能广泛应用，因而沥青型聚氨酯受到了广泛的关注。石油沥青作为填充剂加入聚氨酯防水涂料中，无煤焦油的刺激性气味，污染少；本身具有良好的耐水性和防水性能，可延长产品的老化时间；所用的生产设备与煤焦油一样，不需另外追加设备投资；成本低，因此具有良好的开发应用前景。

2. 硅橡胶防水涂料

硅橡胶防水涂料是以硅橡胶乳液以及其他乳液的复合物为基料，掺入无机填料及各种助剂，配制成乳液型防水涂料。该涂料兼有涂膜防水和渗透性防水材料的优良特性，具有良好的防水性、抗渗性、成膜性、弹性、黏结性、延伸性、耐高低温性、抗裂性、耐氧化性和耐候性，并且无毒、无味、不燃，使用安全。适用于地下室、卫生间、屋面以及地上地下构筑物的防水防渗和渗漏水修补等工程。

3. 丙烯酸酯防水涂料

丙烯酸酯防水涂料是以丙烯酸树脂乳液为主料，加入适量的颜料、填料等配制而成的水乳型防水涂料。具有耐高低温性好、不透水性强、无毒、无味、无污染、操作简单等优点，可在各种复杂的基层表面上施工，有白色、多种浅色以及黑色等，使用寿命为10～15年。

丙烯酸酯防水涂料广泛应用于外墙防水装饰及各种彩色防水层。丙烯酸酯防水涂料的缺点是延伸率较小，对此可加入合成橡胶乳液予以改性，使其形成橡胶状弹性涂膜。

9.3.5 常用防水材料的品种与性能

近年来，我国防水材料的研制取得了很大进步，常用的沥青基防水涂料、高聚物改性沥青防水涂料和合成高分子防水涂料的性能及用途见表9-13。

表9-13 常用防水涂料的性能及用途

涂料种类	特　点	适用范围
乳化沥青防水涂料	成本低，施工方便，耐热性好，但延伸率低	民用及工业建筑厂房的复杂屋面和青灰屋面防水，屋顶钢筋板面和油毡屋面防水
橡胶改性沥青防水涂料	有一定的柔韧性和耐水性，常温下冷施工，安全可靠	工业及民用建筑的保温屋面、地下室、洞体、冷库地面等的防水
硅橡胶防水涂料	防水性好，成膜性、弹性、黏结性好，安全无毒	地下工程、储水池、厕浴间、屋面的防水

续表

涂料种类	特　点	适用范围
PVC 防水涂料	具有弹塑性，能适应基层的一般开裂或变形	可用于屋面及地下工程、蓄水池、水沟、天沟的防腐和防水
三元乙丙橡胶 防水涂料	具有高强度，高弹性，高延伸率，施工方便	可用于宾馆、办公楼、厂房、仓库、宿舍的建筑屋面和地面防水
聚丙烯酸酯 防水涂料	黏结性强，防水性好，耐老化，能适应基层的开裂变形，冷施工	广泛应用于中、高级建筑工程的各种防水工程，平面、立面均可施工
聚氨酯 防水涂料	强度高，耐老化性能优异，延伸率大，黏结力强	用于建筑物面的隔热防水工程，地下室、厕浴间的防水，也可用于彩色装饰性防水
粉状黏性 防水涂料	属于刚性防水，涂层寿命长，经久耐用，不存在老化问题	适用于建筑屋面、厨房、厕浴间、坑道、隧道地下工程防水

【例 9－4】　某屋面防水材料选用彩色焦油聚氨酯，涂膜厚度 2mm。施工时因进货渠道不同，底层与面层涂料分别为两家不同生产厂的产品。施工后发现三个质量问题：一是大面积涂膜呈龟裂状，部分涂膜表面不结膜；二是整个屋面颜色不均，面层厚度普遍不足；三是局部(约 3%)涂膜有皱折、剥离现象。

【原因分析】

(1) 涂膜开裂和表面不结膜：主要与涂膜厚度不足有关。用针刺法检查，涂膜厚度平均小于 0.5mm。由于厚度较薄，面层涂料在初期自然养护时，材料固化时产生的收缩应力大于涂膜的结膜强度，所以容易产生龟裂现象。另外，如果厚度不足，聚氨酯中的两组分无法充分反应，则涂膜不固化，表面粘手。

(2) 屋面颜色不均匀：主要是 A、B 两组分配置时搅拌不均匀造成的。尤其是 B 组分中的粉状涂料，如果搅拌时间不足，搅拌不充分，涂料结膜后就会产生色泽不均匀的现象。另外，本工程因底层与面层涂料来自不同生产厂，所以两种材料之间的覆盖程度、颜色的均匀性与厚度大小、涂刷相隔时间有关。

(3) 涂膜皱折、剥离：主要与施工时基层潮湿有关。本工程采用水泥膨胀珍珠岩预制块保温层，基层内部水分较多。涂膜施工后，在阳光照射下，多余水分因温度上升会产生巨大蒸汽压力，使涂膜黏结不实的部位出现皱折或剥离现象。这些部位如果不及时修补，就会丧失防水功能。

【防治措施】

(1) 涂膜厚度：在施工时，确保材料用量与分次涂刷，同时还应加强基层平整度的检查，对个别有严重缺陷的地方，应该用同类材料的胶泥嵌补平整。

(2) 施工工艺：彩色焦油聚氨酯防水涂料是双组分反应型材料。因此，在施工时应严格按配合比施工，并且加强搅拌。特别是 B 组分中有粉状填料，更应适当延长搅拌时间，最好采用电动搅拌器搅拌，否则，聚氨酯防水涂料结膜后强度不足将影响它的使用功能。

(3) 材料品种：从理论上分析，同一品种的防水材料不应存在相容性的问题。但工程实践证实，焦油聚氨酯防水涂料与水泥类基层的黏结性一般很好，剥离强度较高；而底涂层与面涂层之间剥离强度相对较低。另外，从本工程来看，表面颜色不均匀问题，还与采用不同生产厂的材料有关，在今后类似工程中应该避免。还有，不同品种的涂料在工程中一般不应混用。即使性能相近的品种，也应进行材料相容性试验，既要试验两种材料的剥离强度，还应测定两种材料涂刷的最佳相隔时间。这种试验主要是为了确保防水涂膜的整体性与水密性，提高工程的使用年限。

9.4　建筑防水密封材料

为提高建筑物整体的防水、抗渗性能，对于工程中出现的施工缝、构件连接缝、变形缝等各种接缝，必须填充具有一定弹性、黏结性，能够使接缝保持水密、气密性能的材料，这就是建筑防水密封材料。

1. 建筑防水密封材料的分类

建筑防水密封材料又称嵌缝材料，分为具有一定形状和尺寸的定型密封材料(俗称密封条和压条，如止水条、止水带等)和各种膏糊状的不定型密封材料(俗称密封膏或嵌缝膏，如腻子、胶泥、各类密封膏等)两大类，见表 9-14。

表 9-14　建筑防水密封材料的分类及主要品种

分类	类型		主要品种
不定型密封材料	非弹性密封材料	油性密封材料	普通油膏
		沥青基密封材料	橡胶改性沥青油膏、桐油改性沥青油膏、石棉沥青腻子、沥青鱼油油膏、苯乙烯焦油油膏
		热塑性密封材料	聚氯乙烯胶泥、改性聚氯乙烯胶泥、塑料油膏、改性塑料油膏
	弹性密封材料	溶剂型弹性密封材料	丁基橡胶密封膏、氯丁橡胶密封膏、氯磺化聚乙烯橡胶密封膏、橡胶改性聚酯密封膏
		水乳型弹性密封材料	水乳丙烯酸密封膏、水乳氯丁橡胶密封膏、改性EVA密封膏、丁苯胶密封膏
		反应型弹性密封材料	聚氨酯密封膏、聚硫密封膏、硅酮密封膏
定型密封材料	密封条带		橡胶密封条、丁腈胶-PVC密封条、自粘性橡胶
	止水带		橡胶止水带、无机材料基止水带、塑料止水带

2. 工程常用密封膏

1) 建筑防水沥青嵌缝油膏

建筑防水沥青嵌缝油膏(简称油膏)是以石油沥青为基料，加入改性材料、稀释剂及填充料混合制成的冷用膏状材料。此类密封材料价格较低，以塑性性能为主，具有一定的延伸性和耐久性，但弹性差。

根据国家标准《屋面工程质量验收规范》(GB 50207—2012)的规定，改性石油沥青密封材料按耐热度和低温柔性分为两类，以适应南北环境温度差异的需求，北方地区宜使用Ⅰ类产品，南方地区宜使用Ⅱ类产品。建筑防水沥青嵌缝油膏的性能指标应符合《建筑防水沥青嵌缝油膏》(JC/T 207—2011)的相关规定。

建筑防水沥青嵌缝油膏主要用于各种混凝土屋面板、墙板等建筑构件节点的防水密封。使用沥青油膏嵌缝时，缝内应洁净干燥，先涂刷冷底子油一道，待其干燥后即嵌填油膏。油膏表面可加石油沥青、油毡、砂浆覆盖。

2) 聚氯乙烯建筑防水接缝材料

聚氯乙烯建筑防水接缝材料是以聚氯乙烯树脂为基料，加以适量的改性材料及其他添加剂配制而成的(简称 PVC 接缝材料)。按施工工艺可分为热塑型(通常指 PVC 胶泥)和热熔型(通常指塑料油膏)两类。

聚氯乙烯建筑防水接缝材料具有良好的弹性、延伸性及耐老化性，与混凝土基面有较好的黏结性，能适应屋面振动、沉降、伸缩等引起的变形要求。

3) 聚氨酯建筑密封膏

聚氨酯建筑密封膏是以聚氨基甲酸酯聚合物为主要成分的单组分或双组分反应固化型的建筑密封材料。

聚氨酯建筑密封膏按流动性分为 N 型和 L 型两个类别。N 型是用于立缝或斜缝而不下垂的非下垂型；L 型是用于水平接缝能自动流平，形成光滑表面的自流平型。

聚氨酯建筑密封膏按拉伸模量分为高模量(HM)和低模量(LM)两个级别。聚氨酯建筑密封膏的性能指标应符合《聚氨酯建筑密封胶》(JC/T 482—2003)的相关规定。

聚氨酯建筑密封膏能够在常温下固化，并有着优异的弹性性能、耐热耐寒性能和耐久性，与混凝土、木材、金属、塑料等多种材料有着很好的黏结力。具有延伸率大、弹性和黏结性好，耐低温、耐火、耐油、耐酸碱，使用年限长等优良性能。被广泛用于各种装配式屋面板、楼地面、阳台、窗框、卫生间等部位的接缝，施工缝的密封，给排水管道接缝和储水池的密封等。

4) 聚硫建筑密封膏

聚硫建筑密封膏是以液态聚硫橡胶(多硫聚合物)为主剂，以金属过氧化物(多数为二氧化铅)为固化剂，加入增塑剂、增韧剂、填充剂及着色剂等在常温下形成的弹性密封材料。它是目前世界上应用最广、使用最成熟的一类密封材料。

聚硫建筑密封膏分为单组分和双组分两类。目前国内双组分聚硫建筑密封膏的品种较多，其性能应符合《聚硫建筑密封胶》(JC/T 483—2006)的要求。

聚硫建筑密封膏能形成类似于橡胶的高弹性密封口，能承受持续和明显的循环位移，使用温度范围宽，在−40~90℃的温度范围内能保持它的各项性能指标，与金属和非金属材质均具有良好的粘结力。这种密封材料适用于混凝土墙板、屋面板、楼板、地下室等部位的接缝密封；金属幕墙、金属门窗框四周、中空玻璃、耐热玻璃的周边防水、防尘密封；游泳池、储水槽、上下管道、冷库等的接缝密封。

5）硅酮建筑密封膏

硅酮建筑密封膏是以聚硅氧烷为主要成分的单组分和双组分室温固化型弹性建筑密封材料。硅酮建筑密封膏属高档密封膏，它具有优异的耐热、耐寒和耐候性能，与各种材料有着较好的黏结性，耐伸缩疲劳性强，耐水性好。

6）丙烯酸酯建筑密封膏

丙烯酸酯建筑密封膏是以单组分水乳型丙烯酸酯为基料的建筑密封材料。丙烯酸酯建筑密封膏黏结力强，具有很好的弹性，能适应一般伸缩变形的需要，无溶剂污染、无毒、不燃、耐水、耐酸性好，可在潮湿的基层上施工，操作方便。特别是具有优异的耐候性和耐紫外线老化性，属于中档建筑密封材料，综合性能明显优于非弹性密封膏和热塑性密封膏，但要比聚氨酯、聚硫、硅酮等密封膏差一些。

丙烯酸酯建筑密封膏适用于混凝土、金属、木材、砖石、玻璃等材料之间的密封防水，主要用于外墙伸缩缝、屋面板缝、石膏板缝、给排水管道与楼屋面接缝等处的密封。该密封材料中含有约 15％的水，故在温度低于 0℃时不能使用。

7）止水带

止水带也称为封缝带，是处理建筑物或地下构筑物接缝（伸缩缝、施工缝、变形缝）用的一类定型防水密封材料。常用品种有橡胶止水带、塑料止水带等。

橡胶止水带是以天然橡胶或合成橡胶为主要原料，掺入各种助剂及填料，经塑练、混练、模压而成。具有良好的弹塑性、耐磨性和抗撕裂性能，适应变形能力强，防水性能好。但使用温度和使用环境对物理性能有较大的影响，当作用于止水带上的温度超过 50℃，以及受强烈的氧化作用或受油类等有机溶剂的侵蚀时不宜采用。

橡胶止水带一般用于地下工程、小型水坝、储水池、地下通道、河底隧道、游泳池等工程的变形缝部位的隔离防水以及水库、输水洞等处闸门的密封止水。

塑料止水带目前多为软质聚氯乙烯塑料止水带，是由聚氯乙烯树脂、增塑剂、稳定剂等原料经塑练、造粒、挤出、加工成型而成。塑料止水带的优点是原料来源丰富，价格低廉，耐久性好，可用于地下室、隧道、涵洞、溢洪道、沟渠等的隔离防水。

● 知 识 链 接 ┈┈┈┈┈┈┈┈┈┈┈┈┈┈┈┈┈┈┈┈┈┈┈┈┈┈┈┈┈┈┈┈┈┈┈┈┈

厕浴间防水工程既要解决地面防水，防止水渗漏到下层结构内，又要解决墙面防水，以防止水渗漏到同一墙体的另外一侧。厕浴间的一般防水构造层次如下。

（1）结构基层：整体现浇钢筋混凝土板、预制整块开间钢筋混凝土板或预制圆孔板。

（2）找坡层：采用水泥焦渣垫层向地漏处找出排水坡度。

（3）楼地面及墙面防水层：采用柔性涂膜防水层、刚性防水砂浆防水层或两者复合防水层。涂膜要翻至墙面，距离地面 150mm。

（4）楼地面及墙面面层：楼地面一般为马赛克或地面砖，墙面一般为瓷砖面层或防水涂料。

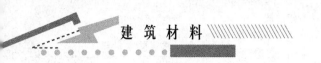

复习思考题

一、填空题

1. 沥青按产源分为_____和_____两类。

2. 石油沥青是一种_____胶凝材料，在常温下呈_____、_____或_____状态。

3. 石油沥青的组分主要包括_____、_____和_____三种。

4. 石油沥青的黏滞性，对于液态石油沥青用_____表示，单位为_____；对于半固体或固体石油沥青用_____表示，单位为_____。

5. 石油沥青的塑性用_____或_____表示；该值越大，则沥青塑性越_____。

6. 石油沥青的温度稳定性是指沥青的_____和_____随温度变化而改变的性能。石油沥青的温度稳定性通常用_____表示。

7. 石油沥青的牌号主要根据其_____、_____和_____等质量指标划分，以_____值表示。

8. 同一品种石油沥青的牌号越高，则针入度越_____，黏性越_____；延伸度越_____，塑性越_____；软化点越_____，温度稳定性越_____。

9. 防水卷材根据其主要防水组成材料分为_____、_____和_____三大类。

10. SBS卷材主要用于屋面及地下室防水，尤其适用于_____地区；APP卷材适用于工业与民用建筑的屋面和地下室防水工程及道路、桥梁等建筑物的防水，尤其适用于_____环境的建筑防水。

11. SBS改性沥青防水卷材和APP改性沥青防水卷材，按胎基分为_____、_____和_____三类，按材料性能分为_____型和_____型。

二、选择题

1. 石油沥青的针入度越大，则其黏滞性( )。

A. 越大 B. 越小 C. 不变

2. 为避免夏季流淌，一般屋面用沥青材料软化点应比本地区屋面最高温度高( )。

A. 10℃以上 B. 15℃以上 C. 20℃以上 D. 25℃以上

3. 下列不宜用于屋面防水工程中的沥青是( )。

A. 建筑石油沥青 B. 煤沥青 C. SBS改性沥青 D. APP改性沥青

4. 石油沥青的牌号用其( )值表示。

A. 针入度 B. 延伸度 C. 软化点

5. 三元乙丙(EPDM)防水卷材属于( )防水卷材。

A. 合成高分子 B. 沥青 C. 高聚物改性沥青

三、简答题

1. 石油沥青由哪几种组分组成？分别对沥青的性能有何影响？

2. 石油沥青的牌号如何划分？建筑工程中如何选用沥青的牌号？

3. 石油沥青和煤沥青的区别有哪些？如何判断沥青质量的好坏？

4. 什么叫改性沥青？常用的改性沥青有哪几种？各有何特点及用途？

5. 常用建筑防水卷材的品种有哪些？各自的性能和应用范围是什么？

6. 常用防水涂料有哪些品种？各自的性能和应用范围是什么？

7. 什么是建筑防水密封材料？简述不定型密封材料的主要品种及应用。

四、案例题

某防水工程需要石油沥青 20t，要求软化点不低于 60℃，工地现有 30 号和 60 号两种沥青，经试验其软化点分别为 70℃ 和 45℃，问这两种牌号的石油沥青如何掺配？

第 10 章

绝热材料和吸声材料

ℰℴ学习目标

本章介绍了绝热材料和吸声材料，以及它们的应用等。通过本章的学习，要求学生：

掌握：绝热材料和吸声材料的作用机理和影响因素。

熟悉：常用绝热材料和吸声材料的品种。

了解：吸声材料与绝热材料的技术要求；隔绝空气传声和固体撞击传声的处理原则；吸声材料和隔声材料的构造特征。

近几年来，上海的节能环保建筑渐渐多起来，一些新项目，如张江科文交流中心、浦江智谷招商服务大厦、安亭新镇、青浦别墅、崇明东滩生态农场以及普陀区的旧房改造项目等，都将达到比上海普通建筑环保节能 75% 的标准。这个数字意味着什么？首先，它意味着住在这些建筑里会感觉更加舒适，冬天不冷，夏天不热。由于屋顶涂了节能涂料称为戴帽、门窗采用中空玻璃、外墙体使用厚板称为穿衣，因此其隔热性、保温性良好，在天气极端闷热或寒冷时，效果尤其明显。其次，它意味着住户可以大大节省电费。据有关部门测算，在同等面积和住户用电习惯的条件下，节能建筑约能减少 30% 左右的电费开支。

我国目前建筑节能水平远低于发达国家，我国建筑单位面积能耗仍是气候相近的发达国家的 3～5 倍。因此降低建筑物使用能耗大有可为，我们应改变观念，从长远利益出发，积极采用先进的建筑节能材料或结构。

保温绝热材料和吸声材料都是功能性材料的重要品种。建筑节能的主要途径之一，就是采用保温绝热材料。有效地运用吸声材料，可以保持室内良好的声环境和减少噪声污染。绝热材料和吸声材料的应用，对提高人们的生活质量有着非常重要的作用。

10.1 绝 热 材 料

10.1.1 绝热材料概述

为保持适宜于人们学习、工作、生活、生产的室内温度，要求围护结构在严寒季节，具有良好的保温性能，在炎热季节又要具有良好的隔热性能，这些都要依靠绝热材料。

绝热材料是指对热流具有显著阻抗性的材料或材料复合体，是保温材料和隔热材料的总称。保温即防止室内热量的散失，而隔热即防止外部热量的进入。

绝热材料通常为轻质、疏松、多孔或纤维状材料，对热流具有显著的阻抗性。合理使用绝热材料，可以减少热损失、节约能源、减少外墙厚度、减轻自重，从而节约材料，降低造价。因此，有些国家将绝热材料看作继煤炭、石油、天然气、核能之后的"第五大能源"。

1. 绝热材料的作用原理

在理解材料绝热原理之前，先了解热传递的原理。热传递是指热量从高温区向低温区的自发流动，是一种由于温差而引起的能量转移。在自然界中，无论是在一种介质内部还是在两种介质之间，只要有温差存在，就会出现热传递过程。

热传递的方式有三种：传导、对流和热辐射。"传导"是指热量由高温物体流向低温物体或由物体的高温部分流向低温部分；"对流"是指液体或气体通过循环流动传递热量的方式；"热辐射"是依靠物体表面对外发射电磁波而传递热量的方式。

在实际的传热过程中，往往同时存在着两种或三种传热方式。建筑材料的传热主要是靠传导，由于建筑材料内部孔隙中含有空气和水分，所以同时还有对流和热辐射存在，只是对流和热辐射所占比例较小。

衡量材料导热能力的主要指标是热导率 λ，λ 值越小，材料的导热能力越差，而保温隔热性能越好。对绝热材料的基本要求是导热系数。

λ 的表达式为

$$\lambda = \frac{Q\delta}{At \cdot (T_2 - T_1)} \tag{10-1}$$

式中：λ——导热系数[W/(m·K)]；

　　　Q——传导的热量(J)；

　　　A——热传导面积(m^2)；

　　　δ——材料的厚度(m)；

　　　t——热传导时间(s)；

　　　$(T_2 - T_1)$——材料两侧温差(℃ 或 K)。

其物理意义是在稳定传热条件下，当材料两边表面温差为 1℃ 时，在 1h 内通过厚度为 1m、表面积为 $1m^2$ 的材料的热量。因此热导率 λ 值愈小，材料的导热能力越差，而保温隔热性能越好。对绝热材料的要求是热导率小于 0.29W/(m·K)，表观密度小于 1 000kg/m^3，抗压强度大于 0.3MPa。

2. 影响材料导热系数的主要因素

1）材料的性质和结构

不同材料的热导率是不同的，热导率值以金属最大，非金属次之，液体较小，气体最小。对于同一种材料，内部结构不同，热导率也差别很大。一般结晶结构的为最大，微晶体结构的次之，玻璃体结构的最小。

2）材料的表观密度和孔隙特征

由于固体物质的热导率要比空气的热导率大得多，因此，表观密度小的材料孔隙率大，其热导率也较小。当孔隙率相同时，孔隙尺寸小而封闭的材料由于空气热对流作用的减弱而比孔隙尺寸粗大且连通的孔有更小的热导率。

3）材料所处环境的温度、湿度

当材料受潮后，由于孔隙中增加了水蒸气的扩散和水分子的热传导作用，致使材料热导率增大[$\lambda_水 = 0.58$W/(m·K)；$\lambda_气 = 0.029$W/(m·K)，水的热导率比空气大 20 倍)，而当材料受冻后，水变成冰，其热导率将更大($\lambda_冰 = 2.33$W/(m·K))]。因而绝热材料使用时切忌受潮受冻。

当温度升高时，材料的热导率将随温度的升高而增大。但是，当温度在 0～50℃ 范围内变化时，这种影响并不显著，只有处于高温或负温下，才考虑温度的影响。

4）热流方向

对于各向异性的材料，如木材等纤维质的材料，当热流平行于纤维方向时，热流受到的阻力小；当热流垂直于纤维方向时，受到的阻力大。例如松木，当热流垂直于木纹时 λ＝0.175W/m·K)；而当热流平行于木纹时，则 λ＝0349W/(m·K)。在评价材料绝热性能时，除了上述的热导率 λ 外，还有热阻、蓄热系数等指标。

在建筑上采用保温隔热材料，能提高建筑物的使用效能，减少建筑材料的用量，减轻围护结构的质量，从而大幅度节能降耗。所以使用保温隔热材料对于促进建筑业的发展，缓解能源危机以及提高人民的居住水平具有重要意义。

10.1.2　常用绝热材料

绝热材料按化学成分可分为有机绝热材料和无机绝热材料两类；按材料的构造可分为纤维状绝热材料、松散状绝热材料和多孔组织绝热材料三类。通常绝热材料可制成板、片、卷材或管壳等多种形式的制品。

一般来说，无机绝热材料的表观密度大，不易腐蚀，耐高温；而有机绝热材料吸湿性大，不耐久，不耐高温，只能用于低温绝热。

1. 无机绝热材料

1）石棉及其制品

石棉是蕴藏在中性或酸性火成岩矿床中的一种非金属矿物，具有极高的抗拉强度，并具有耐高温、耐腐蚀、绝热、绝缘等优良特性，是一种优质绝热材料。通常以石棉为主要原料生产的保温隔热制品有：石棉粉、石棉涂料、石棉板、石棉毡等制品，用于建筑工程的高效能保温及防火覆盖等。

2）玻璃棉及其制品

玻璃棉是玻璃纤维的一种，是用玻璃原料或碎玻璃经熔融后制成的纤维状材料。有短棉和超细棉两种。短棉的纤维长度一般为 $50\sim150\mathrm{mm}$，纤维直径为 $12\times10^{-3}\mathrm{mm}$，堆积密度为 $100\sim150\mathrm{kg/m^3}$，热导率为 $0.035\sim0.058\mathrm{W/(m\cdot K)}$，价格与矿棉相近。

玻璃棉制品具有良好的保温、阻燃、耐腐蚀等性能，同时它还是良好的吸声材料。制成的沥青玻璃棉毡、板及酚醛玻璃棉毡、板等产品，广泛使用在温度较低的电力设备、房屋建筑、管道、储藏、锅炉、飞机、船舶等有关部位的保温、隔热和吸声方面，如图 10-1 所示。

(a) 玻璃棉板　　　　　(b) 玻璃棉毡　　　　　(c) 玻璃棉管

图 10-1　玻璃棉及其制品

超细棉的纤维直径为 $4\times10^{-3}\mathrm{mm}$，表观密度更小，热导率更低，绝热效果更优良。

3）矿棉及其制品

岩棉和矿渣棉统称为矿棉。岩棉是由玄武岩、火山岩等矿物在冲天炉或电炉中熔化后，用压缩空气喷吹法或离心法制成；矿渣棉是以工业废料矿渣为主要原料，熔化后，用高速离心法或压缩空气喷吹法制成的一种棉丝状的纤维材料。

矿棉具有质轻、难燃、绝热和电绝缘等性能，且原料来源广、成本低，可制成矿棉板、矿棉毡等，用作建筑物的墙壁、屋顶、顶板等处的保温隔热和吸声材料，也可用作管道的保温材料。图 10-2 所示为岩棉及其制品。

(a) 岩棉条

(b) 岩棉管

(c) 岩棉毡

图 10-2　岩棉及其制品

4）膨胀珍珠岩及其制品

珍珠岩是一种酸性火山玻璃质岩石，膨胀珍珠岩是将天然珍珠岩高温煅烧，导致体积膨胀（20倍）而制成的白色或灰白色蜂窝状松散颗粒，具有表观密度轻、热导率低、化学稳定性好、使用温度范围广、吸湿能力小且无毒、无味、吸声等特点，因而是一种优良的保温隔热建筑材料。

目前市场上的产品有膨胀珍珠岩和玻化微珠（闭孔珍珠岩），其堆积密度为 $40\sim300$ kg/m³，热导率为 $0.025\sim0.048W/(m\cdot K)$，可耐 800℃的高温和 -200℃的低温，是高效能的保温保冷填充材料，如图 10-3 所示。膨胀珍珠岩也可与水泥、水玻璃等胶凝材料配合，制成砖、管等膨胀珍珠岩制品，用于围护结构及管道的隔热。

(a) 珍珠岩保温板

(b) 膨胀珍珠岩

图 10-3　珍珠岩及其制品

5）膨胀蛭石及其制品

膨胀蛭石是由天然矿物蛭石经烘干、破碎、焙烧（800~1 000℃），在短时间内体积急剧膨胀（6~20倍）而成的一种金黄色或灰白色的颗粒状材料，具有堆积密度小（80~200 kg/m³）、导热系数小[0.046~0.070W/(m·K)]、防火、防腐、化学性能稳定、无毒、无味等特点，因而是一种优良的保温隔热材料。

膨胀蛭石可在 1 000~1 100℃下使用。膨胀蛭石吸水后绝热效果降低，因此，多用于墙壁、屋面、楼板的夹层中，作为隔热和吸声材料。膨胀蛭石也可与水泥、水玻璃等胶凝材料配合，制成各种膨胀蛭石制品，用于围护结构及管道的隔热。

6）泡沫玻璃

泡沫玻璃是用碎玻璃加入一定量的发泡剂，经粉磨、混合、装模，在 800℃下煅烧生成的具有大量封闭气泡的多孔材料。

泡沫玻璃具有导热系数小、抗压强度高、抗冻性好、耐久性好，并且对水分、水蒸气和其他气体具有不渗透性，还容易进行机械加工，可锯切、钻孔、黏结，是一种高级绝热材料，可满足多种绝热需要。

泡沫玻璃在建筑上主要用于保温墙体、地板、天花板及屋顶保温。泡沫玻璃用于墙体保温隔热，代替烧结普通砖，减薄墙体厚度，节约能源更是首屈一指，而且间接地扩大了建筑使用面积，减轻了建筑物的自重，如图10-4所示。

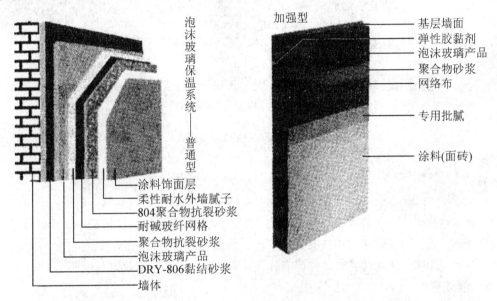

图10-4　泡沫玻璃保温系统

7）泡沫混凝土

泡沫混凝土是将水泥、水和松香泡沫剂混合后，经搅拌、成型、养护、硬化而成，具有多孔、轻质、保温、绝热、吸声等性能，也可用粉煤灰、石灰、石膏和泡沫剂制成粉煤灰泡沫混凝土，用于建筑物围护结构的保温绝热。

8）加气混凝土

加气混凝土是由水泥、石灰、粉煤灰和发气剂（铝粉）配制而成，经成型、蒸汽养护制成的一种保温绝热性能良好的材料，具有保温、绝热、吸声等性能。加气混凝土表观密度小，导热系数比烧结普通砖小好几倍，因此，24cm厚的加气混凝土墙体，其保温绝热效果优于37cm厚的砖墙。此外，加气混凝土的耐火性能良好。目前，地暖施工中采用的泡沫水泥，就是此类材料。

9）硅藻土

硅藻土是一种被称为硅藻的水生植物的残骸。硅藻土由微小的硅藻壳构成，硅藻壳内又包含大量极细小的微孔。硅藻土的孔隙率为50％～80％，因而具有很好的保温绝热性能。其导热系数为0.060 W/(m·K)，最高使用温度约为900℃。硅藻土常用作填充料或制作硅藻土砖等。

10) 微孔硅酸钙制品

微孔硅酸钙制品是用硅藻土、石灰、石英砂、纤维增强材料及水等以拌和、成型、蒸压处理和干燥等工序制成的，如图 10-5 所示。导热系数为 0.047～0.056W/(m·K)，最高使用温度为 650～1 000℃，用于建筑物的围护结构和管道保温，效果比水泥膨胀珍珠岩和水泥膨胀蛭石好。

(a) 微孔硅酸钙　　　　　　　　(b) 硅酸钙用于钢套钢保温管

做加强防腐涂层
外套钢管
聚氨酯发泡
复合硅酸钙保温瓦
耐高温纤维毡
工作钢管

图 10-5　硅酸钙及其制品

2. 有机绝热材料

1) 碳化软木板

碳化软木板是以一种软木橡树的外皮为原料，经适当破碎后再在模型中成形，在 300℃左右热处理而成。由于软木皮中含有无数气泡，所以成为理想的保温、绝热、吸声材料，且具有不透水、无味、无毒等特性，并且有弹性，柔和耐用，不起火焰，只能阴燃。

2) 泡沫塑料

泡沫塑料是以合成树脂为基料，加入一定剂量的发泡剂、催化剂、稳定剂等辅助材料经过加热发泡而制成的。具有质轻、热导率小、吸水率低、耐老化、耐低温、易加工、价廉质优、防震等优点。泡沫塑料广泛用作建筑上的保温隔热材料，适用于工业厂房的屋面、墙面、冷藏库设备及管道的保温隔热、防湿防潮工程。目前，我国生产的有聚苯乙烯泡沫塑料、聚氯乙烯泡沫塑料、聚氨酯泡沫塑料及脲醛泡沫塑料等。其中，舒乐舍板、泰柏板、GRG 聚苯芯材保温板、EPS 建筑模块、彩色钢板聚苯乙烯泡沫夹芯板等产品，在市场上十分畅销。可用于屋面、墙面保温，冷库绝热和制成夹心复合板。图 10-6 是泡沫塑料散粒，图 10-7 是泡沫塑料用外墙保温示意图。

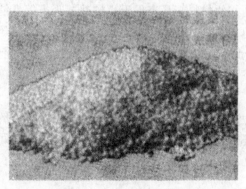

图 10-6　泡沫塑料散粒

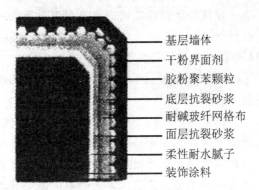

基层墙体
干粉界面剂
胶粉聚苯颗粒
底层抗裂砂浆
耐碱玻纤网格布
面层抗裂砂浆
柔性耐水腻子
装饰涂料

图 10-7 泡沫塑料用外墙保温示意图

3）植物纤维复合板

以植物纤维为主要材料加入胶结料和填料制成的保温隔热板材。例如，木丝板是以木材下脚料制成木丝，加入硅酸钠溶液及与普通硅酸盐水泥混合，经成型、冷压、养护、干燥而制成。甘蔗板是以甘蔗渣为原料，经过蒸制、加压、干燥等工序制成的一种轻质、吸声保温材料。纤维板在建筑上用途广泛，可用于墙壁、地板、屋顶等。

知 识 链 接

超级绝热材料

早在 1992 年，美国学者 Hunt 等在国际材料工程大会上就提出了超级绝热（Super insulation）材料的概念。在此之后，很多学者都陆续使用了超级绝热材料的概念。一般认为超级绝热材料是指在预定的使用条件下，其导热系数低于"无对流空气"导热系数的绝热材料。根据其特点，超级绝热材料一般是纳米孔超级绝热材料。最典型的纳米孔超级绝热材料就是气凝胶。

1. 纳米孔超级绝热材料的特征

（1）材料内几乎所有的孔隙都应在 100 nm 以下。在绝热材料中，气孔尺寸是绝热性能的最主要因素，因此，只有绝热材料中的绝大部分气孔尺寸小于 100 nm 时，才算进入了纳米材料的范畴。

（2）材料内大部分（80％以上）的气孔尺寸都应小于 50nm。根据分子运动及碰撞理论，气体的热量传递主要是通过高温侧的较高速度的分子与低温侧的较低速度的分子相互碰撞来进行的。由于空气中的主要成分氮气和氧气的自由程均在 70nm 左右，当纳米孔硅质绝热材料中 SiO_2 微粒构成的微孔尺寸小于这一临界尺寸时，材料内部就消除了对流，从本质上切断了气体分子的热传导，从而可获得比"无对流空气"更低的导热系数。

（3）材料应具有很低的体积密度。

（4）材料在常温和设定的使用温度下，有比"无对流空气"更低的导热系数。

（5）材料具有较好的耐高温性能。

2. 超级绝热材料应用

（1）太阳能热水器。在民用领域，太阳能热水器及其他集热装置的高效保温成了能否进一步提高太阳能装置的能源利用率和进一步提高其实用性的关键因素。将纳米孔超级绝热材料应用于热水器的储水箱、管道和集热器，将比现有太阳能热水器的集热效率提高1倍以上，而热损失下降到现有水平的30％以下。

（2）热电池上的应用。可延长热电池的工作寿命，防止生成的热影响热电池周围的元器件。

（3）军事及航天领域。与传统绝热材料相比，超级绝热材料可以用更轻的质量、更小的体积达到等效的隔热效果。这一特点使其在航空、航天应用领域具有很大的优势。如果用作航空发动机的隔热材料，既可起到极好的隔热作用，又减轻了发动机的质量。作为外太空探险工具和交通工具上的超级绝热材料也有很好的应用前景。

（4）工业及民用建筑绝热领域。在工业及民用建筑领域，纳米孔超级绝热材料有着广泛和极具潜力的应用价值。首先，在电力、石化、化工、冶金、建材行业以及其他工业领域，普遍存在热工设备。工业节能中，纳米孔超级绝热材料也起着非常重要的作用，其中有些特殊的部位和环境，由于受质量、体积或空间的限制，急需高效的超级绝热材料。

10.1.3 常用的建筑保温措施

建筑保温的工作主要是屋面及墙体保温，尤其是外墙。这些部位是建筑物与外界环境相接触的部位，也就是有可能发生热交换的部位。因此，在这些部位，保温材料的使用尤为重要。按照《民用建筑热工设计规范》（GB 50176—1993）的规定，我国共划分为5个热工设计分区，即严寒地区、寒冷地区、夏热冬冷地区、夏热冬暖地区、温和地区。在不同的地区，对建筑的保温及隔热有着不同的要求。

1. 墙体保温

外墙是建筑物维护结构的主体，其热工性能的好坏会对建筑物的使用及能耗带来直接影响。北方寒冷地区要求建筑物的外墙应具有良好的保温能力，在采暖期应尽量减少热量损失，降低能耗，保证室内温度不致过低，不出现墙体内表面产生冷凝水的现象。南方炎热地区要求建筑物的外墙应具有良好的绝热能力，以阻隔太阳的辐射热传入室内，防止室内温度过高。

综上所述，除去某些特殊场所的特殊要求，对于普通的民用及工业建筑来说，墙体材料的热导率越小越好。但保温性能良好的材料往往强度较低，如何协调墙体强度与保温能力之间的关系成为目前墙体改造的方向之一。就目前来说，主要有以下几种方式。

1）砖、砌块自保温

选用某些本身就具有一定保温能力的砖或砌块，利用砌体内部已有的孔洞起到一定的保温作用，如烧结普通砖的热导率就小于钢筋混凝土墙体，但这种方式对墙体保温性能的改善有限。

2）墙外覆盖保温层

在普通墙体外，附加一层保温性能良好的保温层，形成复合墙体，以提高整个墙体的保温能力。

（1）保温砂浆。使用具有保温能力的轻质、多孔颗粒材料拌制砂浆，将保温砂浆按外墙抹灰施工的工艺覆盖到外墙表面，可起到良好的保温隔热作用。

硅酸盐复合绝热砂浆是一种新型墙体保温材料。它以精选的海泡石、硅酸铝纤维为主要原料，以多种优质轻体无机矿物为填料，由多种工艺深度复合而成。此种材料的显著特点在于保温隔热性好、施工简便（可直接涂抹）。目前，这种产品已被我国列为新型绝热材料及其制品的重点发展对象。

（2）外贴保温板。目前，墙体外贴保温板的做法最为常见，构造形式如图 10 - 8 所示，保温效果较为明显。保温板材的选用也比较灵活，常用的保温板材有聚苯乙烯泡沫板（EPS）、挤塑板等。

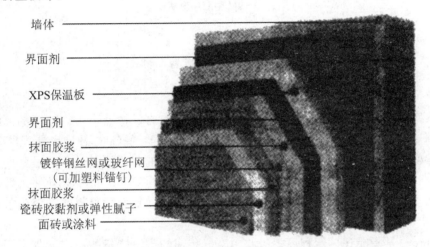

墙体
界面剂
XPS保温板
界面剂
抹面胶浆
镀锌钢丝网或玻纤网
（可加塑料锚钉）
抹面胶浆
瓷砖胶黏剂或弹性腻子
面砖或涂料

图 10 - 8　XPS 挤塑聚苯板薄抹灰外墙外保温系统

水泥聚苯板是由聚苯乙烯泡沫塑料下脚料或废聚苯乙烯泡沫塑料经破碎而成的颗粒，加水泥、水、起泡剂和稳泡剂等材料制成的一种新型保温隔热材料。该产品具有质轻、热导率小、保温隔热性能好、强度高、韧性好、耐水、粘贴牢固、施工方便、价格低廉等优点，适用于建筑物外墙和屋顶的保温隔热层。

2. 屋面保温

屋面一般是建筑物接受阳光直射最多的部位，也是热量交换较为集中的部位。屋面保温除了可以采取在构造上设置架空层等措施外，更为重要的手段是在屋面设置保温隔热层。由于屋面需考虑上人施工等问题，往往选用密度较高的聚苯板或挤塑板等材料，图 10 - 9 所示为挤塑板做屋面保温。

传统的屋面保温构造形式仍在沿用，但是传统的膨胀珍珠岩等散粒材料由于自重过大、保温效果较差等因素，已逐渐被取代。在某些工业厂房中，由于对屋面保温的要求不太高，通常会在屋顶铺设矿棉保温层来实现隔热。

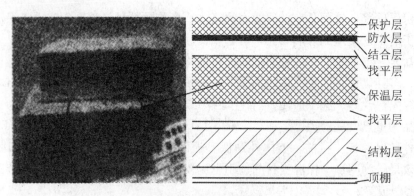

保护层
防水层
结合层
找平层
保温层
找平层
结构层
顶棚

图 10 - 9　屋面保温挤塑板

10.2　吸声材料

　　自然界中存在各种各样的声音,如谈话声、乐曲声、机器声等。在声的海洋中,鸟语花香声、优美的音乐声能使人陶醉;嘈杂的喊叫声、机器的轰响也能搅得人心神不安。前者是我们希望听到和利用的,就应让这些声音的音质更美;后者是我们不想听到的,影响我们的生活和工作。这就要求我们在房屋的建筑和装饰中必须使用特殊的声学材料,来改善声波的传播质量获得降噪减排的效果。建筑声学材料通常分为吸声材料和隔声材料。

　　吸声材料是指能在一定程度上吸收由空气传递的声波能量的材料,其主要作用是消耗声波的能量。吸声材料广泛用在音乐厅、影剧院、大会堂、语音室等内部的墙面、地面、顶棚等部位。适当布置吸声材料,能改善声波在室内传播的质量,获得良好的音响效果。

　　吸声性能好的材料,不等于隔声性能好。隔声材料是能减弱或隔断声波传递的材料。

10.2.1　材料的吸声原理

　　声音源于物体的振动,它迫使邻近的空气跟着振动而形成声波,并在空气介质中向四周传播。声音在室外空旷处传播时,一部分声能因传播距离增加而扩散;另一部分因空气分子的吸收而减弱。但在室内体积不大的房间,声能的衰减不是靠空气,而主要是靠墙壁、顶板、地板等材料表面对声能的吸收。

　　图 10 - 10 所示是材料吸声原理示意图。当声波遇到材料表面时,一部分被反射,另一部分穿透材料,其余部分则被材料吸收。这些被吸收的能量(包括穿透部分的声能)与入射声能之比,称为吸声系数 α,即

$$\alpha = E/E_0 \tag{10-2}$$

式中:α——材料的吸声系数;

　　　E——被材料吸收的声能;

　　　E_0——传递给到达材料表面的全部声能。

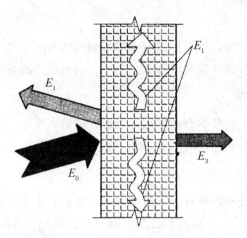

图 10-10　材料吸声原理示意图

吸声系数与声音的频率及声音的入射方向有关。因此吸声系数用声音从各方向入射的吸收平均值表示,并应指出是对哪一频率的吸收。通常采用六个频率:125Hz、250Hz、500Hz、1 000Hz、2 000Hz、4 000Hz。任何材料对声音都能吸收,只是吸收程度有很大的不同。通常把六个频率的平均吸声系数大于0.2的材料,称为吸声材料。

吸声系数的值在0~1范围内。吸声系数越大,材料的吸声效果越好。一般来讲,坚硬、光滑、结构紧密的材料吸声能力差,反射能力强,如水磨石、大理石、混凝土、水泥粉刷墙面等;而粗糙松软、具有互相贯穿内外微孔的多孔材料吸声性能好,反射能力差,如矿渣棉、玻璃棉、泡沫塑料、木丝板、半穿孔吸声装饰纤维板和微孔砖等。

10.2.2　影响材料吸声性能的主要因素

多孔吸声材料是最常用的吸声材料。影响多孔材料吸声性能的主要因素有以下几方面。

1. 材料的表观密度

对同一种多孔材料来说,当其表观密度增大(即孔隙率减小)时,对低频的吸声效果有所提高,而对高频的吸声效果则有所降低。

2. 材料的厚度

增加材料的厚度,可以提高低频的吸声效果,而对高频吸声没有多大影响。因而,为提高材料的吸声能力,盲目增加材料的厚度是不可取的。

3. 材料内部孔隙率及孔隙特征

一般说来,相互连通的细小的开放性的孔隙其吸声效果好,而粗大孔、封闭的微孔对吸声性能是不利的。当多孔材料表面涂刷油漆或材料吸湿时,由于材料的孔隙大多被水分或涂料堵塞,吸声效果将大大降低。这与保温绝热材料有着完全不同的要求,同样都是多孔材料,保温绝热材料要求必须是封闭的不相连通的孔。

4. 吸声材料设置的位置

悬吊在空中的吸声材料,可以控制室内的混响时间和降低噪声。多孔材料或饰物悬吊在空中,其吸声效果比布置在墙面或顶棚上要好,而且使用和安置也较为便利。

5. 材料背后的空气层

空气层相当于增加了材料的有效厚度,因此它的吸声性能一般来说随空气层厚度增加而提高,特别在改善对低频声波的吸收方面,比用增加材料厚度来提高吸声效果更有效。

6. 温度和湿度的影响

温度对材料的吸声性能影响并不十分显著。温度的影响主要是改变入射波的波长,使材料的吸声系数产生相应的改变。湿度对多孔材料的影响主要表现在多孔材料容易吸湿变形,滋生微生物,从而堵塞孔洞,使材料的吸声性能降低。

10.2.3 吸声材料的分类

根据吸声结构的不同,将吸声材料分为以下三大类,见表 10-1。

表 10-1　吸声材料类型

结构类型	多孔吸声材料	纤维状
		颗粒状
		泡沫状
	共振吸声结构	单个共振器
		穿孔板共振吸声结构
		薄板共振吸声结构
		薄膜共振吸声结构
	特殊吸声结构	空间吸声体、吸声尖劈等

1. 多孔吸声材料

多孔吸声材料是应用最普遍的吸声材料,有纤维状、颗粒状等。与隔热材料要求的封闭细孔不同,多孔吸声材料从表到里都有大量内外连通的微小气泡,有一定的通气性。常用的多孔吸声材料有玻璃棉、矿棉、岩棉等无机纤维材料;棉、毛、麻、草质或木制纤维等有机纤维材料。多孔吸声材料主要吸收中高频声波,对低频声波的吸收效果差。

2. 共振吸声结构

共振吸声结构是一个开有小孔的空腔形成的共鸣器,小孔的空气柱和共振腔内的空气构成一个弹性振动系统。当入射声波的振动频率与该弹性振动系统的振动频率相同时,引起小孔处的空气柱与孔壁发生剧烈摩擦,声能因克服摩擦阻力而消耗。共振吸声结构,主要吸收低频声波。

3. 板振动吸声结构

将板周边固定在墙或顶棚的龙骨上，并在背后保留一定的空气层，即构成板振动吸声结构。当声波射入时，使板、膜振动，使板内部和龙骨产生摩擦，将声能转化成热能而被吸收。板振动吸声结构，也主要吸收低频声波。

10.2.4 常用的吸声材料

最常用的吸声材料是多孔吸声材料。多孔吸声材料从表到里都具有大量内外连通的微小间隙和连续气泡，有一定的通气性。

多孔吸声材料品种很多。有呈松散状的超细玻璃棉、矿棉、海草、麻绒等；有的已加工成板状材料，如玻璃棉毡、穿孔吸声装饰纤维板、软质木纤维板、木丝板；另外，还有微孔吸声砖、矿渣膨胀珍珠岩吸声砖、泡沫玻璃等。常用的吸声材料及其吸声系数见表10-2。

表 10-2 常用的吸声材料及其吸声系数

分类及材料名称		厚度 /cm	各种频率下的吸声系数						装置情况
			125Hz	250Hz	500Hz	1 000Hz	2 000Hz	4 000Hz	
无机材料	吸声砖	6.5	0.05	0.07	0.10	0.12	0.16	—	贴实
	石膏板（有花纹）	—	0.03	0.05	0.06	0.09	0.04	0.06	
	水泥蛭石板	4.0	—	0.14	0.46	0.78	0.50	0.60	
	石膏砂浆（掺水泥玻璃纤维）	2.2	0.24	0.12	0.09	0.30	0.32	0.83	粉刷在墙上
	水泥膨胀珍珠岩板	5.0	0.16	0.46	0.64	0.48	0.56	0.56	贴实
	水泥砂浆	1.7	0.21	0.16	0.25	0.40	0.42	0.48	粉刷在墙上
	砖（清水墙面）		0.02	0.03	0.04	0.04	0.05	0.05	贴实
木质材料	软木板	2.5	0.05	0.11	0.25	0.63	0.70	0.70	贴实
	木丝板	3.0	0.10	0.36	0.63	0.53	0.71	0.90	钉在木龙上，后面留10cm或5cm空气层
	三合板	0.3	0.21	0.73	0.21	0.19	0.08	0.123	
	穿孔五合板	0.5	0.01	0.25	0.55	0.30	0.16	0.19	
	刨花板	0.8	0.03	0.02	0.03	0.03	0.04	—	
	木质纤维板	1.1	0.06	0.15	0.28	0.30	0.33	0.31	
泡沫材料	泡沫玻璃	4.4	0.11	0.32	0.52	0.44	0.52	0.33	贴实
	脲醛泡沫塑料	5.0	0.22	0.29	0.40	0.68	0.95	0.94	
	泡沫水泥（外粉刷）	2.0	0.16	0.05	0.22	0.48	0.22	0.32	紧靠粉刷
	吸声蜂窝板	—	0.27	0.12	0.42	0.86	0.48	0.67	贴实
	泡沫塑料	1.0	0.03	0.06	0.12	0.41	0.85	0.67	

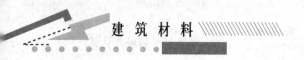
续表

分类及材料名称		厚度/cm	各种频率下的吸声系数						装置情况
			125Hz	250Hz	500Hz	1 000Hz	2 000Hz	4 000Hz	
纤维材料	矿棉板	3.13	0.10	0.21	0.60	0.95	0.83	0.72	贴实
	玻璃板	5.0	0.06	0.08	0.18	0.44	0.72	0.82	
	酚醛玻璃纤维板	8.0	0.25	0.55	0.80	0.92	0.98	0.95	
	工业毛毡	3.0	0.10	0.25	0.55	0.60	0.60	0.50	紧贴墙面

10.2.5 常用的吸声结构

1. 吸声薄板和穿孔板组合共振吸声结构

常用的吸声薄板有胶合板、石膏板、石棉水泥板、硬质纤维板和金属板等。通常是将它们的周边固定在龙骨上，背后留有适当的空气层，组成薄板共振吸声结构。采用上述薄板穿孔制品，可与背后的空气层形成空腔共振吸声结构。在穿孔板后的空腔中，填入多孔材料，可在很宽的频率范围内提高吸声系数。

金属穿孔板，如铝合金板、不锈钢板等，因其强度高，厚度薄，因此可制得具有较大穿孔率的穿孔板。大穿孔率的金属板，需背衬多孔材料使用，金属板主要起饰面作用。金属微孔板，孔径小于 1mm，穿孔率 1%～5%，通常采用双层，无须背衬材料，靠微孔中空气运动的阻力达到吸声的目的。

薄板共振吸声结构系采用薄板钉牢在靠墙的木龙骨上，薄板与板后的空气层构成了板共振吸声结构。穿孔板吸声结构是用穿孔的胶合板、纤维板、金属板或石膏等为结构主体，与板后的墙面之间的空气层构成吸声结构。该结构吸声的频带较宽，对中频的吸声能力最强。

2. 薄膜共振吸声结构

薄膜共振吸声结构，是由皮革、人造革、塑料薄膜等材料，因具有不透气、柔软、受张拉时有弹性等特点，将其固定在框架上，背后留有一定的空气层，即构成薄膜共振吸声结构。由于低频声波比高频声波容易使薄膜产生振动，所以，薄膜共振吸声结构是一种很有效的低频吸声结构。

3. 帘幕吸声体

帘幕纺织品中，除了帆布一类因流阻很大、透气性差而具有膜状材料的性质以外，大都具有多孔材料的吸声性能。只是由于它的厚度一般较薄，仅靠纺织品本身作为吸声材料使用，得不到大的吸声效果。如果帘幕、窗帘等离开墙面和窗玻璃一定距离，恰如多孔材料背后设置了空气层，尽管没有完全封闭，但对中、高频甚至低频的声波具有一定的吸声作用。

4. 空间吸声体

空间吸声体是一种悬挂于室内的吸声结构。它与一般吸声结构的区别在于，它不是与顶棚、墙体等壁面组成吸声结构，而是自成体系。空间吸声体的常用形式有平板状、圆柱状、圆锥状等，它可以根据不同的使用场合和具体条件，因地制宜地设计成各种形状。既能获得良好的声学效果，又能获得建筑艺术效果。图 10‑11 是几种形状的空间吸声体。

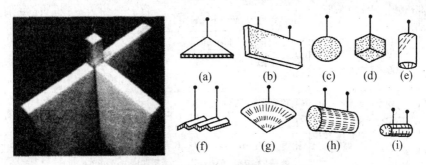

(a)　(b)　(c)　(d)　(e)

(f)　(g)　(h)　(i)

图 10‑11　几种形状的空间吸声体

10.2.6　常用吸声板材

1. 矿棉装饰吸声板

矿棉装饰吸声板，是以矿渣棉为主要原料，加入适量黏合剂、防尘剂、憎水剂，经加压、烘干、饰面等工艺加工而成，具有轻质、吸声、防火、保温、隔热、装饰效果好等优异性能，适用于宾馆、会议大厅、写字楼、机场候机大厅、影剧院等公共建筑吊顶装饰。

矿棉装饰吸声板通常有滚花、浮雕、纹体、印刷、自然型、米格型等多个品种；规格有正方形和长方形，尺寸有 500mm×500mm、600mm×600mm、610mm×610mm、600mm×1 000mm、600mm×1 200mm、625mm×1 250mm 等，厚度分别为 12mm、15mm、20mm。板材的物理力学性能见表 10‑3。

表 10‑3　矿棉装饰吸声板的物理力学性能

体积密度 /(kg/m³)	抗折强度/MPa				含水率/%	吸声系数	导热系数 /[W/(m·K)]	燃烧性
	板厚/mm							
	9	12	15	19				
≤500	≥0.744	≥0.846	≥0.795	≥0.653	<3	0.4~0.6	<0.0875	不燃

2. 玻璃棉装饰吸声板

玻璃棉装饰吸声板是以玻璃棉为主要原料，加入适量胶黏剂、防潮剂、防腐剂等，经加压、烘干、表面加工等工序而制成的吊顶装饰板材，表面处理通常采用贴附具有图案花纹的 PVC 薄膜、铝箔，由于薄膜和铝箔具有大量开口孔隙，因而具有良好的吸声效果。其产品具有轻质、吸声、防火、隔热、保温、装饰美观、施工方便等特点，适用于宾馆、大厅、影剧院、音乐厅、体育馆、会场、船舶及住宅的室内吊顶。常用玻璃棉装饰吸声板的规格、性能见表 10‑4。

表 10-4　玻璃棉装饰吸声板的规格、性能

名　称	规格(长×宽×厚)/mm	技术性能		生产厂家
		项　目	指标	
玻璃棉吸声板	600×1 200×25	密度/(kg/m³) 导热系数/[W/(m·K)]	48 0.0333	北京市玻璃钢制品厂
玻璃棉装饰天花板	600×1 200×15 600×1 200×25	密度/(kg/m³) 导热系数/[W/(m·K)] 吸声系数	48 0.0333 0.40~0.98	上海平板玻璃厂
玻璃纤维棉吸声板	300×300× (10、18、20)	导热系数/[W/(m·K)] 吸声系数	0.047~0.064 0.7	重庆玻璃纤维厂
玻璃棉吊顶板	1 200×600	密度/(kg/m³) 常温导热系数/[W/(m·K)]	50~80 0.0299	淄博轻质保温材料厂

3. 珍珠岩装饰吸声板

珍珠岩装饰吸声板又名珍珠岩吸声板，系以膨胀珍珠岩粉及石膏、水玻璃配以其他辅料，经拌和加工，加入配筋材料压制成型，并经热处理固化而成。产品具有轻质、美观、吸声、隔热、保温等特点，可用于室内顶棚、墙面装饰。

珍珠岩吸声板可以分为普通膨胀珍珠岩装饰吸声板(代号为 PB)和防潮珍珠岩装饰吸声板(代号为 FB)。前者用于一般环境，后者用于高湿度环境。

珍珠岩吸声板的产品规格为 400mm×400mm、500mm×500mm 和 600mm×600mm，厚度 15mm、17mm 和 20mm。其他规格可由供需双方商定。

4. 钙塑泡沫装饰吸声板

钙塑泡沫装饰吸声板，是以聚乙烯树脂加入无机填料，经混炼模压、发泡、成型制得。该板有一般和难燃两类，可制成多种颜色和凸凹图案，同时还可加打孔图案。

钙塑泡沫装饰吸声板的规格有 300mm×300mm、400mm×400mm 和 610mm×610mm 等，厚度为 4~7mm 不等。表观密度在 250kg/m³ 以下，拉伸强度约 0.8MPa。

产品具有轻质、吸声、耐热、耐水及施工方便等优点，适用于大会堂、电视台、广播室、影剧院、医院、工厂及商店建筑室内吊顶。

5. 聚苯乙烯泡沫塑料装饰吸声板

以聚苯乙烯泡沫塑料经混炼、模压、发泡、成型而成，具有隔声、隔热、保温、轻质、色白等优点，适用于影剧院、会议厅、医院、宾馆等建筑的室内吊顶装饰。图案有凹凸花型、十字花型、四方花型、圆角型等多种，规格尺寸有 300mm×300mm、500mm×500mm、600mm×600mm、1 200mm×600mm 等，厚度为 3~20mm 不等。

6. 吸声薄板和穿孔板

常用的吸声薄板有胶合板、石膏板、石棉水泥板、硬质纤维板和金属板等。通常是将它们的周边固定在龙骨上，背后留有适当的空气层，组成薄板共振吸声结构。采用上述薄

板穿孔制品，可与背后的空气层形成空腔共振吸声结构。在穿孔板后的空腔中，填入多孔材料，可在很宽的频率范围内提高吸声系数。

金属穿孔板，如铝合金板、不锈钢板等，厚度较薄，因其强度高，可制得较大穿孔率和微穿的孔板。较大穿孔率的金属板，需背衬多孔材料使用，金属板主要起饰面作用。金属微孔板，孔径小于1mm，穿孔率1‰~5‰，通常采用双层，无须背衬材料，靠微孔中空气运动的阻力达到吸声的目的。

10.3   隔 声 材 料

10.3.1   隔声材料

建筑上把能减弱或隔断声波传递的材料称为隔声材料。隔声材料主要用于外墙、门窗、隔墙以及楼板地面等处。声音可分为通过空气传播的空气声和通过撞击或振动传播的固体声。不同的传播途径，隔声原理不同。

隔声材料对空气声的隔绝，主要是依据声学中的"质量定律"，即材料的密度越大，越不易受声波作用而产生振动，因此，声波通过材料传递的速度迅速减弱，其隔声效果越好。所以，应选用密度大的材料（如钢筋混凝土、实心砖、钢板等）作为隔绝空气声的材料。

对固体声隔绝的最有效措施是断绝其声波继续传递的途径。即在产生和传递固体声波的结构（如梁、框架与楼板、隔墙，以及它们的交接处等）层中加入具有一定弹性的衬垫材料，如软木、橡胶、毛毡、地毯或设置空气隔离层等，以阻止或减弱固体声波的继续传播。

1. 空气声隔绝

1）墙体的空气声隔绝

墙体隔声是最基本的隔声结构。隔声的效果与墙体的材料、墙体的厚度有着密切的关系。例如，240mm砖墙平均隔声量为50dB左右，当需要隔声量为60dB左右时，则要将240mm砖墙增大到1m厚。显然，靠增加墙的厚度来提高隔声效果是不经济的。但如果把单层墙一分为二，做成双层墙，中间留有空气间层，则墙的总质量没有变，而隔声效果却比单层墙有了很大的提高。另外，在双层墙空气间层中填充多孔材料，则隔声效果更好。

对于轻型墙的空气声隔绝，常采用以下几种方法。

（1）将多层密实板用多孔材料（如玻璃棉、泡沫塑料等）分隔，做成夹层结构，则隔声效果比材料质量相同的单层墙提高很多。

（2）采用双层或多层薄板叠合。

（3）采用双层墙的形式，双层墙间再填充多孔吸声材料。

2）门窗隔声

一般门窗结构轻薄，而且存在较多缝隙，因此，门窗的隔声能力往往比墙体低得多，形成隔声的"薄弱环节"。若要提高门窗的隔声，一方面要改变轻、薄、单的门窗扇，即采用厚重的门窗；另一方面也要注意密封门窗的缝隙，采用固定窗、双层或多层窗是获得高隔声质量的主要途径。

2. 固体声隔绝

固体声的传播有两种途径：一是由于受到撞击，结构物产生振动，然后直接向邻室辐射声能。二是声波沿与受撞击结构物相连的构件向远处空间传播。

根据固体声(撞击声)的传播方式，隔绝固体声(撞击声)的措施主要有三种。

(1) 使振动源撞击楼板引起的振动减弱。这可以通过改善振动源和采取隔振措施来达到，也可以在楼板表面铺设弹性垫层来达到。常用的材料是地毯、橡胶板、地漆布、塑料地面、软木地面等。

(2) 阻隔振动在楼层结构中的传播。这可通过在楼板面层和承重结构之间设置弹性垫层来实现。这种做法通常称为"浮筑楼面"，常用的弹性垫层材料有矿棉毡、玻璃棉毡、橡胶板等。也可用锯末、甘蔗渣板、软质纤维板，但耐久性和防潮性差。

(3) 阻隔振动结构向接收空间的传播。这可通过在楼板下做隔声吊顶来解决，吊顶内若铺上多孔性吸声材料会使隔声性能有所提高。如果吊顶和楼板之间采用弹性连接，则隔声效果比刚性连接要好。

10.3.2 吸声材料和隔声材料的区别

吸声材料和隔声材料的区别如下。

1. 着眼点不同

吸声材料着眼于入射声源一侧反射声能的大小，目标是反射声能要小；隔声材料着眼于入射声源另一侧的透射声能的大小，目标是透射声能要小。吸声材料对入射声能的衰减吸收，一般只有十分之几，因此，其吸声能力即吸声系数用小数表示(0～1)；而隔声材料可使透射声能衰减到入射声能的 3/10～4/10 或更小，为方便表达，其隔声量用分贝的计量方法表示，即声音降低多少分贝。

2. 材质上的差异

这两种材料在材质上的差异是吸声材料对入射声能的反射很小，这意味着声能容易进入和透过这种材料。可以想象，这种材料的材质应该是多孔、疏松和透气的，这就是典型的多孔性吸声材料，它在工艺上通常用纤维状、颗粒状或发泡材料以形成多孔性结构。它的结构特征：材料中具有大量的、互相贯通的、从表到里的微孔，也即具有一定的透气性。当声波入射到多孔材料表面时，引起微孔中的空气振动，由于摩擦阻力和空气的黏滞阻力以及热传导作用，使相当一部分声能转化为热能，从而起吸声作用。

对于隔声材料，要减弱透射声能，阻挡声音的传播，就不能如同吸声材料那样疏松、多孔、透气；相反，它的材质应该是重而密实的，如铅板、钢板等一类材料。隔声材料材质的要求是密实无孔隙，有较大的质量。由于这类隔声材料密实，难于吸收和透过声能，但反射性能强，所以它的吸声性能差。

复习思考题

一、填空题

1. 绝热材料的基本结构特征是_____和_____。

2. 绝热材料除应具有_____的导热系数外，还应具有较小的_____。

3. 优良的绝热材料是具有较高_____的，并以_____为主的吸湿性和吸水率较小的有机或无机非金属材料。

4. 隔声主要是指隔绝_____声和隔绝_____声。

5. 材料的吸声系数_____，其吸声性能_____，吸声系数与声音的_____和_____有关。

6. 吸声材料有_____和_____作用。

7. 吸声材料分为_____吸声材料和_____吸声材料，其中_____是最重要、用量最大的吸声材料。

二、选择题（不定项）

1. 绝热材料的导热系数应（　　）W/(m·K)。

A. 大于 0.23　　　　B. 不大于 0.23　　　　C. 大于 0.023　　　　D. 不大于 0.023

2. 通常把（　　）频率的平均吸声系数大于 0.2 的材料，称为吸声材料。

A. 4 个　　　　B. 5 个　　　　C. 6 个　　　　D. 8 个

3. 无机绝热材料包括（　　）

A. 岩棉及其制品　　　　　　　　　　B. 膨胀珍珠岩及其制品

C. 蜂窝板　　　　　　　　　　　　　D. 泡沫塑料及其制品

E. 矿棉及其制品

4. 建筑上对吸声材料的主要要求除具有较高的吸声系数外，同时还应具有一定的（　　）。

A. 强度　　　　B. 耐水性　　　　C. 防火性

D. 耐腐蚀性　　　　E. 耐冻性

5. 多孔吸声材料的主要特征有（　　）。

A. 轻质　　　　　　　　　　　　　　B. 细小的开口孔隙

C. 大量的闭口孔隙　　　　　　　　　D. 连通的孔隙

E. 不连通的封闭孔隙

三、简答题

1. 什么是绝热材料？使用绝热材料在建筑节能中有何意义？

2. 什么是热导率？影响材料热导率的主要因素是什么？

3. 为什么绝热材料总是轻质的？为什么使用绝热材料时要注意防水防潮？

4. 建筑中常用的绝热材料有哪些？

5. 什么是吸声材料？什么是吸声系数？

6. 影响多孔材料吸声性能的因素有哪些？

7. 常见吸声材料的结构形式有哪些？试列举几种常用的吸声材料和吸声结构。

8. 常用的吸声板材有哪些品种？

9. 吸声材料与绝热材料在技术上的要求有何不同？

10. 试述隔绝空气传声和固体撞击传声的处理原则。

11. 吸声材料和隔声材料在构造特征上有何异同？

四、案例题

1. 某绝热材料受潮后，其绝热性能明显下降。请分析原因。

2. 广东某高档高层建筑需建玻璃幕墙，有吸热玻璃及热反射玻璃两种材料可选用。请选用并简述理由。

第11章

建筑装饰材料

🔧 **学习目标**

本章介绍了建筑装饰材料的基本性质与选用、建筑装饰石材、建筑装饰陶瓷制品、建筑装饰玻璃、建筑涂料、金属装饰材料及制品、木制装饰制品及纤维类装饰制品。通过本章的学习，要求学生：

掌握：建筑装饰材料的基本性质与选用；常用建筑装饰材料制品的品种、性能与应用。

熟悉：建筑装饰材料的分类。

了解：一般建筑装饰材料的品种、性能与应用。

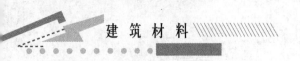

2008 年 7 月，南方某综合办公楼外墙面砖陈旧渗水，该单位请人采用先进的红外线检测技术对渗水和空鼓情况进行了评估。然后根据检测结果对渗水、空鼓等部位进行了修补处理。同时采用面砖专用水泥基阳离子丙烯酸乳液修补腻子和环氧、丙烯酸聚氨酯外墙涂料系统地进行涂装，取得了满意的装饰效果。

在建筑中，把粘贴、涂刷或铺设在建筑物内外表面的主要起装饰作用的材料，称为装饰材料。建筑装饰材料是集材料、工艺、造型设计、美学于一身的材料，它是建筑装饰工程的重要物质基础。建筑装饰的整体效果和建筑装饰功能的实现，在很大程度上受到建筑装饰材料的制约，尤其受到装饰材料的光泽、质地、质感、图案、花纹等装饰特性的影响。因此，了解各种装饰材料的性能、特点，按照建筑物及使用环境条件，合理选用装饰材料，更好地表达设计意图，并与室内其他配套产品来体现建筑装饰性，就显得十分重要了。

11.1　建筑装饰材料的基本性质与选用

11.1.1　建筑装饰材料的基本性质

1. 材料的颜色、光泽、透明性

颜色是材料对光谱选择吸收的结果。不同的颜色给人以不同的感觉，但材料颜色的表现不是材料本身所固有的，它与入射光光谱成分及人们对光的敏感程度有关。

光泽是材料表面方向性反射光线的性质。光线射到物体上，一部分被反射，一部分被吸收，如果物体是透明的，也有一部分被透射。反射光线可以分散在各个方向，叫漫反射；当为定向反射时，材料表面具有镜面特征，又称为镜面反射。镜面反射是产生光泽的重要因素。材料表面愈光滑，则光泽度愈高。不同的光泽度，会极大地影响材料表面的明暗程度，造成不同的虚实对比感受。

透明性是光线透过材料的性质。装饰材料可以分为透明体(透光、透视)、半透明体(透光、不透视)、不透明体(不透光、不透视)。利用材料的透明度不同，可以用来调节光线的明暗，改善建筑内部的光环境。

2. 材料的花纹图案、形状、尺寸

在生产或加工材料时，利用不同的工艺将材料的表面做成各种不同的表面组织，如粗糙、平整、光滑、镜面、凹凸和麻点等；或将材料的表面制作成各种花纹图案，以达到一定的装饰效果。建筑装饰材料的形状和尺寸对装饰效果影响很大。改变装饰材料的形状和尺寸，配合花纹、颜色和光泽等特征可以创造出各种图案，从而获得不同的装饰效果，以满足不同的建筑形体和功能的要求，以最大限度地发挥材料的装饰性。

3. 材料的质感

质感是材料的表面组织结构、花纹图案、颜色、光泽和透明度等给人的一种综合感觉。组成相同的材料可以有不同的质感，相同的表面处理形式往往具有相同或类似的质感，但有时并不完全相同。

由于各种材料的物理和化学属性不同，故具有不同的材料质感，并产生了软硬、松紧、粗糙、细腻等的感觉区分。质感又有天然质感(即物体表面特质的自然属性)和人工质感(即物体表面特质的人工属性)之分，不同的质感给人带来不同的心理感受，如木材、石材、皮革的质感，通常给人以质朴、恬适的心理感受，而玻璃、水泥、钢材的质感，一般给人以坚硬、冰冷的心理感受。简而言之，质感是物体特有的色彩、光泽、表面形态、纹理、透明度等多种因素综合表现的结果。选择饰面质感，不能只看材料本身装饰效果如何，要结合具体建筑物的体型、体量和风格等进行统筹考虑。

4. 材料的耐污性、易洁性、耐擦性

材料表面抵抗污物污染、保持其原有颜色和光泽的性质称为材料的耐污性。

材料表面易于清洁的性质称为材料的易洁性，它包括在风雨等作用下的易洁性(又称自洁性)以及在人工清洗作用下的易洁性。良好的耐污性和易洁性是建筑装饰材料经久常新，长期保持其装饰效果的重要保证。用于地面、外墙以及卫生间、厨房等环境中的装饰材料必须考虑材料的耐污性和易洁性。

材料的耐擦性实质就是材料的耐磨性，分为干擦(称为耐干擦性)和湿擦(称为耐洗刷性)。耐擦性愈高，则材料的使用寿命愈长。

11.1.2　建筑装饰材料的选用原则

建筑物的种类繁多，不同功能的建筑对装饰的要求是不同的，即使是同一类建筑物，因设计的标准不同，对装饰的要求不同。在装饰工程中，应当按照不同档次的装饰要求，正确而合理地选用装饰材料。在选用装饰材料时，要从建筑物的实用出发，不仅要求表面的美观，而且要求装饰材料具有多种功能，能长期保持它的特征，并能有效地保护主体结构材料。

一般来讲，建筑装饰材料的选择应遵循下列原则。

1. 满足使用功能

选择建筑装饰材料时，首先应从建筑物的使用要求出发，结合建筑的造型、功能、用途和所处的环境等，并充分考虑建筑装饰材料的装饰性质及材料的其他性质，最大限度地表现出所选各种建筑装饰材料的装饰效果，使建筑物获得良好的装饰效果和使用功能。

例如，在人流密集的公共场所地面上，应采用耐磨性好、易清洁的地面装饰材料；而厨房和卫生间的墙面和顶面，则宜采用耐污性和耐水性好的装饰材料；地面则用防水和防滑性能优异的地面砖。而在会议室、音乐厅或空调房间的装饰中，则需选用吸声性好并具有绝热性的装饰材料。

2. 满足装饰效果

建筑装饰材料的色彩、光泽、形体、质感和花纹图案等性质都影响装饰效果，在选用时应特别注意，而且在选用材料时还应当根据设计风格和使用功能合理选择色彩。

例如，块状材料有稳重、厚实的感觉，板状材料则有轻盈、柔和的视觉效果；不同的材料质感，给人的尺度感和冷暖感是不同的。质地粗糙的材料，使人感到浑厚、稳重，因其可以吸收部分光线，使人感受到一种光线的柔和之美；质地细腻的材料，使人感觉到精致、轻巧的装饰气氛；不锈钢材料显得现代、新颖，玻璃则显得通透、光亮。

3. 安全性

在选用建筑装饰材料时，要妥善处理好安全性的问题，应优先选用环保材料，不燃烧或难燃的安全材料，无辐射、无有毒气体挥发的材料，在施工和使用时都安全的材料。

4. 经济性

装饰工程的造价往往在整个建筑工程总造价中占有很高的比例，一般为30％以上，而一些对装饰要求很高的工程，所占比例甚至可以达到60％以上。所以，装饰材料的选择，必须考虑其经济性，这就要求在不影响使用功能和装饰效果的前提下，尽量选择质优价廉、工效高、安装简便、耐久性高的材料。而且，不但要考虑装饰工程的一次性投资，也要考虑其维修费用和环保效应，以保证总体上的经济性。

5. 材料的地区特点

装饰工程所处的地区，与装饰材料之间有着极大的关系。地区的气象条件，如温度、湿度、风力等，都影响到装饰材料的选择。

11.2 建筑装饰石材

建筑装饰石材是指具有可锯切、抛光等加工性能，用于建筑工程各表面部位的装饰性板材或块材，主要包括天然装饰石材和人造装饰石材两大类。

11.2.1 天然装饰石材

自古以来，人们广泛采用天然石材作为建筑材料，这不仅是因为天然石材具有较高的耐久性，而且由于石材表面经过加工可获得优良的装饰性。用于建筑工程中的饰面石材大多为板材，也有曲面材料，按其基本属性主要有花岗岩和大理石两大类。其要求应符合《天然石材装饰工程技术规程》（JCG/T 60001—2007）。

1. 天然花岗岩装饰石材

花岗岩有时也称麻石。某些花岗岩含有微量的放射性元素（如氡气），应避免用于室内。

花岗岩的密度为 2 500～2 800kg/m³时，抗压强度为 120～300MPa，孔隙率低，吸水率为 0.1％～0.7％，莫氏硬度为 6～7，耐磨性好，抗风化性及耐久性高，耐酸性好，但不耐火。使用年限为数十年至数百年，高质量的可达千年以上。

建筑上所使用的花岗岩是泛指具有装饰功能并可以磨光、抛光的各类岩浆岩及少量其他类岩石。这类岩石组织非常紧密，矿物全部结晶且颗粒粗大呈块状构造或为粗晶嵌入玻璃质结构中的斑状构造，强度高、吸水性小，硬度、密度及导热性大，它们都可以磨光、抛光成镜面，呈现出斑点状花纹。

花岗岩装饰板材是用花岗岩荒料（由岩石矿床开采而得到的形状规则的大石块称为荒料）加工制成的板状产品。花岗岩板材抗压强度可达 120～250MPa，耐久性好，使用年限 75～200 年。

花岗岩按板材的形状分为普形板材（正方形或长方形，代号 N）和异形板材（其他形状的板材，代号 S）。按板材厚度分为薄板（厚度小于等于 15mm）和厚板（厚度大于 15mm）。按板材表面加工程度分为细面板材（RB）（表面平整光滑）、镜面板材（PL）（表面平整，具有镜面光泽）和粗面板材（RU）（表面粗糙平整，具有较规则加工条纹的机刨板、剁斧板、捶击板等）。

花岗岩板材的规格尺寸很多，常用的长度和宽度范围为 300～1200mm，厚度为 10～30mm。

花岗岩属于高级装饰材料，但开采加工困难，故造价较高，因而主要用于大型建筑或有装饰要求的其他建筑。粗面板材和细面板材主要用于室外地面、台阶、墙面、柱面、台面等；镜面板材主要用于室内外墙面、地面、柱面、台面、台阶等。花岗岩也可加工成条石、蘑菇石、柱头、饰物等用于室外装饰工程中。

2. 天然大理石装饰石材

天然大理石是石灰岩或白云岩在地壳内经过高温、高压作用而形成的变质岩，多为层状结构，有明显的结晶，纹理有斑纹、条纹之分，是一种富有装饰性的天然石材。

大理石是由于产于我国云南省的大理县而得名的。质地纯正的大理石为白色，俗称汉白玉，是大理石中的珍品。如果有多种矿物参加了变质过程，就会产生多种色彩与优美花纹。从色彩上来说，有纯黑、纯白、纯灰、墨绿等；从纹理上来说，有晚霞、云雾、山水、海浪等山水图案，从而产生了众多大理石品种。

大理石的抗压强度较高，但硬度并不太高，易于加工雕刻与抛光。由于这些优点，使其在工程装饰中得以广泛应用。当大理石长期受雨水冲刷，特别是受酸性雨水冲刷时，可能使大理石表面的某些物质被侵蚀，从而失去原貌和光泽，影响装饰效果，因此，大理石多用于室内装饰。

将天然大理石荒料经锯切、研磨、抛光等加工后就成为天然大理石板材。装饰大理石多数为镜面板材，按板材的形状分为普形板材（N）和异形板材（S）两种。

特别提示

大理石属于高级装饰材料，大理石镜面板材主要用于大型建筑或要求装饰等级高的建筑，如商店、宾馆、酒店、会议厅等的室内墙面、柱面、台面及地面。但由于大理石的耐磨性相对较差，故在人流较大的场所不宜作为地面装饰材料。大理石也常加工成栏杆、浮雕等装饰部件，但一般不宜用于室外。

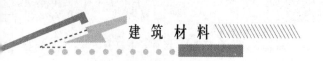

11.2.2　人造装饰石材

天然石材虽然有着自身的很多优点，但资源有限，花色品种较少，价格昂贵，因此，自 20 世纪 70 年代后，人造石材得以较快发展。人造石材是以天然大理石、碎料、石英砂、石渣等为骨料，以树脂或水泥等为胶黏材料，经拌和成形、聚合和养护后，打磨、抛光、切割而成的仿天然石材制品。

相对于天然石材，人造石材具有更多的花色品种，加之可以任意切割成各种形状甚至热弯成曲面，因此表现出更为灵活多样的装饰效果。并且同类型人造石材之间没有天然石材常见的色差与纹理的差异，而同色胶水在人造板材的无缝隙拼接也使其在维护、去渍除痕、不滋生细菌等多方面表现出优异的性能。特别是其无放射性的优点更使得人造石材符合 21 世纪人们对环保型装饰材料的追求理念。其缺点是色泽、纹理不及天然石材自然柔和，且目前市场价格偏高。

人造石材按照使用胶黏材料不同分别有水泥型、聚酯型、复合型（无机和有机）和烧结型四类。后两种人造石材生产工艺复杂，应用很少。

1. 水泥型人造大理石

水泥型人造大理石（水磨石）是以各种水泥作为黏结剂，砂为细骨料，碎大理石、花岗岩、工业废渣等为粗骨料，经配料、搅拌、成型、加压蒸养、磨光、抛光而制成，俗称水磨石，可以现场磨制也可预制。

水磨石具有强度高、耐久、表面光而平，打磨抛光后的石渣自然美观的特点，且建造成本低，缺点是耐腐蚀性能较差，容易出现微裂纹，只适合于作为板材，可用于墙面、地面、柱面、台面、踏步、水池等部位。

2. 聚酯型人造大理石

聚酯型人造大理石是以不饱和聚酯为黏结剂，与石英砂、大理石、方解石粉等搅拌混合，浇筑成形，在固化剂作用下产生固化作用，经脱模、烘干、抛光等工序制成。我国多用此法生产人造大理石。

与天然大理石相比，人造大理石具有强度高，密度小，厚度薄，耐蚀，可加工性好，能制成弧形、曲面等形状，施工方便等优点，但其耐老化性能较差，在大气中光、热、电等作用下会发生老化，表面逐渐失去光泽、亮度甚至翘曲变形，而且目前市场价格相对较高，多用于室内装饰，可用于宾馆、商店、公共建筑工程和制作各种卫生器具等。

3. 聚酯型人造花岗岩

聚酯型人造花岗岩性能与聚酯型人造大理石相近，通过色粒和颜色的搭配可呈现出极像天然花岗岩的装饰效果，同时还可避免天然花岗岩抛光后表面存在的轻微凹陷，且不含铀、钍等放射性元素，耐热和耐化学物质侵蚀的性能优于天然花岗岩，主要用于宾馆、商店、公共建筑等高级装饰工程。

11.3 建筑装饰陶瓷制品

凡用黏土及其他天然矿物原料，经配料、制坯、干燥、焙烧制得的成品，统称为陶瓷制品。建筑陶瓷是用于建筑物墙面、地面及卫生设备的陶瓷材料及制品。建筑陶瓷因其坚固耐久、色彩鲜明、防火防水、耐磨耐蚀、易清洗、维修费用低等优点，成为现代建筑工程的主要装饰材料之一。

11.3.1 陶瓷制品的分类与特征

1. 陶瓷制品的分类

陶瓷制品品种繁多，分类方法各异，最常用的分类方法有以下两种。

（1）按用途分类。陶瓷制品按用途可分为日用陶瓷、艺术陶瓷、工业陶瓷三类。

（2）按坯体质地和烧结程度分类。陶瓷制品可分为陶质制品、瓷质制品和炻质制品三种，见表 11-1。

表 11-1 陶瓷的分类及其特点

分 类		特 点	举 例
陶器	粗陶	烧结程度低，为多孔结构，断面粗糙无光，不透明，敲之声音粗哑，吸水率大，强度低，可施釉或不施釉	粗陶的坯料由含杂质较多的砂黏土组成，表面不施釉。建筑上常用的砖、瓦、陶管等均属于此类
	精陶		精陶多以塑性黏土、高岭土、长石和石英等为原料，一般由素烧和釉烧两次烧成，坯体呈白色或象牙色，多孔。建筑上所用的釉面砖、卫生陶瓷等均属此类
瓷器		烧结程度高，坯体致密，呈半透明，敲之声音清脆，基本上不吸水，强度高，耐磨、耐热，通常施釉	日用餐具、茶具、艺术陈设瓷、电瓷等多为此类
炻器	粗炻器	介于陶器与瓷器之间。结构比较致密，吸水率较小，坯体多数带有颜色。机械强度和热稳定性优于瓷器，且成本较低	建筑装饰用的外墙砖、地砖、陶瓷锦砖均属此类
	细炻器		日用器皿、陈设品多是细炻器，如我国著名的宜兴紫砂陶

2. 陶质制品

陶质制品通常具有较大的吸水率(吸水率大于 10%)；断面粗糙无光，不透明，敲之声音沙哑，有的施釉，有的无釉。常见的有陶质生态透水砖，如图 11-1 所示。由于原料中含有大量在焙烧过程中产生的气体，且熔剂性原料较少，形成了具有大量开口孔隙的多孔性坯体结构，故力学强度不高，吸水率大，吸湿膨胀也大，容易造成制品的后期龟裂，抗冻性也差。

建筑陶瓷中陶质制品主要是釉面内墙砖，由于是墙砖，室内使用对力学强度要求不高，也不存在冻融问题。建筑琉璃制品由于件大体厚，采用可塑法成型，所以也属于陶器，但琉璃制品在寒冷地区室外极少使用。

图 11 - 1 陶质生态透水砖

3. 瓷质制品

瓷质制品的坯体致密，基本上不吸水(吸水率小于 0.5%)，断面细腻呈贝壳状，呈半透明性，敲之声音清脆，通常均施有釉层。由于瓷器中含有较高的玻璃相物质，所以透光性好，有较高的力学强度和耐化学侵蚀性。

建筑陶瓷中瓷质制品主要有瓷质砖。

4. 炻质制品

炻质制品是介于陶质制品与瓷质制品之间的一类制品，也称半瓷器，其吸水率介于 1%~10%之间。

炻器与陶器的区别：①陶器的坯体是多孔结构，而炻器坯体结构致密，达到了烧结程度；②炻器坯体多数带有颜色。

炻器按其坯体致密程度分为粗炻器(吸水率 4%~8%)和细炻器(吸水率 1%~3%)。

建筑装饰工程中所用的一些有色的外墙砖、地砖均属于粗炻器；一些无色的外墙面砖、地砖、有釉陶瓷锦砖属于细炻器。

11.3.2 常用建筑陶瓷制品

现代建筑装饰工程中应用的陶瓷制品，主要是陶瓷墙地砖、卫生陶瓷、琉璃制品等，而以墙地砖用量最大。

1. 釉面内墙砖

釉面内墙砖(简称釉面砖)是用于建筑物内部墙面装饰的薄板状施釉精陶制品，习惯上称作瓷砖。它是以黏土、石英、长石、助熔剂、颜料及其他矿物原料，经破碎、研磨、筛分、配料等工序加工成的含有一定水分的生料，再经模具压制成型、烘干、素烧、施釉和釉烧而成，或坯体施釉一次烧成。这里所谓的釉，是指附着于陶瓷坯体表面的连续玻璃质层，具有与玻璃相类似的某些物理和化学性质。

釉面砖因其釉面光泽度好，装饰手法丰富，色彩鲜艳、易于清洁，防火、防水、耐磨、耐蚀，被广泛用于建筑内墙装饰。几乎成为厨房、卫生间不可替代的装饰和维护材料。

釉面砖按颜色可分为单色(含白色)、花色(各种装饰手法)和图案砖，按形状可分为正方形、长方形和异形砖。异形砖一般用于屋顶、底、角、边、沟等建筑内部转角的贴面。

釉面砖坯体属多孔的陶质坯体，在长期与空气的接触中，特别是在潮湿的环境中使用，往往会吸收大量的水分而发生膨胀，其外表面的致密的玻璃质釉层吸湿膨胀量相对很小，这种坯体和釉层在应变应力上的不匹配，会导致釉面受拉应力而开裂。因此釉面砖不得用于室外，其性能应符合《陶瓷砖》(GB/T 4100—2006)的规定。

2. 墙地砖

墙地砖包括外墙用贴面砖和室内、外地面铺贴用砖。由于目前该类饰面砖发展趋势是既可以用于外墙又可以用于地面，所以称为墙地砖。其特点是强度高，耐磨、耐久性好，化学稳定性好，不燃，易清洗和吸水率低等。墙地砖的性能应符合《陶瓷砖》(GB/T 4100—2006)的规定。墙地砖的品种主要有以下几种。

1) 劈离砖

劈离砖又称劈裂砖，是由于成型时为双砖背连坯体，烧成后再劈裂成两块砖而得名，是近年来开发的新型建筑陶瓷制品，适用于各类建筑物的外墙装饰和楼堂馆所、车站、候车室、餐厅等人流密集场所的室内地面铺设。厚砖(厚度13mm)适用于广场、公园、停车场、走廊、人行道等露天场所的地面铺设。

劈离砖的特点在于它兼有普通黏土砖和彩釉砖的特性，即由于制品内部结构特征类似黏土砖，故其具有一定的强度、抗冲击性，防潮、防腐、耐磨、耐滑，具有良好的抗冻性和可黏结性；而且其表面可以施釉，故又具有一般压制成型的彩釉墙地砖的装饰效果和可清洗性。该材料富于个性、古朴高雅，并且品种多，颜色多样，可按需求拼砌成多种图案以适应建筑物和附近环境的需要。

2) 麻面砖

麻面砖是采用仿天然岩石的色彩配料，压制成表面凹凸不平的麻面坯体后经焙烧而成。砖的表面酷似经人工修造过的天然岩石，纹理自然，有白、黄等多种色调。该类砖的抗折强度大于20MPa，吸水率小于1‰，防滑耐磨。薄型砖适用于外墙饰面，厚型砖适用于广场、停车场和人行道等地面铺设。

3) 彩胎砖

彩胎砖是一种本色无釉瓷质饰面砖，具有天然花岗石的特点，纹络细腻，色调柔和，质朴高雅，其抗折强度大于27MPa，吸水率小于1‰，耐磨性和耐久性好。可用于住宅厅堂的墙、地面装饰，特别适用人流量大的商场、剧院和宾馆等公共场所的地面铺设。

3. 陶瓷马赛克

旧称陶瓷锦砖，俗称马赛克，是以优质瓷土为主要原料，经压制烧成的小块瓷砖，表面一般不上釉。通常，将不同颜色和形状的小块瓷片铺贴在牛皮纸上，形成色彩丰富、图案繁多的装饰砖成联使用。

陶瓷马赛克具有耐磨、耐火、吸水率小、抗压强度高、易清洗及色泽稳定等特点。广泛适用于建筑物门厅、走廊、卫生间、厨房、化验室等内墙和地面，并可作建筑物的外墙饰面与保护。施工时，可以将不同花纹、色彩和形状的小瓷片拼成多种美丽的图案，并可镶拼成具有较高艺术价值的陶瓷壁画，提高其装饰效果并可增强建筑物的耐久性。其性能应符合《陶瓷马赛克》(JC/T 456—2005)的规定。

4. 建筑琉璃制品

琉璃制品是以难熔黏土作原料，经配料、成型、干燥、素烧，表面涂以琉璃釉料后，再经烧制而成的。

琉璃制品属于精陶制品，颜色有金、黄、绿、蓝、青等。品种分为 3 类：瓦类(板瓦、筒瓦、沟头)、脊类、饰件类(物、博古、兽等)。建筑琉璃制品是我国传统的、极具中华民族文化特色与风格的建筑材料，其造型古朴，表面光滑，色彩绚丽，坚实耐用，富有民族特色。其彩釉不易剥落，装饰耐久性好，比瓷质饰面材料容易加工，且花色品种很多，不仅用于古典式及纪念性的建筑中，还常用于园林建筑中的亭、台、楼、阁中，体现出古代园林的风格。广泛用于具有民族风格的现代建筑物中，体现现代与传统美的结合。其性能应符合《建筑琉璃制品》(JC/T 765—2006)的规定。

5. 陶瓷卫生洁具

卫生陶瓷主要是精陶制的。它是采用可塑性黏土、高岭土、长石和石英为原料，坯体成型后经过素烧和釉烧而成的。卫生陶瓷颜色清澄、光泽度好、易于清洗、经久耐用。其主要产品有洗面器、大小便器、水箱水槽和浴缸等，主要用于浴室、卫生间等处。

卫生陶瓷结构形式多样，颜色分为白色和彩色，表面光洁、不透水、易于清洗，并耐化学腐蚀。其性能应符合《卫生陶瓷》(GB 6952—2005)的规定。

11.4 建筑装饰玻璃

玻璃是现代建筑十分重要的室内外装饰材料之一。现代装饰技术的发展和人们对建筑物的功能和美观要求的不断提高，促使玻璃制品朝着多品种、多功能、绿色环保的方向发展。玻璃是用石英砂、纯碱、长石和石灰石等为主要原料，在 1 550～1 600℃高温下熔融、成型，并经急冷而成的固体材料。为了改善玻璃的某些性能和满足特殊技术要求，常常在玻璃生产过程中加入辅助性原料，或经特殊工艺处理，从而得到具有特殊性能的玻璃。

11.4.1 玻璃的基本性质与分类

1. 玻璃的基本性质

1) 密度

普通玻璃的密度为 $2.45\sim2.55g/cm^3$。玻璃的孔隙几乎为零，属于致密材料。

2）力学性质

玻璃的力学性质的主要指标是脆性指标和抗拉强度。普通玻璃的脆性指标约为1 300～1 500，脆性指标越大，说明脆性越大。玻璃的抗拉强度通常为抗压强度的1/15～1/14，约为40～120MPa。因此玻璃受冲击时易破碎，是典型的脆性材料。

3）化学稳定性

玻璃具有较高的化学稳定性，在通常情况下，对酸（除氢氟酸外）、碱、盐等具有较强的抵抗能力。但长期受到侵蚀性介质的腐蚀，也会变质或破坏。

4）热物理性能

玻璃的导热性很差，导热系数一般为0.75～0.92W/(m·K)，在常温中导热系数仅为铜的1/400。玻璃的热膨胀系数决定于其化学组成及纯度，纯度越高，热膨胀系数越小。玻璃的热稳定性决定了温度急剧变化时玻璃抵抗破裂的能力。玻璃制品的体积越大、厚度越厚，热稳定性越差。玻璃抗急热的破坏能力比抗极冷破坏的能力强。这是因为受急热时产生膨胀，玻璃表面产生压应力；受急冷时收缩，玻璃表面产生拉应力，而玻璃的抗压强度远高于抗拉强度，所以耐急热的稳定性比耐急冷的稳定性要高。

5）光学性能

玻璃既能透射光线，又能反射光线和吸收光线，如图11-2所示。

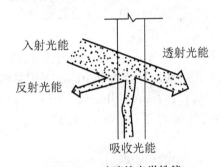

图 11-2　玻璃的光学性能

透射是指光线能透过玻璃的性质。玻璃透射光能与入射光能之比称为透射系数。透射系数是玻璃的重要性能，清洁玻璃的透射系数达85％～90％，其值随玻璃厚度增加而减小，所以厚玻璃和多层重叠玻璃，往往是不易透光的。另外，当玻璃中含有杂质或添加颜色后，其透射系数将大大降低，彩色玻璃、热反射玻璃的透射系数可以低至19％以下。

反射是指光线被玻璃阻挡，按一定的角度反射回来。玻璃反射光能与入射光能之比称为反射系数。反射系数的大小决定于反射面的光滑程度、折射率、光线入射角的大小、玻璃表面是否镀膜及膜层的种类等因素。用于遮光和隔热的热反射玻璃，要求反射系数大。

吸收是指光线通过玻璃时，一部分光能损失在玻璃中。玻璃吸收光能与入射光能之比称为吸收系数。玻璃的透射系数、反射系数和吸收系数之和为100％。普通3mm厚的玻璃在太阳光垂直入射的情况下，透射系数为85％，反射系数为7％，吸收系数为8％。将透过3mm厚标准透明玻璃的太阳辐射能量作为1.0，其他玻璃在同样条件下透过太阳辐射能的相对值称为遮蔽系数。遮蔽系数越小，说明通过玻璃进入室内的太阳辐射能越少，光线越柔和。用于隔热、防眩作用的吸热玻璃，要求既能吸收大量的红外线辐射能，同时又保持良好的透光性。

2. 玻璃的分类

玻璃的品种很多，按化学组成可分为硅酸盐玻璃、磷酸盐玻璃、硼酸盐玻璃和铝酸盐玻璃等。应用最早、用量最大的是硅酸盐玻璃，因其易于熔制且成本较低，是最常见的一种建筑玻璃。

按功能可将玻璃划分为普通玻璃、吸热玻璃、防水玻璃、安全玻璃、装饰玻璃、漫射玻璃、镜面玻璃、热反射玻璃、低辐射玻璃、隔热玻璃等。

下面主要介绍具有一定功能性的建筑玻璃。

11.4.2 普通平板玻璃

平板玻璃是指未经进一步加工的钠钙硅酸盐质平板玻璃制品，其透光率为 85％～90％，也称单光玻璃、净片玻璃，是建筑工程中用量最大的玻璃，也是生产其他多种玻璃制品的基础材料，故又称原片玻璃。

按生产方法不同，平板玻璃可分为普通平板玻璃和浮法玻璃。普通平板玻璃是建筑使用量最大的一种，它的厚度为 2～12mm，主要用于装配门窗，起透光、挡风雨和保温隔声等作用，具有一定的机械强度，但易碎，紫外线通过率低。

根据国家标准《平板玻璃》（GB 11614—2009），平板玻璃按颜色属性分为无色透明平板玻璃和本体着色平板玻璃；按外观质量分为合格品、一等品和优等品；按公称厚度分为2mm、3mm、4mm、5mm、6mm、8mm、10mm、12mm、15mm、19mm、22mm 共 11个品种。标准中还规定了平板玻璃的尺寸偏差、对角线差、厚度偏差、厚薄差、外观质量、弯曲度、光学性能。

大部分普通平板玻璃被直接用作各级各类建筑的采光材料，还有一部分作为深加工玻璃制品的基础原料用于制作各种功能各异的玻璃制品。普通平板玻璃采用木箱或集装箱（架）包装，在储存运输时，必须箱盖向上，垂直立放，并需注意防潮、防雨，存放在不结露的房间内。

11.4.3 深加工玻璃制品

所谓玻璃的深加工制品，是指将普通平板玻璃经加工制成具有某些特殊性能的玻璃。玻璃的深加工制品品种繁多，功能各异，广泛用于建筑物以及日常生活中。建筑中使用的玻璃深加工制品主要有以下品种。

1. 安全玻璃

玻璃是脆性材料，当外力超过一定值后即碎裂成具有尖锐棱角的碎片，破坏时几乎没有塑性变形。为减少玻璃的脆性，提高其强度，通常对普通玻璃进行增强处理，或与其他材料复合，或采用加入特殊成分等方法来加以改进。经过增强改性后的玻璃称为安全玻璃。常用的安全玻璃有钢化玻璃、夹丝玻璃和夹层玻璃。

1) 钢化玻璃

钢化玻璃又称强化玻璃,按钢化原理不同分为物理钢化和化学钢化两种。经过物理(淬火)或化学(离子交换)钢化处理,可使玻璃表面层产生残余压缩应力约 70～180MPa,如图 11-3 所示,而使玻璃的抗折强度、抗冲击性、热稳定性大幅提高。物理钢化玻璃破碎时,不像普通玻璃那样形成尖锐的碎片,而是形成较圆滑的微粒状,有利于人身安全,因此可用作高层建筑物的门窗、幕墙、隔墙、桌面玻璃、炉门上的观察窗以及汽车风窗玻璃、电视机屏幕等。

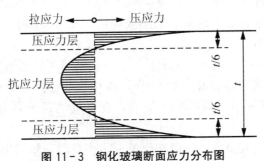

图 11-3 钢化玻璃断面应力分布图

特 别 提 示

钢化玻璃在使用中需选择现有尺寸或提出具体设计图样加工订做,不得二次加工,边角不能碰击,使用时严禁溅上火花,以避免破坏其应力状态。此外,由于钢化玻璃本身存在自爆(指在使用中无直接机械外力作用下,玻璃发生自裂的情况)这种不可完全避免的自身缺陷,在满足风压设计的要求下,可选用热增强玻璃。热增强玻璃不存在自爆现象,但是强度仅仅是普通玻璃的两倍左右,多数应用在高层建筑中,提高抗风压性能。

2) 夹丝玻璃

夹丝玻璃也称钢丝玻璃,它是用连续压延法制造,当平板玻璃加热到红热软化状经过压延机的两辊中间时,将经预热处理的钢丝或钢丝网压入玻璃中间,经退火、切割而成。

夹丝玻璃的表面可以压花或磨光,颜色可以是无色透明或彩色的(图 11-4)。与普通平板玻璃相比,它的耐冲击性和耐热性好,在外力作用和温度剧变时,破而不散,而且具有防火、防盗功能。夹丝玻璃适用于公共建筑的阳台、楼梯、电梯间、走廊、厂房天窗和各种采光屋顶。夹丝玻璃由于是在玻璃中镶嵌了金属物,破坏了玻璃的均一性,玻璃的力学强度有所降低,而且丝网与玻璃的热学性能(如热膨胀系数、热导率等)差别较大,因此在使用中注意尽量避免玻璃两面出现较大温差或局部冷热交替过于频繁。

图 11-4 彩色夹丝玻璃

夹丝玻璃可以切割，但当切断玻璃时，需要对裸露在外的金属丝进行防锈处理，以防止生锈造成的体积膨胀引起玻璃的锈裂。

3）夹层玻璃

夹层玻璃是在两片或多片玻璃原片之间，用 PVB（聚乙烯醇丁醛）树脂胶片，经过加热、加压黏合而成的平面或曲面的复合玻璃制品。用于夹层玻璃的原片可以是普通平板玻璃、浮法玻璃、钢化玻璃、彩色玻璃、吸热玻璃或热反射玻璃等。夹层玻璃的层数有 2、3、5、7，最多可达 9 层，

夹层玻璃的透明性好，抗冲击性能要比一般平板玻璃高好几倍，用多层普通玻璃或钢化玻璃复合起来，可制成防弹玻璃。由于 PVB 胶片的黏合作用，玻璃即使破碎时，碎片也不会飞扬伤人。通过采用不同的原片玻璃，夹层玻璃还可具有耐久、耐热、耐湿等性能。

夹层玻璃有着较高的安全性，一般在建筑上用作高层建筑门窗、天窗和商店、银行、珠宝行的橱窗、隔断等。

夹层玻璃不能切割，只能选用定型产品或提出具体设计图样加工订做。

2. 温控、声控和光控玻璃

1）中空玻璃

中空玻璃是将两片或多片平板玻璃相互间隔 6～12mm 镶于边框中，四周加以密封，中间充填干燥空气或惰性气体，也可在框底放置干燥剂。为获得更好的声控、光控和隔热等效果，还可充以各种能漫射光线的材料、电介质等。

中空玻璃具有良好的绝热、隔声效果（一般可使噪声下降 30～40dB，即能将街道汽车噪声降低到学校教室的安静程度），而且露点低、自重轻（仅为相同面积混凝土墙的 1/30～1/16），适用于需要采暖、空调、防止噪声、防止结露以及需要无直射阳光和特殊光的建筑物，如住宅、学校、医院、旅馆、商店、恒温恒湿的实验室以及工厂的门窗、天窗和玻璃幕墙等。

中空玻璃是在工厂按尺寸生产的，现场不能切割加工，所以使用前必须先选好尺寸。

中空玻璃可以根据要求，选用各种不同性能和规格的玻璃原片，如钢化玻璃、夹层玻璃、夹丝玻璃、压花玻璃、彩色玻璃、热反射玻璃等。玻璃片厚度可为 3mm、4mm、5mm、6mm，充气层厚度一般有 6mm、9mm、12mm，中空玻璃厚度为 12～42mm。

2）吸热玻璃

吸热玻璃是能吸收大量红外线辐射能并保持较高可见光透过率的平板玻璃。

生产吸热玻璃的方法有两种：一是在普通钠钙硅酸盐玻璃的原料中加入一定量的有吸热性能的着色剂，如氧化铁、氧化钴以及硒等；另一种是在平板玻璃表面喷镀一层或多层金属，或金属氧化物薄膜而制成。吸热玻璃的颜色有灰色、茶色、蓝色、绿色、古铜色、青铜色、粉红色和金黄色等。我国目前主要生产前三种颜色的吸热玻璃，厚度有 2mm、3mm、5mm、6mm 四种规格。吸热玻璃与普通平板玻璃相比能吸收更多太阳辐射热，减轻太阳光的强度，具有反眩效果而且能吸收一定的紫外线。

由于上述特点，吸热玻璃已广泛用于建筑物的门窗、外墙以及车、船挡风玻璃等，起到隔热、防眩、采光及装饰等作用。它还可以按不同用途进行加工，制成磨光、夹层、镜面及中空玻璃。在外部围护结构中用它配制彩色玻璃窗；在室内装饰中，用以镶嵌玻璃隔断、装饰家具以增加美感。

由于吸热玻璃两侧温度差较大，热应力较高，易发生热炸裂，使用时应使窗帘、百叶窗等远离玻璃表面，以利通风散热。

3）热反射玻璃

热反射玻璃是具有较高的热反射能力而又保持良好透光性的平板玻璃，它是采用热解、真空蒸镀和阴极溅射等方法，在玻璃表面涂以金、银、铝、铬、镍和铁等金属或金属氧化物薄膜，或采用电浮法等离子交换方法，以金属离子置换玻璃表层原有离子而形成热反射膜。

热反射玻璃也称镜面玻璃，有金色、茶色、灰色、紫色、褐色、青铜色和浅蓝色等各色。热反射玻璃具有良好的隔热性能，热反射率高，反射率达到 30％以上，而普通玻璃仅 7％～8％。镀金属膜的热反射玻璃还有单向透像的作用，即白天能在室内看到室外景物，而室外却看不到室内的景象。

热反射玻璃主要用于有绝热要求的建筑物门窗、玻璃幕墙、汽车和轮船的玻璃等。但热反射玻璃幕墙使用不恰当或使用面积过大会造成光污染和建筑物周围温度升高，影响环境的和谐。

4）自洁净玻璃

自洁净玻璃是一种新型的生态环保型玻璃制品，从表面上看与普通玻璃并无差别，但是通过在普通玻璃表面镀上一层锐钛矿型纳米 TiO_2 晶体的透明涂层后，玻璃在紫外光照射下会表现出光催化活性、光诱导超亲水性和杀菌的功能。通过光催化活性可以迅速将附着在玻璃表面的有机污物分解成无机物而实现自洁净，而光诱导亲水性会使玻璃表面不易挂住水珠，从而隔断油污与 TiO_2 薄膜表面的直接接触，保持玻璃的自身洁净。

自洁净玻璃可应用于高档建筑的室内浴镜、卫生间整容镜、高层建筑物的幕墙、照明玻璃、汽车玻璃。用自洁净玻璃制成的玻璃幕墙可长久保持清洁明亮光彩照人，并大大减少保洁费用。

5）防火玻璃

防火玻璃是一种新型的建筑用功能材料，它是由两层或两层以上玻璃用透明防火胶黏结在一起制成的，具有良好的透光性能和防火阻燃性能。

防火玻璃平时和普通玻璃一样是透明的，在遇火几分钟后，中间膜即开始膨胀生成很厚的泡沫状绝热层，这种绝热层能够阻止火焰蔓延和热传递，把火灾限制在着火点附近的小区域内，起到防火保护作用。性能好的防火玻璃，在1000℃以上的高温下仍有良好的防火阻燃性。

透明防火安全玻璃可作为高级宾馆、影剧院、展览馆、机场、体育馆、医院、图书馆、商厦等公共建筑以及其他没有防火分区要求的民用和公用建筑的防火门、防火窗和防火隔断等范围的理想防火材料。

6）智能调光玻璃

智能调光玻璃属特种建筑装饰玻璃之一，俗称电致变色玻璃，它通过电流的大小可调节玻璃的透光率，是调节外界光线进入室内的极好帮手。通过电流变换可控制玻璃变色和颜色深浅度，控制及调节阳光照入室内的强度，使室内光线柔和，舒适怡人。目前主要用于需要保密或隐私防护的建筑场所，由其制成的窗玻璃相当于有电控装置的窗帘一样自如方便，不仅有光透过率变换自如的特点，而且在建筑物门窗上占用空间极小，省去了设置窗帘的机构及空间。

11.4.4　饰面玻璃

饰面玻璃是指用于建筑物表面装饰的玻璃制品，包括板材和砖材。主要品种如下。

1. 彩色玻璃

彩色玻璃有透明和不透明两种。透明的彩色玻璃是在玻璃原料中加入一定量的金属氧化物制成的。不透明彩色玻璃又名釉面玻璃，它是以平板玻璃、磨光玻璃或玻璃砖等为基料，在玻璃表面涂敷一层易熔性色釉，加热到彩釉的熔融温度，使釉层与玻璃牢固结合在一起，再经退火或钢化而成。彩色玻璃的彩面也可用有机高分子涂料制得。

彩色玻璃的颜色有红、黄、蓝、绿、灰色等十余种（图11-5），可用以镶拼成各种图案花纹，并有耐蚀、抗冲刷、易清洗等特点，主要用于建筑物的内外墙、门窗及对光线有特殊要求的部位。有时在玻璃原料中加入乳浊剂（萤石等）可制得乳浊有色玻璃，这类玻璃透光而不透视，具有独特的装饰效果。

2. 玻璃贴面砖

玻璃贴面砖是以平板玻璃为主要基材，在玻璃的一面喷涂釉液，再在喷涂液表面均匀地撒上一层玻璃碎屑，以形成毛面，然后经500～550℃热处理，使三者牢固地结合在一起制成，可用作内外墙的饰面材料。

3. 玻璃锦砖

玻璃锦砖（图11-5）又称玻璃马赛克或玻璃纸皮石，它是含有未熔融的微小晶体（主要是石英）的乳浊状半透明玻璃质材料，是一种小规格的饰面玻璃制品。其一般尺寸为20mm×20mm、30mm×30mm、40mm×20mm，厚4～6mm，背面有槽纹，有利于与基面黏结。为便于施工，出厂前将玻璃锦砖按设计图案反贴在牛皮纸上，贴成30.5mm×30.5mm见方，称为一联。

玻璃锦砖颜色绚丽，色法众多，且有透明、半透明、不透明三种。它的化学稳定性，急冷、急热稳定性好，雨天能自洗，经久常新，吸水率小，抗冻性好，不变色，不积尘，而且成本低，是一种良好的外墙装饰材料。

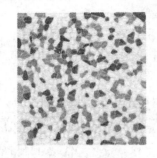

图 11-5　玻璃锦砖

4. 压花玻璃

压花玻璃(图 11-6)是将熔融的玻璃在急冷中通过带图案花纹的辊轴滚压而成的制品，可一面压花，也可两面压花。压花玻璃分普通压花玻璃、真空冷膜压花玻璃和彩色膜压花玻璃等三种，一般规格为 800mm×700mm×3mm。

压花玻璃具有透光不透视的特点，这是由于其表面凹凸不平，当光线通过时产生漫射，因此，从玻璃的一面看另一面物体时，物像模糊不清。压花玻璃表面有各种图案花纹，具有一定的艺术装饰效果，多用于办公室、会议室、浴室、卫生间以及公共场所分离室的门窗和隔断等处。使用时应将花纹朝向室内。

5. 磨砂玻璃

磨砂玻璃(图 11-7)又称毛玻璃，指经研磨、喷砂或氢氟酸溶蚀等加工，使表面(单面或双面)成为均匀粗糙的平板玻璃。一般厚度多在 9cm 以下，以 5cm、6cm 厚度居多。其特点是透光不透视，且光线不刺眼，用于要求透光而不透视的部位，如建筑物的卫生间、浴室，办公室等的门窗及隔断，也可作黑板或灯罩。

图 11-6　压花玻璃　　　　　　　　图 11-7　磨砂玻璃

6. 镭射玻璃

镭射玻璃(图 11-8)亦称全息玻璃或镭射全息玻璃，是一种应用最新全息技术开发而成的创新装饰玻璃产品。它是以玻璃为基材的新一代建筑装饰材料，其特征在于经特种工艺处理，玻璃背面出现全息或其他几何光栅，在光源照射下，形成物理衍射分光而出现艳

丽的七色光，且在同一感光点或感光面上会因光线入射角的不同而出现色彩变化，使被装饰物显得华贵高雅，富丽堂皇。

镭射玻璃的颜色有银白、蓝、灰、紫、红等多种。按其结构有单层和夹层之分。镭射玻璃适用于酒店、宾馆和各种商业、文化、娱乐设施的装饰。可用作内外墙、柱面、地面、桌面、台面、幕墙、隔断、屏风等。

图 11-8 镭射玻璃

11.5 建 筑 涂 料

涂料是一种可涂刷于基层表面，并能结硬成膜的材料。建筑涂料指能涂于建筑物表面，并能形成连接性涂膜，从而对建筑物起到保护、装饰或使其具有某些特殊功能的材料。涂料是最简单的一种饰面方式，具有工期短、工效高、自重小、价格低和维修方便等特点。因此，涂料在建筑工程中应用相当广泛。

11.5.1 建筑涂料的分类

到目前为止，我国建筑涂料的产品还没有统一的分类与命名方法，但通常采用习惯分类方法，比较常用的有以下 6 种分类方法，见表 11-2。

表 11-2 建筑涂料的分类

标　　准	类　　别
按在建筑上的使用部位	内墙涂料、外墙涂料、顶棚涂料、地面涂料、门窗涂料等
按成膜物质的化学组成	有机涂料、无机涂料和有机无机复合涂料
按涂膜厚度	厚度小于 1mm 的建筑涂料称为薄质涂料，涂膜厚度为 1~5mm 的为厚质涂料
按涂膜形状与质感	表面平整、光滑的平壁状涂层涂料，表面呈砂粒状装饰效果的彩砂涂料和凹凸花纹效果的复层涂料
按涂料所用稀释剂	溶剂型涂料(以各种有机溶剂作为稀释剂)和水性涂料(以水作为稀释剂)

标　　准	类　　别
按涂料的特殊功能	防火涂料、防水涂料、防腐涂料、防霉涂料、弹性涂料、变色涂料、保温涂料

注：1. 水性涂料按其水分散性质分为三种类型：乳液涂料（是以合成树脂乳液为主要成分的涂料，是目前应用最为广泛的涂料）、水溶性涂料（以可溶解于水的树脂为主要成分）和水溶胶涂料（呈胶态，多为无机高分子涂料）。

2. 实际上，建筑涂料分类时，常常将上述的分类结合在一起使用，如合成树脂乳液内外墙涂料，水溶性内墙涂料，合成树脂乳液砂壁状涂料等。

11.5.2 常用建筑涂料的特点及主要产品

1. 外墙涂料

1）外墙涂料的特点

外墙涂料的主要功能是装饰和保护建筑物的外墙面，使建筑物外貌整洁、美观，从而达到美化城市环境的目的。同时，能够起到保护建筑物外墙的作用，延长其使用寿命。为了获得良好的装饰与保护效果，外墙涂料一般应具有以下特点。

（1）装饰性好。要求外墙涂料色彩丰富多样，保色性好，能较长时间保持良好的装饰性能。

（2）耐水性好。外墙面暴露在大气中，要经常受到雨水的冲刷，因而作为外墙涂料应具有很好的耐水性能。某些防水型外墙涂料的抗水性能更佳。当基层墙面发生小裂缝时，涂层仍有防水的功能

（3）耐沾污性能好。大气中经常有灰尘及其他物质落在涂层上，使涂层的装饰效果变差，甚至失去装饰性能，因而要求外墙装饰层不易被这些物质沾污或沾污后容易清除。

（4）与基层黏结牢固，涂膜不裂。外墙涂料如出现剥落、脱皮现象，则维修较为困难，对装饰性与外墙的耐久性都有较大影响。因此，对外墙涂料在这方面的性能要求较高。

（5）耐候性和耐久性好。暴露在大气中的涂层，要经受日光、雨水、风沙、冷热变化等作用。在这些因素反复作用下，一般的涂层会发生开裂、脱粉、变色等现象，使涂层失去原有的装饰和保护功能。因此，作为外墙装饰的涂层，要求保持一定的使用年限，不发生上述破坏现象，即有良好的耐候性、耐久性。

2）外墙涂料的主要产品

（1）彩色砂壁状外墙涂料。彩色砂壁状外墙涂料又称彩砂涂料，是一种粗面厚度涂料。彩色砂壁状外墙涂料由于采用高温烧结的彩色砂粒、彩色陶瓷或天然带色石屑为骨料，涂层具有丰富的色彩和质感，同时由于所含成膜物质在大气中及紫外光照射下不易发生断链、分解或氧化等化学变化，因此其保色性、耐候性比其他类型的外墙涂料有较大的提高。当采用不同的施工工艺时，可获得仿大理石、仿花岗岩质感与色彩的涂层，又被称作仿石涂料、石艺漆。

彩色砂壁状建筑涂料主要用于办公楼、商店等公用建筑的外墙面，是一种性能优异的建筑外墙用中高档涂料。

（2）溶剂型外墙涂料。溶剂型外墙涂料是以合成树脂为基料，加入颜料、填料、有机溶剂等经研磨配制而成的外墙涂料。它的应用没有合成树脂乳液外墙涂料广泛，但这种涂料的涂层硬度、光泽、耐水性、耐沾污性、耐腐蚀性都很好，使用年限多在 10 年以上，所以也是一种颇为实用的涂料。使用时应注意，溶剂型外墙涂料不能在潮湿基层上施涂且有机溶剂易燃，有的还有毒。

（3）聚氨酯系外墙涂料。聚氨酯系外墙涂料是以聚氨酯树脂或聚氨酯与其他树脂复合物为主要成膜物质，加入填料、助剂组成的优质外墙涂料。

聚氨酯系外墙涂料弹性高、装饰性好，可以承受严重拉伸而不破坏，装饰效果可达 10 年。适用于混凝土或水泥砂浆外墙的装饰，如高级写字楼、高级宾馆等建筑物的外墙面。

（4）丙烯酸系外墙涂料。丙烯酸系外墙涂料是以改性丙烯酸共聚物为成膜物质，掺入紫外光吸收剂、填料、有机溶剂、助剂等，经研磨而制成的溶剂型外墙涂料。具有保持原色、装饰效果好、使用寿命长等优点，是目前外墙涂料中较为常用的涂料之一。

2. 内墙涂料

1）内墙涂料的特点

内墙涂料亦可作顶棚涂料，它的主要功能是装饰及保护室内墙面及顶棚，使其美观、整洁，让人们处于舒适的居住环境中。为了获得良好的装饰效果，内墙涂料应具有以下特点。

（1）良好的装饰性。内墙涂料的色彩一般应浅淡、明亮，同时兼顾居住者的喜好，要求色彩、品种要丰富。内墙与人的目视距离最近，因此，要求内墙涂料应质地平滑、细腻、色调柔和。

（2）耐碱性、耐水性、耐粉化性良好。由于墙面多带碱性，并且为了保持内墙洁净，需经常擦洗墙面，为此，内墙涂料必须有一定的耐碱性、耐水性、耐擦洗性，避免脱落造成的烦恼。

（3）透气性，吸湿排湿性良好。否则，墙面会因温度变化而结露。

（4）安全健康性。内墙涂料中有害物质尽量少，符合现行国家标准《室内装饰装修材料内墙涂料中有害物质限量》（GB 18582—2008）的要求。该国家标准要求：水性墙面涂料 VOC 的含量不大于 $120g/L$，水性墙面腻子 VOC 的含量不大于 $15g/kg$。而 VOC 是对人体有害的挥发性有机化合物的总和，甲醛为具有较高毒性的物质，甲醛已经被世界卫生组织确定为致癌和致畸形物质。而由于溶剂型墙面涂料含有较高的 VOC，我国从 2005 年开始就不再审批新的溶剂型墙面涂料生产企业。

（5）施工容易、价格低廉。为保持居室常新，能够经常进行粉刷翻修，要求施工容易、价格低廉。

2）内墙涂料的主要产品

（1）聚酯酸乙烯乳胶漆。聚酯酸乙烯乳胶漆属于合成树脂乳液型内墙涂料。该涂料无毒无味，不易燃烧，涂膜细腻、平滑、色彩鲜艳，涂膜透气性好、装饰效果良好，价格适中，施工方便，耐水、耐碱性及耐候性优于聚乙烯醇系内墙涂料，但较其他共聚乳液差，主要作为住宅、一般公用建筑等的中档内墙涂料使用。若加入石英粉、水泥等可制成地面涂料，尤其适宜水泥旧地坪的翻修。

（2）多彩内墙涂料。多彩内墙涂料简称多彩涂料，是目前国内外流行的高档内墙涂料。它是由不相混溶的两相组成，其中一相为分散介质，另一相为分散相。目前生产的多彩涂料主要是水包油型（即水为分散介质，合成树脂为分散相，以油/水或 O/W 表示），较其他三种类型涂料［油包水型（W/O）、油包油型（O/O）、水包水型（W/W）］储存稳定性好，应用也最广泛，涂装后显出具有立体质感的多彩花纹涂层。

多彩涂料色彩丰富，图案变化多样，立体感强，装饰效果好，具有良好的耐水性、耐油性、耐碱性、耐洗刷性及较好的透气性，且对基层适应性强，是一种可用于建筑物内墙、顶棚的水泥混凝土、砂浆、石膏板、木材、钢板、铝板等多种基面的高档建筑涂料。

（3）合成树脂乳液内墙涂料。合成树脂乳液内墙涂料是以合成树脂乳液为黏结料，加入颜料、填料及各种助剂，经研磨而成的薄型内墙涂料。这类涂料是目前主要的内墙涂料。由于所用的合成树脂乳液不同，具体品种的涂料的性能、档次也就有差异。常用的合成树脂乳液有：丙烯酸酯乳液、苯乙烯-丙烯酸酯共聚乳液、醋酸乙烯-丙乙烯酸酯乳液、氯乙烯-偏氯乙烯乳液；等等。

（4）聚乙烯酸水玻璃内墙涂料。该涂料是以聚乙烯醇树脂水溶液和水玻璃为黏结料，混合一定量的填料、颜料和助剂，经过混合研磨、分散而成的水溶性涂料。这种涂料属于较低档的内墙涂料。适用于民用建筑室内墙面装饰。

3. 地面涂料

1）地面涂料的特点

地面涂料的主要功能是装饰与保护室内地面，为获得良好的装饰和保护效果，地面涂料应具有健康、涂刷方便、耐碱性好、黏结力强、耐水性好、耐磨性好、抗冲击力强等特点，安全无毒、脚感舒适、坚固耐磨是地面涂料追求的目标。

2）地面涂料的主要产品

（1）聚氨酯系地面涂料。聚氨酯是聚氨基甲酸酯的简称。聚氨酯地面涂料分薄质罩面地面涂料与厚质弹性地面涂料两类。前者主要用于木质地板或其他地面的罩面上光。后者用于刷涂水泥地面，能在地面形成无缝且具有弹性的耐磨涂层，因此称之为弹性地面涂料。

该涂料具有优良的防腐蚀性能和绝缘性能，特别是有较全面的耐酸碱盐的性能，有较高的强度和弹性，对金属和非金属混凝土的基层表面有较好的黏结力。涂铺的地面光洁不滑，弹性好，耐磨、耐压、耐水，美观大方，行走舒适、不起尘、易清扫、有良好的自熄性，使用中不变色，不需要打蜡，可代替地毯使用，但是价格较贵。

聚氨酯系地面涂料适用于会议室、放映厅、图书馆等人流较多的场合做弹性装饰地面；工业厂房、车间和精密机房的耐磨、耐油、耐腐蚀地面及地下室、卫生间的防水装饰地面。

（2）地面漆系地面涂料。地面漆系地面涂料的主要品种如下。

① 过氯乙烯地面涂料。耐老化和防水性能好，漆膜干燥快（2h），有一定的硬度、附着力和耐磨性、抗冲击力，色彩丰富，漆膜干燥后无刺激气味，对人体健康无害等。该涂料适用于住宅建筑、物理实验室等水泥地面的装饰。

② H80-环氧地面涂料。具有良好的耐腐蚀性能，涂层坚硬，耐磨且有一定韧性，涂层与水泥基层黏结力强，耐油、耐水、耐热、不起尘，可以涂刷成各式图案。适用于机场以及工业与民用建筑中的耐磨、防尘、耐酸、耐碱、耐有机溶剂、耐水等工程的地面装饰。

③ 聚乙烯醇缩甲醛水泥地面涂料。又称777水性地面涂料，其特点是无毒、不燃、涂层与水泥基层结合紧固，干燥快、耐磨、耐水、不起砂、不裂缝，可以在潮湿的水泥基层上涂刷，施工方便、色彩鲜艳、光洁美观、价格便宜、经久耐用、装饰效果良好等。适用于建筑、住宅以及一般的实验室、办公室、新旧水泥地面装饰。可仿制成方格、假木纹及各种几何图案的地面。

11.5.3 特种涂料

特种涂料又称功能涂料，它不仅具有保护和装饰的作用，还具有一些特殊功能，如防水、防火、防腐、防静电等。

1. 防火涂料

防火涂料可以有效减缓可燃材料的引燃时间，阻止非可燃结构材料表面温度升高而引起的强度急剧下降，阻止或延缓火焰的蔓延，可为人们争取到灭火和人员疏散的宝贵时间。

根据防火原理不同，防火涂料有膨胀型和非膨胀型两种。

1）非膨胀型防火涂料

非膨胀型防火涂料由不燃型或难燃型合成树脂、难燃剂和防火填料组成，其涂膜不易燃烧。非膨胀型防火涂料主要用于木材、纤维板的防火，用在木结构屋架、顶棚、门窗等表面。

2）膨胀型防火涂料

膨胀型防火涂料是由难燃树脂、阻燃剂、成碳剂、发泡剂等材料组成，在高温和火焰作用下，这些成分迅速膨胀形成比原涂料厚几十倍的泡沫状炭化层，从而阻止高温对基材的传热，使基材表面温度降低。

膨胀型防火涂料有无毒型膨胀防火涂料、乳液型膨胀防火涂料、溶剂型膨胀防火涂料三种。

无毒型膨胀防火涂料可用于保护电缆、聚乙烯管道和绝缘板的防火涂料或防火腻子。

乳液型膨胀防火涂料和溶剂型膨胀防火涂料可用于建筑物、电力、电缆的防火。

新型防火涂料有透明防火涂料、水溶性膨胀防火涂料、酚醛基防火涂料、乳胶防火涂料、聚醋酸乙烯乳基防火涂料、室温自干型水溶性膨胀型防火涂料、聚烯烃防火绝缘涂料、改性高氯聚乙烯防火涂料、氯化橡胶膨胀防火涂料、防火墙涂料、发泡型防火涂料、电线电缆阻燃涂料、新型耐火涂料、铸造耐火涂料等。

2. 防水涂料

防水涂料是指能形成防止雨水或其他水对建筑装饰层面渗漏的一种涂料。按照其形式与状态不同可分为溶剂型、乳液型和反应型三类。

1）溶剂型防水涂料

该类涂料是以各种高分子合成树脂溶于溶剂中制成的防水涂料。它的防水效果好，能快速干燥，可在低温下操作施工。常用的树脂种类有氯丁橡胶沥青、丁基橡胶沥青、SBS改性沥青、再生橡胶改性沥青等。

2）乳液型防水涂料

该类涂料是应用最多的涂料，它以水为稀释剂，有效降低了施工污染、毒性和易燃性。主要品种有改性沥青系防水涂料、丙烯酸乳液防水涂料、膨润土沥青防水涂料等。

3）反应型防水涂料

该类涂料是以化学反应型合成树脂构成的双组分涂料，具有优异的防水性、防变形性和耐老化性，属于高档防水涂料。主要品种有聚氨酯系防水涂料、环氧树脂防水涂料等。

3. 防静电涂料

一般来讲，表面电阻值在 $10^{11}\Omega$ 以下即可消除积累在涂膜表面的静电荷。防静电涂料有两种制法，即在树脂中加入防静电剂或者加入导电物质。在树脂中加入季铵盐类等防静电剂，再加入 0.1%～10%（质量分数）防静电剂的涂料，涂在树脂的表面，如聚烯烃，就具有了永久还原积累静电荷的能力。也可以在树脂中加入导电物质，如无机系的炭黑、银粉等。

防静电涂料具有质量轻、涂层薄、耐磨损、不燃烧、附着力强、有一定弹性等特点。适用于电子计算机机房、精密仪器车间等地面涂装。

4. 发光涂料

发光涂料是具有发射出荧光特性的涂料品种，故而可以用它来涂饰各种标志，起到夜间指示的作用。发光涂料一般根据其荧光发射机理的不同，分为蓄光性发光涂料和自发性发光涂料。

蓄光性发光涂料，是由成膜物质、荧光颜料和填充剂等组成的。成膜物质用来展布于黏结荧光颜料，便于涂刷后荧光颜料固结在涂膜之中。

自发性发光涂料，是在荧光颜料的余辉消失后，因放射性物质放出的射线，刺激荧光颜料重获激发，而后荧光颜料分子又回到基态发出荧光从而使得涂料会持续发光的涂料。

发光涂料具有耐候、耐油、透明、抗老化等优点。主要适用于交通及建筑的指示标识、广告牌、门窗把手、电灯开关等需要发出各种色彩和明亮发光的场合。

5. 防锈涂料及防腐涂料

防锈涂料是以有机高分子聚合物为基料，加入防锈颜料、填充料等配制而成。该种涂料适用于钢铁制品表面防锈。

防腐涂料是一种能将酸、碱及各类有机物与材料隔离，使材料免于被有害物质侵蚀的涂料。适用于建筑内外墙面的防腐性装饰。

6. 防霉涂料及防潮涂料

防霉涂料是指能够抑制各种霉菌生长的一种涂料。它是以聚乙烯共聚物为基料加低毒高效防霉剂配制而成的。适用于食品厂、果品厂、卷烟厂以及地下室等易发生霉变场所的内墙装饰。

防潮涂料是以高分子共聚乳液为基料，掺加高效防潮剂等助剂制成的。具有耐水、防潮、无毒、无味、施工安全等特点，主要用于洞库墙面及南方多雨潮湿场所的室内墙面装饰。

11.6 金属装饰材料及制品

在现代建筑装饰工程中，金属装饰材料由于具有独特的光泽和颜色，庄重华贵，经久耐用，轻盈高雅，质地佳、力度好，应用范围越来越广泛。从高层建筑的铝合金门窗到铝塑板幕墙，从铁艺栅栏到彩色不锈钢柱面，从不锈钢管楼梯扶手到铝合金板吊顶和墙面，金属装饰材料无所不在。现代常用的金属装饰材料有不锈钢装饰制品、彩色涂层钢板、彩色压型钢板、铜及铜合金装饰制品等。

11.6.1 不锈钢装饰制品

不锈钢是含铬12%以上，具有耐腐蚀性能的铁基合金。不锈钢可分为不锈耐酸钢和不锈钢两种，能抵抗大气腐蚀的钢为不锈钢，而在一些化学介质（如酸类）中能抵抗腐蚀的钢为耐酸钢。通常将这两种钢统称为不锈钢。

不锈钢具有较强的耐蚀性，良好的韧性及延展性，常温下亦可加工。特别是其显著的表面光泽性，使不锈钢经表面精饰加工后，可以获得镜面般光亮平滑的效果，光反射率达90%以上，具有良好的装饰性，极富现代装饰气息。

不锈钢制品中应用最多的为板材，一般均为薄材，厚度多小于2.0mm，用于柱面、栏杆、扶手装饰等。由于不锈钢的高反射性及金属质地的强烈时代感，与周围环境中的各种色彩、景物交相辉映，对空间起到了强化、点缀和烘托的作用，成为现代高档建筑柱面装饰的流行材料之一，广泛用于大型商店、旅游宾馆、餐馆的入口、门厅、中庭等处，在豪华的通高大厅及四季厅之中也非常普遍。

在普通不锈钢钢板上进行着色处理和艺术性加工，就使其成为具有各种绚丽色彩的彩色不锈钢装饰板。彩色不锈钢装饰板具有抗腐蚀性强、能随光照角度改变而产生变幻的色调等特点。其彩色面层能在200℃高温下和弯曲180°后色层不剥离，且色彩经久不褪。耐盐雾腐蚀性能也超过一般不锈钢，耐磨和耐划性能相当于箔层镀金。可用于厅堂墙板、顶板、电梯箱板、建筑装潢、广告招牌等，具有浓厚的时代气息。

11.6.2 彩色涂层钢板

彩色涂层钢板（简称彩板），是以金属带材为基材，在钢板表面涂布有机或无机，或复合涂层。这些涂层不仅具有良好的装饰性，而且还具有较强的耐污染性、耐高温性、耐低温性等优良性能，是近年来发展较快的一种装饰板材。

彩色涂层钢板的最大特点是发挥了金属材料与有机材料的各自特性，板材具有良好的加工性，可切、可弯、可钻、可铆、可卷等。其彩色涂层附着力强，色彩、花纹多样，经加热、低温、沸水、污染等作用后涂层仍能保持色泽艳丽如初。彩色涂层钢板可用作各类建筑物内外墙板、吊顶，工业厂房的屋面板和壁板，还可作为排气管道、通风管道、耐腐蚀管道、电气设备罩和汽车外壳等。

11.6.3　彩色压型钢板

彩色压型钢板是以镀锌钢板为基材，经过轧制，并涂布各种耐腐蚀涂层与彩色烤漆而制成的轻型围护结构材料。这种钢板具有质轻、抗震性好、耐久性强、波纹平直坚挺、色彩鲜艳丰富、造型美观大方、耐久性强(涂敷耐腐涂层)、易于加工、施工方便等优点。广泛用于工业与民用建筑的内外墙面、屋面、吊顶等的装饰以及轻质夹芯板材的面板等。

11.6.4　轻钢龙骨

轻钢龙骨是安装各种罩面板的骨架，是木龙骨的换代产品。轻钢龙骨配以不同材质、不同花色的罩面板，不仅改善了建筑物的热学、声学特性，也直接造就了不同的装饰艺术和风格，是室内设计必须考虑的重要内容。

轻钢龙骨从材质上分有铝合金龙骨、铝带龙骨、镀锌钢板龙骨和薄壁冷轧退火卷带龙骨。从断面上分，有 V 型龙骨、C 型龙骨及 L 型龙骨。从用途上分，有吊顶龙骨(代号 D)、隔断(墙体)龙骨(代号 Q)。吊顶龙骨有主龙骨(大龙骨)、次龙骨(中龙骨和小龙骨)。主龙骨也叫承载龙骨，次龙骨也叫覆面龙骨。隔断龙骨有竖龙骨、横龙骨和通贯龙骨之分。铝合金龙骨多做成 T 型，T 型龙骨主要用于吊顶。各种轻钢薄板多做成 V 型龙骨和 C 型龙骨，它们在吊顶和隔断中均可采用。

11.6.5　铜及铜合金装饰制品

纯铜是紫红色的重金属，又称紫铜。铜和锌的合金称作黄铜。其颜色随含锌量的增加由黄红色变为淡黄色，其机械性能比纯铜高，价格比纯铜低，也不易锈蚀，易于加工制成各种建筑五金、建筑配件等。

铜和铜合金装饰制品有铜板、黄铜薄壁管、黄铜板、铜管、铜棒、黄铜管等。它们可作柱面、墙面装饰，也可制作成栏杆、扶手等装饰配件。

11.7　装饰木制品及纤维类装饰制品

11.7.1　装饰木制品

木材历来被广泛用于建筑物室内装修与装饰，它给人以自然美的享受，还能使室内空间产生温暖、亲切感。木制装饰制品主要有条木地板、拼花木地板、护壁板、木花格和木装饰线条等。

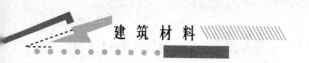

1. 条木地板

条木地板是使用最普遍的木质地面，分空铺和实铺两种。普通条木地板的板材常选用松、杉等软木树材；硬木条板多选用水曲柳、柞木、枫木、柚木和榆木等硬质木材。材质要求采用不易腐蚀、不易变形开裂的木板。

条木地板自重轻，弹性好，脚感舒适。其导热性好，冬暖夏凉，易于清洁，是良好的室内地面装饰材料。它适用于办公室、会议室、会客厅、休息室、旅馆客房、住宅起居室、幼儿园及仪器室等地面。

2. 拼花木地板

拼花木地板是较高级的室内地面装饰材料，分双层和单层两种。板材多选用水曲柳、柞木、核桃木、栎木、榆木和槐木等质地优良、不易腐朽开裂的硬木树材。

拼花木地板分高、中、低 3 个档次。高档产品适合于三星级以上中、高级宾馆，大型会议室等室内地面装修；中档产品适于办公室、疗养院、托儿所、体育馆、舞厅和酒吧等地面装饰；低档产品适用于各类民用住宅的地面装饰。

3. 护壁板

护壁板铺设于有拼花地板的房间内，使室内空间的材料协调一致，给人一种和谐的感觉。

护壁板可采用木板、企口条板和胶合板等装修而成，设计和施工时采用嵌条、拼缝和嵌装等手法构图，以实现装饰意图。护壁板下面的墙面一定要做防潮层，表面宜刷涂清漆，显示木纹饰面。护壁板主要用于高级的宾馆、办公室和住宅的室内墙壁装饰。

4. 木花格

木花格即为用木板和杨木制作成的具有若干个分隔的木架，这些分隔的尺寸和形状一般都各不相同。

木花格宜选用硬木或杉木树材制作，并要求材质木节少、木色好、无虫蛀和腐朽等缺陷。木花格多用于建筑物室内的花窗、隔断和博古架等，它能够调整室内设计的格调，改进空间效能和提高室内艺术质量等。

5. 木装饰线条

建筑室内采用的木线条的材质是由较好的树种加工而成的。木线条主要用作建筑物室内墙面的墙腰饰线、墙面洞口装饰线、护壁板和勒脚的压条饰线、门框装饰线、顶棚装饰脚线、楼梯栏杆扶手、墙壁挂画条、镜框线以及高级建筑的门窗和家具的镶边等。

11.7.2 纤维类装饰制品

建筑装饰材料中，很多品种都含有一定量的纤维原料。纤维类装饰制品主要有壁纸、墙布和地毯等。

1. 壁纸

壁纸是当前使用最广泛的墙面装饰制品，除美化装饰外，具有遮盖、吸声、隔热、防霉、防臭、防火等多种功能。塑料壁纸是目前发展迅速、应用最广泛的壁纸。

2. 墙布

墙布是指以天然纤维布或人造纤维布为基层，面层涂以树脂并印刷各种图案和色彩的装饰材料，有玻纤印花墙布、无纺布墙布、棉纺装饰布墙布、化纤装饰布墙布、锦缎墙布等。

3. 地毯

地毯是一种高级装饰材料，有着悠久的历史，同时也是一直流行的重要的地面装饰材料。它不仅具有隔热、保温、吸声、弹性好、脚感舒适等优良品质，而且具有典雅高贵、纹理精致、品味高尚等装饰特性，所以，一直为世界各国人民所喜爱。

复习思考题

一、填空题

1. 根据成膜物质的化学组成，建筑涂料可分为_____、_____和_____。

2. 建筑装饰材料的基本性质包括_____、_____、_____和_____。

3. 用于建筑工程中的饰面石材，按其基本属性主要有_____和_____两大类。

4. 花岗岩按板材表面加工程度分为_____、_____和_____。

5. 由于大理石的耐磨性相对较差，故在_____不宜作为地面装饰材料。大理石也常加工成栏杆、浮雕等装饰部件，但一般不宜用于_____。

6. 人造石材按照使用胶黏材料的不同分为_____、_____、_____和_____四类。

7. 根据坯体质地和烧结程度，陶瓷制品可分为_____、_____和_____三类。

8. 内墙涂料的主要产品有_____、_____、_____和_____。

9. 外墙涂料的主要产品有_____、_____和_____。

10. 根据防火原理不同，防火涂料有_____和_____两种。

11. 现代常用的金属装饰材料有_____、_____、_____、_____等。

12. 木制装饰制品主要有_____、_____、_____、_____等。

13. 纤维类装饰制品主要有_____、_____、_____等。

14. 安全玻璃主要有_____、_____和_____等。

二、选择题

1. 透射系数是玻璃的重要性能，清洁的玻璃透射系数达（   ）。
   A. 85%～90%　　　B. 95%～100%　　　C. 75%～80%　　　D. 80%～85%

2. 在下列玻璃中，（　　）可以作为防火玻璃，可起隔绝火势的作用。

A. 钢化玻璃　　　　B. 夹丝玻璃　　　　C. 镀膜玻璃　　　　D. 夹层玻璃

3. 广泛适用于建筑物门厅、走廊、卫生间、厨房、化验室等内墙和地面的装饰材料是（　　）。

A. 陶瓷马赛克　　　B. 麻面砖　　　　C. 琉璃制品　　　　D. 人造大理石

4. 可以有效减缓可燃材料引燃时间的装饰材料是（　　）。

A. 防火涂料　　　　B. 保温涂料　　　　C. 安全玻璃　　　　D. 人造大理石

三、问答题

1. 建筑装饰材料的基本性质有哪些？

2. 建筑装饰材料的选用原则是什么？

3. 大理石板材和花岗岩板材的性能与应用有哪些异同？

4. 简述人造石材的品种、性能特点与应用。

5. 简述常用建筑陶瓷制品的品种、性能特点与应用。

6. 简述饰面玻璃的品种、性能特点与应用。

7. 简述安全玻璃的品种、性能特点与应用。

8. 简述外墙涂料的品种、性能特点与应用。

9. 简述内墙涂料的品种、性能特点与应用。

10. 简述地面涂料的品种、性能特点与应用。

11. 简述常用的金属装饰材料的品种、性能特点与应用。

12. 简述木制装饰制品的品种、性能特点与应用。

13. 请分析用于室外和室内的建筑装饰材料主要功能的差异。

四、案例题

某北方城市住宅的 120m² 新居室，需要装修，如果让你设计一套具有绿色环保理念的家居环境，你会考虑选择哪些材料？如何从材料上体现绿色环保？

参 考 文 献

[1] 程从密. 建筑材料[M]. 天津：天津科学技术出版社，2013.

[2] 申淑荣，李颖颖，张培. 建筑材料选择与应用[M]. 北京：北京大学出版社，2013.

[3] 魏鸿汉. 建筑材料[M]. 4版. 北京：中国建筑工业出版社，2012.

[4] 高琼英. 建筑材料[M]. 4版. 武汉：武汉理工大学出版社，2012.

[5] 王鳌杰，许丽丽. 建筑材料[M]. 西安：西北工业大学出版社，2012.

[6] 李伟华，梁媛. 建筑材料及性能检测[M]. 北京：北京理工大学出版社，2011.

[7] 王秀花. 建筑材料[M]. 2版. 北京：机械工业出版社，2011.

[8] 梅杨，夏文杰，于全发. 建筑材料与检测[M]. 北京：北京大学出版社，2010.

[9] 中华人民共和国建设部，国家质量监督检验检疫总局. 混凝土结构工程施工质量验收规范(GB 50204—2002，2011年版)[S]. 北京：中国建筑工业出版社，2011.

[10] 中华人民共和国住房和城乡建设部. 混凝土质量控制标准(GB 50164—2011)[S]. 北京：中国建筑工业出版社，2011.

[11] 中华人民共和国住房和城乡建设部. 混凝土强度检验评定标准(GB/T 50107—2010)[S]. 北京：中国建筑工业出版社，2010.

[12] 中华人民共和国国家质量监督检验检疫总局，中国国家标准化管理委员会. 混凝土膨胀剂(GB 23439—2009)[S]. 北京：中国标准出版社，2010.

[13] 中华人民共和国住房和城乡建设部. 大体积混凝土施工规范(GB 50496—2009)[S]. 北京：中国计划出版社，2009.

[14] 中华人民共和国国家质量监督检验检疫总局，中国国家标准化管理委员会. 金属材料拉伸试验第1部分：室温试验方法(GB/T 228.1—2010)[S]. 北京：中国标准出版社，2010.

[15] 中华人民共和国国家质量监督检验检疫总局. 碳素结构钢(GB/T 700—2006)[S]. 北京：中国标准出版社，2007.

[16] 中华人民共和国国家质量监督检验检疫总局，中国国家标准化管理委员会. 低合金高强度结构钢(GB/T 1591—2008)[S]. 北京：中国标准出版社，2009.

[17] 中华人民共和国国家质量监督检验检疫总局，中国国家标准化管理委员会. 热轧H型钢和剖分T型钢(GB/T 11263—2010)[S]. 北京：中国标准出版社，2011.

[18] 中华人民共和国国家质量监督检验检疫总局，中国国家标准化管理委员会. 钢筋混凝土用钢第1部分：热轧光圆钢筋(GB 1499.1—2008)[S]. 北京：中国标准出版社，2008.

[19] 中华人民共和国国家质量监督检验检疫总局，中国国家标准化管理委员会. 钢筋混凝土用钢第2部分：热轧带肋钢筋(GB 1499.2—2007)[S]. 北京：中国标准出版社，2008.

[20] 中国钢铁工业协会. 冷轧带肋钢筋(GB 13788—2008)[S]. 北京：中国标准出版社，2009.

[21] 中华人民共和国国家质量监督检验检疫总局，中国国家标准化管理委员会. 通用硅酸盐水泥(GB 175—2007)[S]. 北京：中国标准出版社，2007.

[22] 中华人民共和国国家质量监督检验检疫总局，中国国家标准化管理委员会. 水泥标准稠度用水量、凝结时间、安定性检验方法(GB/T 1346—2011)[S]. 北京：中国标准出版社，2011.

[23] 中华人民共和国国家质量监督检验检疫总局，中国国家标准化管理委员会. 水泥比表面积测定方法勃氏法(GB/T 8074—2008)[S]. 北京：中国标准出版社，2008.

[24] 中华人民共和国国家质量监督检验检疫总局，中国国家标准化管理委员会. 建设用砂(GB/T 14684—2011)[S]. 北京：中国标准出版社，2012.

［25］中华人民共和国国家质量监督检验检疫总局，中国国家标准化管理委员会．建设用卵石、碎石（GB/T 14685—2011）［S］.北京：中国标准出版社，2012.

［26］中华人民共和国国家质量监督检验检疫总局，中国国家标准化管理委员会．预拌砂浆（GB/T 25181—2010）［S］.北京：中国标准出版社，2011.

［27］中华人民共和国国家质量监督检验检疫总局，中国国家标准化管理委员会．烧结多孔砖和多孔砌块（GB 13544—2011）［S］.北京：中国标准出版社，2012.

［28］中华人民共和国国家质量监督检验检疫总局，中国国家标准化管理委员会．建筑用轻质隔墙条板（GB/T 23451—2009）［S］.北京：中国标准出版社，2010.

［29］中华人民共和国国家质量监督检验检疫总局，中国国家标准化管理委员会．石油沥青纸胎油毡（GB 326—2007）［S］.北京：中国标准出版社，2008.

［30］中华人民共和国国家质量监督检验检疫总局，中国国家标准化管理委员会．弹性体改性沥青防水卷材（GB 18242—2008）［S］.北京：中国标准出版社，2009.

［31］中华人民共和国国家质量监督检验检疫总局，中国国家标准化管理委员会．塑性体改性沥青防水卷材（GB 18243—2008）［S］.北京：中国标准出版社，2008.

［32］中华人民共和国国家质量监督检验检疫总局，中国国家标准化管理委员会．沥青针入度测定法（GB/T 4509—2010）［S］.北京：中国标准出版社，2010.

［33］中华人民共和国住房和城乡建设部．冷拔低碳钢丝应用技术规程（JGJ 19—2010）［S］.北京：中国建筑工业出版社，2010.

［34］中华人民共和国住房和城乡建设部．砌筑砂浆配合比设计规程（JGJ/T 98—2010）［S］.北京：中国建筑工业出版社，2011.

［35］中华人民共和国住房和城乡建设部．建筑砂浆基本性能试验方法标准（JGJ/T 70—2009）［S］.北京：中国建筑工业出版社，2009.

［36］中华人民共和国住房和城乡建设部．混凝土耐久性检验评定标准（JGJ/T 193—2009）［S］.北京：中国建筑工业出版社，2010.

［37］中华人民共和国国家发展和改革委员会．混凝土制品用冷拔低碳钢丝（JC/T 540—2006）［S］.北京：中国建材工业出版社，2006.

［38］中华人民共和国住房和城乡建设部．普通混凝土配合比设计规程（JGJ 55—2011）［S］.北京：中国建筑工业出版社，2011.

［39］中华人民共和国住房和城乡建设部．混凝土泵送施工技术规程（JGJ/T 10—2011）［S］.北京：中国建筑工业出版社，2011.

［40］中华人民共和国工业和信息化部．蒸压灰砂多孔砖（JC/T 637—2009）［S］.北京：中国建材工业出版社，2010.

［41］中华人民共和国工业和信息化部．石膏砌块（JC/T 698—2010）［S］.北京：中国建材工业出版社，2010.

［42］中华人民共和国国家发展和改革委员会．粉煤灰混凝土小型空心砌块（JC/T 862—2008）［S］.北京：中国建材工业出版社，2009.

［43］中华人民共和国国家发展和改革委员会．天然石材装饰工程技术规程（JCG/T 60001—2007）［S］.北京：中国建材工业出版社，2007.